“十二五”职业教育国家规划教材
经全国职业教育教材审定委员会审定

获中国石油和化学工业优秀教材奖一等奖

定量化学分析

第三版

黄一石　乔子荣　主编

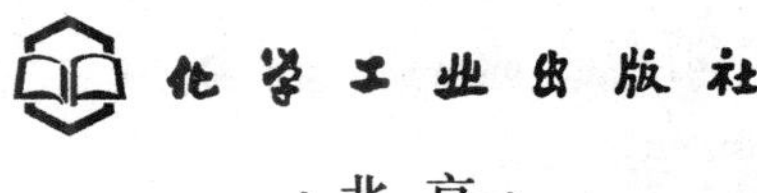

·北京·

本书自第一版（2004年）、第二版（2009年）出版以来，得到了广大师生和读者的肯定，同时也诚恳地提出了一些修改建议。第三版《定量化学分析》教材在保持了第二版的基本结构和编写特色的基础上，对有关内容作了适当精选、调整和补充，更加突出了高职教育的特色，体现了知识的准确性、实用性和先进性，为定量化学分析基本操作和测定技能的形成奠定了坚实的基础。

全书共分十章。主要内容包括定量分析概论、滴定分析、酸碱滴定法、配位滴定法、氧化还原滴定法、沉淀滴定法、重量分析法、定量化学分析中常用的分离和富集方法、复杂物质的分析、计算机在定量化学分析中的应用等。书中简明扼要地阐述了各种化学分析方法的基本原理及应用技术，列举了各类方法在当前生产实践中的应用实例，范围涉及化工、冶金、医药、生物、食品、环境监测等方面。书中的阅读材料介绍了能拓宽读者知识面的分析化学前沿理论和新技术。本书涉及的标准均为正在施行的标准；有关计算均采用法定计量单位。

本书是高职高专工业分析与检验专业必修的教材，也可作为从事分析测试工作的其他科技人员业务培训用书和参考资料。

图书在版编目（CIP）数据

定量化学分析/黄一石，乔子荣主编．—3版．—北京：化学工业出版社，2014.4（2021.6重印）

“十二五”职业教育国家规划教材

ISBN 978-7-122-19739-9

Ⅰ.①定… Ⅱ.①黄…②乔… Ⅲ.①定量分析-高等职业教育-教材 Ⅳ.①O655

中国版本图书馆CIP数据核字（2014）第023365号

责任编辑：陈有华　蔡洪伟　　装帧设计：王晓宇

责任校对：蒋　宇

出版发行：化学工业出版社（北京市东城区青年湖南街13号　邮政编码100011）

印　　刷：三河市延风印装有限公司

装　　订：三河市宇新装订厂

787mm×1092mm　1/16　印张18¼　字数464千字　2021年6月北京第3版第8次印刷

购书咨询：010-64518888（传真：010-64519686）　售后服务：010-64518899

网　　址：http://www.cip.com.cn

凡购买本书，如有缺损质量问题，本社销售中心负责调换。

定　　价：33.00元

《定量化学分析》自第一版（2004 年）、第二版（2009 年）出版以来，得到了广大师生和读者的肯定，同时也诚恳地提出了一些修改建议。第三版《定量化学分析》在保持第二版的基本结构和编写特色的基础上，本着“与时俱进”的精神对有关内容作了适当精选、调整和补充，使其更加突出高职教育的特色，更加体现知识的准确性、实用性和先进性，为定量化学分析基本操作和测定技能的形成奠定坚实的基础。

本着“立足实用、强化能力、注重实践”的原则，教材内容融入化学检验工（高级工）的职业标准，突出教材的职业性，教材内容丰富取材新颖，基本涵盖了目前产品检验中常用的化学分析方法，侧重介绍分析技术的应用，以适应教改的需要。与《定量化学分析实验》教材配套使用，范围涉及化工、冶金、医药、生物、食品、环境监测等行业的产品检测和分析方法。在全国高职高专院校工业分析与检验、环境监测、药品质量检测技术、食品药品监督管理等专业中被广泛选用，被历届全国化学检验工职业技能大赛组委会指定为必备参考书。

第三版参照各兄弟院校提出的建议，以及结合编者多年从事定量化学分析教学的实践，进行了补充修改。本次修订具有如下特点。

1. 教材内容编排符合教学规律，贴近学生的认知水平和接受能力。教材符合“由浅入深，由易到难”的教学规律，适用于项目化、教学做一体化和工学结合课程教学等多种教学方法。

2. 教材列举了各类分析方法在当前生产实践中的应用实例，了解化学分析前沿理论和新技术。修订后的思考题和练习题更加优化、实际、实用，体现知识的实用性，适当增加探究性思考题，既起到巩固知识点的作用，又锻炼了学生发现问题和解决问题的能力，为学生自主学习提供了帮助。

3. 修订后的阅读材料短小精悍，介绍化学检验学科领域前沿及最新科技成果，以拓宽学生知识面，开阔学生视野，激发学习兴趣，引导学生继续学习。

4. 更新教材部分内容，文字叙述更流畅、严谨，让学生易学、易懂、易掌握。修改了过时的知识，对原教材内容进行勘误和补充，并将近年来分析化学新成果、新知识、新技术、新方法编入教材中。整本教材内容贯彻最新国家标准和采用法定计量单位。

全书共分十章。主要内容包括定量分析概论、滴定分析、酸碱滴定法、配位滴定法、氧化还原滴定法、沉淀滴定法、重量分析法、定量化学分析中常用的分离和富集方法、复杂物质的分析、计算机在定量化学分析中的应用等。

本次修订由黄一石负责第一章、第二章、第三章的修改；吴筱南负责第四章、第五章的修改；乔子荣负责第六章、第七章的修改；王英键负责第八章、第九章、第十章的修改；全书由黄一石统稿。

本次修订过程中参考了有关文献资料、谨向相关专家及原作者表示敬意与感谢！并对大力支持该书出版的化学工业出版社表示感谢！也对促成本书不断改进，不断提高编著质量的读者们表示敬意与感谢。

限于修订者的水平，教材修订后难免有疏漏，敬请读者批评指正。

编者

2014 年 1 月

第一版前言

本书是根据教育部高职高专工业分析专业教材编委会审定的定量化学分析课程教学大纲所规定的内容编写的。全书共分 9 章，内容包括分析数据处理、滴定分析法、重量分析法及定量分析中常用的分离方法等。

本教材简明扼要地阐述了各种化学分析方法的基本原理及应用技术，列举了各类方法在当前生产实践中的应用实例，范围涉及化工、冶金、医药、生物、食品、环境监测等方面。由于定性化学分析和溶液化学平衡这两部分内容已并入无机化学课程中，所以本教材只讨论分析实际中遇到的特定条件下的化学平衡，突出结论对定量分析应用的指导作用，侧重介绍各类方法的指示剂、测定条件选择、标准溶液制备方法和应用实例等。为了引导学生有目的地学习，本教材除各章有“学习指南”外，还在各节注有“学习要点”，节后的思考题则能便于学习者理解掌握各知识点。书中的阅读材料能拓宽读者知识面，了解分析化学前沿理论和新技术。书中凡是标有“*”号的为选学内容。

本教材是在面向 21 世纪职业教育改革的进程中诞生的。编者在编写过程中，力求既有较高的科学性和先进性，又能适合学生的知识和能力水平。在内容编排上尽量做到简明扼要、重点突出，注意知识的准确性、实用性和先进性，以使学生在学习后能掌握定量化学分析的基础知识和操作技能，并具有较强的独立工作能力。

本书第一、二、三章由常州工程职业技术学院黄一石编写，第四、五章由贵州科技工程职业学院吴筱南编写，第六、七章由内蒙古化工职业学院乔子荣编写，第八、九章由辽宁石化职业技术学院王英键编写。全书由黄一石统稿，由徐州工业职业技术学院顾明华主审。在编写过程中得到了化学工业出版社和各单位领导及老师们的大力支持，常州工程职业技术学院杨小林、吴朝华等老师为本书的编写做了大量工作，在此谨向所有关心、支持本书的朋友们致以衷心的感谢。

限于编者对职教教改的理解和教学经验的不足，书中可能存在疏漏之处，恳请专家和读者批评指正，不胜感激。

编　者

2004 年 4 月

第二版前言

本书第一版自 2004 年出版以来，受到相关职业院校的关注和好评，作为化学化工类高等职业院校定量化学分析课程的教材，在教学过程中发挥了一定的积极作用。该教材 2007 年被评为“中国石油和化学工业优秀教材奖一等奖”。

随着科学技术的不断发展，职业教育的理念也在发生着变化。为配合当前各院校的教学改革，我们对本书第一版进行了适当修订。这次修订工作本着“立足实用、强化能力、注重实践”的职教特点，在第一版的基础上对部分内容进行了适当的调整更新，适当增加了新的章节。

第一章增加了介绍重复性精密度、再现性精密度、临界极差和不确定度等内容；第四、五章的内容作了适当的调整；第八章增加了膜分离技术；另外还增加了第十章，介绍了计算机在定量化学分析中的应用。

本次修订，由黄一石负责第一、二、三章内容的修订工作，吴筱南负责第四、五章的修订工作，乔子荣负责第六、七章的修订工作，王英健负责第八、九、十章的修订工作。全书由黄一石整理并统稿。

本次修订得到了化学工业出版社的大力协助，谢婷、贺琼、陈艾霞等老师也给予了大力支持并提出建设性建议，在此我们一并表示衷心的感谢。

由于编者水平所限，本次修订难免存在疏漏和欠妥之处，恳请专家和读者批评指正，不胜感谢。

编者

2008 年 11 月

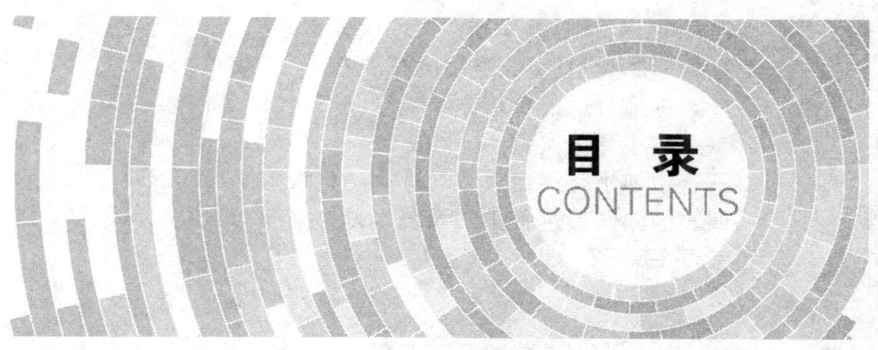

目录 CONTENTS

本书所用符号的意义及单位①

符号	意义	单位
m_B	待测组分 B 的质量	g,mg
m_s	试样质量	g,mg
w_B	物质 B 的质量分数	数值以%表示
n_B	B 物质的物质的量	mol
V_s	试液的体积	L,mL
c_B	B 物质的物质的量浓度	mol/L
φ_B	体积分数	数值以%表示
ρ_B	组分 B 的质量浓度	g/L,mg/L, g/L
x_T	真值(组分的真实数值)	
x	组分的测定值	
E	误差	
E_a	绝对误差	
E_r	相对误差	
D	偏差	
$\overline{x}$	测定结果平均值	
x_i	组分的某次测量值	
d_i	第 i 次测定的绝对偏差	
$\overline{d}$	一组平行测定值的平均偏差	
n	样本容量	
μ	总体平均值	
x_M	中位数	
σ	总体标准偏差	
s	样本的标准偏差	
f	自由度(指独立偏差的个数)	
y	概率密度	
P	置信度	
α	显著性水平,其值为 $1-P$	
$t_{\alpha,f}$	显著性水平为 α、自由度为 f 时的 t 值	
R	极差	
sp	化学计量点	
ep	滴定终点	
$n\left(\frac{1}{Z_B}B\right)$	基本单元为 $\frac{1}{Z_B}$B 的物质的量	mol
$T_{B/A}$	每毫升 A 标准滴定溶液相当于被测物质 B 的质量	g/mL
$c\left(\frac{1}{Z_A}A\right)$	基本单元为 $\frac{1}{Z_A}$A 的标准滴定溶液的物质的量浓度	mol/L
K_w	水的质子自递常数	
K_t	反应的平衡常数	
K_a	酸的离解常数	
K_b	碱的离解常数	
a	离子的活度	
γ	离子的活度系数	
I	离子强度	
δ	溶质在水溶液中某一存在形式的分布系数	
β	缓冲溶液的缓冲容量	
E_t	终点误差,或称滴定误差	

续表

符号	意义	单位
K_{MY}	金属-EDTA 配位化合物的绝对稳定常数	
β_n	累积稳定常数	
$K_{稳n}$	配合物的各级稳定常数	
K'_{MY}	金属-EDTA 配合物的条件稳定常数	
α_Y	滴定剂 EDTA 的副反应系数	
$\alpha_{Y(H)}$	EDTA 的酸效应系数	
$\alpha_{Y(N)}$	干扰离子效应系数	
α_M	金属离子 M 的总副反应系数	
$\alpha_{M(L)}$	金属离子 M 的配位效应系数	
$\alpha_{M(OH)}$	金属离子 M 的羟基化效应系数	
α_{MY}	配合物 MY 的副反应系数	
$[Y']$	EDTA 各种形式的总浓度	
$[Y]$	EDTA 游离 Y^{4-} 的浓度	
c_Y	EDTA 的分析浓度	
$[M']$	未与配位剂配位的各种型体金属离子的总浓度	
$[M]$	金属离子 M 的平衡浓度	
K'_{MY}	配合物 MY 的条件稳定常数	
$[In']$	未与金属离子配位的指示剂的各种形式的总浓度	
pM_t	金属指示剂颜色转变点的 pM 值	
ΔpM	配位滴定终点与化学计量点 pM 之差	
Ox	氧化态	
Red	还原态	
$\varphi^{\ominus}(Ox/Red)$	电对 Ox/Red 的标准电极电位	V
a_{Ox}	电对氧化态的活度	
a_{Red}	电对还原态的活度	
n	电极反应中转移的电子数	
$\varphi^{\ominus\prime}(Ox/Red)$	条件电极电位	V
$\Delta\varphi$	两电对的电位差	V
φ_{sp}	化学计量点的电位	V
$\varphi^{\ominus\prime}_{In}$	氧化还原指示剂的变色点电位	V
s	化合物的溶解度	
s^0	化合物的固有溶解度	
$K^{\ominus}_{sp}$	离子的活度积常数(简称活度积)	
F	重量分析换算因数，或称化学因数	
K_D	分配系数	
D	分配比	
E	萃取率	数值以%表示
β	分离系数	
R_f	比移值	

① 表中所列的是各章节的主要符号，按章节次序列出，相同的不重复列出。

第一章 定量分析概论

学习指南

定量分析的任务是测定物质中某种组分的含量。通过本章的学习，应了解分析化学的任务与作用，掌握定量分析的过程、分析方法分类及分析结果的表示；理解准确度、精密度的概念及两者间的关系，掌握准确度、精密度的衡量方法，掌握误差的分类和来源及减免方法；理解有效数字的概念，熟练掌握有效数字的修约规则和运算规则，并能在分析测试中熟练应用这些规则正确记录实验数据和计算分析结果；理解测量值的集中趋势和分散性、正态分布和 t 分布、置信区间等统计学基础知识，了解利用 t 检验法、F 检验法检验分析数据可靠性的方法，掌握测定异常值检验与取舍的方法；掌握提高分析结果准确度的基本措施。

第一节 定量分析概述

【学习要点】 熟悉分析化学的任务与作用，掌握分析化学的分类方法、典型分析方法的特点；了解本课程的任务与要求；了解现代分析化学发展趋势。

一、分析化学的任务和作用

分析化学（analytical chemistry）是人们获取物质的化学组成与结构信息的科学，即表征和测量的科学。分析化学的任务是对物质进行组成分析和结构鉴定，研究获取物质化学信息的理论和方法。

物质组成的分析主要包括定性与定量两个部分，定性分析（qualitative analysis）的任务是确定物质由哪些组分（元素、离子、基团或化合物）组成，定量分析（quantitative analysis）的任务是确定物质中有关组分的含量。结构分析（structure analysis）的任务是确定物质各组分的结合方式及其对物质化学性质的影响。

分析化学是研究物质及其变化的重要方法之一。在化学学科本身的发展上，以及与化学有关的各科学领域中，分析化学都起着重要的作用。例如，环境科学研究目前在全世界备受瞩目，分析化学对于推动人们弄清环境中的化学问题起着关键的作用；新材料科学的研究中，材料的性能与其化学组成和结构有密切的关系；资源和能源科学中，分析化学是获取地质矿物组分、结构和性能信息以及揭示地质环境变化过程的重要手段；在生命科学、生物工程领域中，分析化学在揭示生命起源、研究疾病和遗传的奥秘等方面起着重要的作用；在医学科学研究领域中，药物分析是不可缺少的环节；在空间科学研究中，星际物质分析是其中重要的组成部分。

分析化学在工农业生产及国防建设中更有着重要的作用。工业生产中作为质量管理手段的产品质量检验和工艺流程控制离不开分析化学，所以分析化学被称为工业生产的“眼睛”；在农业生产中的水土成分调查、农药和化肥残留物的影响、农产品的品质检验等方面都需要分析化学；在国防建设中，分析化学对核武器、航天材料以及化学试剂等的研究和生产起着重要的作用；在实行依法治国的基本国策中，分析化学又是执法取证的重要手段。

随着科学的进步和发展，使得分析化学的内容和任务不断地扩大和复杂，对分析化学的要求和期望也在不断地增加和提高。目前，现代分析化学不仅仅要解决定性分析和定量分析的问题，而且还要提供物质更多、更全面的信息。可以说，在21世纪，人类要取得在能源与资源科学、信息科学、生命科学与环境科学四大领域进步的关键问题的解决，主要依赖于现代分析科学。

分析化学是一门以实验为基础的科学，在学习过程中一定要理论联系实际，注重实验技能训练。只有通过学习，掌握分析化学的基本原理和测定方法，建立准确的“量”的概念，培养严谨的科学态度和工作作风，提高分析问题和解决问题的能力。才能成为一位合格的化学分析工作者，才能完成日益复杂的分析课题。

二、定量分析方法

根据测定原理、分析对象、待测组分含量、试样用量的不同，定量分析方法有如表1-1所示的不同分类方法。

1. 化学分析法（chemical analysis）

化学分析法是以物质的化学反应为基础的分析方法。化学分析法主要有滴定分析法和重量分析法两类。

（1）滴定分析法（titrimetric analysis） 滴定分析法是通过滴定操作，根据所需滴定剂的体积和浓度确定试样中待测组分含量的一种方法。滴定分析法分为酸碱滴定法、沉淀滴定法、配位滴定法和氧化还原滴定法。

（2）重量分析法（gravimetric analysis） 重量分析法是通过称量操作测定试样中待测组分的质量，以确定其含量的一种分析方法。重量分析法分为沉淀重量法、电解重量法和气化（挥发）法。

2. 仪器分析法（instrumental analysis）

仪器分析法是以物质的物理性质和物理化学性质为基础的分析方法。由于这类分析都要使用特殊的仪器设备，所以一般称为仪器分析法。常用的仪器分析方法如下。

（1）光学分析法 光学分析法是根据物质的光学性质建立起来的一种分析方法。主要有分子光谱法（如比色法、紫外-可见分光光度法、红外光谱法、分子荧光及磷光分析法等）、原子光谱法（如原子发射光谱法、原子吸收光谱法等）、激光拉曼光谱法、光声光谱法、化学发光分析法等。

（2）电化学分析法 电化学分析法是根据被分析物质溶液的电化学性质建立起来的一种分

析方法。主要有电位分析法、电导分析法、电解分析法、极谱法和库仑分析（伏安）法等。

表 1-1　定量分析方法分类

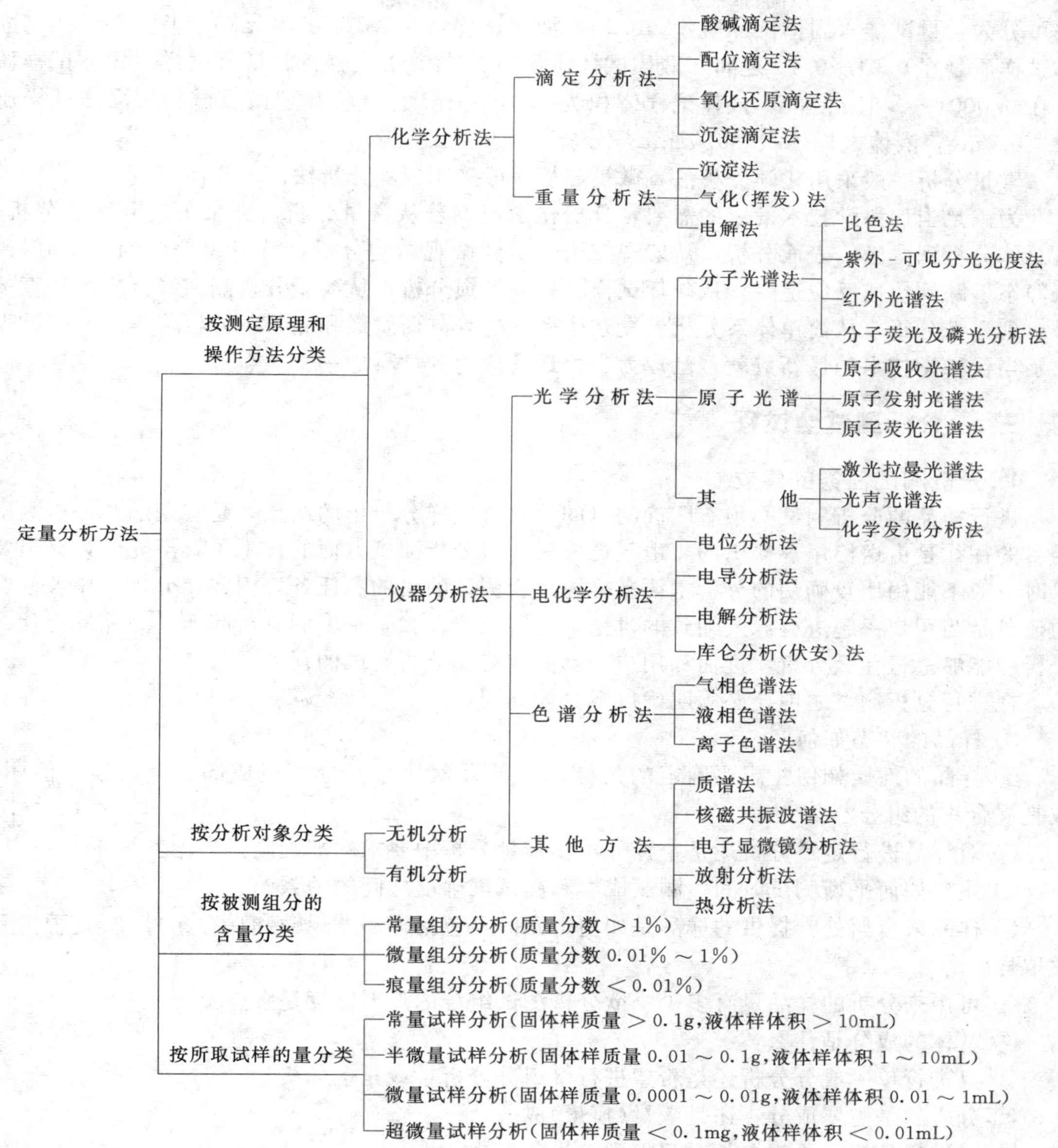

(3) 色谱分析法　色谱分析法是一种分离与分析相结合的方法。主要有气相色谱法、液相色谱法（包括柱色谱、纸色谱、薄层色谱及高效液相色谱）、离子色谱法。

随着科学技术的发展，近年来，质谱法、核磁共振波谱法、X 射线分析、电子显微镜分析以及毛细管电泳等大型仪器分析法已成为强大的分析手段。仪器分析由于具有快速、灵敏、自动化程度高和分析结果信息量大等特点，备受人们的青睐。

3. 无机分析和有机分析

若按物质的属性来分，分析方法主要分为无机分析和有机分析。无机分析的对象是无机化合物；有机分析的对象是有机化合物。另外还有药物分析和生化分析等。

4. 常量分析、半微量分析和微量分析

按被测组分的含量来分，分析方法可分为常量组分（含量>1%）分析、微量组分（含量为0.01%～1%）分析、痕量组分（含量<0.01%）分析；按所取试样的量来分，分析方法可分为常量试样（固体试样质量>0.1g，液体试样体积>10mL）分析、半微量试样（固体试样质量在0.01～0.1g之间，液体试样体积为1～10mL）分析、微量试样（固体试样质量在0.0001～0.01g之间，液体试样体积为0.01～1mL）分析和超微量试样（固体试样质量<0.1mg，液体试样体积<0.01mL）分析。

常量分析一般采用化学分析法，微量分析一般采用仪器分析法。

为满足当代科学技术发展的需要，分析化学正朝着从常量分析、微量分析到微粒分析，从总体分析到微区、表面分析，从宏观结构分析到微观结构分析，从组织分析到形态分析，从静态追踪到快速反应追踪，从破坏试样分析到无损分析，从离线分析到在线分析，从直接分析到遥控分析，从简单体系分析到复杂体系分析等方面发展和完善。分析化学由于广泛吸取了当代科学技术的最新成就，已成为当今最富活力的学科之一。

三、 分析测试全过程

1. 分析测试任务的建立

进行样品的分析测试必须有明确的目的，只有这样分析出的结果才是有用的。分析测试的目的往往是由送检用户提出的，由于送检用户对分析测试方面的技术了解不充分，提出要求时一般不能用比较确切的分析术语来描述分析测试的目的和任务。因此，分析工作者首要的任务是与用户一起进行深入细致的讨论，共同搞清什么是基本的分析问题，必须进行什么分析和能够进行什么分析，进而和用户一起商定建立分析测试的任务。

在进行分析测试之前还必须明确以下具体问题：

① 样品的状态如何？

② 样品的性质如何？想要确定的是样品中的元素成分、分子组成部分，还是官能团？或是混合物的组分？

③ 对样品进行定量分析还是定性分析？定量分析中要求的准确度是多少？

④ 用户如何平衡测试时间、测试成本和测试准确度之间的关系？

⑤ 样品来自何处？提供的样品是如何得到的（包括样品的运输和保存条件）？是否需要去取样？

⑥ 可用来分析的样品量有多少？欲分析测试组分的近似浓度是多少？

⑦ 基体的成分是什么？

⑧ 只进行单一成分分析还是希望进行多组分分析，或是全分析？

⑨ 分析的是主要成分，还是微量(痕量)成分？

⑩ 提供样品后，希望多长时间得到结果？

⑪ 是周期性提供样品还是仅进行一次分析？如果是周期性样品，周期多长？

⑫ 是否希望寻找一种连续监测系统和（或）全自动化系统？

⑬ 分析系统或方法的可靠性的关键是什么？

⑭ 样品可以破坏还是应该保持原样？

对以上问题的概括并不全面，仅是通过对话获得有用的信息，以利于选择合适的分析方法。

2. 分析测试过程

(1) 取样　分析测试工作的样品或试样（sample）是指在分析工作中被采用来进行分析测试的物质体系，它可以是固体、液体或气体。分析化学要求被分析试样在组成和含量上具有一定的代表性，能代表被分析的总体；否则分析工作将毫无意义，甚至可能导致错误结论，给生产或科研带来很大的损失。

采取有代表性的样品必须用特定的方法或顺序。对不同的分析对象取样方式也不相同。有关的国家标准或行业标准对不同分析对象的取样步骤和细节都有严格的规定，应按规定进行。采样的通常方法是：从大批物料中的不同部分、深度选取多个取样点采样，然后将各点取得的样品粉碎之后混合均匀，再从混合均匀的样品中取少量物质作为分析试样进行分析（详见第九章第一节）。

取样工作必须小心谨慎，以保证取样设备和储存容器不污染样品。储存容器外应贴有标签，样品标签应清楚标明一些信息，如样品来源、取样日期、时间地点和采样人以及待测组分等。有时取样是危险的，必须采取适当的安全措施。

（2）样品的输送和保存　样品的输送和保存是一个很重要的环节，它直接影响到测试结果。在输送样品过程中，由于样品容器剧烈震动而引起的反应，可以改变样品的组成。输送和保存样品时，由于环境温度和湿度发生变化而使样品的组成和性质发生了变化。液体的泄漏、气体的扩散都可能引起样品组分的变化。由于容器壁的吸附，造成痕量组分的损失。来自容器壁的痕量物质也会污染储存的样品。

在取样和分析样品之间，往往需要经过一段时间，这段时间不管是在运输样品还是在保存样品，必须根据样品的性质采用必要的手段防止样品组分，特别是待测组分的损失和污染。

（3）样品的制备　样品的制备包括以下几方面：

① 样品的状态应与所应用的分析测试方法相适应；

② 样品的浓度应与所选用分析测试方法的最佳浓度范围相适应；

③ 对样品进行适当的处理，消除或减少样品中其他组分对待测组分的干扰。

定量化学分析中，大多数分析方法要在溶液中进行测定。若样品为液体，可直接使用；若样品为气态，须冷凝转为液体后再使用；对固体样品，则需要加入化学试剂将试样分解后转入溶液中，然后进行测定。分解试样的方法很多，主要有溶解法和熔融法。实际工作中，应根据试样性质和分析要求选用适当的分解方法（详见第九章第二节）。

复杂物质中常含有多种组分，在测定其中某一组分时，若共存的其他组分对待测组分的测定有干扰，则应设法消除。采用加入试剂（称掩蔽剂）来消除干扰在操作上简便易行，但在多数情况下合适的掩蔽方法不易寻找，此时需要将被测组分与干扰组分进行分离。目前常用的分离方法有沉淀分离、萃取分离、膜分离、离子交换和色谱法分离等（详见第八章）。

在痕量分析中，由于待测物的浓度很低，不能直接测定，需要用富集手段提高样品中待测物的浓度，以满足分析方法对待测物最佳浓度范围的要求。

（4）测定　各种测定方法在灵敏度、选择性和适用范围等方面有较大的差别，因此应根据被测组分的性质、含量、对分析结果准确度的要求和实验室条件等选择合适的分析方法和该方法应用时合适的实验条件进行测定。如常量组分通常采用化学分析方法，而微量组分需要使用分析仪器进行测定。

（5）处理数据报告结果　根据分析过程中有关反应的计量关系及分析测量所得数据，通过数理统计处理得出可靠的测试结论，并清楚地报告出结果。

分析工作者应对测定结果的误差及其分布情况进行分析评价，对报告的分析结果负全部责任。

四、定量分析结果的表示

根据分析实验数据所得的定量分析结果一般用下面几种方法来表示。

1. 待测组分的化学表示形式

分析结果通常以待测组分实际存在形式的含量表示。例如，测得试样中的含磷量后，根据实际情况以P、P_2O_5、PO_4^{3-}、HPO_4^{2-}、$H_2PO_4^-$ 等形式的含量来表示分析结果。

如果待测组分的实际存在形式不清楚，则分析结果最好以氧化物或元素形式的含量表示。例如，各种元素的含量在矿石分析中常以其氧化物形式（如 K_2O、CaO、MgO、Fe_2O_3、Al_2O_3、P_2O_5 和 SiO_2 等）的含量表示，在金属材料和有机分析中常以元素形式（Fe、Al、Cu、Zn、Sn、Cr、W 和 C、H、O、N、S 等）的含量表示。

电解质溶液的分析结果常以溶液中所存在的离子的含量表示。

2. 待测组分含量的表示方法

不同状态的试样，其待测组分含量的表示方法有所不同。

(1) 固体试样　固体试样中待测组分的含量通常以质量分数表示。若试样中含待测组分的质量以 m_B 表示，试样质量以 m_s 表示，则它们的比称为物质 B 的质量分数，以符号 w_B 表示，即

$$w_B = m_B/m_s$$

计算结果数值以%表示。例如，测得某水泥试样中 CaO 的质量分数表示为：$w(CaO)=59.82\%$。

若待测组分含量很低，可采用 μg/g（或 10^{-6}）、ng/g（或 10^{-9}）和 pg/g（或 10^{-12}）来表示。

(2) 液体试样　液体试样中待测组分的含量通常有如下表示方式。

① 物质的量浓度　表示待测组分的物质的量 n_B 除以试液的体积 V_s，以符号 c_B 表示。常用单位为 mol/L。

② 质量分数　表示待测组分的质量 m_B 除以试液的质量 m_s，以符号 w_B 表示。

③ 体积分数　表示待测组分的体积 V_B 除以试液的体积 V_s，以符号 φ_B 表示。

④ 质量浓度　表示单位体积试液中被测组分 B 的质量，以符号 ρ_B 表示，单位为 g/L、mg/L、μg/L 或 μg/mL、ng/mL、pg/mL 等。

(3) 气体试样　气体试样中的常量或微量组分的含量常以体积分数 φ_B 表示。

思考题1-1

1. 用一个你所熟悉的实例，说明分析化学在现代生活、生产、科研中的重要作用。
2. 请用流程图说明分析测试全过程。
3. 当你接受送检客户的来样时，你将如何与客户对话？
4. 对物质进行定量分析主要有哪些方法？你在学习这门课程之前曾做过哪些有关分析的实验？它们从分析的目的上看，应属于哪类分析方法？
5. 将 10mg NaCl 溶于 100mL 水中，请用 c、w、ρ 表示溶液中 NaCl 的含量。

阅读材料

绿色分析化学的特点及方法简介

随着人们环保意识的增强，人们发现化学分析全过程也是化学物质污染排放源。传统的样品处理技术往往伴随着大量污染物产生，特别是大量废酸、废气以及有机溶剂的废液，既危害环境又危害分析者的身体健康，这显然违背了保护环境，控制污染的宗旨。因此近年来，人们在进行分析实验时，致力于少用或不用有机溶剂和其他化学试剂，进行绿色分析化学技术的研究与开发。

绿色分析化学是一门从源头上阻止污染的分析化学，是把绿色化学的原理使用在新的分析方法和技术的设计方面，其目标是利用环境友好的方法和原理，尽量不用或少用有害试剂，将环境污染减少到最低限度。

目前绿色分析化学技术中，在绿色分析样品前处理技术方面主要有微波消解、微波萃取和超临界液体萃取等技术。在绿色分析分离富集技术方面主要有固相萃取、固相微萃取、膜萃取等技术。在绿色分析测试技术方面主要有近红外光谱分析、X 射线荧光分析、顶空气相色谱分析等技术。

环境保护人人有责。无污染或少污染的绿色分析化学技术现在正在兴起，正逐渐成为绿色化学的一个重要组成部分。每位分析人员在实验中都应该树立环保意识，并结合实验提出更多更好的创新性方法和技术，为绿色分析化学技术的研究与开发出一份力。在 21 世纪绿色分析化学必将为人类可持续发展作出贡献。

第二节　分析测试中的误差

【学习要点】 了解准确度、精密度的概念及两者间的关系；掌握误差与偏差的表示方法和有关计算；掌握误差的分类、各类误差的特点和来源。

准确测定试样中各有关组分的含量是分析化学的主要任务之一。不准确的分析结果会导致产品报废、资源浪费，甚至在科学上得出错误的结论。但是在分析过程中，即使技术很熟练的分析人员，用同一种方法对同一试样进行多次分析，也不能得到完全一样的分析结果。这说明，在分析过程中，误差是客观存在的。因此，在定量分析中应该了解产生误差的原因和规律，采取有效措施减小误差，并对分析结果进行评价，判断其准确性，以提高分析结果的可靠程度，使之满足生产与科学研究等方面的要求。

一、准确度和精密度

1. 真值 (true value) (x_T)

某一物质本身具有的客观存在的真实数值，即为该量的真值。一般说来，真值是未知的，但下列情况的真值可以认为是知道的：

（1）理论真值　如某化合物的理论组成等。

（2）计量学约定真值　如国际计量大会上确定的长度、质量、物质的量单位等。

（3）相对真值　认定精度高一个数量级的测定值作为低一级的测量值的真值。这种真值是相对比较而言的。如厂矿实验室中标准试样及管理试样中组分的含量等可视为真值。

2. 准确度 (accuracy)

准确度[1]表示分析结果与被测量真值或约定真值间的一致程度。准确度与真实值之间的差别越小，则分析结果越准确，即准确度越高。

3. 精密度 (precision)

在对样品进行分析时，一般需要在同一条件下对同一样品进行多次重复测定（称平行测定），此时可得到一组数值不等的测量结果，这些测量结果之间接近的程度称为精密度。几次测量结果的数值越接近，分析结果的精密度就越高。在分析化学中，有时用重复性（re-

---

[1] 当应用于一组测试结果时，“准确度”这个术语则包括随机成分的集合和一个共有系统误差或偏倚成分。

peatability）和再现性（reproducibility）表示不同情况下分析结果的精密度，前者表示同一分析人员在同一条件下所得分析结果的精密度，后者表示不同分析人员或不同实验室之间在各自条件下所得分析结果的精密度。

4. 准确度和精密度的关系

定量分析工作中要求测量值或分析结果应达到一定的准确度与精密度。值得注意的是，并非精密度高者准确度就高。例如，甲、乙、丙 3 人同时测定一铁矿石中 Fe_2O_3 的含量（真实含量以质量分数表示为 50.36%），各分析 4 次，测定结果如下：

	1	2	3	4	平均值
甲	50.30%	50.30%	50.28%	50.29%	50.29%
乙	50.40%	50.30%	50.25%	50.23%	50.30%
丙	50.36%	50.35%	50.34%	50.33%	50.35%

所得分析结果绘于图 1-1 中。

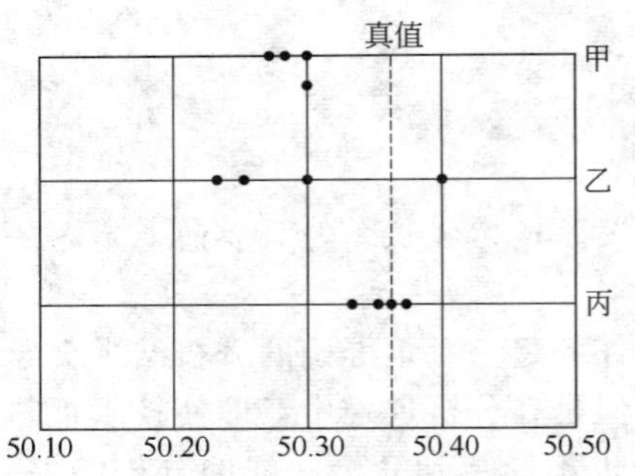

图 1-1 不同分析人员的分析结果

由图 1-1 可见，甲的分析结果的精密度很好，但平均值与真实值相差较大，说明准确度低；乙的分析结果精密度不高，准确度也不高；只有丙的分析结果的精密度和准确度都比较高。所以，精密度高的不一定准确度就高，但准确度高一定要求精密度高，即一组数据精密度很差，自然失去了衡量准确度的前提。

二、误差和偏差

1. 误差（error）

准确度的高低用误差来衡量。误差（E）是指测定值（x）与被测量的真值（x_T）之间的差。误差越小，表示测定结果与真值越接近，准确度越高；反之，误差越大，准确度越低。误差可用绝对误差（absolute error，符号 E_a）与相对误差（relative error，符号 E_r）两种方法表示。

绝对误差（E_a）表示测定值[1]（x）与真值之间的代数差值，即

$$E_a = x - x_T \tag{1-1a}$$

相对误差是指绝对误差（E_a）在被测量真值中所占的百分率，即

$$E_r = \frac{E_a}{x_T} \times 100\% \tag{1-1b}$$

例如，测定某铝合金中铝的质量分数为 81.18%，已知真值为 81.13%，则其绝对误差为：

$$E_a = 81.18\% - 81.13\% = +0.05\%$$

其相对误差为：

$$E_r = \frac{E_a}{x_T} \times 100\% = \frac{0.05\%}{81.13\%} \times 100\% = 0.062\%$$

绝对误差和相对误差都有正值和负值。当误差为正值时，表示测定结果偏高；误差为负值时，表示测定结果偏低。相对误差能反映误差在真值中所占的比例，这对于比较在各种情况下测定结果的准确度更为方便，因此最常用。但应注意，有时为了说明一些仪器测量的准确度，用绝对误差更清楚。例如分析天平的称量误差是±0.0002g，常量滴定管的读数误差

---

[1] 实际工作中，通常在相同条件下对一个样品进行多次重复测定（称为平行测定），获得一组数据。而该样品的测定结果通常用各次测定结果的平均值 $\bar{x}$ 来表示。此时，应当用 $\bar{x} - x_T$ 表示测定结果的绝对误差。同理，相对误差则为$(\bar{x} - x_T)/\bar{x}$。

是±0.02mL 等，这些都是用绝对误差来说明的。

2. 偏差（deviation）

精密度的高低常用偏差（d）来衡量。偏差小，测定结果精密度高；偏差大，测定结果精密度低，测定结果不可靠。偏差是指测定值（x）与几次测定结果平均值（$\overline{x}$）的差值。与误差相似，偏差也有绝对偏差和相对偏差。设一组测量值为 x_1、x_1、…、x_n，其算术平均值为 $\overline{x}$，对单次测量值 x_i，其单次测量偏差可表示为：

$$\text{绝对偏差 } d_i = x_i - \overline{x} \tag{1-2a}$$

$$\text{相对偏差 } Rd_i = \frac{d_i}{\overline{x}} \times 100\% \tag{1-2b}$$

由于在几次平行测定中各次测定的偏差有负有正，有些还可能是零，为了说明分析结果的精密度，通常以单次测量偏差绝对值的平均值即平均偏差（deviation average）$\overline{d}$ 表示其精密度：

$$\overline{d} = \frac{|d_1| + |d_2| + \cdots + |d_n|}{n} = \frac{|x_1 - \overline{x}| + |x_2 - \overline{x}| + \cdots + |x_n - \overline{x}|}{n} \tag{1-3}$$

测量结果的相对平均偏差为：

$$\text{相对平均偏差 } R\overline{d} = \frac{\overline{d}}{\overline{x}} \times 100\% \tag{1-4}$$

三、误差的分类和来源

在分析测试过程中，由于存在着一些影响测定的因素，因此误差是客观存在的。根据误差的性质和产生的原因，一般可将其分为系统误差（systematic error）和随机误差（random error）两大类。

1. 系统误差

系统误差是指在重复性条件下，对同一被测量进行无限多次测量所得结果的平均值与被测量的真值之差。

系统误差具有重复性和单向性，其大小是可以测定的，所以又称它为可测误差（determinable error）。系统误差产生的原因主要有以下几方面：

（1）仪器误差（instrumental error）　由于仪器、量器不准引起的误差称为仪器误差。例如移液管的刻度不准确、分析天平所用的砝码未经校准等。

（2）试剂误差（reagent error）　由于分析时所使用的试剂纯度不够而引起的误差称为试剂误差。例如试剂变质或被污染、蒸馏水中含微量待测组分等引起的误差。

（3）方法误差（methodic error）　由于分析方法本身的缺陷所引起的误差称为方法误差。方法误差的大小与分析方法的特性有直接关系。例如在重量分析中沉淀的溶解或共沉淀所引起的误差；滴定分析法中由于滴定终点与化学计量点的差异、副反应的发生等所引起的误差，均属方法误差。

（4）操作误差（operational error）　由于操作者操作不当造成的误差称为操作误差。例如滴定终点颜色的辨别偏深或过浅；读取滴定液体积时总是偏高或偏低等。

按系统误差的变化规律来分类，系统误差可分为恒定系统误差和可变系统误差。恒定系统误差的大小与试样的多少无关，在测量过程中绝对误差保持不变，而相对误差会随试样质量增大而减小，如滴定分析中的指示剂误差便属于这种误差；可变系统误差中常见的是线性系统误差，也称比例误差，其分析结果的绝对误差随样品量的增大而成比例增大，而相对误差却与试样的多少无关。

2. 随机误差

随机误差是指测量结果与在重复性条件下，对同一被测量进行无限多次测量所得结果的平均值之差。它是由于测量过程中各种因素的随机波动而引起的具有抵偿性的误差，因而又被称为偶然误差（accidental error）或不定误差（indeterminable error）。这些因素主要有实验室环境温度、气压、湿度的变化，测量仪器示值的波动，分析人员对各份试样处理时的微小差别等。随机误差的特点是大小和正负都变化不定，且无法加以校正，似乎没有规律性。但如果进行多次重复测定，就会发现测定数据的分布符合一定的统计规律（详见本章第四节）。

在定量分析中，除系统误差和随机误差外，还有一类“过失误差”（gross error），它是由分析人员因粗枝大叶或违反操作规程所引起的。例如仪器失灵、试剂被污染、溶液溅失、沉淀穿滤、器皿不洁净、加错试剂、读错读数、记录和计算错误等。这种“过失误差”没有一定的规律，只要分析人员加强责任心、认真细致、严格遵守操作规程，这种误差是可以避免的。含有过失误差的测量值为异常值，在进行数据处理时，应将其剔除。

随机误差和系统误差直接影响到分析测试的准确度或精密度，而准确度和精密度又是分析质量的最重要的标准。采用哪些可能的措施可以减少误差，这要依赖于误差本身的性质。因此，有必要对这两种误差最相关的特性进行总结和比较（见表 1-2）。

表 1-2　随机误差和系统误差的最显著的特征

序号	随机(或不可测)误差	系统(或可测)误差
1	由操作者、仪器和方法的不确定性造成	由操作者、仪器和方法偏差造成
2	不可消除，但可通过仔细的操作而减小	原则上可认识且可减小(部分甚至全部)
3	可通过在平均值附近的分散度辨认	由平均值与真值之间的不一致程度辨认
4	影响精密度	影响准确度
5	通过精密度的大小(例如标准差)定量	以平均值与真值之间的差值定量

思考题1-2

1. 测量结果与被测量真值之间的一致程度，称为（　　）。

A. 重复性　　B. 再现性　　C. 准确度　　D. 精密度

2. 下列论述中错误的是（　　）。

A. 方法误差属于系统误差　　B. 系统误差包括操作误差

C. 系统误差呈现正态分布　　D. 系统误差具有单向性

3. 在下列所述情况中，不属于操作错误的是（　　）。

A. 称量时，分析天平零点稍有变动　　B. 仪器未洗涤干净

C. 称量易挥发样品时没有采取密封措施　　D. 操作时有溶液溅出

4. 下列关于平行测定结果准确度与精密度的描述正确的有（　　）。

A. 精密度高则没有随机误差　　B. 精密度高测准确度一定高

C. 精密度高表明方法的重现性好　　D. 存在系统误差则精密度一定不高

5. 在测量操作过程中出现下列情况，属于系统误差的是（　　）。

A. 称量某物时未冷却至室温就进行称量　　B. 滴定前用待测定的溶液淋洗锥形瓶

C. 称量用砝码没有校正　　D. 用移液管移取溶液前未用该溶液洗涤移液管

6. 某一分析天平称量绝对误差为±0.1mg，用递减法称取试样质量为 0.05g，问称量的相对误差是多少？如果称取试样 1g，其称量相对误差又是多少？这说明了什么问题？

阅读材料

分析测试的质量控制与保证

分析实验室的建立标志着分析系统的建立，但分析质量并未确定，还要控制分析系统的数据质量、分析方法质量、分析体系质量、分析方法、实验室供应、实验室环境条件、标准物质等参数的误差，以将系统各类误差降到最低，这种为获取可靠分析结果的全部活动就是分析质量控制与保证。

1. 分析实验室质量控制

一个给定系统对分析测试所得数据质量的要求限度还和其他一些因素有关，如成本费用、安全性、对环境污染的毒性、分析速度等。这个限度就是在一定置信概率下所得到的数据能达到一定的准确度与精密度，而为达到所要求的限度所采取的减少误差的措施的全部活动就是分析实验室质量控制。

2. 分析实验室质量保证

质量保证的任务就是把所有的误差（其中包括系统误差、随机误差，甚至因疏忽造成的误差）减少到预期水平。

质量保证的核心内容包括两方面：一方面，对从取样到分析结果计算的分析全过程采取各种减少误差的措施，进行质量控制；另一方面，采用行之有效的方法对分析结果进行质量评价，及时发现分析过程中的问题，确保分析结果的准确可靠。

质量保证代表了一种新的工作方式，通过编制的大量文件使实验室管理工作者增加了阅读、评价、归档及做出相应对策等大量日常文书工作，达到实验室管理工作科学化目标，提高了实验室管理工作水平。

摘自于世林、苗凤琴编《分析化学》

第三节　有效数字及运算规则

【学习要点】 了解有效数字的概念；掌握有效数字的修约规则和运算规则，并能在实践中灵活应用，正确运算实验结果。

在定量分析中，为了得到准确的分析结果，不仅要准确地进行各种测量，而且还要正确地记录和计算。分析结果所表达的不仅仅是试样中待测组分的含量，而且还反映了测量的准确程度。因此，在实验数据的记录和结果的计算中，保留几位数字不是任意的，要根据测量仪器、分析方法的准确度来决定，这就涉及到有效数字的概念。

一、有效数字

有效数字是指在分析工作中实际能够测量得到的数字。在保留的有效数字中，只有最后一位数字是可疑的（有±1 的误差），其余数字都是准确的。例如滴定管读数 25.31mL 中，25.3 是确定的，0.01 是可疑的，可能为（25.31±0.01)mL。有效数字的位数由所使用的仪器决定，在记录测量数据时，不能任意增加或减少位数，如前例中滴定管的读数不能写成 25.310mL，因为仪器无法达到这种精度；也不能写成 25.3mL 而降低了仪器的精度。

下列是一组数据的有效数字位数：

2.1	1.0	2 位有效数字
1.98	0.0382	3 位有效数字

18.79%	0.7200	4位有效数字
43219	1.0008	5位有效数字
3600	100	有效数字位数不确定

在以上数据中，数字“0”有不同的意义。在第一个非0数字前的所有的“0”都不是有效数字，因为它只起定位作用，与精度无关，例如0.0382；而第一个非0数字后的所有的0都是有效数字，例如1.0008、1.0、0.7200。另外，像3600这样的数字，一般看成4位有效数字，但它可能是2位或3位有效数字，对于这样的情况，应该根据实际情况而定，分别写成3.600×10^3（4位有效数字）或3.6×10^3（2位有效数字）、3.60×10^3（3位有效数字）较好。

在分析化学中，常遇到倍数、分数关系，如2、3、1/3、1/5等，这些数据是非测量所得，可视为无限多位有效数字，而对于含有对数的有效数字，如pH、pK_a、$\lg K$等，其位数取决于小数部分，整数部分只说明这个数的方次，如pH=9.32有效数字为2位，而不是3位。

二、有效数字修约规则

在数据处理过程中，涉及的各测量值的有效数字位数可能不同，因此需要按下面所述的计算规则确定各测量值的有效数字位数。各测量值的有效数字位数确定后，就要将它后面多余的数字舍弃。舍弃多余的数字的过程称为“数字修约”，它所遵循的规则称为“数字修约规则”。数字修约时，应按中华人民共和国标准GB 3101—93进行，可归纳为如下口诀：“四舍六入五成双；五后非零就进一，五后皆零视奇偶，五前为偶应舍去，五前为奇则进一。”

【例1-1】 将下列数据修约到保留两位有效数字：

1.43426，1.4631，1.4507，1.4500，1.3500

解 按上述修约规则：

(1) 1.43426修约为1.4

保留两位有效数字，第三位小于等于4，应舍去。

(2) 1.4631修约为1.5

第三位大于等于6，应进1。

(3) 1.4507修约为1.5

第三位为5，但其后面并非全部为0，应进1。

(4) 1.4500修约为1.4

第三位为5，其后均为0，但5邻左的数字为偶数4，应舍去。

(5) 1.3500修约为1.4

第三位为5，并且后面数字皆为零，而5邻左的数字为奇数3，应进1。

注意：若拟舍弃的数字为两位以上，应按规则一次修约，不能分次修约。例如将7.5491修约为2位有效数字，不能先修约为7.55，再修约为7.6，而应一次修约到位即7.5。在用计算器（或计算机）处理数据时，对于运算结果，亦应按照有效数字的计算规则进行修约。

三、有效数字运算规则

在分析测定过程中，往往要经过几个不同的测量环节，例如先用减量法称取试样，试样经过处理后进行滴定。在此过程中有多个测量数据，如试样质量，滴定管初、终读数等，在分析结果的计算中每个测量值的误差都要传递到结果里。因此，在进行结果运算时，应遵循下列规则。

① 加减法。几个数据相加减时，它们的最后结果的有效数字位数的保留应以小数点后位数最少的数据为根据。例如：

$$0.12+0.0354+42.716=42.8714\approx42.87$$

② 乘除法。几个数据相乘或相除时，它们的积或商的有效数字位数的保留必须以各数据中有效数字位数最少的数据为准。例如：

$$1.54\times31.76=48.9104=48.9$$

③ 乘方和开方。对数据进行乘方或开方时，所得结果的有效数字位数的保留应与原数据相同。例如：

$$6.72^2=45.1584\approx45.2\text{（保留 3 位有效数字）}$$

$$\sqrt{9.65}=3.10644\cdots\approx3.11\text{（保留 3 位有效数字）}$$

④ 对数计算。所取对数的小数点后的位数（不包括整数部分）应与原数据的有效数字的位数相等。例如：

$$\lg102=2.00860017\approx2.009\text{（保留 3 位有效数字）}$$

⑤ 在计算中常遇到分数、倍数等，可视为多位有效数字。

⑥ 在乘除运算过程中，首位数为“8”或“9”的数据，有效数字位数可以多取1位。

⑦ 在混合计算中，有效数字的保留以最后一步计算的规则执行。

⑧ 表示分析方法的精密度和准确度时，大多数取 1～2 位有效数字。

四、有效数字运算规则在分析测试中的应用

在分析化学中，常涉及大量数据的处理及计算工作。下面是分析化学中记录数据及计算分析结果的基本规则。

① 记录测定结果时，只应保留 1 位可疑数字。在定量分析测试过程中，常用的几个重要物理量的测量误差一般为：质量，$\pm0.000x$g；容积，$\pm0.0x$mL；pH，$\pm0.0x$ 单位；电位，$\pm0.000x$V；吸光度，$\pm0.00x$ 等。由于测量仪器不同，测量误差可能不同，因此，应根据具体情况正确记录测量数据。

② 有效数字位数确定以后，按“四舍六入五成双”规则进行修约。

③ 几个数相加减时，以绝对误差最大的数为标准，使所得数只有 1 位可疑数字。几个数相乘时，一般以有效数字位数最少的数为标准，弃去过多的数字，然后进行乘除。在计算过程中，为了提高计算结果的可靠性，可以暂时多保留 1 位数字，再多保留就完全没有必要了，而且会增加运算时间。但是，在得到最后结果时，一定要注意弃去多余的数字。在用计算器（或计算机）处理数据时，对于运算结果，应注意正确保留最后计算结果的有效数字位数。

④ 对于高含量组分（例如＞10%）的测定，一般要求分析结果有 4 位有效数字；对于中含量组分（例如 1%～10%），一般要求 3 位有效数字；对于微量组分（＜1%），一般只要求 2 位有效数字。通常以此为标准，报出分析结果。

⑤ 在分析化学的许多计算中，当涉及各种常数时，一般视为准确的，不考虑其有效数字的位数。对于各种误差的计算，一般只要求 2 位有效数字。对于各种化学平衡的计算（如计算平衡时某离子的浓度），根据具体情况保留 2 位或 3 位有效数字。

此外，在分析化学的有些计算过程中，常遇到 pH＝4、pM＝8 等这样的数值，有效数字位数未明确指出。这种表示方法不恰当，应当避免。

思考题1-3

1. 分析工作中实际能够测量到的数字称为（　　）。

A. 精密数字　　B. 准确数字　　C. 可靠数字　　D. 有效数字

2. 有效数字是指实际上能测量得到的数字，只保留末一位（　　）数字，其余数字均为准确数字。

A. 可疑　　B. 准确　　C. 不可读　　D. 可读

3. 请确定下列测量数据的有效数字位数

(1) $c(NaOH)=0.2010mol/L$（　　）　　(2) $m_B=1.2708g$（　　）

(3) $V(HCl)=28.45mL$（　　）　　(4) $\rho(CaO)=0.0236g/L$（　　）

(5) $pH=10.05$（　　）　　(6) $w_B=0.031\%$（　　）

4. 由计算器算得$\frac{2.236\times1.1124}{1.036\times0.2000}$的结果为12.004471，按有效数字运算规则应将结果修约为（　　）。

A. 12　　B. 12.0　　C. 12.00　　D. 12.004

阅读材料

21 世纪分析化学发展趋势

21 世纪分析化学发展的方向是往高灵敏度、高选择性，快速、自动、简便、经济，分析仪器自动化、数字化和计算机化，并向智能化、信息化纵深发展。化学传感器发展小型化、仿生化，诸如生物芯片、化学和物理芯片以及嗅觉和味觉（电子鼻和电子舌），鲜度和食品检测传感器等以及环境保护和监控等是 21 世纪分析化学重点发展的研究领域。

各类分析方法的联用是分析化学发展的另一热点，特别是分离与检测方法的联用，例如气相、液相或超临界液相色谱和光谱技术相结合等，这是现代分析化学发展的趋势。

然而，应用先进仪器进行的仍然是离线分析检测，其所报结果绝大多数是静态的非直接的现场数据，不能瞬时直接准确地反映生产实际和生命环境的情景实况，以致控制生产、生态和生物过程也不能及时。现在迫切要求在生命、环境和生产的动态过程中能瞬时反映实情，随时采取措施以提高效率，降低成本，改善产品质量，保障环境安全，改善人口与健康，提高素质，减少疾病，延长寿命。因此，运用先进的科学技术发展新的分析原理并研究建立有效而实用的原位、在体、实时、在线和高灵敏度、高选择性的新型动态分析检测与无损探测方法及多元多参数的检测监视方法，是 21 世纪分析化学发展的主流。

摘自汪尔康主编《21 世纪分析化学》

第四节　分析数据的统计处理与评价

【学习要点】 学会用算术平均值、中位值表示测量数据的集中趋势；掌握测量数据分散程度的表示——平均偏差和标准偏差的定义和计算方法；了解随机误差的正态分布、t 分布曲线及置信水平与平均值的置信区间等知识；了解用 t 检验法和 F 检验法检验分析数据可靠性的方法；了解重复性精密度和再现性精密度的含义和相关计算；了解测量不确定度的含义、分类和评价方法；掌握Q检验法，能对测量数据中的异常值进行合理的取舍；了解利用格鲁布斯法进行异常值检验与取舍的优点及计算。

一、测量值的集中趋势和分散程度

近年来，分析化学中越来越广泛地采用统计学方法来处理各种分析数据，使其更科学地反映所研究对象的客观存在。在统计学中，所考察的对象的全体称为总体（或母体），自总体中随机抽出的一组测量值称为样本（或子样），样本中所含测量值的数目称为样本大小（或容量）。例如对某批矿石中锑含量进行分析，经取样、细碎、缩分后，得到一定数量（如 200g）的试样供分析用，这就是供分析用的总体。如果从中称取 4 份试样进行平行分析，得到 4 个分析结果，则这一组分析结果就是该矿石分析试样总体的一个随机样本，样本容量为 4。

1. 数据集中趋势的表示

（1）算术平均值和总体平均值　设样本容量为 n，则样本的算术平均值（简称平均值）用 $\overline{x}$ 表示：

$$\overline{x}=\frac{1}{n}\sum_{i=1}^{n}x_i \quad (n\ 为有限次) \tag{1-5}$$

总体平均值（mean of population，简称总体均值）是表示总体分布集中趋势的特征值，用符号 μ 表示：

$$\mu=\frac{1}{n}\sum_{i=1}^{n}x_i \quad (n\rightarrow\infty) \tag{1-6}$$

在无限次测量中用 μ 描述测量值的集中趋势，而在有限次测量中则用算术平均值 $\overline{x}$ 描述测量值的集中趋势。

（2）中位数（x_M）　将一组测量数据按大小顺序排列，位置处于中间的一个数据即为中位数 x_M。当测量的次数为偶数时，中位数为中间相邻两个测量值的平均值。它的优点是能简便直观地说明一组测量数据的结果，且不受两端具有过大误差的数据的影响；缺点是不能充分利用数据。显然用中位数表示数据的集中趋势不如平均值好。

2. 数据分散程度的表示

数据分散程度（或称离散性）可用平均偏差 $\overline{d}$（见本章第二节）、标准偏差（standard deviation）来衡量。在用统计方法处理数据时，广泛采用标准偏差来衡量数据的分散程度。

（1）总体标准偏差和样本标准偏差　当测量次数为无限多次时，各测量值对总体平均值 μ 的偏离用总体标准偏差 σ 表示：

$$\sigma=\sqrt{\frac{\sum_{i=1}^{n}(x_i-\mu)^2}{n}} \quad (n\rightarrow\infty) \tag{1-7}$$

计算标准偏差时，对单次测量偏差加以平方，这样做不仅能避免单次测量偏差相加时正负抵消，更重要的是大偏差能更显著地反映出来，因而可以更好地说明数据的分散程度。

当测量次数不多、总体平均值又不知道时，用样本的标准偏差 s 来衡量该组数据的分散程度：

$$s=\sqrt{\frac{\sum_{i=1}^{n}(x_i-\overline{x})^2}{n-1}} \quad (n\ 为有限次) \tag{1-8}$$

式中，$n-1$ 称为自由度，以 f 表示。自由度是指独立偏差的个数。对于一组 n 个测量数据的样本，可以计算出 n 个偏差值，但仅有 $n-1$ 个偏差是独立的，因而自由度 f 比测量值 n 少1。引入 $n-1$ 的目的，主要是为了校正以 $\overline{x}$ 代替 μ 所引起的误差。很明显，当测量次数非常多时，测量次数 n 与自由度 f 的区别就很小了，此时 $\overline{x}\rightarrow\mu$，$s\rightarrow\sigma$。

【例 1-2】 用酸碱滴定法测定某混合物中乙酸含量，得到下列结果。计算分析结果的平均偏差、相对平均偏差、标准偏差。

x	$\|d_i\|$	d_i^2
10.48%	0.05%	2.5×10^{-7}
10.37%	0.06%	3.6×10^{-7}
10.47%	0.04%	1.6×10^{-7}
10.43%	0.00%	0
10.40%	0.03%	0.9×10^{-7}
$\overline{x}=10.43\%$	$\sum\|d_i\|=0.18\%$	$\sum d_i^2=8.6\times10^{-7}$

解

$$\text{平均偏差}\ \overline{d}=\frac{\sum|d_i|}{n}=\frac{0.18\%}{5}=0.036\%$$

$$\text{相对平均偏差}\ \frac{\overline{d}}{\overline{x}}=\frac{0.036\%}{10.43\%}\times100\%=0.35\%$$

$$\text{标准偏差}\ s=\sqrt{\frac{\sum d_i^2}{n-1}}=\sqrt{\frac{8.6\times10^{-7}}{5-1}}=4.6\times10^{-4}=0.046\%$$

答：这组数据的平均偏差为0.036%；相对平均偏差为0.35%；标准偏差为0.046%。

用标准偏差衡量数据的分散程度比平均偏差更为恰当。例如，下列是两组测量数据的各单次测量偏差，其平均偏差值均为0.24。

1#	d_i	+0.3，−0.2，−0.4，+0.2，+0.1，+0.4，0.0，−0.3，+0.2，−0.3
2#	d_i	0.0，+0.1，−0.7，+0.2，−0.1，−0.2，+0.5，−0.2，+0.3，+0.1

但是第二组数据包含有两个较大的偏差（−0.7和+0.5），分散程度明显大于第一组数据。若用标准偏差来表示，则可将它们的分散程度区分开来：

$$s_1=\sqrt{\frac{\sum d_i^2}{n-1}}=\sqrt{\frac{0.3^2+0.2^2+\cdots+(-0.3)^2}{10-1}}=0.28$$

$$s_2=\sqrt{\frac{\sum d_i^2}{n-1}}=\sqrt{\frac{0.0^2+0.1^2+\cdots+0.1^2}{10-1}}=0.33$$

（2）标准偏差的计算

① 小样本测定时标准偏差的计算。假定一组测定值 x_1、x_2、…、x_n，其平均值为 $\overline{x}$，按照公式(1-8) 计算标准偏差 s 比较麻烦，而且计算平均值时会带来数字取舍误差，此时可用下面的等效式进行计算：

$$s=\sqrt{\frac{\sum x^2-(\sum x)^2/n}{n-1}} \tag{1-9}$$

目前，一般的计算器都有此计算功能，只要将数据输入计算器就可以得到结果。

【例 1-3】 例1-2中原测定结果的含量为10.48%、10.37%、10.47%、10.43%、

10.40%。计算其标准偏差。

解 为避免数字过多，减少计算麻烦，分析结果同时扩大 100 倍并减去 10.00。这种处理方法不会影响标准偏差的计算。处理后数据见下表：

x	$x'=x-10.00$	x'^2
10.48	0.48	0.230
10.37	0.37	0.137
10.47	0.47	0.221
10.43	0.43	0.185
10.40	0.40	0.160
	$\sum x'=2.15$	$\sum x'^2=0.933$

根据式(1-9) 得

$$s=\sqrt{\frac{\sum x'^2-(\sum x')^2/n}{n-1}}=\sqrt{\frac{0.933-(2.15^2/5)}{5-1}}=0.046$$

将 0.046 根据先前的处理缩小 100 倍，得到 5 次测定结果的标准偏差为 0.046%。

答：5 次测定结果的标准偏差为 0.046%。

② 平均值的标准偏差 $s_{\bar{x}}$ 的计算。样本平均值 $\bar{x}$ 是一个非常重要的统计量，通常以此来估计总体平均值 μ。现假定对同一总体中的一系列样本进行分析，每一个样本有 n 个测量结果，则由此可以求得一系列的样本平均值 $\bar{x}_1$、$\bar{x}_2$、…、$\bar{x}_n$。当然这些样本平均值并不完全相等，而是有一定的波动。它们分布的分散程度可用样本平均值的标准偏差 $\sigma_{\bar{x}}$ 表示。与 σ 表示单次测量结果的精密度一样，$\sigma_{\bar{x}}$ 表示样本平均值的标准偏差。计算公式如下：

$$\sigma_{\bar{x}}=\frac{\sigma}{\sqrt{n}} \quad (n\to\infty) \qquad (1\text{-}10)$$

对于有限次测量，则为：

$$s_{\bar{x}}=\frac{s}{\sqrt{n}} \quad (n\text{ 为有限次}) \qquad (1\text{-}11)$$

由此可见，平均值的标准偏差与测量次数的平方根成反比。4 次测量的平均值的标准偏差是单次测量标准偏差的 1/2；9 次测量值的平均值的标准偏差是单次测量标准偏差的 1/3。可见，增加测定次数，可使平均值的标准偏差减小。但过多增加次数是很不合算的。由图 1-2 可见，$n>5$ 变化就较慢，而 $n>10$ 时变化已很小了。所以，在分析化学实际工作中，一般测定 3～4 次就够了；对较高要求的分析，可测定 5～9 次。

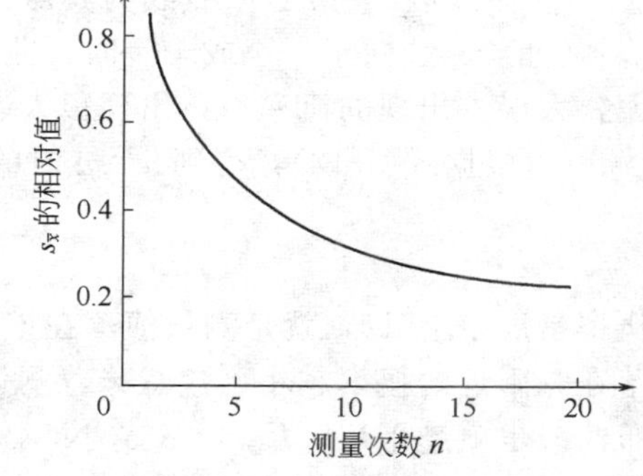

图 1-2 平均值的标准偏差与测量次数的关系

分析结果只要计算出 $\bar{x}$、s、n，即可表示出数据的集中趋势与分散程度，就可进一步对总体平均值可能存在的区间做出估计。

【例 1-4】 某铝合金试样中铝含量的一组测定结果为：1.62%、1.60%、1.30%、1.22%。计算此组测定结果平均值的标准偏差 $s_{\bar{x}}$。

解 $\bar{x}=1.44\%$，$s=0.20\%$，则

$$s_{\bar{x}}=\frac{s}{\sqrt{n}}=\frac{0.20\%}{\sqrt{4}}=0.10\%$$

答：该组测定结果平均值的标准偏差 $s_{\bar{x}}$为 0.10%。

二、正态分布和 t 分布

1. 随机误差的正态分布

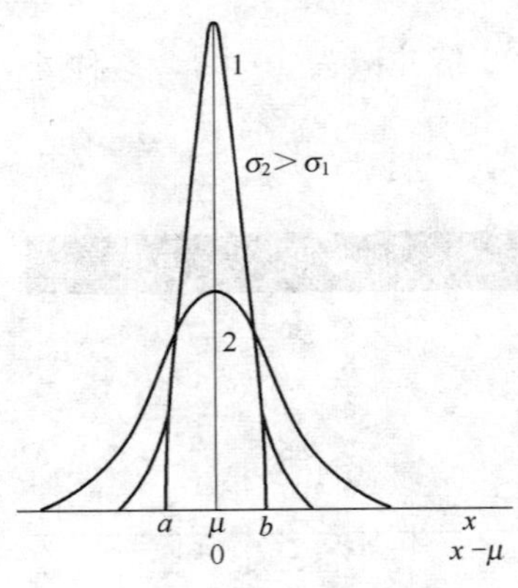

图 1-3 两组精密度不同的测量值的正态分布曲线

在分析测试中，即使是在严格控制的试验条件下对一个样品进行多次重复测定，由于随机误差的存在，各次测定值总是在一定范围内波动，这些测量数据一般符合正态分布规律，故通常可按这种规律进行数据处理。正态分布就是数学上的高斯分布。它在概率统计中占有特别重要的地位，因为许多随机变量都服从（或近似服从）正态分布。图 1-3 即为正态分布曲线，它的数学表达式为：

$$y = f(x) = \frac{1}{\sigma\sqrt{2\pi}}e^{-(x-\mu)^2/2\sigma^2} \tag{1-12}$$

式中，y 为概率密度，表示 x 出现的概率；x 为测量值；μ 为总体平均值，即无限次测定数据的平均值，相应于曲线的最高点的横坐标值，在没有系统误差时它就是真值；σ 为总体标准偏差，它就是总体平均值 μ 到曲线拐点间的距离。以 $x-\mu$作横坐标，则曲线最高点对应的横坐标为零，这时曲线成为随机误差的正态分布曲线。

由式(1-12) 及图 1-3 可见：

① $x=\mu$ 时，y 值最大，此即分布曲线的最高点。这一现象体现了测量值的集中趋势。也就是说，大多数测量值集中在算术平均值的附近；或者说，算术平均值是最可信赖值或最佳值，它能很好地反映测量值的集中趋势。

② 曲线以 $x=\mu$ 这一直线为其对称轴。这一情况说明正误差和负误差出现的概率相等。

③ 当 x 趋向于$-\infty$或$+\infty$时，曲线以 x 轴为渐近线。这一情况说明小误差出现的概率大，大误差出现的概率小；出现很大误差的概率极小，趋近于零。

④ 根据式(1-12)，得到 $x=\mu$ 时的概率密度为：

$$y_{x=\mu} = \frac{1}{\sigma\sqrt{2\pi}} \tag{1-13}$$

概率密度乘上 dx，就是测量值落在该 dx 范围内的概率。由式(1-13) 可见，σ 越大，测量值落在 μ 附近的概率越小，这意味着测量时的精密度越差时，测量值的分布就越分散，正态分布曲线也就越平坦；反之，σ 越小，测量值的分散程度就越小，正态分布曲线也就越尖锐。

μ 和 σ，前者反映测量值分布的集中趋势，后者反映测量值分布的分散程度，它们是正态分布的两个基本参数，一旦确定之后，正态分布就被完全确定了。故任何一种正态分布曲线均可以表示为 $N(\mu,\sigma)$。

2. t 分布曲线

正态分布是无限次测量数据的分布规律，而通常的分析测试只进行 3～5 次测定，是小样本实验，因而无法求得总体平均值 μ 和总体偏差 σ，只能用样本标准偏差 s 和样本的平均值 $\bar{x}$ 来估计测量数据的分散情况，而用 s 代替 σ 时必然引起误差。英国统计学家兼化学家 W. S. Gosset 研究了这个课题，提出用 t 值代替

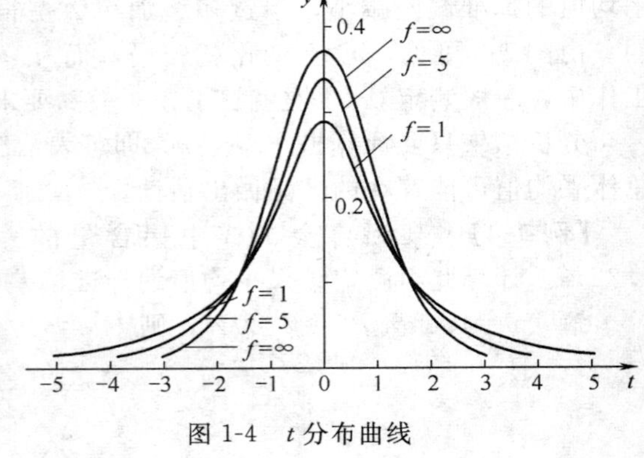

图 1-4 t 分布曲线

μ 值，以补偿这一误差，这时随机误差不是正态分布，而是 t 分布。统计量 t 定义为：

$$t=\frac{|\overline{x}-\mu|}{s_{\overline{x}}}=\frac{|\overline{x}-\mu|}{s}\sqrt{n} \tag{1-14}$$

t 分布曲线的纵坐标是概率密度，横坐标则表示 t。t 分布曲线随自由度 f 变化，图 1-4 给出了一组不同 f 值的 t 分布曲线。由图 1-4 可以看出，曲线的形状在 $f<10$ 时与正态分布曲线差别较大，当 $f>10$ 时已与正态分布曲线很近似了，当 $f\to\infty$ 时 t 分布曲线即为正态分布曲线，t 分布曲线下面一定区间内的积分面积就是该区间内随机误差出现的概率。t 分布曲线形状不仅随 t 值改变，还与 f 值有关。表 1-3 列出了常用的部分 t 值，表中 P 为置信度，它表示在某一 t 值时测定值落在 $\mu\pm ts$ 范围内的概率。显然落在此范围之外的概率为 $1-P$，称为显著性水平 (level of significance)，用 α 表示。由于 t 值与自由度及置信度有关，故引用时常加注脚说明，一般表示为 $t_{\alpha,f}$。例如，$t_{0.05,8}$ 表示置信度为 95%（显著性水平为 5%）、自由度为 8 时的 t 值，$t_{0.01,10}$ 表示置信度为 99%（显著性水平为 1%）、自由度为 10 时的 t 值。

表 1-3 $t_{\alpha,f}$ 值表（双边）

f	置信度与显著性水平			
	$P=50\%$ $\alpha=0.50$	$P=90\%$ $\alpha=0.10$	$P=95\%$ $\alpha=0.05$	$P=99\%$ $\alpha=0.01$
1	1.00	6.31	12.71	63.66
2	0.82	2.92	4.30	9.93
3	0.76	2.35	3.18	5.84
4	0.74	2.13	2.78	4.60
5	0.73	2.02	2.57	4.03
6	0.72	1.94	2.45	3.71
7	0.71	1.90	2.37	3.50
8	0.71	1.86	2.31	3.36
9	0.70	1.83	2.26	3.25
10	0.70	1.81	2.23	3.17
20	0.69	1.73	2.09	2.85
∞	0.67	1.65	1.96	2.58

3. 置信水平与平均值的置信区间

将定义 t 的公式改写成为：

$$\mu=\overline{x}\pm ts_{\overline{x}}=\overline{x}\pm\frac{ts}{\sqrt{n}} \tag{1-15}$$

这表示在一定置信度下，以平均值 $\overline{x}$ 为中心，包括总体平均值 μ 的置信区间。当由一组少量实验数据中求得 $\overline{x}$、s 和 n 值后，再根据选定的置信度及自由度由 t 值表查得 $t_{\alpha,f}$，就可以计算出平均值的置信区间。对于置信区间的概念必须正确理解，如 $\mu=47.50\pm0.10$（置信度为 95%），应当理解为在 47.50 ± 0.10 的区间内包括总体平均值 μ 的概率为 95%。

【例 1-5】 测定某物质中 SiO_2 的含量，得到下列数据：28.62%、28.59%、28.51%、28.48%、28.52%、28.63%。计算置信度分别为 90%、95% 和 99% 时总体平均值的置信区间。

解 $\overline{x}=28.56\%$，$s=0.06\%$，$n=6$，$f=n-1=5$。查表 1-3，置信度为 90% 时，$t_{0.10,5}=2.02$。

$$\mu=28.56\%\pm\frac{2.02\times0.06\%}{\sqrt{6}}=(28.56\pm0.05)\%$$

置信度为 95% 时，$t_{0.05,5}=2.57$。

$$\mu=28.56\%\pm\frac{2.57\times0.06\%}{\sqrt{6}}=(28.56\pm0.06)\%$$

置信度为99%时，$t_{0.01,5}=4.03$。

$$\mu=28.56\%\pm\frac{4.03\times0.06\%}{\sqrt{6}}=(28.56\pm0.10)\%$$

从上例可以看出，置信度越高，置信区间越大，即所估计的区间包括真值的可能性也就越大。分析化学中，通常把置信度选在95%或90%。

三、 重复性精密度和再现性精密度

1. 重复性精密度和重复性标准偏差（s_r）

重复性精密度是指在重复条件下的精密度，即在相同的实验条件（同一操作者、同一仪器、同一实验室）下，在短时间间隔内，按同一方法对同一试样进行正确的正常操作所得独立结果之间的接近程度。

重复性精密度用重复性标准偏差 s_r 表示。设在重复条件下，对某一试样进行 m 回 n 次重复测定，测定结果如下：

组　号	测　定　结　果	各组测定均值 $\bar{x}_i$	单次测定标准偏差 s_i
1	$x_{1.1}$、$x_{1.2}$、$x_{1.3}$、…、$x_{1.n}$	$\bar{x}_1$	s_1
2	$x_{2.1}$、$x_{2.2}$、$x_{2.3}$、…、$x_{2.n}$	$\bar{x}_2$	s_2
3	$x_{3.1}$、$x_{3.2}$、$x_{3.3}$、…、$x_{3.n}$	$\bar{x}_3$	s_3
⋮	⋮	⋮	⋮
m	$x_{m.1}$、$x_{m.2}$、$x_{m.3}$、…、$x_{m.n}$	$\bar{x}_m$	s_m

则这一系列测定的重复性标准偏差 s_r 为：

$$s_r=\sqrt{\frac{1}{m}\sum_{i=1}^{m}s_i^2} \tag{1-16}$$

2. 再现性精密度和再现性标准偏差（s_R）

再现性精密度是指在不同的试验条件下（不同操作者、不同仪器、不同实验室），按同一方法对同一试样进行正确和正常操作所得单独的实验结果之间的接近程度。再现性精密度用再现性标准差 s_R 表示。再现性标准偏差 s_R 是由 m 个实验室每个实验室做一组 n 次测定，按式(1-17) 求得：

$$\left.\begin{aligned}
s_R&=\sqrt{s_r^2+s_L^2}\\
s_L&=\sqrt{s_{\bar{x}}^2-\left(\frac{s_r}{\sqrt{n}}\right)^2}\\
s_{\bar{x}}&=\sqrt{\frac{\sum_{i=1}^{m}(\bar{x}_i-\bar{x})^2}{m-1}}\\
\bar{x}&=\frac{1}{m}(\bar{x}_1+\bar{x}_2+\bar{x}_3+\cdots+\bar{x}_m)
\end{aligned}\right\} \tag{1-17}$$

式中　s_R——再现性标准偏差；

s_r——重复性标准偏差；

$s_{\bar{x}}$——平均值的标准偏差；

s_L——室间标准偏差。

3. 重复性限和再现性限

（1）重复性限（r）　重复性限（repeatability limit）用 r 表示，定义为：一个数值 r，在重复性的条件下，两次测定结果之差的绝对值不超过此数的概率为 95%。换句话说，用相同的方法在相同条件（同一操作者、同一台仪器、同一实验室并时间间隔不大）下测定同一样品，任何两个测定结果间的绝对差值超过 r 的可能性只有 5%。

当测定次数 $n=2$，置信度为 95%时，重复性限 r 用下式计算：

$$r=2\sqrt{2}s_r=2.83s_r \tag{1-18}$$

通常称重复性限 r 为室内允许差。一般标准方法规定平行双样[1]测定两结果之差绝对值不得大于重复性限 r，如果两个测定结果的差值超过了这个允许差，则必须重新取样再做 2 次测定。

（2）再现性限（R）　再现性限用 R 表示，定义为：一个数值 R，在再现性的条件下，两次测定结果之差的绝对值不超过此数的概率为 95%。换句话说，用同一方法在不同的条件（不同操作者，在不同实验室或间隔较长时间，使用不同型号的仪器）下测定同一试样，任何两个测定结果间的绝对差值超过 R 的可能性只有 5%。

当测定次数 $n=2$，置信度为 95%时，再现性限 R 用下式计算：

$$R=2\sqrt{2}s_R=2.83s_R \tag{1-19}$$

通常称再现性限 R 为室间允许差。

4. 极差和临界极差

（1）极差　一组测量数据中，最大值（x_{max}）与最小值（x_{min}）之差称为极差，用字母 R 表示。

$$R=x_{max}-x_{min} \tag{1-20}$$

$$相对极差=\frac{R}{\bar{x}}\times 100\% \tag{1-21}$$

（2）临界极差　临界极差的含义是：一个数值在某条件下几次测试结果的极差以一定的置信概率不超过此数。临界极差根据测量时的情况，分为重复性临界极差和再现性临界极差。

重复性临界极差用 $C_rR_{95}(n)$ 表示（其中 n 为测试次数）。重复性临界极差的含义是：一个数值，在重复性条件下，几个测试结果的极差以 95%的置信度不超过此数。例如，在 GB/T 601—2002 中规定了标定标准滴定溶液浓度时，要实行“四平行两对照”。即两个人同时各做四次标定，每人四平行测定结果的相对极差不得大于重复性临界极差 $C_rR_{95}(4)$ 的相对值 0.15%；两人共 8 个平行测定结果极差的相对值不得大于重复性临界极差 $C_rR_{95}(8)$ 的相对值 0.18%。测定结果取两人 8 次平行测定结果的平均值。四平行即 $n=4$，两对照即 $m=2$，这是室内与室间允许差的简化应用。由于数据比较少，用极差计算更方便、快捷。

再现性临界极差用 C_rD_{95} 表示。再现性临界极差的含义是：一个数值，在再现性条件下，两个测试结果或由两组测试结果计算所得的最后结果（如平均值）之差的绝对值以 95%置信度不超过此数。

临界极差的表达式为：

$$C_rR_{95}(n)=f(n)s_r \tag{1-22}$$

---

[1] 平行双样是指检验人员对同一样品分取两份（称量取样时，称样量尽可能相近），在重复性的条件下进行样品的测定。

式中 $C_rR_{95}(n)$——n 次测定的临界极差；

$f(n)$——临界极差系数，见表 1-4；

s_r——重复性标准偏差。

表 1-4 临界极差系数 $f(n)$

n	$f(n)$	n	$f(n)$	n	$f(n)$
2	2.8	9	4.4	16	4.8
3	3.3	10	4.5	17	4.9
4	3.6	11	4.6	18	4.9
5	3.9	12	4.6	19	5.0
6	4.0	13	4.7	20	5.0
7	4.2	14	4.7		
8	4.3	15	4.8		

国家标准（GB/T 11792—89）规定若 2 个以上测定结果的极差等于或小于临界极差 $C_rR_{95}(n)$（$n>2$），则取 n 个结果的平均值作为最终测试结果。如果极差大于 $C_rR_{95}(n)$，则要看测试费用。若测试费用较低，可再做 n 次测试。当 $2n$ 个结果的极差小于 $C_rR_{95}(2n)$ 时，取 $2n$ 个结果的算术平均值为最终测试结果；当 $2n$ 个结果的极差大于 $C_rR_{95}(2n)$ 时，则取 $2n$ 个测定结果的中位数作为最终测试结果。

【例 1-6】 某一检验室采用分光光度法测定试样中的铁含量，已知该方法铁含量为 0.0174 时，重复性限 $r=0.0018$，已测得同一样品的 3 个数据为 0.0170、0.0174、0.0152，求最终测试结果。

解 3 个数据的极差为 $0.0174-0.0152=0.0022$

根据式(1-18) 和式(1-22)，3 次测定的临界极差为：

$$C_rR_{95}(3)=f(3)\times\frac{r}{2.83}=3.3\times\frac{0.0018}{2.83}=0.0021$$

由于极差大于临界极差，且测试费用较高，故再测一个结果为 0.0170。则

$$C_rR_{95}(4)=f(4)\times\frac{0.0018}{2.83}=3.6\times\frac{0.0018}{2.83}=0.0023$$

由于极差仍为 0.0022，小于临界极差，故取 4 个结果的平均值作为最终测试结果。

$$\bar{x}=\frac{0.0170+0.0174+0.0152+0.0170}{4}=0.0166$$

*四[1]、 测量不确定度

检测实验室用测量结果来判定被测对象的质量，但测量数据的质量用什么来判定呢？最初是用测量误差。由于真值往往是不知道的，或者是很难知道的，所以测量误差也很难知道。测量误差的定义尽管是严格的正确的，能反映测量的质量和水平，但可操作性不强。为了对测定结果的质量有一个定量的描述，以确定其可靠程度，需要引入测量不确定度（uncertainty in measurement）的概念。

1. 测量不确定度的定义

表征合理赋予被测量之值的分散性、与测量结果相联系的参数，称为测量不确定度。“合理”意指应考虑到各种因素对测量的影响所做的修正，特别是测量应处于统计控制状态下。所谓统计控制状态就是一种随机控制状态，即处于重复性条件下或再现性条件下的测量状态。“赋予被测量之值”意指被测量的测量结果，它不是固有的，而是人们赋予的最佳估

---

[1] “*”为选学内容，可根据需要进行选择学习。

计值。“分散性”意指该估计值的分散区间或分散程度，而被测量之值分布的大部分可望含于此区间内。“相联系”意指测量不确定度是一个与测量结果“在一起”的参数，在测量结果完整的表示中应包含测量不确定度。此参数可以是诸如标准差或其倍数，或说明了置信概率的置信区间的半宽度。也就是说，不确定度是和测量结果一起用来表明在给定条件下对被测量进行测量时，测量结果所可能出现的区间。例如，在 25℃时，测得某溶液的 pH 为 5.34±0.02，置信概率为 95%。这就是说，有 95%的把握认定：在 25℃时，被测溶液的 pH 出现在 5.32～5.36 范围内。

因此，测量结果的不确定度是测量值可靠性的定量描述。不确定度愈小，测量结果可信赖程度愈高；反之，不确定度愈大，测量结果可信赖程度愈低。

2. 测量不确定度的来源

产生于测量过程中的随机效应及系统效应均会导致测量不确定度，数据处理中的数字修约也会导致不确定度。分析测试过程中导致不确定度的典型来源有：

(1) 取样和样品的保存　取样的代表性不够和测试样品在分析前贮存时间以及贮存条件不当均会导致测量不确定度。

(2) 仪器的影响　如测量仪器的计量性能（如灵敏度、稳定性、分辨力等）的局限性会导致测量不确定度。

(3) 试剂纯度　测试过程中所用的试剂及实验用水纯度不符合要求也会引进一个不确定度分量。

(4) 假设的化学反应定量关系　分析过程中偏离所预期的化学反应定量关系，或反应的不完全或副反应。

(5) 测量条件的变化　测量过程中测量条件（如时间、温度、压力、湿度等）发生变化。如测量时使用仪器的温度与校准仪器的温度不一致等。

(6) 测量方法不理想。

(7) 计算影响　引用的常数或参数不准确；选择校准模型，例如对曲线的响应用直线校准，导致较差的拟合；计算时数字的修约等，均会引入较大的不确定度。

(8) 空白修正和测量标准赋值的不准确　空白修正的值和适宜性都会有不确定度，这点在痕量分析中尤为重要。

(9) 操作人员的影响　操作人员可能总是将仪表或刻度的读数读高或读低；还可能对方法做出稍微不同的解释。这些都会引进一个不确定度分量。

(10) 随机影响　在所有测量中都有随机影响产生的不确定度。

综上所述，测量不确定度的大小与使用的基准标准、测试水平、测试仪器的质量和运行状态等均有关系。

3. 测量不确定度的分类和评定

随着社会的进步、国际贸易的不断扩大和科学技术的发展，测量范围不断扩大，在国民经济的各个领域中进行着大量的测量工作。测量不确定度是对测量结果质量和水平的科学表达。通过测量不确定度可以分析影响测量结果的主要因素，从而提高测量结果的质量。通过评定测量不确定度还可以评价校准方法的合理性；评价各实验室间比对试验的结果；可以知道或给出结果判定的风险。

国际计量局等七个国际组织[1]于 1993 年制定了其有密切关系国际指导性的“测量不确

---

[1] 这七个国际组织是：国际计量局（BIPM）、国际电工委员会（IEC）、国际临床化学会（IFCC）、国际标准化组织（ISO）、国际纯粹与应用化学联合会（IUPAC）、国际纯粹与应用物理联合会（IUPAP）、国际法制计量组织（OIML）。

定度表示指南 ISO 1993(E)”（简称 GUM），在全世界推行统一评定和表示测量不确定度的方法。为了与国际接轨，2002 年，中国实验室国家认可委员会制定了 CNAL/AG07：2002《化学分析中不确定度的评估指南》。该指南是等同采用 EURACHEM（欧洲分析化学中心）和 CITAC 联合发布的指南文件《测量中不确定度的量化》第二版。在我国实施 GUM，不仅是不同学科之间交往的需要，也是全球市场经济发展的需要。为此，近几年来国际与国内的科技文献已广泛采用不确定度概念。

不确定度分为标准不确定度和扩展不确定度。根据不确定度评定方法的不同，标准不确定度（standard uncertainty）分为：用统计方法评定的不确定度（A 类）和非统计方法评定的不确定度（B 类）以及合成标准不确定度。

（1）A 类标准不确定度（u_A） A 类标准不确定度（type A standard uncertainty）即统计不确定度，具有随机误差性质，是指可以采用统计方法计算的不确定度，如测量读数具有分散性、测量时温度波动影响等。通常认为这类统计不确定度服从正态分布规律，因此可以像计算标准偏差那样，通过一系列重复测量值，采用式(1-8）或式(1-9）来计算 A 类标准不确定度，即

$$u_A = s = \sqrt{\frac{\sum_{i=1}^{n}(x_i - \overline{x})^2}{n-1}}$$

（2）B 类标准不确定度（u_B） B 类标准不确定度（type B standard uncertainty）即非统计不确定度，是指用非统计方法评定的不确定度，包括采样及样品预处理过程的不确定度、标准对照物浓度的不确定度、标准校准过程的不确定度、仪器示值的误差等。评定 B 类标准不确定度常用估计方法。要估计适当，需要通过相关信息，如掌握不确定度的分布规律，同时要参照标准，更需要评定者的实践经验和学识水平。

（3）合成标准不确定度（u_c） 当测量结果的标准不确定度由若干标准不确定度分量构成时，按方和根得到的标准不确定度即为合成标准不确定度（combined standard uncertainty）。为使问题简化，这里只讨论简单情况下（即 A 类、B 类分量保持各自独立变化，互不相关）的合成标准不确定度。

假设 A 类标准不确定度用 u_A表示，B 类标准不确定度用 u_B表示，合成标准不确定度用 u_c表示，则

$$u_c = \sqrt{u_A^2 + u_B^2} \tag{1-23}$$

（4）扩展不确定度（expanded uncertainty） 为了表示测量结果的置信区间，用一个包含因子 k[1]（一般在 2～3 范围内）乘以合成不确定度，称为扩展不确定度[2]（以 U 表示）。

$$U = ku_c \tag{1-24}$$

式中，k 为包含因子。当取 $k=2$ 时，置信度一般为 95%；当取 $k=3$ 时，置信度一般为 99%。

一个分析结果允许有多大的不确定度，一般由测试的要求、试样中所含组分的情况、测试方法的准确度以及试样中欲测组分的含量等因素决定。不确定度的大小决定了测量结果的使用价值，成为表征测量的一个重要的质量指标。

（5）测量结果的表示 任何一个测量结果的表达均包括测量值的算术均值 $\overline{x}$ 和一定概

---

[1] 包含因子 k 有时也称覆盖因子。

[2] 扩展不确定度有时也称展伸不确定度或范围不确定度。

率下的不确定度 U，因此分析结果用 $\bar{x} \pm U$ 表示。

【例 1-7】 采用原子吸收分光光度法测定浓度为 1.00μg/mL 的铅标准溶液，5 次平行测定的结果分别为 1.02μg/mL、1.07μg/mL、0.98μg/mL、1.05μg/mL、0.95μg/mL。经估算 B 类不确定度为 0.032μg/mL。试对该方法进行不确定度评定并给出测定结果。

解 5 次测定结果的均值及标准偏差分别为：

$$\bar{x}=1.01\mu g/mL; s=0.049\mu g/mL$$

由于 $u_A = s$，$u_B = 0.032\mu g/mL$，因此合成不确定度为：

$$u_c=\sqrt{u_A^2+u_B^2}=\sqrt{0.049^2+0.032^2}=0.059\ (\mu g/mL)$$

在置信概率为 95%时，选 $k=2$，则扩展不确定度为：

$$U=ku_c=2\times 0.059=0.12\ (\mu g/mL)$$

则铅标准溶液测定结果为 (1.01±0.12)μg/mL。

4. 测量误差与测量不确定度

区分误差和不确定度很重要，因为误差定义为：被测量的测定结果和真值之差。由于真值往往不知道，故误差是一个理想的概念，不可能被确切地知道。但不确定度可以一个区间的形式表示，如果是为一个分析过程和所规定样品类型做评估，则可适用于其所描述的所有测量值。因此，测量误差与测量不确定度在定义、评定方法、合成方法、表达形式、分量的分类等方面均有区别。测量误差与测量不确定度之间存在的主要区别见表 1-5。

表 1-5　测量误差和测量不确定度的对比

内　容	测　量　误　差	测量不确定度
量的定义	测量结果减真值	测量结果的分散性、分布区间的半宽
与测量结果的关系	针对给定测量结果，不同结果误差不同	合理赋予被测量之值均有相同不确定度。不同测量结果，不确定度可以相同
与测量条件的关系	与测量条件、方法、程序无关，只要测量结果不变，误差也不变	条件、方法、程序改变时，测量不确定度必定改变而不论测量结果如何
表达形式	差值，有一个符号：正或负	标准偏差、标准偏差的几倍、置信区间的半宽，恒为正值
分量的分类	按出现于测量结果中的规律分为随机误差与系统误差	按评定的方法划分为 A 类和 B 类。都是标准不确定度
分量的合成方法	为各误差分量的代数和	各分量彼此独立时为方和根，必要时引入协方差
结果的修正	已知系统误差的估计值时，可以对测量结果进行修正，得到已修正的测量结果	不能用不确定度对结果进行修正，在已修正结果的不确定度中应考虑修正不完善引入的分量
置信概率	不存在	当了解分布时可按置信概率给出置信区间
自由度	不存在	可作为不确定度评定是否可靠的指标

*五、分析数据的可靠性检验

在实际分析工作中，常使用标准方法与自己所用的分析方法进行对照试验，然后用统计学方法检验两种分析结果是否存在显著性差异（significant difference）。若存在显著性差异而又肯定测定过程没有错误，可以认定自己所用方法有不完善之处，即存在较大的系统误差，在统计学上这种情况称为两批数据来自不同总体；若不存在显著性差异，即差异只是来源于随机误差，或者说两批数据来自同一总体，可以认为分析者所用的分析方法与标准方法一样准确。同样，如果用同一方法分析试样和标准试样，两个分析人员或两个实验室对同一试样进行测定，结果差异也需要进行显著性检验。

显著性检验的一般步骤是：首先做一个否定的假设，即假设不存在显著性差异或所有样本来源于同一总体；其次是确定一个显著性水平，通常用 $\alpha=0.1$、0.05、0.01 等值，分析工作中则多采用 0.05 的显著性水平，其含义是差异出现的机会有 95%以上时，则前面的假设就取消，承认有显著性差异存在；最后是统计量计算和做出判断。

分析化学中最常用的显著性检验方法是 t 检验法和 F 检验法。

1. t 检验法

(1) 平均值与标准值的比较　这种检验通常是要确定一种分析方法是否存在较大的系统误差。因此要先用该分析方法对标准试样进行分析，然后将得到的分析结果与标准值比较，进行 t 检验。检验时，由式(1-14) 求得 $t_{计}$ 值（式中，$\bar{x}$ 为标样测定平均值；μ 为标样标准值；s 为标样测定的偏差），根据自由度 f 与置信度 P 查表 1-3 得 $t_{\alpha,f}$ 值，与 $t_{计}$ 比较，若 $t_{计}>t_{\alpha,f}$ 则存在显著性差异，否则不存在显著性差异。在分析化学中，通常以 95%的置信度为检验标准，即显著性水平为 5%。

【例 1-8】 用一新分析方法对某含铁标准物质进行分析，已知该铁标准试样的标准值为 1.06%，对其 10 次测定的平均值为 1.054%，标准偏差为 0.009%，取置信度 95%时，判断此新分析方法是否存在较大的系统误差。

解 已知 $\mu=1.06\%$，$\bar{x}=1.054\%$，$s=0.009\%$。则

$$t_{计}=\frac{|\bar{x}-\mu|}{s}\sqrt{n}$$

$$=\frac{|1.054\%-1.06\%|}{0.009\%}\sqrt{10}=2.11$$

由 $\alpha=0.05$，$f=n-1=10-1=9$，查表 1-3 得 $t_{0.05,9}=2.26$。

因为 $t_{计}<t_{0.05,9}$，故 $\bar{x}$ 与 μ 之间不存在显著性差异，因此该新方法无较大的系统误差。

(2) 两组数据平均值的比较　实际分析工作中常需要对两种分析方法、两个不同实验室或两个不同操作者的分析结果进行比较。做法是：双方对同一试样进行若干次测定，比较两组数据各自的平均值，以判断二者是否存在显著性差异。以 x_{Ai}、x_{Bi} 分别表示两组各次测定值，以 $\bar{x}_A$、$\bar{x}_B$ 分别表示 A、B 两组数据的平均值，以 n_A、n_B 分别表示两组各自测定次数，以 s_A、s_B 分别表示两组数据的标准偏差。进行检验时，先用 F 检验法（见本节）检验两组数据的精密度是否存在显著性差异，在无显著性差异情况下再进行 t 检验。在进行 t 检验时，先用下式求出合并标准偏差 s_P：

$$t=\frac{|\bar{x}_1-\bar{x}_2|}{s_P}\sqrt{\frac{n_1n_2}{n_1+n_2}} \tag{1-25}$$

$$s_P=\sqrt{\frac{(n_1-1)s_1^2+(n_2-1)s_2^2}{n_1+n_2-2}} \tag{1-26}$$

式中，s_P 称为合并标准偏差。总自由度 $f=n_1+n_2-2$。取 $P=95\%$，查表 1-3 得 $t_{\alpha,f}$ 值，若 $t>t_{\alpha,f}$ 则存在显著性差异，否则不存在显著性差异。

这种比较和 (1) 所述方法的不同之处是两个平均值不是真值，因此，即使二者存在显著性差异，也不能说明其中一组数据或两组数据是否存在较大的系统误差。

【例 1-9】 甲、乙两个分析人员用同一分析方法测定合金中的 Al 含量，他们测定的次数、所得结果的平均值及各自的标准偏差分别为：

甲	$n=4$	$\bar{x}_1=15.1$	$s_1=0.41$
乙	$n=3$	$\bar{x}_2=14.9$	$s_2=0.31$

试问两人测得结果是否有显著性差异？

解　根据式(1-25)、式(1-26) 得

$$s_P=\sqrt{\frac{(4-1)\times 0.41^2+(3-1)\times 0.31^2}{3+4-2}}=0.37$$

$$t_{计}=\frac{|15.1-14.9|}{0.37}\times\sqrt{\frac{3\times 4}{3+4}}=0.71$$

由于 $\alpha=0.05$，$f=3+4-2=5$，查表 1-3 得 $t_{0.05,5}=2.57$。

$t_{计}<t_{0.05,5}$，所以两人测定结果无显著性差异。

2. *F* 检验法

F 检验法用于检验两组数据的精密度，即标准偏差 s 是否存在显著性差异（见表 1-6）。

表 1-6　*F* 分布表（$\alpha=0.05$）

f_2	f_1												
	1	2	3	4	5	6	7	8	9	10	12	15	20
1	161.4	199.5	215.7	224.6	230.2	234.0	236.8	238.9	240.5	241.9	243.9	245.9	248.0
2	18.51	19.00	19.16	19.25	19.30	19.33	19.36	19.37	19.38	19.39	19.41	19.43	19.45
3	10.13	9.55	9.28	9.12	9.01	8.94	8.89	8.85	8.81	8.79	8.74	8.70	8.66
4	7.71	6.94	6.59	6.39	6.26	6.16	6.09	6.04	6.00	5.96	5.91	5.86	5.80
5	6.61	5.79	5.14	5.19	5.05	4.95	4.88	4.82	4.77	4.74	4.68	4.62	4.56
6	5.99	5.14	4.76	4.53	4.39	4.28	4.21	4.15	4.10	4.06	4.00	3.94	3.87
7	5.59	4.74	4.35	4.12	3.97	3.87	3.79	3.73	3.68	3.64	3.57	3.51	3.44
8	5.32	4.46	4.07	3.84	3.69	3.58	3.50	3.44	3.39	3.35	3.28	3.22	3.15
9	5.12	4.26	3.86	3.63	3.48	3.37	3.29	3.23	3.18	3.14	3.07	3.01	2.94
10	4.96	4.10	3.71	3.48	3.33	3.22	3.14	3.07	3.02	2.98	2.91	2.85	2.77
11	4.84	3.98	3.59	3.36	3.20	3.09	3.01	2.95	2.90	2.85	2.79	2.72	2.65
12	4.75	3.89	3.49	3.26	3.11	3.00	2.91	2.85	2.80	2.75	2.69	2.62	2.54
13	4.67	3.81	3.41	3.18	3.03	2.92	2.83	2.77	2.71	2.67	2.60	2.53	2.46
14	4.60	3.74	3.34	3.11	2.96	2.85	2.76	2.70	2.65	2.60	2.53	2.46	2.39
15	4.54	3.68	3.29	3.06	2.90	2.79	2.71	2.64	2.59	2.54	2.48	2.40	2.33
20	4.35	3.49	3.10	2.87	2.71	2.60	2.51	2.45	2.39	2.35	2.28	2.20	2.12
30	4.17	3.32	2.92	2.69	2.53	2.42	2.33	2.27	2.21	2.16	2.09	2.01	1.93
60	4.00	3.15	2.76	2.53	2.37	2.25	2.17	2.10	2.04	1.99	1.92	1.84	1.75
∞	3.84	3.00	2.60	2.37	2.21	2.10	2.01	1.94	1.88	1.83	1.75	1.67	1.57

F 检验的步骤很简单。首先求出两组数据的标准方差❶，分别为 $s_{大}^2$ 和 $s_{小}^2$，它们相应地代表方差较大和较小的那组数据的方差。然后计算统计量 *F* 值：

---

❶ 标准方差是表征一组测定值离散性的一个特征参数，以 s^2 表示，其方根值 s 即为标准偏差。

$$F_{计} = \frac{s_{大}^2}{s_{小}^2} \tag{1-27}$$

最后，在一定置信度及自由度的情况下，查 F 值表，将 $F_{计}$ 值与从 F 值表查得的 $F_{表}$ 值进行比较，若 $F_{计}>F_{表}$ 则存在显著性差异，否则不存在显著性差异。检验时要区别是单边检验还是双边检验，单边检验是指一组数据方差只能大于、等于但不能小于另一组数据的方差，双边检验则是指一组数据的方差可以大于、等于或小于另一组数据的方差。表 1-6 中 f_1 为两组数据中方差大的自由度，f_2 为方差小的自由度。该表中的 F 值适用于单边检验，同时也适用于双边检验。但是，用于双边检验时显著性水平不再是 0.05，而是 0.1。

【例 1-10】 同一含铜的样品，在两个实验室分别测定 5 次的结果见下表：

	1	2	3	4	5	$\bar{x}$	s
实验室 1	0.098	0.099	0.098	0.100	0.099	0.0988	0.00084
实验室 2	0.099	0.101	0.099	0.098	0.097	0.0988	0.00148

用 F 检验法判断这两个实验室所测数据的精密度是否存在显著性差异。

解 这个问题属于双边检验，选择显著性水平为 0.1。

$$s_{大}=0.00148 \qquad s_{小}=0.00084$$

$$F_{计}=s_{大}^2/s_{小}^2=3.10$$

$$f_1=f_2=5-1=4$$

查表 1-6 得 $F_{表}=6.39$。

$F_{计}<F_{表}$，所以两组测定结果的精密度不存在显著性差异。

六、异常值的检验与取舍

在定量分析中，得到一组数据后，往往有个别数据与其他数据相差较远，这一数据称为异常值，又称为可疑值或极端值。如果在重复测定中发现某次测定有失常情况，如在溶解样品时有溶液溅出、滴定时不慎加入过量滴定剂等，这次测定值必须舍去。若是测定并无失误而结果又与其他值差异较大，则对于该异常值是保留还是舍去，应按一定的统计学方法进行处理。统计学处理异常值的方法有好几种，下面重点介绍 Q 检验法及效果较好的格鲁布斯(Grubbs) 法。

1. Q 检验法

Q 检验法常用于检验一组测定值的一致性，剔除可疑值。其具体步骤如下。

(1) 将测定结果按从小到大的顺序排列：x_1、x_2、…、x_n。

(2) 根据测定次数 n，按表 1-7 中的计算公式计算 $Q_{计}$。

(3) 再在表 1-7 中查得临界值 Q_c[1]。

(4) 将计算值 $Q_{计}$ 与临界值 Q_c 比较。若 $Q_{计} \leqslant Q_{0.05}$，则可疑值为正常值，应保留；若 $Q_{0.05}<Q_{计} \leqslant Q_{0.01}$，则可疑值为偏离值，可以保留；若 $Q_{计}>Q_{0.01}$，则可疑值应予剔除。

【例 1-11】 某一试验的 5 次测量值分别为 2.63、2.50、2.65、2.63、2.65，试用 Q 检验法检验测定值 2.50 是否为离群值?

解 从表 1-7 中可知，当 $n=5$ 时，用下式计算：

$$Q_{计}=\frac{x_2-x_1}{x_n-x_1}=\frac{2.63-2.53}{2.65-2.50}=0.667$$

---

[1] 临界值指在特定的条件下允许达到的最大值或最小值。

查表 1-7，$n=5$、$\alpha=0.05$ 时，$Q_{5,0.05}=0.642$，$Q_{5,0.01}=0.780$。$Q_{5,0.05}<Q_{计}<Q_{5,0.01}$，故 2.50 可以保留。

表 1-7　Q 检验的统计量与临界值

统计值	n	Q 值	
		显著性水平 $\alpha=0.01$	显著性水平 $\alpha=0.05$
$Q=\frac{x_n-x_{n-1}}{x_n-x_1}$（检验 x_n）	3	0.988	0.941
	4	0.889	0.765
	5	0.780	0.642
$Q=\frac{x_2-x_1}{x_n-x_1}$（检验 x_1）	6	0.698	0.560
	7	0.637	0.507
$Q=\frac{x_n-x_{n-1}}{x_n-x_2}$（检验 x_n）	8	0.683	0.554
	9	0.635	0.512
$Q=\frac{x_2-x_1}{x_{n-1}-x_1}$（检验 x_1）	10	0.597	0.477
$Q=\frac{x_n-x_{n-2}}{x_n-x_2}$（检验 x_n）	11	0.679	0.576
	12	0.642	0.546
$Q=\frac{x_3-x_1}{x_{n-1}-x_1}$（检验 x_1）	13	0.615	0.521
	14	0.641	0.546
	15	0.616	0.525
	16	0.595	0.507
$Q=\frac{x_n-x_{n-2}}{x_n-x_2}$（检验 x_n）	17	0.577	0.490
	18	0.561	0.475
	19	0.547	0.462
	20	0.535	0.450
$Q=\frac{x_3-x_1}{x_{n-2}-x_1}$（检验 x_1）	21	0.524	0.440
	22	0.514	0.430
	23	0.505	0.421
	24	0.497	0.413
	25	0.489	0.406

Q 检验的缺点是：没有充分利用测定数据，仅将可疑值与相邻数据比较，可靠性差；在测定次数少时（如 3～5 次测定），误将可疑值判为正常值的可能性较大；Q 检验可以重复检验至无其他可疑值为止，但 Q 检验法检验公式随 n 不同略有差异，在使用时应予注意。

***2. 格鲁布斯（Grubbs）法（G 检验法）**

格鲁布斯检验法常用于检验多组测定值的平均值的一致性，也可以用来检验同一组测定中各测定值的一致性。下面以同一组测定值中数据一致性的检验为例，来看它的检验步骤。

（1）将各数据按从大到小顺序排列：x_1、x_2、…、x_n。求出算术平均值 $\overline{x}$ 和标准偏差 s。

（2）确定检验 x_1 或 x_n 或两个都做检验。

（3）若设 x_1 为可疑值，根据公式(1-28a)计算 G 值；若设 x_n 为可疑值，根据公式(1-28b) 计算 G 值。

$$G=(\overline{x}-x_1)/s \tag{1-28a}$$

$$G=(x_n-\overline{x})/s \tag{1-28b}$$

（4）查表 1-8（不做特别说明时 α 取 0.05）得 G 的临界值 $G_{\alpha,n}$。

（5）将 $G_{计}$ 与 $G_{\alpha,n}$ 表值比较。如果 $G_{计}\geqslant G_{\alpha,n}$，则所怀疑的数据 x_1 或 x_n 是异常的，应予剔除；反之应予保留。

(6) 在第一个异常数据剔除舍弃后，如果仍有可疑数据需要判别时，则应重新计算 $\overline{x}$ 和 s，求出新的 G 值，再次检验。依次类推，直到无异常的数据为止。

表 1-8 格鲁布斯检验临界值表

次数 n 组数 l	自由度 f	G 值 显著性水平 $\alpha=0.05$	G 值 显著性水平 $\alpha=0.01$	次数 n 组数 l	自由度 f	G 值 显著性水平 $\alpha=0.05$	G 值 显著性水平 $\alpha=0.01$
3	2	1.153	1.155	14	13	2.371	2.659
4	3	1.463	1.492	15	14	2.409	2.705
5	4	1.672	1.749	16	15	2.443	2.747
6	5	1.822	1.944	17	16	2.475	2.785
7	6	1.938	2.097	18	17	2.504	2.821
8	7	2.032	2.221	19	18	2.532	2.854
9	8	2.110	2.323	20	19	2.557	2.884
10	9	2.176	2.410	21	20	2.580	2.912
11	10	2.234	2.485	31	30	2.759	3.119
12	11	2.285	2.550	51	50	2.963	3.344
13	12	2.331	2.607	101	100	3.211	3.604

对于多组测定值的检验，只需把平均值作为一个数据，用以上相同步骤进行计算与检验。

【例 1-12】 各实验室分析同一样品，各实验室测定的平均值按由小到大顺序为 4.41、4.49、4.50、4.51、4.64、4.75、4.81、4.95、5.01、5.39，用格鲁布斯检验法检验最大均值 5.39 是否应该被删除。

解

$$\overline{x}=\frac{1}{10}\sum_{i=1}^{10}\overline{x}_i=4.746$$

$$s=\sqrt{\frac{1}{10-1}\sum_{i=1}^{10}(\overline{x}_i-\overline{x})^2}=0.305$$

$\overline{x}_{max}=5.39$，根据式(1-28b) $G=(\overline{x}_{max}-\overline{x})/s_{\overline{x}}$ 有

$$G_{计}=\frac{5.39-4.746}{0.305}=2.11$$

当 $n=10$、显著性水平 $\alpha=0.05$ 时，临界值 $G_{0.05,10}=2.176$。因 $G_{计}<G_{0.05,10}$，故 5.39 为正常均值，即平均值为 5.39 的一组测定值为正常数据。

思考题1-4

1. 置信区间的大小受（ ）的影响。

A. 测定次数　　B. 平均值　　C. 置信度　　D. 真值

2. 当置信度为 0.95 时，测得 Al_2O_3 的 μ 置信区间为 (35.21±0.10)%，其意义是（ ）。

A. 在所测定的数据中有 95%在此区间内；

B. 若再进行测定，将有 95%的数据落入此区间内；

C. 总体平均值 μ 落入此区间的概率为 0.95；

D. 在此区间内包含 μ 值的概率为 0.95；

3. 表示一组测量数据中，最大值与最小值之差的叫做（ ）。

A. 绝对误差　　B. 绝对偏差　　C. 极差　　D. 平均偏差

4. 5 次测定试样中 CaO 的质量分数分别为：46.00%、45.95%、46.08%、46.04%和 46.28%，请用

Q检验法判断46.28%这一数值是否为可疑值。(已知：$Q_{0.90}=0.64$，$Q_{0.95}=0.73$)

5. 两位分析人员对同一含铁的样品用分光光度法进行分析，得到两组分析数据，要判断两组分析的精密度有无显著性差异，应该用下列方法中的哪一种？(　　)

A. Q检验法　　B. F检验法　　C. 格鲁布斯(Grubbs)法　　D. t检验法

6. 第5题中，若要判断两位分析人员的分析结果之间是否存在系统误差，则应该用下列方法中的哪一种？(　　)

A. Q检验法　　B. F检验法　　C. F检验法加t检验法　　D. t检验法

阅读材料

化学计量学简介

化学计量学（chemometrics）是当代化学与分析化学的重要发展前沿。能容易地获得大量化学测量数据的现代分析仪器的涌现以及对这些化学测量数据进行适当处理，并从中最大限度地提取有用化学信息的需要，是促进化学计量学进一步发展的推动力。化学计量学的主要特征是：运用最新数学、统计学、计算机科学的成果或发展新的数学、计算机方法以解决化学研究的难题。化学计量学为化学测量提供基础理论和方法优化化学测量过程，并从化学测量数据中最大限度地提取有用的化学信息，它的出现显示了现代分析化学的发展潮流。

作为化学测量的基础理论和方法学，化学计量学的基本内容包括化学采样、化学试验设计、化学信号预处理、定性定量分析的多元校正和多元分辨、化学模式识别、化学构效关系以及人工智能和化学专家系统等。

化学计量学应用领域十分广阔，涉及环境化学、食品化学、农业化学、医学化学、石油化学、材料化学、化学工程等。如环境化学中的污染源识别、环境质量预测，食品、农业化学中的试验设计和复杂样品分析，医药化学中的分子设计、新药发现及结构性能关系研究，石油化学中的化学模式识别、波谱与物质特性的关系，化学工程科学中的过程分析、工艺过程诊断、控制和优化等。

化学计量学是现代分析化学的前沿领域之一。化学计量学与分析化学的信息化有着密切关联，它的发展将为现代智能化分析仪器的构建提供各种依据，也可为复杂多组分体系的定性定量分析及其结构解析提供重要的方法和手段。

第五节　提高分析结果准确度的方法

【学习要点】 掌握提高分析结果准确度的一般方法；掌握减小测量误差、随机误差的方法，掌握消除系统误差的方法。

前面讨论了误差的产生及其有关的基本理论。在此基础上，结合实际情况，简要地讨论如何减小分析过程中的误差。

一、选择合适的分析方法

为了使测定结果达到一定的准确度，满足实际分析工作的需要，先要选择合适的分析方法。各种分析方法的准确度和灵敏度是不相同的。例如重量分析和滴定分析，灵敏度虽不高，但对于高含量组分的测定能获得比较准确的结果，相对误差一般是千分之几。例如用$K_2Cr_2O_7$滴定法测得铁的含量为40.20%，若方法的相对误差为0.2%，则铁的含量范围是40.12%～40.28%。这一试样如果用光度法进行测定，按其相对误差约2%计，可测得的铁的含量范围将在 41.0%～39.4%之间，显然这样的测定准确度太差。如果是含铁为 0.50%的试样，尽管 2%的相对误差大了，但由于含量低，其绝对误差小，仅为 0.02×0.50%＝0.01%，这样的结果是满足要求的。相反，含量这么低的样品，若用重量法或滴定法，则又是无法测量的。此外，在选择分析方法时还要考虑分析试样的组成。

二、减小测量误差

在测定方法选定后，为了保证分析结果的准确度，必须尽量减小测量误差。例如，在重量分析中，测量步骤是称量，这就应设法减小称量误差。一般分析天平的称量误差是±0.0001g，用减量法称量两次，可能引起的最大误差是±0.0002g，为了使称量时的相对误差在 0.1%以下，试样质量就不能太小。从相对误差的计算中可得到：

$$\text{相对误差}=\frac{\text{绝对误差}}{\text{试样质量}} \tag{1-29}$$

因此

$$\text{试样质量}=\frac{\text{绝对误差}}{\text{相对误差}}=\frac{0.0002}{0.001}=0.2(\text{g})$$

可见，试样质量必须在 0.2g 以上才能保证称量的相对误差在 0.1%以内。

在滴定分析中，滴定管读数常有±0.01mL 的误差。在一次滴定中，需要读数两次，这样可能造成±0.02mL 的误差。所以，为了使测量时的相对误差小于 0.1%，消耗滴定剂体积必须在 20mL 以上。一般常控制在 30～40mL，以保证误差小于 0.1%。

应该指出，对不同测定方法，测量的准确度只要与该方法的准确度相适就可以了。例如用分光光度法测定微量组分，要求相对误差为 2%，若称取试样 0.5g，则试样的称量误差小于 0.5×2%＝0.01(g)就行了，没有必要像重量法和滴定分析法那样，强调称准至±0.0002g。不过实际工作中，为了使称量误差可以忽略不计，一般将称量的准确度提高约 1 个数量级。如在上例中，宜称准至±0.001g 左右。

三、增加平行测定次数，减小随机误差

如前所述，在消除系统误差的前提下，平行测定次数越多，其测定结果的平均值越接近真实值。因此，增加测定次数可以减小随机误差。但测定次数过多意义不大。一般分析测定，平行测定 4～6 次即可。

四、消除测量过程中的系统误差

由于造成系统误差有多方面的原因，因此应根据具体情况，采用不同的方法来检验和消除系统误差。

1. 对照试验

对照试验是检验系统误差的有效方法。进行对照试验时，常用已知准确结果的标准试样与被测试样一起进行对照试验，或用其他可靠的分析方法进行对照试验，也可由不同人员、不同单位进行对照试验。

用标准试样进行对照试验时，应尽量选择与试样组成及含量相近的标准试样进行对照分析。根据标准试样的分析结果，采用统计检验方法确定其是否存在系统误差。

由于标准试样的数量和品种有限，所以有些单位又自制一些所谓“管理样”，以此代替标准试样进行对照分析。管理样事先经过反复多次分析测定，其中各组分的含量也是比较可靠的。

如果没有适当的标准试样和管理样，有时可以自己制备“人工合成试样”来进行对照分

析。人工合成试样是根据试样的大致成分由纯化合物配制而成，配制时要注意称量准确，混合均匀，以保证被测组分的含量是准确的。

进行对照试验时，如果对试样的组成不完全清楚，则可以采用“加入回收法”进行试验。这种方法是向试样中加入已知量的被测组分，然后进行对照试验，以加入的被测组分是否能定量回收来判断分析过程是否存在系统误差。

用国家颁布的标准分析方法和所选的方法同时测定某一试样进行对照试验也是经常采用的一种办法。

在许多生产单位中，为了检查分析人员之间是否存在系统误差和其他问题，常在安排试样分析任务时将一部分试样重复安排在不同分析人员之间，相互进行对照试验，这种方法称为“内检”。有时又将部分试样送交其他单位进行对照分析，这种方法称为“外检”。

2. 空白试验

由试剂和器皿带进杂质所造成的系统误差，一般可做空白试验来扣除。所谓空白试验就是在不加试样的情况下，按照试样分析同样的操作步骤和条件进行试验。试验所得结果称为空白值。从试样分析结果中扣除空白值后，就得到比较可靠的分析结果。

空白值一般不应很大，否则扣除空白时会引起较大的误差。当空白值较大时，就只好从提纯试剂和改用其他适当的器皿来解决问题了。

3. 校准仪器

仪器不准确引起的系统误差，可以通过校准仪器来减小。例如砝码、移液管和滴定管等，在精确的分析中必须进行校准，并在计算结果时采用校正值。

4. 分析结果的校正

分析过程中的系统误差有时可采用适当的方法进行校正。例如用硫氰酸盐分光光度法测定钢铁中的钨时，钒的存在引起正的系统误差。为了扣除钒的影响，可采用校正系数法。根据实验结果，1%钒相当于0.2%钨，即钒的校正系数为0.2（校正系数随实验条件略有变化）。因此，在测得试样中钒的含量后，利用校正系数即可由钨的测定结果中扣除钒的结果，从而得到钨的正确结果。

思考题1-5

1. 在不加样品的情况下，用测定样品同样的方法和步骤，对空白样进行定量分析，称之为（　　）。

A. 对照试验　　B. 空白试验　　C. 平行测定　　D. 预试验

2. 滴定分析中，若试剂含少量待测组分，可用于消除误差的方法是（　　）。

A. 仪器校正　　B. 空白试验　　C. 对照分析　　D. 增加平行次数

3. 下列方法中可以用于减少测定过程中的偶然误差的是（　　）。

A. 仪器校正　　B. 进行空白试验　　C. 进行对照试验　　D. 增加平行次数

4. 同一操作者，在同一实验室里，用同一台仪器，按同一试验方法规定的步骤，同时完成同一试样的两个或多个测定过程称为（　　）。

A. 重复试验　　B. 平行试验　　C. 再现试验　　D. 对照试验

习 题 一

1. 将下列数据修约为两位有效数字：

3.667；3.651；3.650；3.550；3.649；$pK_a=3.664$。

2. 根据有效数字运算规则计算下列结果：

(1) $2.776+36.5789-0.2397+6.34$

(2) $(3.675\times0.0045)-(6.7\times10^{-2})+(0.036\times0.27)$

(3) $\dfrac{50.00\times(27.80-24.39)\times0.1167}{1.3245}$

3. 测定镍合金的含量，6次平行测定的结果是34.25%、34.35%、34.22%、34.18%、34.29%、34.40%，计算：

(1) 平均值；中位值；平均偏差；相对平均偏差；标准偏差；平均值的标准偏差。

(2) 若已知镍的标准含量为34.33%，计算以上结果的绝对误差和相对误差。

4. 分析某试样中某一主要成分的含量，重复测定6次，其结果为49.69%、50.90%、48.49%、51.75%、51.47%、48.80%，求平均值在90%、95%和99%置信度的置信区间。

5. 某一检验室采用原子吸收分光光度法测定铅含量，已知该方法铅含量为1.0174μg/mL时，重复性限 $r=0.0018$，已测得同一样品的5个数据为1.0170μg/mL、1.0174μg/mL、1.0152μg/mL、1.0164μg/mL、1.0169μg/mL，求最终测试结果。

*6. 采用可见分光光度法测得铁离子含量为25.00μg/mL的铁标准溶液，6次平行测定的结果分别为25.02μg/mL、25.07μg/mL、24.98μg/mL、25.05μg/mL、24.95μg/mL、24.90μg/mL。经估算B类不确定度为0.032μg/mL。试对该方法进行不确定度评定并给出测定结果。

*7. 某工厂生产一种化工产品，在生产工艺改进前，产品中杂质含量为0.20%。经过生产工艺改进后，测定产品中杂质含量为0.17%、0.18%、0.19%、0.18%、0.17%。问经过工艺改进后，产品中杂质含量是否降低了（显著性水平 $\alpha=0.05$）？

*8. 某实验室自装的热电偶测温装置，测得高温炉的温度（℃）为1250、1265、1245、1260、1275。用标准方法测得的温度为1277℃。问自装仪器与标准比较有无系统误差（显著性水平 $\alpha=0.05$）？

*9. 已知标准铁样的含碳量为4.55%。为检查分析系统是否正常，对该标准铁样进行6次测定，碳含量为4.37%、4.35%、4.28%、4.30%、4.42%、4.40%。问该分析系统是否正常（显著性水平 $\alpha=0.05$）？

*10. 采用某新方法测定基准物明矾中的铝含量（%），得到下列9个数据：

10.74，10.77，10.77，10.81，10.81，10.73，10.86，10.81，10.77

已知明矾中铝含量的标准值为10.77%，试问采用新方法是否引起系统误差（显著性水平 $\alpha=0.05$）？

*11. 鉴定一个有机化合物可测定它在色谱柱上的保留时间，如与标准物质的保留时间相等，则可以假定两个物质相同，再以其他方法确证，否则可否定两物质相同。设某未知物通过柱3次，测定保留时间（s）分别为10.20、10.35、10.25；标准物正辛烷通过柱8次，测定保留时间（s）分别为10.24、10.28、10.31、10.32、10.34、10.35、10.36、10.37。问这一未知物是否可能是正辛烷（显著性水平 $\alpha=0.05$）？

*12. 分析两石灰石样品中的镁含量（%），结果如下。

样品1：1.24，1.28，1.31，1.32

样品2：1.35，1.34，1.36，1.38

问这两个样品有显著性差异吗（s_1 与 s_2 之间有无显著性差异）？

*13. 甲、乙两人分析同一试样。甲经11次测定，$s=0.21$；乙经9次测定，$s=0.60$。试比较甲、乙的精密度之间是否有显著性差异？

*14. 某人在不同时间测定同一样品，得结果（%）如下。

第一次：35.74，35.34，34.84，35.14，35.04，34.74

第二次：34.24，33.74，32.94，33.44，34.04，33.54

问两次测定结果精密度有无显著性差异？

*15. 为提高分光光度法测微量铅的灵敏度，改用一种新的显色剂。设同一溶液，用原显色剂及新显色剂各测定4次，所得吸光度分别为0.128、0.132、0.125、0.124及0.129、0.137、0.135、0.139。试判断新显色剂测定铅的灵敏度是否有显著提高？

16. 用某法分析汽车尾气中 SO_2 含量(%)，得到下列结果：4.88，4.92，4.90，4.87，4.86，4.84，4.71，4.86，4.89，4.99。

(1) 用 Q 检验法判断有无异常值需舍弃？

(2) 用格鲁布斯法判断有无异常值需舍弃？

第二章 滴定分析

学习指南

滴定分析是定量化学分析中重要的分析方法，它以简单、快速、准确的特点广泛应用于常量分析中。通过本章的学习，应了解滴定分析方法的特点和分类；理解滴定分析的基本术语；理解滴定分析对化学反应的要求和滴定的方式；掌握标准溶液的制备方法和配制标准溶液时对基准物的要求及有关规定；掌握分析化学中常用的法定计量单位；熟练掌握有关滴定分析的各类计算。在学习过程中，若能复习无机化学中、物质的量和基本单元的概念及其有关计算，对掌握本章重点内容将会有很大的帮助。

第一节　概　　述

【学习要点】 理解滴定分析的基本术语；了解滴定分析法分类；掌握滴定分析法对滴定反应的要求；理解滴定分析中常用的4种滴定方式的特点；掌握各类滴定方式的适用范围。

一、滴定分析的基本术语

滴定分析（titrimetry）是将已知准确浓度的标准溶液滴加到被测物质的溶液中，直至所加溶液物质的量按化学计量关系恰好反应完全，然后根据所加标准溶液的浓度和所消耗的体积计算出被测物质含量的分析方法。由于这种测定方法是以测量溶液体积为基础，故又称为容量分析。

在进行滴定分析过程中，用标准物质标定或直接配制的已知准确浓度的试剂溶液称为标准滴定溶液。滴定时，将标准滴定溶液装在滴定管中［因而又常称为滴定剂（titrant）］，通过滴定管逐滴加入到盛有一定量被测物溶液［称为被滴定剂（titrand）］的锥形瓶（或烧杯）中进行测定，这一操作过程称为滴定（titration）。当加入的标准滴定溶液的量与被测物的量恰好符合化学反应式所表示的化学计量关系量时，称滴定反应到达化学计量点（stoichiometric point，简称计量点，以 sp 表示）。在化学计量点时，反应往往没有易被人察觉的外部特征，因此通常是加入某种试剂，利用该试剂的颜色突变来判断。这种在化学计量附近能改变颜色的试剂称为指示剂（indicator）。滴定时，指示剂改变颜色的那一点称为滴定终点（end point，以 ep 表示）。滴定终点往往与理论上的化学计量点不一致，它们之间存在有很小的差别，由此造成的误差称为终点误差（end point error）。终点误差是滴定分析误差的主要来源之一，其大小决定于滴定化学反应的完全程度和指示剂的选择。另外滴定终点也可以采用仪器分析法来确定。

为了准确测量溶液的体积和便于滴定，在实际操作中，滴定分析需要使用滴定管、移液管和容量瓶等容量仪器。

二、滴定分析法的分类

滴定分析法以化学反应为基础，根据所利用的化学反应的不同，滴定分析一般可分为 4 大类。

1. 酸碱滴定法（acid-base titration method）

酸碱滴定法是以酸、碱之间质子传递反应为基础的一种滴定分析法。可用于测定酸、碱和两性物质。其基本反应为：

$$H^+ + OH^- \longrightarrow H_2O$$

例如用 NaOH 标准溶液滴定 HCl 溶液。

2. 配位滴定法（complexometric titration）

配位滴定法是以配位反应为基础的一种滴定分析法。可用于对金属离子进行测定。若采用 EDTA 作配位剂，其反应为：

$$M^{n+} + Y^{4-} \longrightarrow MY^{(4-n)-}$$

式中，M^{n+} 表示金属离子；Y^{4-} 表示 EDTA 的阴离子。

3. 氧化还原滴定法（oxidation reduction titration）

氧化还原滴定法是以氧化还原反应为基础的一种滴定分析法。可用于对具有氧化还原性质的物质或某些不具有氧化还原性质的物质进行测定。如重铬酸钾法测定铁，其反应如下：

$$Cr_2O_7^{2-} + 6Fe^{2+} + 14H^+ \longrightarrow 2Cr^{3+} + 6Fe^{3+} + 7H_2O$$

4. 沉淀滴定法（precipitation titration）

沉淀滴定法是以沉淀生成反应为基础的一种滴定分析法。可用于对 Ag^+、CN^-、SCN^- 及类卤素等离子进行测定。如银量法，其常见反应如下：

$$Ag^+ + Cl^- \longrightarrow AgCl\downarrow$$

三、滴定分析法对滴定反应的要求和滴定方式

1. 滴定分析法对滴定反应的要求

滴定分析虽然能利用各种类型的反应，但不是所有反应都可以用于滴定分析。适用于滴定分析的化学反应必须具备下列条件：

（1）反应要按一定的化学反应式进行，即反应应具有确定的化学计量关系，不发生副反应；

（2）反应必须定量进行，通常要求反应完全程度≥99.9%；

（3）反应速率要快，速率较慢的反应可以通过加热、增加反应物浓度、加入催化剂等措施来加快；

（4）有适当的方法确定滴定的终点。

凡能满足上述要求的反应都可采用直接滴定法。

2. 滴定方式

在进行滴定分析时，滴定的方式主要有如下几种：

（1）直接滴定法（direct titration）　凡能满足滴定分析要求的反应都可用标准滴定溶液直接滴定被测试样溶液。例如用 NaOH 标准滴定溶液可直接滴定 HAc、HCl、H_2SO_4 等试样溶液；用 $KMnO_4$ 标准滴定溶液可直接滴定 $C_2O_4^{2-}$ 等；用 EDTA 标准滴定溶液可直接滴定 Ca^{2+}、Mg^{2+}、Zn^{2+}等；用 $AgNO_3$ 标准滴定溶液可直接滴定 Cl^- 等。直接滴定法是最常用和最基本的滴定方式，简便、快速，引入的误差较小。

如果反应不能完全符合上述要求，则可选择采用下述方式进行滴定。

（2）返滴定法（back titration）　返滴定法的操作是：在待测试液中准确加入适当过量的标准溶液，待反应完全后，再用另一种标准溶液返滴定剩余的第一种标准溶液，从而测定待测组分的含量。这种滴定方式主要用于滴定反应速率较慢或反应物是固体，加入符合计量关系的标准滴定溶液后反应常常不能立即完成的情况。例如，Al^{3+} 与 EDTA（一种配位剂）溶液反应速率慢，不能直接滴定，可采用返滴定法。即在一定的 pH 条件下，于待测的 Al^{3+} 试液中加入一定量且过量已知浓度的 EDTA 标准溶液，加热促使反应完全，然后再用另外的标准锌溶液返滴定剩余的 EDTA 溶液，从而计算出试样中 Al^{3+} 的含量。

有时返滴定法也可用于没有合适指示剂的情况。如用 $AgNO_3$ 标准溶液滴定 Cl^-，缺乏合适的指示剂。此时，可加入一定量过量的 $AgNO_3$ 标准溶液使 Cl^- 沉淀完全，再用 NH_4SCN 标准滴定溶液返滴定过量的 Ag^+，以 Fe^{3+} 为指示剂，出现 $[Fe(SCN)]^{2+}$ 淡红色为终点。

（3）置换滴定法（replacement titration）　置换滴定法的操作是：先加入适当的试剂与待测组分定量反应，生成另一种可滴定的物质，再利用标准溶液滴定反应产物，然后由滴定剂的消耗量、反应生成的物质与待测组分等物质的量的关系计算出待测组分的含量。这种滴定方式主要用于因滴定反应没有定量关系或伴有副反应而无法直接滴定的测定。例如，用 $K_2Cr_2O_7$ 标定 $Na_2S_2O_3$ 溶液的浓度时，就是以一定量的 $K_2Cr_2O_7$ 在酸性溶液中与过量的 KI 作用，析出相当量的 I_2，再以淀粉为指示剂，用 $Na_2S_2O_3$ 溶液滴定析出的 I_2，进而求得 $Na_2S_2O_3$ 溶液的浓度。

（4）间接滴定法（indirect titration）　某些待测组分不能直接与滴定剂反应，但可通过其他的化学反应间接测定其含量。例如，溶液中 Ca^{2+} 几乎不发生氧化还原反应，但可将它与 $C_2O_4^{2-}$ 作用生成 CaC_2O_4 沉淀，过滤洗净后，在沉淀中加入 H_2SO_4 使其溶解，再用 $KMnO_4$ 标准滴定溶液滴定溶解生成的 $C_2O_4^{2-}$，从而间接测定 Ca^{2+} 的含量。

返滴定法、置换滴定法和间接滴定法的应用大大扩展了滴定分析的应用范围。

滴定分析适用于常量组分的测定，测定准确度较高，一般情况下测定误差不大于 0.1%，并具有操作简便快速、所用仪器简单的优点。

思考题2-1

1. 在滴定分析中，一般利用指示剂颜色的突变来判断化学计量点的到达。在指示剂颜色突变时停止滴定，这一点称为（　　）。

A. 化学计量点　　B. 滴定终点　　C. 以上说法都可以

2. 测定 $CaCO_3$ 的含量时，加入一定量过量的 HCl 标准滴定溶液与其完全反应，过量部分 HCl 用 NaOH 溶液滴定，此滴定方式属（　　）。

A. 直接滴定　　B. 返滴定　　C. 置换滴定期　　D. 间接滴定

3. 滴定分析所用指示剂是（　　）。

A. 本身具有颜色的辅助试剂

B. 利用本身颜色变化确定化学计量点的外加试剂

C. 本身无色的辅助试剂

D. 能与标准溶液起作用的外加试剂

4. 下列说法中不正确的是（　　）。

A. 凡是能进行氧化还原反应的物质，都能用直接法测定其含量

B. 酸碱滴定法是以质子传递反应为基础的一种滴定分析法

C. 适用于直接滴定法的化学反应，必须是能定量完成的化学反应

D. 反应速率快是滴定分析法必须具备的重要条件之一

阅读材料

滴定分析法的起源

19 世纪中期，滴定分析中的酸碱滴定法、沉淀滴定法和氧化还原滴定法盛行起来，但其起源可上溯到 18 世纪。法国人日鲁瓦（C. J. Geoffroy）在 1729 年为测醋酸浓度，以碳酸钾为标准物，用待测定浓度的醋酸滴到碳酸钾中去，以发生气泡停止作为滴定终点，以耗去碳酸钾量的多少衡量醋酸的相对浓度。这是第一次把中和反应用于分析化学。这种滴定的方法以后不断发展、改进。1750 年法国人弗朗索（V. G. Franeois）在用硫酸滴定矿泉水的含碱量时，为了使终点有明显的标志，取紫罗兰浸液作为指示剂，当滴定到终点时溶液开始变红，然后以雪水做对照滴定，以判断矿泉水的含碱量。弗朗索选用指示剂是一大贡献，对于提高滴定的准确性有很大的改进。

酸碱滴定改用滴定管，首推法国人德克劳西（H. Descroi-zilles）于 1786 年发明“碱量计”，以后改进为滴定管。这样，在 18 世纪末，酸碱滴定的基本形式和原则已经确定，但发展不快。直到 19 世纪 70 年代以后，在人工合成指示剂出现后，酸碱滴定法才获得了较大的应用价值，扩大了应用范围。

第二节　基准物质和标准滴定溶液

【学习要点】 了解基准物质应具备的条件，掌握滴定分析中常用基准物质的名称和使用方法；掌握标准溶液的配制方法及其适用条件；理解并掌握配制标准溶液的有关规定；掌握标准滴定溶液浓度的表示方法。

滴定分析中，标准滴定溶液的浓度和用量是计算待测组分含量的主要依据，因此正确配制标准滴定溶液，准确地确定标准滴定溶液的浓度以及对标准溶液进行妥善保存，对于提高滴定分析的准确度有重大意义。

一、基准物质

滴定分析中，并不是什么试剂都可用来直接配制标准溶液。可用于直接配制标准滴定溶液或标定溶液浓度的物质称为基准物质（primary reference material）。作为基准物质必须具备以下条件：

① 组成恒定并与化学式相符。若含结晶水，例如 $H_2C_2O_4 \cdot 2H_2O$、$Na_2B_4O_7 \cdot 10H_2O$ 等，其结晶水的实际含量也应与化学式严格相符。

② 纯度足够高（达 99.9%以上），杂质含量应低于分析方法允许的误差限。

③ 性质稳定，不易吸收空气中的水分和 CO_2，不分解，不易被空气氧化。

④ 有较大的摩尔质量，以减少称量时的相对误差。

⑤ 试剂参加滴定反应时，应严格按反应式定量进行，没有副反应。

表 2-1 列出了几种常用基准物质的干燥条件和应用范围。

表 2-1　常用基准物质的干燥条件和应用范围

基准物质名称	基准物质分子式	干燥后组成	干燥条件	标定对象
无水碳酸氢钠	$NaHCO_3$	Na_2CO_3	270～300℃	酸
十水合碳酸钠	$Na_2CO_3 \cdot 10H_2O$	Na_2CO_3	270～300℃	酸
硼砂	$Na_2B_4O_7 \cdot 10H_2O$	$Na_2B_4O_7 \cdot 10H_2O$	放在装有 NaCl 和蔗糖饱和溶液的干燥器中	酸
二水合草酸	$H_2C_2O_4 \cdot 2H_2O$	$H_2C_2O \cdot 2H_2O$	室温空气干燥	碱或高锰酸钾
邻苯二甲酸氢钾	$KHC_8H_4O_4$	$KHC_8H_4O_4$	110～120℃	碱
重铬酸钾	$K_2Cr_2O_7$	$K_2Cr_2O_7$	140～150℃	还原剂
溴酸钾	$KBrO_3$	$KBrO_3$	130℃	还原剂
碘酸钾	KIO_3	KIO_3	130℃	还原剂
铜	Cu	Cu	室温干燥器中保存	还原剂
三氧化二砷	As_2O_3	As_2O_3	室温干燥器中保存	氧化剂
草酸钠	$Na_2C_2O_4$	$Na_2C_2O_4$	130℃	氧化剂
锌	Zn	Zn	室温干燥器中保存	EDTA
氧化锌	ZnO	ZnO	900～1000℃	EDTA
氯化钠	NaCl	NaCl	500～600℃	$AgNO_3$
氯化钾	KCl	KCl	500～6000℃	$AgNO_3$
硝酸银	$AgNO_3$	$AgNO_3$	220～250℃	氯化物

二、 标准滴定溶液的配制方法

配制标准溶液的方法有直接法和标定法两种。

1. 直接法

准确称取一定量的基准物质，经溶解后，定量转移至一定体积容量瓶中，用去离子水[1]（或蒸馏水）稀释至刻度。根据溶质的质量和容量瓶的体积，即可计算出该标准溶液的准确浓度。

例如称取 4.9030g 基准 $K_2Cr_2O_7$，用蒸馏水溶解后，定量转移至 1L 容量瓶中，用蒸馏水稀释至标线，即得 $c\left(\frac{1}{6}K_2Cr_2O_7\right)=0.1000mol/L$ 的 $K_2Cr_2O_7$ 标准溶液。

直接法最大的优点是操作简便，配制好的溶液可直接用于滴定。

2. 标定法

用来配制标准滴定溶液的物质大多数是不能满足基准物质条件的，如盐酸中 HCl 易挥发，固体 NaOH 易吸收空气中的水分和 CO_2，$KMnO_4$ 不易提纯等，它们不适合用直接法配制标准溶液。一般是先将这些物质配成近似所需浓度的溶液（GB 601—2002 规定所配溶液的浓度应在所需浓度±5%范围以内）[2]，然后再用基准物确定其准确浓度。这种确定所配溶液准确浓度的过程称为“标定”。标定的方法有直接标定和间接标定两种。

---

[1] 制备标准溶液在方法、使用仪器、量具和试剂及实验用水等方面都有严格的要求。国标 GB/T 601—2002、GB/T 603—2002 对此作了相应规定，操作者应按规定进行。

[2] 参阅 GB/T 601—2002 中“一般规定”。

(1) 直接标定　准确称取一定量的基准物，溶于水后用待标定的溶液滴定至反应完全。根据所消耗待标定的溶液的体积和基准物的质量，计算出待标定的溶液的准确浓度。

例如标定 0.1mol/L 的 HCl 标准滴定溶液可用基准物无水碳酸钠，在 270～300℃烘干至质量恒重，用不含 CO_2 的蒸馏水溶解，选用溴甲酚绿-甲基红混合指示剂指示终点（详细标定步骤见配套实验教材）。

(2) 间接标定　有一部分标准溶液，没有合适的用以标定的基准试剂，只能用另一种已知浓度的标准溶液来标定。

例如 NaOH 标准滴定溶液可用已知准确浓度的 HCl 标准溶液标定。方法是移取一定体积的已知准确浓度的 HCl 标准溶液，用待标定的 NaOH 标准溶液滴定至终点，根据 HCl 标准溶液的浓度和体积以及待标定的 NaOH 标准溶液消耗体积计算 NaOH 溶液的浓度。这种方法准确度不及直接用基准物质标定的好。

在实际生产中，为消除共存元素对滴定的影响，有时也选用与被分析试样组成相似的“标准试样”来标定标准溶液的浓度。另外，有的基准试剂价格高，在满足准确度要求的前提下，为降低分析成本，也可采用纯度稍低的试剂，用标定法制备标准溶液。

三、标准滴定溶液浓度的表示方法

1. 物质的量浓度

标准滴定溶液的浓度常用物质的量浓度（简称浓度）表示。物质 B 的物质的量浓度是指单位体积溶液中所含溶质 B 的物质的量，用 c_B 表示，即

$$c_B = n_B/V$$

式中，n_B 表示溶液中溶质 B 的物质的量，单位为 mol 或 mmol；V 为溶液的体积，单位为 L 或 mL；浓度 c_B 的常用单位为 mol/L，如 $c(HCl)=0.1012mol/L$。

由于物质的量 n_B 的数值取决于基本单元的选择，因此，表示物质的量浓度时，必须指明基本单元，如 $c\left(\frac{1}{5}KMnO_4\right)=0.1000mol/L$。

基本单元的选择一般可根据标准溶液在滴定反应中的质子转移数（酸碱反应）、电子得失数（氧化还原反应）或反应的计量关系来确定。如在酸碱反应中常以 NaOH、HCl、$\frac{1}{2}H_2SO_4$ 为基本单元；在氧化还原反应中常以 $\frac{1}{2}I_2$、$Na_2S_2O_3$、$\frac{1}{5}KMnO_4$、$\frac{1}{6}KBrO_3$ 等为基本单元。即物质 B 在反应中的转移质子数或得失电子数为 Z_B 时，基本单元选 $\frac{1}{Z_B}B$。显然

$$n\left(\frac{1}{Z_B}B\right) = Z_B n(B) \tag{2-1}$$

因此有

$$c\left(\frac{1}{Z_B}B\right) = Z_B c(B) \tag{2-2}$$

例如，某 H_2SO_4 溶液的浓度，当选择 H_2SO_4 为基本单元时，其浓度 $c(H_2SO_4)=0.1mol/L$；当选择 $\frac{1}{2}H_2SO_4$ 为基本单元时，则其浓度应为 $c\left(\frac{1}{2}H_2SO_4\right)=0.2mol/L$。

2. 滴定度

在工矿企业的例行分析中，有时也用“滴定度”表示标准滴定溶液的浓度。滴定度是指每毫升标准滴定溶液相当于被测物质的质量（g 或 mg）。例如，若每毫升 $KMnO_4$ 标准滴定溶液恰好能与 0.005585g Fe^{2+} 反应，则该 $KMnO_4$ 标准滴定溶液的滴定度可表示为

$T_{Fe^{2+}/KMnO_4}=0.005585g/mL$。

如果分析的对象固定，用滴定度计算其含量时，只需将滴定度乘以所消耗标准滴定溶液的体积即可求得被测物的质量，计算十分简便。

思考题2-2

1. 直接法配制标准溶液必须使用（　　）。

A. 基准试剂　　B. 化学纯试剂　　C. 分析纯试剂　　D. 优级纯试剂

2. 以下基准试剂使用前干燥条件不正确的是（　　）。

A. 无水 Na_2CO_3　270～300℃　　B. ZnO　800℃

C. $CaCO_3$　800℃　　D. 邻苯二甲酸氢钾　105～110℃

3. 用于配制标准溶液的试剂的水最低要求为（　　）。

A. 一级水　　B. 二级水　　C. 三级水　　D. 四级水

4. 下列说法中正确的是（　　）。

A. 在使用摩尔为单位表示某物质的物质的量时，基本单元应予以指明

B. 基本单元必须是分子、原子或离子

C. 同样质量的物质，用的基本单元不同，物质的量总是相同的

D. 为了简便，可以一律采用分子、原子或离子作为基本单元

5. 下列说法中，何者是错误的？

A. 摩尔质量的单位是 g/mol

B. 物质 B 的质量 m_B 就是通常说的用天平称取的质量

C. 物质的量 n_B 与质量 m_B 的关系为 $n_B=\frac{m_B}{M_B}$，式中 M 为 B 物质的物质的量浓度

D. 物质的量 n_B 与质量 m_B 的关系为 $n_B=\frac{m_B}{M_B}$，式中 M 为物质的摩尔质量

6. 滴定度 $T_{s/x}$ 是指与用每毫升标准溶液相当的（　　）表示的浓度。

A. 被测物的体积　　B. 被测物的质量（g）　　C. 标准液的质量（g）　　D. 溶质的质量(g)

7. 下列物质中哪些可以用直接法配制标准滴定溶液？哪些只能用标定法配制？

H_2SO_4；KOH；$KMnO_4$；$K_2Cr_2O_7$；KIO_4；$Na_2S_2O_3\cdot 5H_2O$

8. 为什么用间接标定法标定溶液浓度不及直接用基准物质标定的结果准确？

阅读材料

GB/T 601—2002 对标准滴定溶液制备的一般规定

GB/T 601—2002 对标准滴定溶液的制备作了如下规定。

(1) 除另有规定外，所用试剂的纯度应在分析纯以上，所用制剂及制品应按 GB/T 603—2002 的规定制备，实验用水应符合 GB/T 6682—2008 中三级水的规格。

(2) 标准中制备的标准滴定溶液的浓度，除高氯酸外，均指 20℃ 时的浓度。在标准滴定溶液标定、直接制备和使用时，若温度有差异，应按该标准附录 A 补正。标准滴定溶液标定、直接制备和使用时，所用分析天平、砝码、滴定管、容量瓶及移液管均需定期校正。

(3) 在标定和使用标准滴定溶液时，滴定速度一般保持在 6～8mL/min。

(4) 称量工作基准试剂的质量的数值小于 0.5g 时，按精确至 0.01mg 称量；数值大于 0.5g 时，按精确至 0.1mg 称量。

(5) 制备标准滴定溶液的浓度应在规定浓度值的 ±5% 范围以内。

(6) 标定标准滴定溶液的浓度时，需两人进行实验，分别做四平行，每人四平行测定结果极差的相对值（指测定结果的极差值与浓度平均值的比值，以%表示）不得大于重复性临界极差［$C_rR_{95}(4)$］的相对值（重复性临界极差与浓度平均值的比值，以%表示）0.15%，两人共八平行测定结果极差的相对值不得大于重复性临界极差［$C_rR_{95}(8)$］的相对值0.18%。取两人八平行测定结果的平均值为测定结果。在运算过程中保留5位有效数字，浓度值报出结果取4位有效数字。

(7) 标准滴定溶液浓度平均值的扩展不确定度一般不应大于0.2%，可根据需要报出，其计算参见该标准附录B。

(8) 使用工作基准试剂标定标准滴定溶液的浓度。当标准滴定溶液浓度值的准确度有更高要求时，可用二级纯度标准物质或定值代替工作基准试剂进行标定或直接制备，并在计算标准滴定溶液浓度值时将其质量分数代入计算式中。

(9) 标定浓度小于等于0.02mol/L的标准滴定溶液时，应于临用前将浓度高的标准滴定溶液用煮沸并冷却的水稀释，必要时重新标定。

(10) 除另有规定外，标准滴定溶液在常温（15～25℃）下保存时间一般不得超过两个月。当溶液出现浑浊、沉淀、颜色变化等现象时，应重新制备。

(11) 贮存标准滴定溶液的容器，其材料不应与溶液起理化作用，壁厚最薄处不小于0.5mm。

(12) 所用溶液以%表示的均为质量分数，只有乙醇（95%）中的%表示体积分数。

摘自GB/T 601—2002《化学试剂标准滴定溶液的制备》

第三节 滴定分析的计算

【学习要点】 掌握分析化学中常用的法定计量单位；熟练掌握物质的量（n_B）、物质的摩尔质量（M_B）、物质的质量（m_B）、物质的量浓度（c_B）和溶液体积（V_B）间的关系；理解滴定剂与被滴定剂间的化学计量关系；熟练掌握确定物质基本单元的方法；掌握标准滴定溶液浓度的计算方法和待测组分含量的计算方法。

一、滴定剂与被滴定剂的化学计量关系

设滴定剂A与被测组分B发生下列反应：

$$aA + bB \longrightarrow cC + dD$$

则被测组分B的物质的量n_B与滴定剂A的物质的量n_A之间的关系可用两种方式求得。

1. 根据滴定剂A与被测组分B的化学计量数比计算

由上述反应式可得

$$n_A : n_B = a : b$$

因此有

$$n_A = \frac{a}{b}n_B \quad 或 \quad n_B = \frac{b}{a}n_A \tag{2-3}$$

$\frac{b}{a}$或$\frac{a}{b}$称为化学计量数比（也称摩尔比），它是该反应的化学计量关系，是滴定分析定量测定的依据。

例如，用HCl标准滴定溶液滴定Na_2CO_3时，滴定反应为：

$$2HCl + Na_2CO_3 \longrightarrow 2NaCl + CO_2\uparrow + H_2O$$

可得 $$n(Na_2CO_3)=\frac{1}{2}n(HCl)$$

又如，在酸性溶液中用 $K_2Cr_2O_7$ 标准滴定溶液滴定 Fe^{2+} 时，滴定反应为：

$$Cr_2O_7^{2-}+6Fe^{2+}+14H^+ \longrightarrow 2Cr^{3+}+6Fe^{3+}+7H_2O$$

可得 $$n(Fe)=6n(K_2Cr_2O_7)$$

2. 根据等物质的量规则计算

等物质的量规则是指对于一定的化学反应，如选定适当的基本单元，那么在任何时刻所消耗的反应物的物质的量均相等。在滴定分析中，若根据滴定反应选取适当的基本单元，则滴定到达化学计量点时被测组分的物质的量就等于所消耗的标准滴定溶液的物质的量。即

$$n\left(\frac{1}{Z_B}B\right)=n\left(\frac{1}{Z_A}A\right) \tag{2-4}$$

如上例中 $K_2Cr_2O_7$ 的电子转移数为 6，以 $\frac{1}{6}K_2Cr_2O_7$ 为基本单元；Fe^{2+} 的电子转移数为 1，以 Fe^{2+} 为基本单元。则

$$n\left(\frac{1}{6}K_2Cr_2O_7\right)=n(Fe^{2+})$$

式(2-4) 是滴定分析计算的基本关系式，利用它可以导出其他计算关系式。本教材主要采用此规则进行滴定分析有关计算。

二、滴定分析结果计算

1. 标准滴定溶液浓度的计算

标准滴定溶液浓度的计算方法如下。

(1) 直接配制法　准确称取质量为 m_B(g)的基准物质 B，将其配制成体积为 V_B(L)的标准滴定溶液。已知基准物质 B 的摩尔质量为 M_B（g/mol），由于

$$n\left(\frac{1}{Z_B}B\right)=\frac{m_B}{M\left(\frac{1}{Z_B}B\right)} \tag{2-5}$$

$$n\left(\frac{1}{Z_B}B\right)=c\left(\frac{1}{Z_B}B\right)V_B \tag{2-6}$$

则该标准滴定溶液的浓度为：

$$c\left(\frac{1}{Z_B}B\right)=\frac{n\left(\frac{1}{Z_B}B\right)}{V_B}=\frac{m_B}{V_BM\left(\frac{1}{Z_B}B\right)} \tag{2-7}$$

【例 2-1】 准确称取基准物质 $K_2Cr_2O_7$ 1.471g，溶解后定量转移至 500.0mL 容量瓶中并用蒸馏水稀释至标线，摇匀。已知 $M(K_2Cr_2O_7)=294.2$g/mol，计算所配制的 $K_2Cr_2O_7$ 溶液的浓度 $c(K_2Cr_2O_7)$及 $c\left(\frac{1}{6}K_2Cr_2O_7\right)$。

解　按式(2-7)

$$c(K_2Cr_2O_7)=\frac{1.471}{0.5000\times 294.2}\text{mol/L}=0.01000\text{mol/L}$$

$$c\left(\frac{1}{6}K_2Cr_2O_7\right)=\frac{1.471}{0.5000\times\frac{1}{6}\times 294.2}\text{mol/L}=0.06000\text{mol/L}$$

【例 2-2】 欲配制 $c\left(\frac{1}{2}Na_2CO_3\right)=0.1000mol/L$ 的 Na_2CO_3 标准滴定溶液 250.0mL，问应称取基准试剂 Na_2CO_3 多少克？已知 $M(Na_2CO_3)=106.0g/mol$。

解 设应称取基准试剂的质量为 $m(Na_2CO_3)$，则

$$m(Na_2CO_3)=c\left(\frac{1}{2}Na_2CO_3\right)V(Na_2CO_3)M\left(\frac{1}{2}Na_2CO_3\right)$$

所以

$$m(Na_2CO_3)=0.1000\times0.2500\times\frac{1}{2}\times106.0g=1.325g$$

答：称取基准试剂 Na_2CO_3 1.325g。

【例 2-3】 欲将 $c(Na_2S_2O_3)=0.2100mol/L$ 的 $Na_2S_2O_3$ 溶液 250.0mL 稀释成 $c(Na_2S_2O_3)=0.1000mol/L$，需加水多少毫升？

解 设需加水体积为 V(mL)，根据溶液稀释前后其溶质的物质的量相等的原则得

$$0.2100\times250.0=0.1000\times(250.0+V)$$

$$V=275.0(mL)$$

答：需加水 275.0mL。

(2) 标定法　若以基准物质 B 标定浓度为 c_A 的标准滴定溶液，设所称取的基准物质的质量为 m_B(g)，其摩尔质量为 M(B)，滴定时消耗待标定标准滴定溶液 A 的体积为 V_A(mL)，根据等物质的量关系

$$n\left(\frac{1}{Z_B}B\right)=n\left(\frac{1}{Z_A}A\right)$$

则

$$\frac{m_B}{M\left(\frac{1}{Z_B}B\right)}=c\left(\frac{1}{Z_A}A\right)\times\frac{V_A}{1000} \tag{2-8}$$

因此

$$c\left(\frac{1}{Z_A}A\right)=\frac{1000m_B}{M\left(\frac{1}{Z_B}B\right)V_A} \tag{2-9}$$

【例 2-4】 称取基准物质草酸($H_2C_2O_4\cdot2H_2O$)0.2002g 溶于水中，用 NaOH 溶液滴定，消耗了 NaOH 溶液 28.52mL，计算 NaOH 溶液的浓度。已知 $M(H_2C_2O_4\cdot2H_2O)$为 126.1g/mol。

解 按题意滴定反应为：

$$2NaOH+H_2C_2O_4\longrightarrow Na_2C_2O_4+2H_2O$$

根据质子转移数选 NaOH 为基本单元，则 $H_2C_2O_4$ 的基本单元为$\frac{1}{2}H_2C_2O_4$，按式(2-9) 得

$$c(NaOH)=\frac{1000m(H_2C_2O_4\cdot2H_2O)}{M\left[\frac{1}{2}(H_2C_2O_4\cdot2H_2O)\right]V(NaOH)}$$

代入数据得

$$c(NaOH)=\frac{1000\times0.2002}{\frac{1}{2}\times126.1\times28.52}mol/L=0.1113mol/L$$

答：该 NaOH 溶液的物质的量浓度为 0.1113mol/L。

【例 2-5】 配制 0.1mol/L HCl 溶液，用基准试剂 Na_2CO_3 标定其浓度，试计算 Na_2CO_3 的称量范围。已知 $M(Na_2CO_3)=106.0g/mol$。

解 用 Na_2CO_3 标定 HCl 溶液浓度的反应为：

$$2HCl+Na_2CO_3 \longrightarrow 2NaCl+CO_2\uparrow+H_2O$$

根据反应式得

$$n\left(\frac{1}{2}Na_2CO_3\right)=n(HCl)$$

则

$$\frac{m(Na_2CO_3)}{M\left(\frac{1}{2}Na_2CO_3\right)}=\frac{c(HCl)V(HCl)}{1000}$$

$$m(Na_2CO_3)=\frac{c(HCl)V(HCl)M\left(\frac{1}{2}Na_2CO_3\right)}{1000}$$

为保证标定的准确度，HCl 溶液的消耗体积一般在 30～40mL 之间。则

$$m_1=0.1\times(30/1000)\times\frac{1}{2}\times106.0g=0.16g$$

$$m_2=0.1\times(40/1000)\times\frac{1}{2}\times106.0g=0.21g$$

可见，为保证标定的准确度，基准试剂 Na_2CO_3 的称量范围[1]应在 0.16～0.21g 之间。

(3) 滴定度与物质的量浓度之间的换算　设标准溶液浓度为 c_A，滴定度为 $T_{B/A}$，根据等物质的量规则（或化学计量数比）和滴定度定义，它们之间的关系应为：

$$T_{B/A}=\frac{c\left(\frac{1}{Z_A}A\right)M\left(\frac{1}{Z_B}B\right)}{1000} \tag{2-10}$$

或

$$c\left(\frac{1}{Z_A}A\right)=\frac{T_{B/A}\times1000}{M\left(\frac{1}{Z_B}B\right)} \tag{2-11}$$

【例 2-6】 计算 $c(HCl)=0.1015mol/L$ 的 HCl 溶液对 Na_2CO_3 的滴定度。已知$M(Na_2CO_3)=106.0g/mol$。

解　滴定反应式为：

$$2HCl+Na_2CO_3 \longrightarrow 2NaCl+CO_2\uparrow+H_2O$$

根据质子转移数，选 HCl、$\frac{1}{2}Na_2CO_3$ 为基本单元，按式(2-10) 得

$$T_{Na_2CO_3/HCl}=\frac{c(HCl)M\left(\frac{1}{2}Na_2CO_3\right)}{1000}$$

代入数据得

$$T_{Na_2CO_3/HCl}=\frac{0.1015\times\frac{1}{2}\times106.0}{1000}g/mL=0.005380g/mL$$

2. 待测组分含量的计算

完成一个滴定分析的全过程，一般可以得到 3 个测量数据，即称取试样的质量 m_s(g)、标准滴定溶液的浓度 $c\left(\frac{1}{Z_A}A\right)$(mol/L)、滴定至终点时标准滴定溶液消耗的体积 V_A(mL)。若测得试样中待测组分 B 的质量为 m_B(g)，则待测组分 B 的质量分数 w_B（数值以%表示）为：

---

[1] GB/T 601—2002 中 4.2“盐酸标准滴定溶液”中规定，标定时 Na_2CO_3 的称量量为 0.2g。

$$w_B = \frac{m_B}{m_s} \times 100\% \tag{2-12}$$

根据等物质的量规则，将式(2-8) 代入式(2-12) 得

$$w_B = \frac{c\left(\frac{1}{Z_A}A\right)V_A M\left(\frac{1}{Z_B}B\right)}{m_s \times 1000} \times 100\% \tag{2-13}$$

再利用所获得的 3 个测量数据代入式(2-13) 即可求出待测组分的含量。

【例 2-7】 用 $c\left(\frac{1}{2}H_2SO_4\right)=0.2020mol/L$ 的硫酸标准滴定溶液测定 Na_2CO_3 试样的含量时，称取 0.2009g Na_2CO_3 试样，消耗 18.32mL 硫酸标准滴定溶液，求试样中 Na_2CO_3 的质量分数。已知 $M(Na_2CO_3)=106.0g/mol$。

解 滴定反应式为：

$$H_2SO_4 + Na_2CO_3 \longrightarrow Na_2SO_4 + CO_2\uparrow + H_2O$$

根据反应式，Na_2CO_3 和 H_2SO_4 得失质子数分别为 2，因此基本单元分别取 $\frac{1}{2}H_2SO_4$ 和 $\frac{1}{2}Na_2CO_3$。则

$$w(H_2SO_4)=\frac{c\left(\frac{1}{2}H_2SO_4\right)V(H_2SO_4)M\left(\frac{1}{2}Na_2CO_3\right)}{m_s \times 1000}\times 100\%$$

代入数据，得

$$w(H_2SO_4)=\frac{0.2020\times 18.32\times \frac{1}{2}\times 106.0}{0.2009\times 1000}\times 100\%=97.63\%$$

答：试样中 Na_2CO_3 的质量分数为 97.63% 。

【例 2-8】 称取铁矿石试样 0.3143g，溶于酸，并将 Fe^{3+} 还原为 Fe^{2+}。用 $c\left(\frac{1}{6}K_2Cr_2O_7\right)=0.1200mol/L$ 的 $K_2Cr_2O_7$ 标准滴定溶液滴定，消耗 $K_2Cr_2O_7$ 溶液 21.30mL。计算试样中 Fe_2O_3 的质量分数。已知 $M(Fe_2O_3)=159.7g/mol$。

解 滴定反应式为：

$$Cr_2O_7^{2-} + 6Fe^{2+} + 14H^+ \longrightarrow 2Cr^{3+} + 6Fe^{3+} + 7H_2O$$

$$Cr_2O_7^{2-} \xrightarrow{+6e} 2Cr^{3+} \qquad Fe_2O_3 \xrightarrow{-2e} 2Fe^{2+} \xrightarrow{-2e} 2Fe^{3+}$$

按等物质的量规则

$$n\left(\frac{1}{2}Fe_2O_3\right)=n\left(\frac{1}{6}K_2Cr_2O_7\right)$$

则

$$w(Fe_2O_3)=\frac{c\left(\frac{1}{6}K_2Cr_2O_7\right)V(K_2Cr_2O_7)M\left(\frac{1}{2}Fe_2O_3\right)}{m_s\times 1000}\times 100\%$$

代入数据得

$$w(Fe_2O_3)=\frac{0.1200\times 21.30\times \frac{1}{2}\times 159.7}{0.3143\times 1000}\times 100\%=64.94\%$$

答：试样中 Fe_2O_3 的质量分数为 64.94%。

【例 2-9】 将 0.2497g CaO 试样溶于 25.00mL $c(HCl)=0.2803mol/L$ 的 HCl 溶液中，剩余酸用 $c(NaOH)=0.2786mol/L$ 的 NaOH 标准滴定溶液返滴定，消耗 11.64mL。求试样中 CaO 的质量分数。已知 $M(CaO)=54.08g/mol$。

解　测定中涉及的反应式为：

$$CaO + 2HCl \longrightarrow CaCl_2 + H_2O$$

$$HCl + NaOH \longrightarrow NaCl + H_2O$$

按题意，CaO 的量是所用 HCl 的总量与返滴定所消耗的 NaOH 的量之差。

$$w(CaO)=\frac{[c(HCl)V(HCl)-c(NaOH)V(NaOH)]\times M\left(\frac{1}{2}CaO\right)}{m_s\times 1000}\times 100\%$$

代入数据得

$$w(CaO)=\frac{(0.2803\times 25.00-0.2786\times 11.64)\times\frac{1}{2}\times 56.08}{0.2497\times 1000}\times 100\%=42.27\%$$

答：试样中 CaO 的质量分数为 42.27%。

【例 2-10】　检验某病人血液中的钙含量，取 2.00mL 血液稀释后，用$(NH_4)_2C_2O_4$ 溶液处理，使 Ca^{2+} 生成 CaC_2O_4 沉淀。沉淀经过滤、洗涤后，溶解于强酸中，然后用 $c\left(\frac{1}{5}KMnO_4\right)=$ 0.0500mol/L 的 $KMnO_4$ 溶液滴定，用去 1.20mL，试计算此血液中钙的含量。已知 $M(Ca)=$ 40.08g/mol。

解　此题采用间接法对被测组分进行滴定，因此应从几个反应中寻找被测物的量与滴定剂之间的关系。按题意，测定经如下几步：

$$Ca^{2+}\xrightarrow{C_2O_4^{2-}}CaC_2O_4\downarrow\xrightarrow{H^+}H_2C_2O_4\xrightarrow{KMnO_4+H^+}Mn^{2+}+2CO_2\uparrow$$

反应中 Ca^{2+} 与 $C_2O_4^{2-}$ 的计量比为 1∶1，而 $KMnO_4$ 滴定 $H_2C_2O_4$ 反应中

$$C_2O_4^{2-}\xrightarrow{-2e}2CO_2\uparrow \qquad MnO_4^-\xrightarrow{+5e}Mn^{2+}$$

因此 $KMnO_4$ 的基本单元为$\frac{1}{5}KMnO_4$，钙的基本单元为$\frac{1}{2}Ca^{2+}$。根据等物质的量规则，有

$$n\left(\frac{1}{2}Ca^{2+}\right)=n\left(\frac{1}{2}H_2C_2O_4\right)=n\left(\frac{1}{5}KMnO_4\right)$$

$$\rho_{Ca}=\frac{c\left(\frac{1}{5}KMnO_4\right)V(KMnO_4)M\left(\frac{1}{2}Ca\right)}{V_s}$$

代入数据得

$$\rho_{Ca}=\frac{0.0500\times 1.20\times\frac{1}{2}\times 40.08}{2.00}g/L=0.601g/L$$

答：该血液试样中钙的含量为 0.601g/L。

思考题2-3

1. 当反应 $aA+bB\longrightarrow cC+dD$ 达化学计量点时，$n_A=\frac{a}{b}n_B$、$n\left(\frac{1}{Z_B}B\right)=n\left(\frac{1}{Z_A}A\right)$，$Z_A$、$Z_B$ 与 a、b 有什么关系？

2. 用氟硅酸钾法测定硅酸盐中 SiO_2 含量时，经过如下几步反应，先将硅酸盐试样用 KHP 熔融，转换

为 K_2SiO_3，进行如下反应：

$$2K^+ + SiO_3^{2-} + 6F^- + 6H^+ \longrightarrow K_2SiF_6 \downarrow + 3H_2O$$

$$K_2SiF_6 + 3H_2O \longrightarrow 2KF + H_2SiO_3 + 4HF$$

$$HF + NaOH \longrightarrow NaF + H_2O$$

则 SiO_2 与 NaOH 物质的量之间的关系应为（　　）。

A. $n(SiO_2)=4n(NaOH)$　　B. $4n(SiO_2)=n(NaOH)$

C. $n(SiO_2)=n(NaOH)$　　D. $6n(SiO_2)=n(NaOH)$

阅读材料

标准物质

标准物质（reference material）是已确定其一种或几种特性，用于校准测量器具、评价测量方法或确定材料特性量值的物质。标准物质是国家计量部门颁布的一种计量标准，具有以下的基本属性：均匀性、稳定性和准确的定值。标准物质可以是纯的或混合的气体、液体或固体，也可以是一件制品或图像。标准物质按被定值的特性，分为：物理或物理化学性质标准物质，如酸度、燃烧热、聚合物分子量等标准物质，具有良好的物理化学特性，用于物理化学计量器具的刻度、校准和计量方法的评价；化学成分标准物质，经准确测定，具有确定的化学成分，主要用于成分分析仪器的校准和分析方法的评价；工程特性标准物质，如粒度、橡胶的类别等，用于技术参数和特性计量器具、计量方法的评价及材料与产品的技术参数的比较。我国根据标准物质的类别与应用领域分为 13 类。标准物质可以用来校准仪器仪表，评价测量方法，用作直接比对的标准、工作标准质量保证系统中的质控样品，商业贸易中的计量仲裁依据，用于环境分析监测及生物医学临床化验等。

摘自邓勃主编《分析化学辞典》

习　题　二

1. 市售盐酸的密度为 1.19g/mL，HCl 含量为 37%，欲用此盐酸配制 500mL 0.1mol/L 的 HCl 溶液，应量取市售盐酸多少毫升？

2. 已知海水的平均密度为 1.02g/mL，若其中 Mg^{2+} 的含量为 0.115%，求每升海水中所含 Mg^{2+} 的物质的量 $n(Mg^{2+})$ 及其浓度 $c(Mg^{2+})$。取海水 2.50mL，以蒸馏水稀释至 250.0mL，计算该溶液中 Mg^{2+} 的质量浓度。

3. 有一氢氧化钠溶液，其浓度为 0.5450mol/L，取该溶液 100.0mL，需加水多少毫升方能配成 0.5000mol/L 的溶液？

4. $T_{NaOH/HCl}=0.003462$g/mL 的 HCl 溶液，相当于物质的量浓度 $c(HCl)$ 为多少？

5. 计算下列溶液的滴定度，以 g/mL 表示：

(1) $c(HCl)=0.2615$mol/L 的 HCl 溶液，用来测定 $Ba(OH)_2$ 和 $Ca(OH)_2$；

(2) $c(NaOH)=0.1032$mol/L 的 NaOH 溶液，用来测定 H_2SO_4 和 CH_3COOH。

6. 4.18g Na_2CO_3 溶于 500.0mL 水中，$c\left(\frac{1}{2}Na_2CO_3\right)$为多少？

7. 称取基准物质 Na_2CO_3 0.1580g，标定 HCl 溶液的浓度，消耗该 HCl 溶液 24.80mL，计算此 HCl 溶液的浓度为多少？

8. 称取 0.3280g $H_2C_2O_4 \cdot 2H_2O$ 标定 NaOH 溶液，消耗 NaOH 溶液 25.78mL，求 $c(NaOH)$为多少？

9. 用硼砂（$Na_2B_4O_7 \cdot 10H_2O$）0.4709g 标定 HCl 溶液，滴定至化学计量点时消耗 25.20mL，求 $c(HCl)$为多少？（提示：$Na_2B_4O_7 + 2HCl + 5H_2O \longrightarrow 4H_3BO_3 + 2NaCl$）

10. 分析不纯 $CaCO_3$（其中不含干扰物质）时，称取试样 0.3000g，加入 $c(HCl)=0.2500mol/L$ 的 HCl 标准溶液 25.00mL。煮沸除去 CO_2，用 $c(NaOH)=0.2012mol/L$ 的 NaOH 溶液返滴定过量酸，消耗了 5.84mL。计算试样中 $CaCO_3$ 的质量分数。

11. 称取含铝试样 0.2000g，溶解后加入 $c(EDTA)=0.02082mol/L$ 的 EDTA 标准溶液 30.00mL，控制条件使 Al^{3+} 与 EDTA 配位完全，然后以 $c(Zn^{2+})=0.01005mol/L$ 的 Zn^{2+} 标准溶液返滴定，消耗 Zn^{2+} 标准溶液 7.20mL。计算 Al_2O_3 的质量分数。

12. 含 S 有机试样 0.471g，在氧气中燃烧，使 S 氧化为 SO_2，用预先中和过的 H_2O_2 将 SO_2 吸收，全部转化为 H_2SO_4，以 $c(KOH)=0.108mol/L$ 的 KOH 标准滴定溶液滴定至化学计量点，消耗 28.2mL。求试样中 S 的含量。

第三章 酸碱滴定法

学习指南

酸碱滴定法（acid-base titration）是基于酸和碱之间进行质子传递的滴定分析方法，是重要的滴定方法之一。通过本章学习，应进一步理解酸碱质子理论、酸碱平衡和分布系数等基本知识，掌握缓冲溶液的缓冲容量和缓冲范围的物理意义及选择缓冲溶液的基本原则；掌握酸碱水溶液中［H^+］的计算方法；理解酸碱指示剂的变色原理，掌握常用酸碱指示剂的变色范围和变色点，掌握酸碱指示剂的使用方法；了解各类酸碱滴定的滴定曲线的特征，掌握影响各类酸碱滴定突跃范围的因素；掌握一元弱酸（碱）、多元酸（碱）和混合酸（碱）滴定可行性的判断方法及指示剂的选择方法；熟练掌握酸、碱标准滴定溶液的配制和标定方法；了解酸碱滴定法在生产实际中的应用；了解非水滴定的原理；掌握非水滴定滴定剂、溶剂的选择和终点的确定方法；了解非水滴定的应用。在学习过程中，应复习无机化学中酸碱平衡及其有关计算，这些相关的知识对掌握酸碱滴定基本原理会有很大的帮助。

第一节 概　述

【学习要点】 理解酸碱质子理论对酸和碱的定义；理解水的自递作用、离解常数等基本概念；掌握活度、浓度、活度系数、酸度和酸浓度的关系；理解分布系数的概念及应用，掌握酸碱水溶液中［H^+］的计算；理解酸碱缓冲溶液缓冲容量的物理意义，掌握影响缓冲容量大小的因素；会确定缓冲溶液的缓冲范围，掌握选择缓冲溶液的基本原则。

一、酸碱平衡和酸碱浓度

1. 酸碱质子理论

酸碱质子理论定义：凡是能给出质子（proton，H^+）的物质就是酸；凡是能接受质子的物质就是碱。这种理论不仅适用于以水为溶剂的体系，而且也适用于非水溶剂体系。

按照酸碱质子理论，酸失去一个质子形成的碱称为该酸的共轭碱，碱获得一个质子后就生成了该碱的共轭酸。由得失一个质子而发生共轭关系的一对酸碱称为共轭酸碱对（conjugate acid-base pair），也可直接称为酸碱对，即

$$酸 \rightleftharpoons 质子 + 碱$$

例如：

$$HAc \rightleftharpoons H^+ + Ac^-$$

HAc 是 Ac^- 的共轭酸，Ac^- 是 HAc 的共轭碱。类似的例子还有：

$$H_2CO_3 \rightleftharpoons H^+ + HCO_3^-$$

$$HCO_3^- \rightleftharpoons H^+ + CO_3^{2-}$$

$$NH_4^+ \rightleftharpoons H^+ + NH_3$$

$$H_6Y^{2+} \rightleftharpoons H^+ + H_5Y^+$$

由此可见，酸碱可以是阳离子、阴离子，也可以是中性分子。

上述各个共轭酸碱对的质子得失反应称为酸碱半反应，而酸碱半反应是不可能单独进行的，酸在给出质子的同时必定有另一种碱来接受质子。酸（如 HAc）在水中存在如下平衡：

$$HAc(酸_1) + H_2O(碱_2) \rightleftharpoons Ac^-(碱_1) + H_3O^+(酸_2) \tag{3-1}$$

碱（如 NH_3）在水中存在如下平衡：

$$NH_3(碱_1) + H_2O(酸_2) \rightleftharpoons NH_4^+(酸_1) + OH^-(碱_2) \tag{3-2}$$

所以，HAc 的水溶液之所以能表现出酸性，是由于 HAc 和水溶剂之间发生了质子转移反应；NH_3 的水溶液之所以能表现出碱性，也是由于它与水溶剂之间发生了质子转移反应。前者水是碱，后者水是酸。

对上述两个反应通常可以用最简便的反应式来表示，即

$$HAc \rightleftharpoons H^+ + Ac^- \tag{3-3}$$

$$NH_3 \cdot H_2O \rightleftharpoons NH_4^+ + OH^- \tag{3-4}$$

2. 酸碱离解常数

（1）水的质子自递作用　由式(3-1) 与式(3-2) 可知，水分子具有两性作用。也就是说，一个水分子可以从另一个水分子中夺取质子而形成 H_3O^+ 和 OH^-，即

$$H_2O(碱_1) + H_2O(酸_2) \rightleftharpoons H_3O^+(酸_1) + OH^-(碱_2)$$

水分子之间存在质子的传递作用，称为水的质子自递作用。这个作用的平衡常数称为水的质子自递常数（autoprotolysis constant），用 K_w 表示，即

$$K_w = [H_3O^+][OH^-] \tag{3-5}$$

水合质子 H_3O^+ 也常常简写作 H^+，因此水的质子自递常数常简写为：

$$K_w = [H^+][OH^-] \tag{3-6}$$

这个常数就是水的离子积，它与浓度、压力无关，而与温度有关，温度一定时 K_w 为常数。在 25℃时它约等于 10^{-14}。

（2）酸碱离解常数　在水溶液中，酸的离解是指酸与溶剂水之间的质子转移反应；碱的离解是指碱与溶剂水之间的质子转移反应；反应进行的程度可以用反应的平衡常数（K_t）来衡量。对于酸 HA 而言，其在水溶液中的离解反应与平衡常数是：

$$HA + H_2O \rightleftharpoons H_3O^+ + A^-$$

$$K_a = \frac{[H^+][A^-]}{[HA]} \tag{3-7}$$

在稀溶液中，溶剂 H_2O 的活度取为 1。平衡常数 K_a 称为酸的离解常数（acidity constant)，它是衡量酸强弱的参数。K_a 越大，则表明该酸的酸性越强。在一定温度下 K_a 是一个常数，它仅随温度的变化而变化。

与此类似，对于碱 A^- 而言，它在水溶液中的离解反应与平衡常数是

$$A^- + H_2O \rightleftharpoons HA + OH^-$$

$$K_b = \frac{[HA][OH^-]}{[A^-]} \tag{3-8}$$

K_b 是衡量碱强弱的尺度，称为碱的离解常数。

因此，对于共轭酸碱对来说，如果酸的酸性越强，则其对应共轭碱的碱性则愈弱；反之，酸的酸性越弱，则其对应共轭碱的碱性则越强。例如，HCl、$HClO_4$ 等在水溶液中能把质子强烈地转移给水分子，其 K_a 值远远大于1（如 HCl 的 $K_a \approx 10^8$），所以它是强酸；而它们的共轭碱 Cl^-、ClO_4^- 则几乎无法从 H_2O 中夺取质子，其 K_b 值小到几乎难以用普通实验方法测定。

根据式(3-7) 和式(3-8)，共轭酸碱对的 K_a、K_b 值之间满足

$$K_a K_b = \frac{[H_3O^+][A^-]}{[HA]} \times \frac{[HA][OH^-]}{[A^-]} = [H_3O^+][OH^-] = K_w \tag{3-9}$$

或

$$pK_a + pK_b = pK_w \tag{3-10}$$

因此，已知酸或碱的离解常数即可根据式(3-9) 或式(3-10) 计算出它们的共轭酸或共轭碱的离解常数。

对于多元酸或多元碱溶液，其离解是分级进行的每一级都有其相应的离解常数，分别用 K_{a1}、K_{a2}、…、K_{an} 以及 K_{b1}、K_{b2}、…、K_{bn} 表示，通常其值的大小关系为：$K_{a1} > K_{a2} > \cdots > K_{an}$ 以及 $K_{b1} > K_{b2} > \cdots > K_{bn}$。

(3) 酸碱反应　酸碱反应实际上是两个共轭酸碱对相互作用达到平衡的结果。酸碱反应的实质是发生质子的转移，其反应的结果是各反应物分别转化为各自的共轭碱和共轭酸，其反应的平衡常数称为酸碱反应常数，用 K_t 表示。

对于强酸与强碱的反应 (NaOH)，其反应实质为：

$$H^+ + OH^- = H_2O$$

则

$$K_t = \frac{1}{[H^+][OH^-]} = \frac{1}{K_w} = 10^{14}$$

对于强碱与弱酸的反应（例如 NaOH 与 HAc)，其反应实质为：

$$HA + OH^- = A^- + H_2O$$

则

$$K_t = \frac{[A^-]}{[HA][OH^-]} = \frac{1}{K_{b(A^-)}} = \frac{K_{a(HA)}}{K_w}$$

同样，强酸与弱碱的反应实质为：

$$A^- + H^+ = HA$$

则

$$K_t = \frac{[HA]}{[H^+][A^-]} = \frac{1}{K_{a(HA)}} = \frac{K_{b(A^-)}}{K_w}$$

因此，在水溶液中，强酸强碱之间反应的平衡常数 K_t 最大，反应最完全；而其他类型的酸碱反应，其平衡常数 K_t 值则取决于相应的 K_a 与 K_b 值。

值得注意的是，并不是酸碱反应只能在水溶液中发生，酸碱反应还可以在非水介质中进行（详见本章第六节)。

3. 浓度 (concentration)、 活度 (activity) 与离子强度 (ionic strength)

实验证明，许多化学反应，如果以有关物质的浓度代入各种平衡常数公式进行计算，所得的结果与实验结果往往有一定的偏差，浓度较高的强电解质溶液这种偏差更为明显。

这是由于在进行平衡公式的推导过程中总是假定溶液处于理想状态，即假定溶液中各种离子都是孤立的，离子与离子之间、离子与溶剂之间均不存在相互的作用力。而实际上这种理想的状态是不存在的，在溶液中不同电荷的离子之间存在着相互吸引的作用力，相同电荷的离子间则存在相互排斥的作用力，甚至离子与溶剂分子之间也可能存在相互吸引或相互排斥的作用力。因此，在电解质溶液中，由于离子之间以及离子与溶剂之间存在相互作用，使得离子在化学反应中表现出的有效浓度与其真实的浓度之间存在一定差别。离子在化学反应中起作用的有效浓度称为离子的活度，以 a 表示，它与离子浓度 c 的关系是：

$$a = c\gamma \tag{3-11}$$

式中，γ 称为离子的活度系数（activity coefficient），其大小代表了离子间力对离子化作用能力影响的大小，也是衡量实际溶液与理想溶液之间差别的尺度。对于浓度极低的电解质溶液，由于离子的总浓度很低，离子间相距甚远，因此可忽略离子间的相互作用，将其视为理想溶液，即 $\gamma \approx 1$，$a \approx c$；而对于浓度较高的电解质溶液，由于离子的总浓度较高，离子间的距离减小，离子作用变大，因此 $\gamma < 1$，$a < c$。所以，严格意义上讲，各种离子平衡常数的计算不能用离子浓度，而应当使用离子活度。

显然，要想利用离子活度代替离子浓度进行各类平衡常数的计算，就必须了解离子活度系数 γ 的影响因素。由于活度系数代表的是离子间力的影响因素，因此活度系数的大小不仅与溶液中各种离子的总浓度有关，也与离子所带的电荷数有关。离子强度是综合考虑溶液中各种离子的浓度及其电荷数的物理量，用 I 表示。其计算式为：

$$I = \frac{1}{2}(c_1 z_1^2 + c_2 z_2^2 + \cdots + c_n z_n^2) \tag{3-12}$$

式中　c_1，c_2，…，c_n——溶液中各种离子的浓度；

z_1，z_2，…，z_n——溶液中各种离子所带的电荷数。

电解质溶液的离子强度 I 越大，离子的活度系数就越小，所以离子的活度越小，与离子浓度的差别就越大，因此用浓度代替活度所产生的偏差也就越大。

4. 酸度与酸的浓度

酸（碱）度与酸（碱）的浓度在概念上是完全不同的。酸（碱）度是指溶液中 H^+（OH^-）的浓度或活度。当溶液中 H^+（OH^-）的浓度或活度比较大（大于 1 mol/L）时，常用［H^+］或［OH^-］表示，单位用物质的量浓度（mol/L）。当溶液中 H^+（OH^-）的浓度或活度小于 1 mol/L 时，常用 pH 表示，有时也用 pOH 表示。酸（碱）的浓度是指溶液中某种酸（碱）的各种存在型体（包括未离解和已离解的酸）的总的物质的量浓度（mol/L）。例如，0.1mol/L 的醋酸溶液中，醋酸的浓度为溶液中已经解离的醋酸的浓度 $c(Ac^-)$ 与未解离的醋酸的浓度 $c(HAc)_{未}$ 的和，即

$$c_{总} = c(HAc) + c(Ac^-) = 0.1\text{mol/L}$$

而该溶液的酸度 pH＝2.88。

酸（碱）的浓度又称酸（碱）的分析浓度。

二、酸碱水溶液中 H^+ 浓度的计算

1. 分布系数与分布曲线

当共轭酸碱对处于离解平衡时，溶液中存在多种酸碱成分，此时它们的浓度称为平衡浓度。各种存在型体平衡浓度的总和称为总浓度或分析浓度（analytical concentration）；某一存在型体的平衡浓度占总浓度的分数则称为该存在型体的分布系数，用 δ 表

示。当溶液的 pH 发生变化时，平衡随之移动，因此溶液中各种酸碱存在型体的分布情况也发生变化，所以分布系数也随之发生相应的变化。分布系数随溶液 pH 变化的曲线称为分布曲线。

(1) 一元酸（monoacid） 一元酸 HA 在水溶液中只能以 HA 与 A^- 两种型体存在。设 HA 在水溶液中的总浓度为 c，则 $c=[HA]+[A^-]$。若 HA 在溶液中所占的分数为 δ_1，A^- 所占的分数为 δ_0，则有

$$\delta_1=\frac{[HA]}{c}=\frac{[HA]}{[HA]+[A^-]}=\frac{1}{1+\frac{[A^-]}{[HA]}}=\frac{1}{1+\frac{K_a}{[H^+]}}=\frac{[H^+]}{[H^+]+K_a} \quad (3\text{-}13a)$$

同理

$$\delta_0=\frac{[A^-]}{c}=\frac{K_a}{[H^+]+K_a} \quad (3\text{-}13b)$$

显然

$$\delta_1+\delta_0=1$$

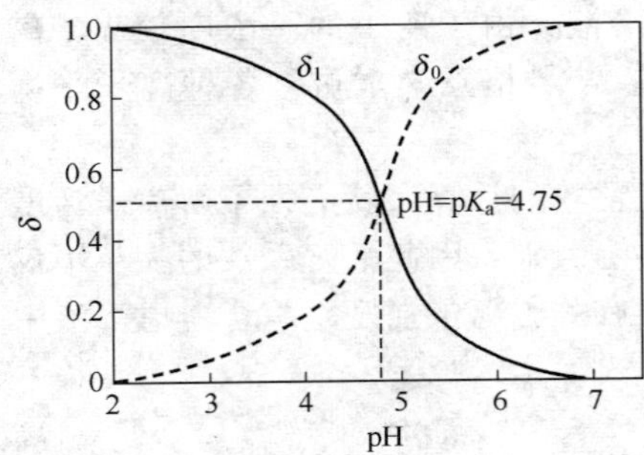

图 3-1 HAc 和 Ac^- 的分布系数与溶液 pH 的关系曲线

如果以溶液 pH 为横坐标，溶液中各存在型体的分布系数为纵坐标，则可得到 HA 的分布曲线。图 3-1 显示了 HAc 的分布曲线。

由图 3-1 可知，当 $pH \ll pK_a$ 时，$\delta_1 \gg \delta_0$，此时溶液中的 HAc 为主要存在型体；当 $pH \gg pK_a$ 时，$\delta_1 \ll \delta_0$，此时溶液中的 Ac^- 为主要存在型体；当 $pH=pK_a=4.75$时，$\delta_1=\delta_0=0.5$，此时溶液中 HAc 和 Ac^- 两种型体各占一半。

(2) 二元酸（binary acid） 二元酸 H_2A 有两个 pK_a 值（pK_{a1} 与 pK_{a2}），在水溶液中有 H_2A、HA^-、A^{2-} 三种存在型体。平衡时，如果用 δ_2、δ_1 与 δ_0 分别代表溶液中 H_2A、HA^- 与 A^{2-} 的分布系数，则按与一元酸类似的方法处理，可以推导出二元酸分布系数的计算公式，即

$$\delta_2=\frac{[H_2A]}{c}=\frac{[H^+]^2}{[H^+]^2+K_{a1}[H^+]+K_{a1}K_{a2}} \quad (3\text{-}14a)$$

$$\delta_1=\frac{[HA^-]}{c}=\frac{K_{a1}[H^+]}{[H^+]^2+K_{a1}[H^+]+K_{a1}K_{a2}} \quad (3\text{-}14b)$$

$$\delta_0=\frac{[A^{2-}]}{c}=\frac{K_{a1}K_{a2}}{[H^+]^2+K_{a1}[H^+]+K_{a1}K_{a2}} \quad (3\text{-}14c)$$

$$\delta_2+\delta_1+\delta_0=1$$

图 3-2 显示了酒石酸的分布曲线图，从中可以看出：当 $pH<pK_{a1}=3.04$ 时，酒石酸分子（H_2A）占主要优势；当 $pH>pK_{a2}=4.37$ 时，酒石酸根 2 价阴离子（A^{2-}）占主要优势；当 pH 处于两者之间时，酒石酸氢根离子（HA^-）是主要存在形式。

(3) 三元酸（ternary acid） 三元酸 H_3A 在水溶液中有 H_3A、H_2A^-、HA^{2-} 与 A^{3-} 四种存在型体，按上述方法可以推导出平衡时溶液中各种存在型体分布系数的计算公式，即

$$\delta_3=\frac{[H_3A]}{c}=\frac{[H^+]^3}{[H^+]^3+[H^+]^2K_{a1}+[H^+]K_{a1}K_{a2}+K_{a1}K_{a2}K_{a3}} \quad (3\text{-}15a)$$

$$\delta_2=\frac{[H_2A^-]}{c}=\frac{[H^+]^2K_{a1}}{[H^+]^3+[H^+]^2K_{a1}+[H^+]K_{a1}K_{a2}+K_{a1}K_{a2}K_{a3}} \quad (3\text{-}15b)$$

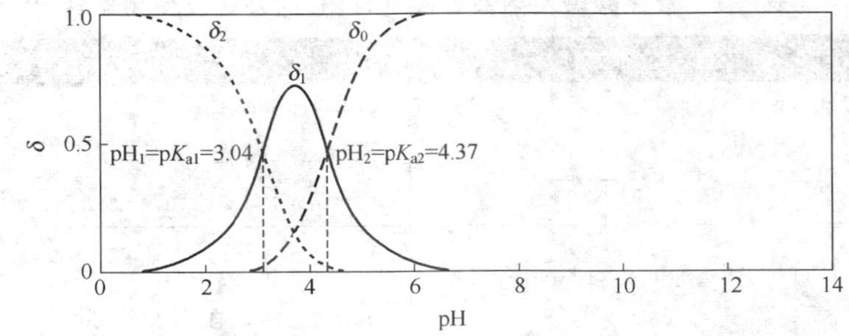

图 3-2　酒石酸中各种存在型体的分布系数与溶液 pH 的关系曲线

$$\delta_1=\frac{[HA^{2-}]}{c}=\frac{[H^+]K_{a1}K_{a2}}{[H^+]^3+[H^+]^2K_{a1}+[H^+]K_{a1}K_{a2}+K_{a1}K_{a2}K_{a3}} \tag{3-15c}$$

$$\delta_0=\frac{[A^{3-}]}{c}=\frac{K_{a1}K_{a2}K_{a3}}{[H^+]^3+[H^+]^2K_{a1}+[H^+]K_{a1}K_{a2}+K_{a1}K_{a2}K_{a3}} \tag{3-15d}$$

$$\delta_3+\delta_2+\delta_1+\delta_0=1$$

以上各式中，c 表示酸在溶液中各种存在型体的总浓度（即分析浓度），δ_3、δ_2、δ_1 与 δ_0 分别表示平衡时溶液中 H_3A、H_2A^-、HA^{2-} 与 A^{3-} 的分布系数。图 3-3 显示了 H_3PO_4 的分布曲线。由于 H_3PO_4 的三级离解常数均相差较大，因此各种存在型体共存的情况不如酒石酸明显，有利于分步滴定（详见本章第三节的讨论）。

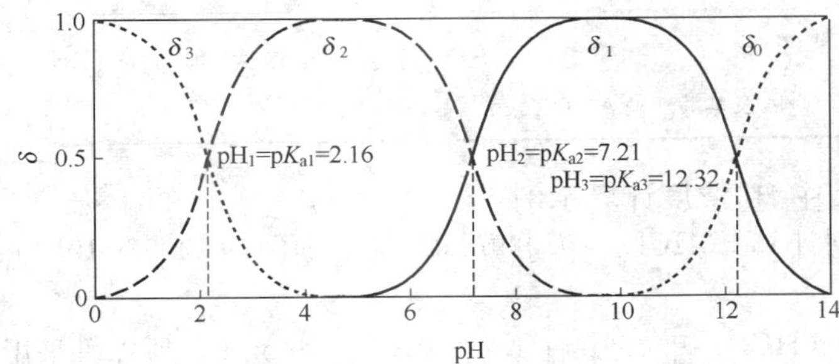

图 3-3　磷酸溶液中各种存在型体的分布系数与溶液 pH 的关系曲线

可见，分布系数主要取决于溶液中该存在型体的性质与溶液中 H^+ 的浓度。

分布系数是一个非常重要的参数，它对于计算酸碱反应平衡时溶液中各组分的浓度，深入了解酸碱滴定的过程、终点误差以及分步滴定的可行性等都是非常有用的。

2. 酸碱水溶液中 H^+ 浓度的计算公式及使用条件

酸度是水溶液最基本和最主要的因素，溶液中氢离子浓度（$[H^+]$）的计算有很大的实际意义。由于酸碱反应的实质是质子的转移，因此可根据共轭酸碱对之间质子转移的平衡关系（质子条件式）来推导出计算溶液中 $[H^+]$ 的公式，在运算过程中再根据具体情况进行合理的近似处理，即可得到计算 $[H^+]$ 的近似式与最简式。有关 $[H^+]$ 计算公式的推导在《无机化学》中已做了详细介绍，本教材不再赘述。为方便起见，表 3-1 列出了各类酸碱水溶液 $[H^+]$ 的计算式及其在允许有 5%误差范围内的使用条件，供读者选择与参考。

表 3-1 中未列出精确计算公式，因为进行精确计算需要解高次方程，数学处理复杂，在实际工作中也无此必要。若需要计算强碱、一元弱碱以及二元弱碱等碱性物质的 pH，只需将计算式及使用条件中的 $[H^+]$ 和 K_a 相应地换成 $[OH^-]$ 和 K_b 即可。

表 3-1 常见酸碱水溶液计算 $[H^+]$ 的公式及使用条件

类别	计算公式	使用条件(允许误差 5%)
强酸	最简式：$[H^+]=c_a$ $[H^+]=\sqrt{K_w}$ 精确式：$[H^+]=\frac{1}{2}(c+\sqrt{c^2+4K_w})$	$c_a \geqslant 10^{-6}$mol/L $c_a < 10^{-8}$mol/L 10^{-6}mol/L$\geqslant c_a \geqslant 10^{-8}$mol/L
一元弱酸	近似式：$[H^+]=\frac{1}{2}(-K_a+\sqrt{K_a^2+4c_aK_a})$ 最简式：$[H^+]=\sqrt{cK_a}$	$c_aK_a \geqslant 20K_w$ $c_aK_a \geqslant 20K_w$，且 $c_a/K_a \geqslant 500$
二元弱酸	近似式：$[H^+]=\frac{1}{2}(-K_{a1}+\sqrt{K_{a1}^2+4c_aK_{a1}})$ 最简式：$[H^+]=\sqrt{c_aK_{a1}}$	$c_aK_{a1} \geqslant 20K_w$，且 $2K_{a2}/\sqrt{c_aK_{a1}} < 0.05$ $c_aK_{a1} \geqslant 20K_w$，$c/K_{a1} \geqslant 500$，且 $2K_{a2}/\sqrt{c_aK_{a1}} < 0.05$
两性物质	酸式盐 近似式：$[H^+]=\sqrt{cK_{a1}K_{a2}/(K_{a1}+c)}$ 最简式：$[H^+]=\sqrt{K_{a1}K_{a2}}$ 弱酸弱碱盐 近似式：$[H^+]=\sqrt{K_aK_a'c/(K_a+c)}$ 最简式：$[H^+]=\sqrt{K_aK_a'}$ (K_a'为弱碱的共轭酸的离解常数，K_a 为弱酸的离解常数)	 $cK_{a2} \geqslant 20K_w$ $cK_{a2} \geqslant 20K_w$，且 $c \geqslant 20K_{a1}$ $cK_a' \geqslant 20K_w$ $cK_a' \geqslant 20K_w$，且 $c \geqslant 20K_a$
缓冲溶液	最简式：$[H^+]=\frac{c_a}{c_b}K_a$ (c_a、c_b 分别为 HA 及其共轭碱 A^- 的浓度)	c_a、c_b 较大(即 $c_a \gg [OH^-]-[H^+]$，$c_b \gg [H^+]-[OH^-]$)

3. 酸碱水溶液中 H^+ 浓度计算示例

【例 3-1】 分别计算 $c(HCl)=0.039$mol/L，$c(HCl)=2.6\times10^{-7}$mol/L 的 HCl 溶液的 pH。

解 (1) 因为 $c(HCl)=0.039\text{mol/L}\gg1.0\times10^{-6}$mol/L，所以可采用最简式计算。即

$$[H^+]=c(HCl)=0.039\text{mol/L}$$

$$pH=-\lg0.039=1.41$$

答：$c(HCl)=0.039$mol/L 的 HCl 溶液 pH 为 1.41。

(2) $c(HCl)=2.6\times10^{-7}$mol/L，浓度太稀，$10^{-6}\text{mol/L}\geqslant c(HCl)\geqslant10^{-8}$mol/L，所以需考虑水的离解，应采用精确式计算。即

$$[H^+]=\frac{1}{2}(c+\sqrt{c^2+4K_w})$$

所以

$$[H^+]=\frac{1}{2}(2.6\times10^{-7}+\sqrt{(2.6\times10^{-7})^2+4\times10^{-14}})\text{mol/L}=2.9\times10^{-7}\text{mol/L}$$

$$pH=-\lg[H^+]=-\lg(2.9\times10^{-7})=6.53$$

答：$c(HCl)=2.6\times10^{-7}$mol/L 的 HCl 溶液 pH 为 6.53。

【例 3-2】 分别计算 $c(HAc)=0.083$mol/L、$c(HAc)=3.4\times10^{-4}$mol/L 的 HAc 溶液的 pH。已知 $pK_{a(HAc)}=4.76$。

解 (1) $c(HAc)=0.083$mol/L 时，因为

$$\frac{c}{K_a}=\frac{0.083}{10^{-4.76}}=4.8\times10^3>500$$

且 $$cK_a=0.083\times10^{-4.76}=1.4\times10^{-6}>20K_w$$

因此可以使用最简式计算。即

$$[H^+]=\sqrt{cK_a}$$

所以

$$[H^+]=\sqrt{0.083\times10^{-4.76}}\ mol/L=1.2\times10^{-3}\,mol/L$$

$$pH=-\lg(1.2\times10^{-3})=2.92$$

答：$c(HAc)=0.083mol/L$ 的 HAc 溶液的 pH 为 2.92。

(2) $c(HAc)=3.4\times10^{-4}mol/L$ 时，因为

$$\frac{c}{K_a}=\frac{3.4\times10^{-4}}{10^{-4.76}}=20<500$$

且 $$cK_a=(3.4\times10^{-4})\times10^{-4.76}=5.9\times10^{-9}>20K_w$$

因此应该使用近似计算式。即

$$[H^+]=\frac{1}{2}(-K_a+\sqrt{K_a^2+4cK_a})$$

所以

$$[H^+]=\frac{1}{2}[-10^{-4.76}+\sqrt{(10^{-4.76})^2+4\times(3.4\times10^{-4})\times10^{-4.76}}]mol/L$$
$$=6.9\times10^{-5}mol/L$$

$$pH=-\lg(6.9\times10^{-5})=4.16$$

答：$c(HAc)=3.4\times10^{-4}mol/L$ 的 HAc 溶液的 pH 为 4.16。

【例 3-3】 试计算 $c(Na_2CO_3)=0.31mol/L$ 的 Na_2CO_3 水溶液的 pH。

解 CO_3^{2-} 在水溶液中是一种二元弱碱，其对应的共轭酸 H_2CO_3 的离解常数为：

$$pK_{a1}=6.38,\ pK_{a2}=10.25$$

则由式(3-10) 得弱碱 CO_3^{2-} 的离解常数

$$pK_{b1}=14-pK_{a2}=14-10.25=3.75$$

$$pK_{b2}=14-pK_{a1}=14-6.38=7.62$$

因为 $$cK_{b1}=0.31\times10^{-3.75}\gg20K_w$$

且 $$\frac{c}{K_{b1}}=\frac{0.31}{10^{-3.75}}=1.7\times10^3\gg500$$

因此可以使用最简式 $[OH^-]=\sqrt{K_{b1}c(CO_3^{2-})}$

所以

$$[OH^-]=\sqrt{0.31\times10^{-3.75}}\,mol/L=7.4\times10^{-3}\,mol/L$$

$$pOH=-\lg(7.4\times10^{-3})=2.13$$

$$pH=14-2.13=11.87$$

答：$c(Na_2CO_3)=0.31mol/L$ 的 Na_2CO_3 水溶液的 pH 为 11.87。

三、酸碱缓冲溶液

1900 年两位生物化学家弗鲁巴哈（Fernbach）和休伯特（Hübert）发现：在 1L 纯水中

加入 1mL 0.01mol/L HCl 溶液后，其 pH 由 7.0 变为 5.0；而在 pH 为 7.0 的肉汁培养液中加入 1mL 0.01mol/L HCl 溶液后，肉汁的 pH 几乎没发生变化。这说明某些溶液对酸碱具有缓冲作用，因此便把"凡能抵御因加入酸或碱及因受到稀释而造成 pH 显著改变的溶液"称为缓冲溶液（buffer solution）。

酸碱缓冲溶液大都是具有一定浓度共轭酸碱对的溶液❶，如 HAc-NaAc、$NH_3 \cdot H_2O$-NH_4Cl 等；一些较浓的强酸或强碱也可作为缓冲溶液，如 0.1mol/L 的 HCl 溶液、0.1mol/L 的 NaOH 溶液等。在实际工作中，前者最常用。

1. 缓冲容量与缓冲范围

（1）缓冲容量　当往缓冲溶液中加入少量强酸或强碱，或者将其稍加稀释时，溶液的 pH 几乎不发生变化。而当加入的强酸浓度接近于缓冲体系共轭碱的浓度，或加入的强碱浓度接近于缓冲体系中共轭酸的浓度时，缓冲溶液的缓冲能力即消失。这说明，缓冲溶液的缓冲能力是有一定限度的，其大小可用缓冲容量来衡量。

缓冲溶液的缓冲能力以缓冲容量 β 表示，它的物理意义为：使 1L 溶液的 pH 增加 d(pH)单位时所需强碱（OH^-）的物质的量 db；或使 pH 降低 d(pH)单位时所需加入强酸（H^+）的物质的量 db。

缓冲溶液的缓冲容量 β 值取决于溶液的性质、浓度和 pH。

对于弱酸及其共轭碱体系而言，其缓冲容量 β 与弱酸或弱碱的离解常数及浓度关系的近似式如下：

$$\beta = 2.3cK_a \frac{[H^+]}{([H^+]+K_a)^2} \tag{3-16a}$$

或

$$\beta = 2.3cK_b \frac{[OH^-]}{([OH^-]+K_b)^2} \tag{3-16b}$$

式中，c 为缓冲体系的总浓度。

根据上式可知，当 $[H^+]=K_a$ 或 $[OH^-]=K_b$ 时，β 有最大值。

$$\beta_{max} = 2.3c \frac{K_a^2}{(2K_a)^2} = 0.575c \tag{3-17}$$

由式(3-17) 可知，缓冲物质的总浓度越大，其缓冲容量也越大，过分稀释将导致缓冲能力显著下降。在缓冲物质总浓度不变的前提下，当弱酸与其共轭碱或弱碱与其共轭酸的浓度比为 1∶1 时，由表 3-1 中缓冲溶液 pH 的计算公式可推出 $[H^+]=K_a$ 或 $[OH^-]=K_b$，此时缓冲体系的缓冲容量最大。

强酸强碱的缓冲容量为 $\beta=2.3c$（式中，c 为对应强酸或强碱的浓度）。因此，在总浓度相同的前提下，强酸或强碱溶液的缓冲容量是共轭酸碱对缓冲溶液的 4 倍。

（2）缓冲范围　对弱酸及其共轭碱缓冲体系，根据式(3-16) 可推出：

当 $c_a : c_b = 1:10$ 或 $10:1$，即 $pH = pK_a \pm 1$ 时，其缓冲容量为最大值的 1/3；

当 $c_a : c_b = 1:100$ 或 $100:1$，即 $pH = pK_a \pm 2$ 时，其缓冲容量仅为最大值的 1/25。

由此可见，弱酸及其共轭碱缓冲体系的有效缓冲范围约在 pH 为 $pK_a \pm 1$ 的范围，即约有两个 pH 单位。例如 HAc-NaAc 缓冲体系，$pK_a = 4.76$，其缓冲范围是 $pH = 4.76 \pm 1$。

---

❶ 除此之外，还有标准缓冲溶液。标准缓冲溶液是用来校正酸度计的，大多由逐级离解常数相差较小的两性物质（如酒石酸氢钾、邻苯二甲酸氢钾等）组成，其 pH 是在一定温度下准确地经过实验确定的。

同样，对于弱碱及其共轭酸缓冲体系而言，其有效缓冲范围也约在 pH 为 $pK_w-(pK_b\pm1)$ 的范围，也是约有两个 pH 单位。例如 $NH_3\cdot H_2O$-NH_4Cl 缓冲体系，$pK_b=4.74$，其缓冲范围为 $pH=9.26\pm1$。

但强酸或强碱溶液的缓冲范围只在低 pH 区或高 pH 区，而在 pH 为 3～11 之间却几乎没有什么缓冲能力。如图 3-4 所示，其中实线表示 0.1mol/L HAc 在不同 pH 下的缓冲容量，虚线分别表示 0.1mol/L HCl 与 0.1mol/L NaOH 在不同 pH 下的缓冲容量。

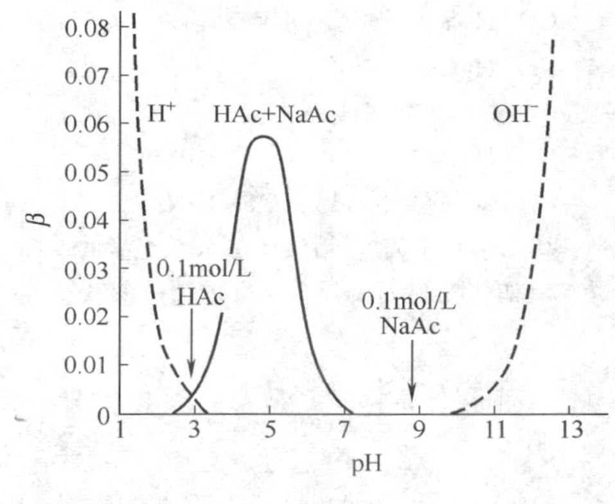

图 3-4　0.1mol/L HAc 的 β-pH 曲线

2. 缓冲溶液的选择

分析化学中用于控制溶液酸度的缓冲溶液很多，通常根据实际情况选用不同的缓冲溶液。缓冲溶液的选择原则如下：

① 缓冲溶液对测量过程应没有干扰。

② 所需控制的 pH 应在缓冲溶液的缓冲范围之内。如果缓冲溶液是由弱酸及其共轭碱组成的，则所选的弱酸的 pK_a 值应尽量与所需控制的 pH 一致。

③ 缓冲溶液应有足够的缓冲容量，以满足实际工作需要。为此，在配制缓冲溶液时，应尽量控制弱酸与其共轭碱的浓度比接近于 1∶1，所用缓冲溶液的总浓度尽量大一些（一般可控制在 0.01～1mol/L 之间）。

④ 组成缓冲溶液的物质应价廉易得，避免污染环境。

表 3-2 列出了常用的酸碱缓冲溶液，供实际选择时参考。

表 3-2　常用的酸碱缓冲溶液

缓冲溶液的组成		共轭酸碱对	pK_a	pH 范围
酸的组分	碱的组分			
盐酸	氨基乙酸	$^+NH_3CH_2COOH/^+NH_3CH_2COO^-$	2.35	1.0～3.7
一氯乙酸	氢氧化钠	$ClCH_2COOH/ClCH_2COO^-$	2.86	
甲酸	氢氧化钠	$HCOOH/HCOO^-$	3.77	2.8～4.6
乙酸	乙酸钠	HAc/Ac^-	4.76	3.7～5.6
盐酸	六亚甲基四胺	$(CH_2)_6N_4H^+/(CH_2)_6N_4$	5.13	4.2～6.2
磷酸二氢钠	磷酸氢二钠	$H_2PO_4^-/HPO_4^{2-}$	7.21	5.9～8.0
盐酸	三乙醇胺	$^+NH(CH_2CH_2OH)_3/N(CH_2CH_2OH)_3$	7.76	6.7～8.7
氯化铵	氨水	NH_4^+/NH_3	9.25	8.3～9.2
氨基乙酸	氢氧化钠	$^+NH_3CH_2COOH/NH_2CH_2COO^-$	9.78	8.2～10.1
碳酸氢钠	碳酸钠	HCO_3^-/CO_3^{2-}	10.32	9.2～11.0
磷酸氢二钠	氢氧化钠	HPO_4^{2-}/PO_4^{3-}	12.32	11.0～12.0

思考题3-1

1. 在下列各组酸碱物质中，哪些属于共轭酸碱对？

（1）NaH_2PO_4-Na_3PO_4

(2) H_2SO_4-SO_4^{2-}

(3) H_2CO_3-CO_3^{2-}

(4) NH_4Cl-$NH_3 \cdot H_2O$

(5) H_2Ac^+-Ac^-

(6) $(CH_2)_6N_4H^+$-$(CH_2)_6N_4$

2. 在 $(CH_2)_6N_4$ 溶液中加入一定量的 HCl 后，是不是缓冲溶液？如果是，它的有效 pH 缓冲范围为多少？

3. 如何配制 1L pH 为 4.5 的缓冲溶液？

阅读材料

酸碱理论的演变

化学家对酸、碱的认识正如人们对物质的认识一样，是从直接的感觉开始。英文中的酸（acid）从拉丁文（acere）而来，原意就是有酸味的。草木灰有滑腻感，就被认为是碱。英文中的碱（alkal）来自阿拉伯文 alqaliy，就是指草木灰。

18 世纪后半叶，法国化学家拉瓦锡把氧称为“产生酸的”，认为一切酸中皆含有氧。1811 年英国化学家戴维从实验中明确盐酸组成中不含氧，于是认为氢是组成酸的基本元素。1887 年瑞典化学家阿仑尼乌斯提出电离理论，从电离理论出发，提出酸是在水溶液中电离产生氢离子（H^+）的物质，碱是在水溶液中电离产生氢氧根离子（OH^-）的物质。这种理论简单而易理解，但只是把酸和碱限制在水溶液中。

1905 年美国化学家富兰克林把酸碱的定义推广到其他溶剂，提出酸碱的溶剂理论，认为能离解产生溶剂正离子的物质是酸，能离解产生溶剂负离子的物质是碱。这种理论由于不完善，没有得到推广应用。

1923 年丹麦化学家布朗特和英国化学家劳莱分别独立提出了酸碱的质子理论。质子理论认为凡是能够释放质子的分子和离子是酸，凡是能与质子结合的分子和离子是碱。质子理论不仅适用于水溶液，也适用于非水溶液。但质子理论把许多早为人们熟知的酸性物质如 SO_3 等排除出酸的行列。

1923 年美国创立共价键理论的化学家路易斯提出酸碱的电子论，认为酸是电子对接受体，碱是电子对给予体。由于电子论所定义的酸碱包罗的物质种类很广泛，因而又称为广义的酸和广义的碱。为了划清不同理论的酸碱，又称为路易斯酸或路易斯碱。

摘自凌永乐编《化学概念和理论的发现》

第二节　酸碱指示剂

【学习要点】 理解酸碱指示剂的作用原理；掌握酸碱指示剂的理论变色范围及理论变色点的确定方法，熟悉酚酞、溴甲酚绿、甲基橙等常用酸碱指示剂的实际变色范围、颜色变化；了解影响指示剂变色范围的因素；理解混合指示剂的类型、特点和应用，熟悉混合指示剂的颜色变化情况及配制方法。

酸碱滴定分析中，确定滴定终点的方法有仪器法和指示剂法两类。

仪器法确定滴定终点主要是利用滴定体系或滴定产物的电化学性质的改变，用仪器（例如 pH 计）检测终点的到来。常见的方法有电位滴定法、电导滴定法等。这部分内容将在《仪器分析》中介绍。

指示剂法是借助加入的酸碱指示剂在化学计量点附近颜色的变化来确定滴定终点。这种方法简单、方便，是确定滴定终点的基本方法。本节仅介绍酸碱指示剂法。

一、酸碱指示剂的作用原理

酸碱指示剂（acid-base indicator）是在某一特定 pH 区间，随介质酸度条件的改变颜色明显变化的物质。常用的酸碱指示剂一般是一些有机弱酸或弱碱，其酸式体及其碱式体由于结构不同而具有不同的颜色。当溶液 pH 改变时，指示剂的酸式体失去质子转化为碱式体，或指示剂的碱式体得到质子变为酸式体，从而引起颜色变化。

甲基橙（methyl orange，缩写 MO）是一种有机弱碱，也是一种双色指示剂，它在溶液中的离解平衡可用下式表示：

$$(CH_3)_2N-C_6H_4-N=N-C_6H_4-SO_3^- \underset{OH^-}{\overset{H^+}{\rightleftharpoons}} (CH_3)_2\overset{+}{N}=C_6H_4=N-NH-C_6H_4-SO_3^-$$

黄色（偶氮式） 红色（醌式）

由平衡关系式可以看出：当溶液中［H^+］增大时，反应向右进行，此时甲基橙主要以醌式体存在，溶液呈红色；当溶液中［H^+］降低而［OH^-］增大时，反应向左进行，甲基橙主要以偶氮式体存在，溶液呈黄色。

酚酞是一种有机弱酸，它在溶液中的离解平衡如下所示：

$$\text{(HO-C}_6\text{H}_4)_2\text{C(OH)-C}_6\text{H}_4\text{-COO}^- \underset{H^+}{\overset{OH^-}{\rightleftharpoons}} {}^-\text{O-C}_6\text{H}_4\text{-C(=C}_6\text{H}_4\text{=O)-C}_6\text{H}_4\text{-COO}^-$$

无色（羟式） 红色（醌式）

在酸性溶液中，平衡向左移动，酚酞主要以羟式体存在，溶液呈无色；在碱性溶液中，平衡向右移动，酚酞主要以醌式体存在，因此溶液呈红色。

由此可见，当溶液的 pH 发生变化时，由于指示剂结构的变化，颜色也随之发生变化，因而可通过酸碱指示剂颜色的变化确定酸碱滴定的终点。

二、变色范围和变色点

若以 HIn 代表酸碱指示剂的酸式体（其颜色称为指示剂的酸式色），其离解产物 In^- 就代表酸碱指示剂的碱式体（其颜色称为指示剂的碱式色），则离解平衡可表示为：

$$HIn \rightleftharpoons H^+ + In^-$$

当离解达到平衡时：

$$K_{HIn}=\frac{[H^+][In^-]}{[HIn]}$$

则

$$\frac{[In^-]}{[HIn]}=\frac{K_{HIn}}{[H^+]} \tag{3-18}$$

或

$$pH=pK_{HIn}+\lg\frac{[In^-]}{[HIn]} \tag{3-19}$$

溶液的颜色决定于指示剂碱式体与酸式体的浓度比值，即$\frac{[In^-]}{[HIn]}$值。对给定的指示剂而言，在指定条件下 K_{HIn}是常数。因此，由式(3-18）可以看出，$\frac{[In^-]}{[HIn]}$值只决定于［H^+］，

$[H^+]$ 变化时，$\frac{[In^-]}{[HIn]}$值也随之变化，因而溶液将呈现不同的颜色。

一般说来，当一种形式体的浓度大于另一种形式体的浓度10倍时，人眼通常只看到较浓形式体的颜色。若$\frac{[In^-]}{[HIn]} \leqslant \frac{1}{10}$，看到的是 HIn 的颜色（即酸式色）。此时，由式(3-19) 得

$$pH \leqslant pK_{HIn} + \lg \frac{1}{10} = pK_{HIn} - 1$$

如果$\frac{[In^-]}{[HIn]} \geqslant \frac{10}{1}$，看到的是 In^- 的颜色（即碱式色）。此时，由式(3-19) 得

$$pH \geqslant pK_{HIn} + \lg \frac{10}{1} = pK_{HIn} + 1$$

若$\frac{[In^-]}{[HIn]}$在$\frac{1}{10} \sim \frac{10}{1}$时，看到的是酸式色与碱式色复合后的颜色。

因此，当溶液的 pH 由 $pK_{HIn}-1$ 向 $pK_{HIn}+1$ 逐渐改变时，理论上人眼可以看到指示剂由酸式色逐渐过渡到碱式色。这种理论上可以看到的引起指示剂颜色变化的 pH 间隔称为指示剂的理论变色范围（transition interval）。

当指示剂中酸式体的浓度与碱式体的浓度相同时（即 $[HIn]=[In^-]$），溶液便显示指示剂酸式体与碱式体的混合色。由式(3-19) 可知，此时溶液的 $pH=pK_{HIn}$，这一点称为指示剂的理论变色点（color transition point）。例如，甲基红 $pK_{HIn}=5.0$，所以甲基红的理论变色范围为 pH 4.0～6.0，理论变色点的 pH 为 5.0。

理论上说，指示剂的变色范围都是 2 个 pH 单位，但指示剂的变色范围（指从一种色调改变至另一种色调）不是根据 pK_{HIn}计算出来的，而是依据人眼观察出来的。由于人眼对各种颜色的敏感程度不同，加上两种颜色之间的相互影响，因此实际观察到的各种指示剂的变色范围（见表 3-3）并不都是 2 个 pH 单位，而是略有上下。例如甲基红指示剂，它的理论变色点 pH=5.0，其酸式色为红色，碱式色为黄色。由于人眼对红色更为敏感，当指示剂酸式的浓度比碱式大 5 倍时，即可看到指示剂的酸式色（红色）。而黄色则没有红色那么明显，只有当指示剂碱式的浓度比酸式至少大 12.5 倍时，才能看到指示剂的碱式色（黄色）。所以甲基红指示剂的变色范围不是理论上的 pH 4.0～6.0，而是 pH 4.4～6.2，这就称为指示剂的实际变色范围。表 3-3 列出了几种常用酸碱指示剂在室温下水溶液中的变色范围，供使用时参考。

表 3-3 几种常用酸碱指示剂在室温下水溶液中的变色范围

指示剂	变色范围(pH)	颜色变化	pK_{HIn}	质量浓度/(g/L)	用量/(滴/10mL 试液)
百里酚蓝	1.2～2.8	红～黄	1.7	1g/L 的 20% 乙醇溶液	1～2
甲基黄	2.9～4.0	红～黄	3.3	1g/L 的 90% 乙醇溶液	1
甲基橙	3.1～4.4	红～黄	3.4	0.5g/L 的水溶液	1
溴酚蓝	3.0～4.6	黄～紫	4.1	1g/L 的 20% 乙醇溶液或其钠盐水溶液	1
溴甲酚绿	4.0～5.6	黄～蓝	4.9	1g/L 的 20% 乙醇溶液或其钠盐水溶液	1～3
甲基红	4.4～6.2	红～黄	5.0	1g/L 的 60% 乙醇溶液或其钠盐水溶液	1
溴百里酚蓝	6.2～7.6	黄～蓝	7.3	1g/L 的 20% 乙醇溶液或其钠盐水溶液	1
中性红	6.8～8.0	红～黄橙	7.4	1g/L 的 60% 乙醇溶液	1
酚红	6.8～8.4	黄～红	8.0	1g/L 的 60% 乙醇溶液或其钠盐水溶液	1
酚酞	8.0～10.0	无色～红	9.1	5g/L 的 90% 乙醇溶液	1～3
百里酚蓝	8.0～9.6	黄～蓝	8.9	1g/L 的 20% 乙醇溶液	1～4
百里酚酞	9.4～10.6	无色～蓝	10.0	1g/L 的 90% 乙醇溶液	1～2

三、影响指示剂变色范围的因素

显然，指示剂的实际变色范围越窄，则在化学计量点时，只要溶液的 pH 稍有变化，指示剂的颜色便立即从一种颜色变到另一种颜色，这样就可减小滴定误差。那么，有哪些因素可以影响指示剂的实际变色范围呢？一般说来，影响指示剂实际变色范围的主要因素是溶液温度、指示剂的用量、溶液离子强度以及滴定程序等。

1. 温度

指示剂的变色范围和指示剂的离解常数 K_{HIn} 有关，而 K_{HIn} 与温度有关，因此当温度改变时，指示剂的变色范围也随之改变。表 3-4 列出了几种常用指示剂在 18℃与 100℃时的变色范围。

表 3-4　温度对指示剂变色范围的影响

指示剂	变色范围(pH)		指示剂	变色范围(pH)	
	18℃	100℃		18℃	100℃
百里酚蓝	1.2～2.8	1.2～2.6	甲基红	4.4～6.2	4.0～6.0
甲基橙	3.1～4.4	2.5～3.7	酚红	6.4～8.0	6.6～8.2
溴酚蓝	3.0～4.6	3.0～4.5	酚酞	8.0～10.0	8.0～9.2

由表 3-4 可以看出，温度上升对不同指示剂的影响是不一样的。因此，为了确保滴定结果的准确性，滴定分析宜在室温下进行。如果必须在加热时进行，也应当将标准溶液在同样条件下进行标定。

2. 指示剂的用量

指示剂的用量（或浓度）是一个非常重要的因素。对于双色指示剂[1]（如甲基红），在溶液中有如下离解平衡：

$$HIn \rightleftharpoons H^+ + In^-$$

如果溶液中指示剂的浓度较小，则在单位体积溶液中 HIn 的量也少，加入少量标准溶液即可使之完全变为 In^-，因此指示剂颜色变化灵敏；反之，若指示剂浓度较大，则发生同样的颜色变化所需标准溶液的量也较多，从而导致滴定终点时颜色变化不敏锐。所以，双色指示剂的用量以小为宜。

同理，对于单色指示剂（如酚酞），也是指示剂的用量偏少时滴定终点变色敏锐。但如用单色指示剂滴定至一定 pH，则必须严格控制指示剂的浓度。因为单色指示剂的颜色深度仅取决于有色离子的浓度（对酚酞来说就是碱式 $[In^-]$），即

$$[In^-]=\frac{K_{HIn}}{[H^+]}[HIn]$$

如果 $[H^+]$ 维持不变，在指示剂变色范围内，溶液颜色的深浅便随指示剂 HIn 浓度的增加而加深。因此，使用单色指示剂时必须严格控制指示剂的用量，使其在终点时的浓度等于对照溶液中的浓度。

此外，指示剂本身是弱酸或弱碱，也要消耗一定量的标准溶液。因此，指示剂用量以少为宜，但却不能太少，否则，由于人眼辨色能力的限制，无法观察到溶液颜色的变化。实际滴定过程中，通常都是使用指示剂浓度为 1g/L 的溶液，用量比例为每 10mL 试液滴加 1 滴左右的指示剂溶液（见表 3-3）。

---

[1] 双色指示剂指酸式体和碱式体均有色的指示剂。

3. 离子强度

指示剂的 pK_{HIn} 值随溶液离子强度的不同而有少许变化，因而指示剂的变色范围也随之有稍许偏移。实验证明，溶液离子强度增加，对酸型指示剂而言其 pK_{HIn} 值减小，对碱型指示剂而言其 pK_{HIn} 值增大。表 3-5 列出了一些常用指示剂的 pK_{HIn} 值随溶液离子强度变化而变化的关系。

表 3-5　常用指示剂在不同离子强度时的 pK_{HIn} 值

指示剂	指示剂酸碱性	pK_{HIn}(20℃，水溶液)		
		离子强度为 0	离子强度为 0.1	离子强度为 0.5
甲基黄	碱性	3.25(18℃)	3.24	3.40
甲基橙	碱性	3.46	3.46	3.46
甲基红	酸性	5.00	5.00	5.00
溴甲酚绿	酸性	4.90	4.66	4.50
溴甲酚紫	酸性	6.40	6.12	5.90
溴酚蓝	酸性	4.10(15℃)	3.85	3.75
溴百里酚蓝	酸性	7.30(15～30℃)	7.10	6.90
氯酚红	酸性	6.25	6.00	5.90
甲酚红	酸性	8.46(30℃)	8.25	—
酚红	酸性	8.00	7.81	7.60

由于在离子强度较低（<0.5）时酸碱指示剂的 pK_{HIn} 值随溶液离子强度的不同变化不大，因而实际滴定过程中一般可以忽略不计。

4. 滴定程序

由于深色较浅色明显，所以当溶液由浅色变为深色时，人眼容易辨别。例如，以甲基橙作指示剂，用碱标准滴定溶液滴定酸时，终点颜色的变化是由橙红变黄，就不及用酸标准滴定溶液滴定碱时终点颜色由黄变橙红明显。所以用酸标准滴定溶液滴定碱时可用甲基橙作指示剂；而用碱标准滴定溶液滴定酸时，一般采用酚酞作指示剂，因为终点从无色变为红色比较敏锐。

四、混合指示剂

由于指示剂具有一定的变色范围，只有当溶液 pH 的改变超过一定数值，也就是说只有在酸碱滴定的化学计量点附近 pH 发生突跃时，指示剂才能从一种颜色突然变为另一种颜色。但在某些酸碱滴定中，由于化学计量点附近 pH 突跃小，使用单一指示剂确定终点无法达到所需要的准确度，这时可考虑采用混合指示剂。

混合指示剂是利用颜色之间的互补作用，使变色范围变窄，从而使终点时颜色变化敏锐。它的配制方法一般有两种。一种是由两种或多种指示剂混合而成。例如溴甲酚绿（$pK_{HIn}=4.9$）与甲基红（$pK_{HIn}=5.0$）指示剂，前者当 $pH<4.0$ 时呈黄色（酸式色）、$pH>5.6$ 时呈蓝色（碱式色），后者当 $pH<4.4$ 时呈红色（酸式色）、$pH>6.2$ 时呈浅黄色（碱式色），当它们按一定比例混合后，两种颜色混合在一起，酸式色便成为酒红色（即红中稍带黄），碱式色便成为绿色。当 $pH=5.1$ 时，也就是溶液中酸式体与碱式体的浓度大致相同时，溴甲酚绿呈绿色，而甲基红呈橙色，两种颜色互为互补色（见《仪器分析》中的“紫外-可见分光光度法”），从而使得溶液呈现浅灰色，变色十分敏锐。

另一种混合指示剂是在某种指示剂中加入一种惰性染料（其颜色不随溶液 pH 的变化而变化），由于颜色互补使变色敏锐，但变色范围不变。常用的混合指示剂见表 3-6。

表 3-6　几种常用的混合指示剂

指示剂溶液的组成	变色时 pH	颜色		备注
		酸式色	碱式色	
1 份 0.1% 甲基黄乙醇溶液 1 份 0.1% 亚甲基蓝乙醇溶液	3.25	蓝紫	绿	pH＝3.2，蓝紫 pH＝3.4，绿色
1 份 0.1% 甲基橙水溶液 1 份 0.25% 靛蓝二磺酸水溶液	4.1	紫	黄绿	
1 份 0.1% 溴甲酚绿钠盐水溶液 1 份 0.2% 甲基橙水溶液	4.3	橙	蓝绿	pH＝3.5，黄色 pH＝4.05，绿色 pH＝4.3，浅绿
3 份 0.1% 溴甲酚绿乙醇溶液 1 份 0.2% 甲基红乙醇溶液	5.1	酒红	绿	
1 份 0.1% 溴甲酚绿钠盐水溶液 1 份 0.1% 氯酚红钠盐水溶液	6.1	黄绿	蓝绿	pH＝5.4，蓝绿 pH＝5.8，蓝色 pH＝6.0，蓝带紫 pH＝6.2，蓝紫
1 份 0.1% 中性红乙醇溶液 1 份 0.1% 亚甲基蓝乙醇溶液	7.0	紫蓝	绿	pH＝7.0，紫蓝
1 份 0.1% 甲酚红钠盐水溶液 3 份 0.1% 百里酚蓝钠盐水溶液	8.3	黄	紫	pH＝8.2，玫瑰红 pH＝8.4，清晰的紫色
1 份 0.1% 百里酚蓝 50% 乙醇溶液 3 份 0.1% 酚酞 50% 乙醇溶液	9.0	黄	紫	从黄到绿，再到紫
1 份 0.1% 酚酞乙醇溶液 1 份 0.1% 百里酚酞乙醇溶液	9.9	无色	紫	pH＝9.6，玫瑰红 pH＝10，紫色
2 份 0.1% 百里酚酞乙醇溶液 1 份 0.1% 茜素黄 R 乙醇溶液	10.2	黄	紫	

思考题3-2

1. 增加电解质的浓度会使酸碱指示剂 HIn^-（$HIn^- \rightleftharpoons H^+ + In^{2-}$）的理论变色点的 pH 变大还是变小？
2. 判断在下列 pH 溶液中，指示剂显什么颜色？
（1）pH＝3.5 溶液中滴入甲基红指示液。
（2）pH＝7.0 溶液中滴入溴甲酚绿指示液。
（3）pH＝4.0 溶液中滴入甲基橙指示液。
（4）pH＝10.0 溶液中滴入甲基橙指示液。
（5）pH＝6.0 溶液中滴入甲基红和溴甲酚绿指示液。
3. 某溶液滴入酚酞为无色，滴入甲基橙为黄色，指出该溶液的 pH 范围。

阅读材料

早期的酸碱指示剂——植物指示剂

早在 200 多年前，酸碱指示剂就被化学家们使用了。1663 年英国化学家玻意尔发表了一篇题为《关于颜色的实验》的文章，其中讲到：“用上好的紫罗兰，捣出有色的汁液，滴在白纸上（这是为了用较少的量使颜色更明显），再在汁液上加两三滴酒精，将醋或其他几乎所有的酸液滴到这个混合液上时，你立刻就会发现浆液变成了红色。”

玻意尔除用紫罗兰花的汁液外，还用了矢车菊、蔷薇花、雪莲花、报春花、胭脂花和石蕊等。石蕊是一种菌类和藻类共生的植物，通常把它制成蓝色粉末，溶于水和酒精。

常用的石蕊试纸可用滤纸浸泡在石蕊的酒精溶液中，然后再晾干而制成。

随着植物指示剂的使用逐渐广泛，一些科学家指出各种植物指示剂的变色灵敏度和变色范围不一样，必须对所有植物汁液的灵敏度进行鉴定，才能找到合适的指示剂来测量各种酸的相对强度。

1782 年，法国化学家居东德莫沃将纸浸泡在姜黄、巴西木的汁液中制成试纸，首先用于利用硝酸制取硝酸钾的工业生产中。接着化学家在酸碱滴定中利用了植物指示剂，以确定滴定终点。

1877 年，德国化学家卢克首先用化学制剂酚酞作为酸碱指示剂。第二年，德国化学家隆格使用了甲基橙。自此，科学家开始使用化学制剂作指示剂。

摘自凌永乐编《化学概念和理论的发现》

第三节 滴定条件的选择

【学习要点】 了解强酸（碱）、一元弱酸（碱）、多元酸（碱）滴定过程的 pH 变化规律，掌握其滴定曲线特征和化学计量点位置及影响滴定突跃范围的因素；掌握准确滴定一元弱酸和分步滴定多元酸的条件；掌握指示剂的选择方法；了解酸碱滴定反应强化措施和滴定终点误差的计算方法。

酸碱滴定法的滴定终点可借助指示剂颜色的变化显现出来，而指示剂颜色的变化完全取决于溶液 pH 的大小。因此，为了给某一特定酸碱滴定反应选择一合适的指示剂，就必须了解在其滴定过程中溶液 pH 的变化，特别是化学计量点附近 pH 的变化。在滴定过程中用来描述加入不同量标准滴定溶液（或不同中和百分数）时溶液 pH 变化的曲线称为酸碱滴定曲线（titration curve）。各种不同类型的酸碱滴定过程中 H^+ 浓度的变化规律是各不相同的。

一、一元酸碱的滴定

1. 强酸（碱）滴定强碱（酸）

(1) 滴定过程中溶液 pH 的变化　强酸（碱）滴定强碱（酸）的过程相当于

$$H^+ + OH^- \longrightarrow H_2O \qquad K_t = \frac{1}{K_w} = 10^{14.00}$$

这种类型的酸碱滴定，其反应程度是最高的，也最容易得到准确的滴定结果。下面以 0.1000mol/L NaOH 标准滴定溶液滴定 20.00mL 0.1000mol/L HCl 为例来说明强碱滴定强酸过程中 pH 的变化与滴定曲线的形状。

该滴定过程可分为 4 个阶段。

① 滴定开始前。溶液的 pH 由此时 HCl 溶液的酸度决定。即

$$[H^+] = 0.1000\text{mol/L}$$

$$pH = 1.00$$

② 滴定开始至化学计量点前。溶液的 pH 由溶液中未被中和的 HCl 溶液的酸度决定。

例如，当滴入 NaOH 溶液 18.00mL 时，溶液中剩余 HCl 溶液 2.00mL 未被 NaOH 中和，则

$$[H^+] = \frac{0.1000 \times 2.00}{20.00 + 18.00}\text{mol/L} = 5.26 \times 10^{-3}\text{mol/L}$$

$$pH=2.28$$

当滴入 NaOH 溶液 19.80mL 时，溶液中剩余 HCl 溶液 0.20mL 未被 NaOH 中和，则

$$[H^+]=\frac{0.1000\times0.20}{20.00+19.80}mol/L=5.03\times10^{-4}mol/L$$

$$pH=3.30$$

当滴入 NaOH 溶液 19.98mL 时，溶液中剩余 HCl 溶液 0.02mL 未被 NaOH 中和，则

$$[H^+]=\frac{0.1000\times0.02}{20.00+19.98}mol/L=5.00\times10^{-5}mol/L$$

$$pH=4.30$$

③ 化学计量点时。溶液的 pH 由体系产物的离解情况决定。此时溶液中的 HCl 全部被 NaOH 中和，其产物为 NaCl 与 H_2O，因此溶液呈中性，即

$$[H^+]=[OH^-]=1.00\times10^{-7}mol/L$$

$$pH=7.00$$

④ 化学计量点后。溶液的 pH 由滴入的过量的 NaOH 浓度和过量的体积决定。

例如，加入 NaOH 20.02mL 时，NaOH 过量 0.02mL，此时溶液中 $[OH^-]$ 为：

$$[OH^-]=\frac{0.1000\times0.02}{20.00+20.02}mol/L=5.00\times10^{-5}mol/L$$

$$pOH=4.30;\quad pH=9.70$$

用完全类似的方法可以计算出整个滴定过程中加入任意体积 NaOH 溶液时溶液的 pH，其结果如表 3-7 所示。

(2) 滴定曲线的形状和滴定突跃　以溶液的 pH 为纵坐标，以 NaOH 溶液的加入量（或滴定分数）为横坐标，可绘制出强碱滴定强酸的滴定曲线，如图 3-5 中的实线所示。

由表 3-7 和图 3-5 可以看出，从滴定开始到加入 19.98mL NaOH 标准滴定溶液，溶液的 pH 仅改变了 3.30 个 pH 单位，曲线比较平坦。而在化学计量点附近，加入 1 滴 NaOH 溶液（相当于 0.04mL，即从溶液中剩余 0.02mL HCl 溶液到过量 0.02mL NaOH 溶液）就使溶液的酸度发生了巨大的变化，其 pH 由 4.30 急增至 9.70，增幅达 5.40 个 pH 单位，相当于 $[H^+]$ 降低到 1/250000，溶液也由酸性突变到碱性，溶液的性质由量变引起了质变。从图 3-5 也可看到，在化学计量点前后 0.1%，曲线呈现近似垂直的一段，表明溶液的 pH 有一个突然的改变，这种 pH 的突然改变便称为滴定突跃，而突跃所在的 pH 范围称为滴定突跃范围。此后，再继续滴加 NaOH 溶液，溶液的 pH 变化越来越小，曲线又趋平坦。

表 3-7　用 0.1000mol/L NaOH 溶液滴定 20.00mL 0.1000mol/L HCl 时 pH 的变化

加入 NaOH 溶液的体积/mL	HCl 被滴定分数/%	剩余 HCl 溶液的体积/mL	过量 NaOH 溶液的体积/mL	$[H^+]$	pH
0	0	20.00		1.00×10^{-1}	1.00
18.00	90.00	2.00		5.26×10^{-3}	2.28
19.80	99.00	0.20		5.03×10^{-4}	3.30
19.98	99.90	0.02		5.00×10^{-5}	4.30 } 突跃范围
20.00	100.00	0		1.00×10^{-7}	7.00 } 突跃范围
20.02	100.1		0.02	2.00×10^{-10}	9.70 } 突跃范围
20.20	101.0		0.20	2.01×10^{-11}	10.70
22.00	110.0		2.00	2.10×10^{-12}	11.68
40.00	200.0		20.00	3.00×10^{-13}	12.52

如果用 0.1000mol/L HCl 标准滴定溶液滴定 20.00mL 0.1000mol/L NaOH 溶液，其滴

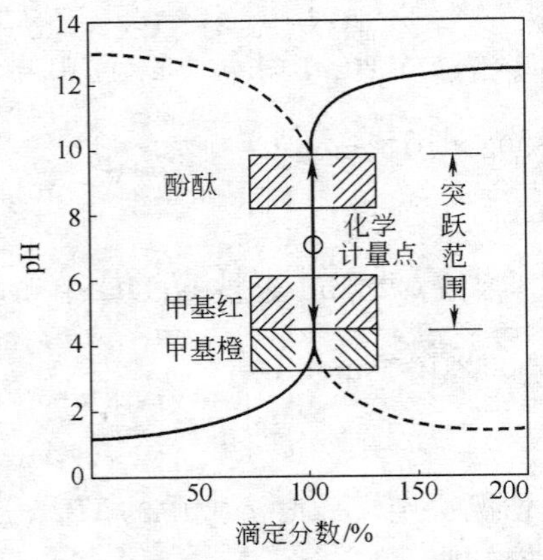

图 3-5　0.1000mol/L NaOH 溶液与 0.1000mol/L HCl 溶液的滴定曲线

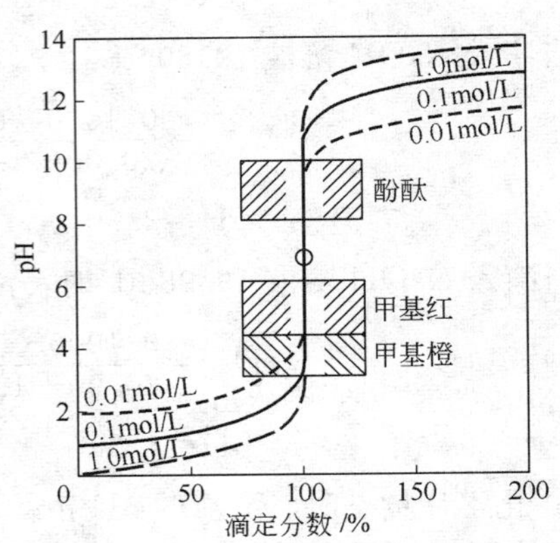

图 3-6　不同浓度的强碱滴定强酸的滴定曲线

定曲线如图 3-5 中的虚线所示。显然，滴定曲线形状与 NaOH 标准滴定溶液滴定 HCl 溶液相似，只是 pH 不是随着标准滴定溶液的加入逐渐增大，而是逐渐减小。

值得注意的是，从滴定过程 pH 的计算可以知道，滴定的突跃大小还必然与被滴定物质及标准滴定溶液的浓度有关。一般说来，酸碱浓度增大到 10 倍，则滴定突跃范围就增加 2 个 pH 单位；反之，若酸碱浓度减小到原来的 1/10，则滴定突跃范围就减少 2 个 pH 单位。如用 1.000mol/L NaOH 标准滴定溶液滴定 1.000mol/L HCl 溶液时，其滴定突跃范围就增大为 3.30～10.70；若用 0.01000mol/L NaOH 标准滴定溶液滴定 0.01000mol/L HCl 溶液时，其滴定突跃范围就减小到 5.30～8.70。不同浓度的强碱滴定强酸的滴定曲线如图 3-6 所示。滴定突跃具有非常重要的意义，它是选择指示剂的依据。

(3) 指示剂的选择　选择指示剂的原则：一是指示剂的变色范围全部或部分地落入滴定突跃范围内；二是指示剂的变色点尽量靠近化学计量点。

例如，用 0.1000mol/L NaOH 标准滴定溶液滴定 0.1000mol/L HCl 溶液，其突跃范围为 4.30～9.70，可选择甲基红、甲基橙与酚酞作指示剂。如果选择甲基橙作指示剂，当溶液颜色由橙色恰好变为黄色时，溶液的 pH 为 4.4，滴定误差小于 0.1%。实际分析时，为了更好地判断终点，通常选用酚酞作指示剂，因其终点颜色由无色变成浅红色，非常容易辨别。

如果用 0.1000mol/L HCl 标准滴定溶液滴定 0.1000mol/L NaOH 溶液，可选择酚酞或甲基红作为指示剂。倘若仍然选择甲基橙作指示剂，则当溶液颜色由黄色转变成橙色时，其 pH 为 4.0，滴定误差将有+0.2%。实际分析时，为了进一步提高滴定终点的准确性以及更好地判断终点（如用甲基红，终点颜色由黄变橙，人眼不易把握；若用酚酞，则由红色褪至无色，人眼也不易判断），通常选用混合指示剂溴甲酚绿-甲基红，终点时颜色由绿经浅灰变为暗红，容易观察。

*(4) 终点误差　从以上分析来看，利用指示剂颜色的变化确定滴定终点时，滴定终点 pH 与滴定反应的化学计量点不完全一致，这就给滴定结果带来一定的误差，这种误差就是终点误差，也称为滴定误差，用 E_t 表示。

酸碱滴定时，如果终点与化学计量点不一致，则说明溶液中或者多加了酸或碱，或者还有剩余的酸或碱未完全反应，因此，将过量的或者剩余的酸或碱的物质的量除以理论上应该加入的酸或碱的物质的量，即可得出酸碱滴定反应的终点误差。

强酸（碱）滴定中，由于强酸强碱完全离解，其终点误差的计算较为简单。下面以实例说明强酸（碱）滴定终点误差的计算方法。

① NaOH 标准滴定溶液滴定 HCl 溶液

a. 滴定终点在化学计量点后。此时，NaOH 过量，则

$$E_t=\frac{\text{过量 NaOH 的物质的量}}{\text{在化学计量点时应加入 NaOH 的物质的量}}=\frac{n(\mathrm{NaOH})_{\text{过量}}}{n(\mathrm{HCl})_{\text{化学计量点}}}$$

过量 NaOH 的量等于终点时溶液中 OH^- 的总量减去终点时水所离解出的 OH^- 的量，而水离解的 $[OH^-]$ 和 $[H^+]$ 是相等的，因此

$$E_t=\frac{([OH^-]_{ep}-[H^+]_{ep})V_{ep}}{c(\mathrm{HCl})_{sp}V_{sp}}$$

一般情况下，终点与化学计量点相差不大，即 $V_{ep}\approx V_{sp}$，所以

$$E_t=\frac{[OH^-]_{ep}-[H^+]_{ep}}{c(\mathrm{HCl})_{sp}} \tag{3-20}$$

此时 E_t 均大于 0，为正误差。

b. 滴定终点在化学计量点前。此时尚有部分 HCl 未被中和，按上述相同的方法可以推导出终点误差计算式，与式(3-20) 相同，但结果均小于 0，为负误差。

② HCl 标准滴定溶液滴定 NaOH 溶液。此类滴定的终点误差计算方法与 NaOH 滴定 HCl 相类似，按上述相同的方法可推导出其终点误差的计算公式为：

$$E_t=\frac{[H^+]_{ep}-[OH^-]_{ep}}{c(\mathrm{NaOH})_{sp}} \tag{3-21}$$

【例 3-4】 计算 0.1000mol/L NaOH 标准滴定溶液滴定 0.1000mol/L HCl 溶液至甲基橙变黄色（pH＝4.4）与 0.1000mol/L HCl 标准滴定溶液滴定 0.1000mol/L NaOH 溶液至甲基橙转变为橙色（pH＝4.0）的终点误差。

解 根据式(3-20)，当 pH＝4.4 时

$$E_t=\frac{[OH^-]_{ep}-[H^+]_{ep}}{c(\mathrm{HCl})_{sp}}=\frac{10^{-9.6}-10^{-4.4}}{0.05000}=-0.08\%$$

根据式(3-21)，当 pH＝4.0 时

$$E_t=\frac{[H^+]_{ep}-[OH^-]_{ep}}{c(\mathrm{NaOH})_{sp}}=\frac{10^{-4.0}-10^{-10.0}}{0.05000}=+0.2\%$$

答：0.1000mol/L NaOH 标准滴定溶液滴定 0.1000mol/L HCl 溶液至甲基橙变黄色时的终点误差为－0.08%；而 0.1000mol/L HCl 标准滴定溶液滴定 0.1000mol/L NaOH 溶液至甲基橙变橙色时的终点误差为＋0.2%。

计算结果中的正值表明滴定过程中标准滴定溶液加多了，变色滞后，误差为正误差；其中的负值表明滴定过程中标准滴定溶液加入量不足，变色提前，误差为负误差。

2. 强碱（酸）滴定弱酸（碱）

(1) 滴定过程中溶液 pH 的变化 强碱（酸）滴定一元弱酸（碱）的滴定反应相当于

$$HA+OH^-\longrightarrow H_2O+A^- \qquad K_t=\frac{[A^-]}{[HA][OH^-]}=\frac{K_a}{K_w}$$

或

$$BOH+H^+\longrightarrow H_2O+B^+ \qquad K_t=\frac{[B^+]}{[BOH][H^+]}=\frac{K_b}{K_w}$$

可见，这类滴定反应的完全程度较强酸强碱类差。下面以 0.1000mol/L NaOH 标准滴定溶液滴定 20.00mL 0.1000mol/L HAc 溶液为例，说明这一类滴定过程中 pH 变化规律与滴定曲线。

与讨论强酸强碱滴定曲线方法相似，讨论这一类滴定的滴定曲线也分为 4 个阶段。

① 滴定开始前溶液的 pH。此时溶液的 pH 由 0.1000mol/L HAc 溶液的酸度决定。根据弱酸 pH 计算的最简式(见表 3-1)

$$[H^+]=\sqrt{cK_a}=\sqrt{0.1000\times(1.76\times10^{-5})}\text{mol/L}=1.33\times10^{-3}\text{mol/L}$$

$$pH=2.88$$

② 滴定开始至化学计量点前溶液的 pH。这一阶段的溶液是由未反应的 HAc 与反应产物 NaAc 组成的，其 pH 由 HAc-NaAc 缓冲体系决定，即

$$[H^+]=K_{a(HAc)}\frac{[HAc]}{[Ac^-]}$$

例如，当滴入 NaOH 标准滴定溶液 19.98mL（剩余 HAc 溶液 0.02mL 未被 NaOH 中和）时

$$[HAc]=\frac{0.1000\times0.02}{20.00+19.98}\text{mol/L}=5.0\times10^{-5}\ \text{mol/L}$$

$$[Ac^-]=\frac{0.1000\times19.98}{20.00+19.98}\text{mol/L}=5.0\times10^{-2}\text{mol/L}$$

因此

$$[H^+]=1.76\times10^{-5}\times\frac{5.0\times10^{-5}}{5.0\times10^{-2}}\text{mol/L}=1.76\times10^{-8}\text{mol/L}$$

$$pH=7.75$$

③ 化学计量点时溶液的 pH。此时溶液的 pH 由体系中滴定产物的离解情况决定。化学计量点时滴定反应的产物是 NaAc 与 H_2O，Ac^- 是一种弱碱。因此

$$[OH^-]=\sqrt{cK_{b(Ac^-)}}$$

由于

$$K_{b(Ac^-)}=\frac{K_w}{K_{a(HAc)}}=\frac{1.0\times10^{-14}}{1.76\times10^{-5}}=5.68\times10^{-10}$$

$$[Ac^-]=\frac{20.00}{20.00+20.00}\times0.1000\text{mol/L}=5.0\times10^{-2}\text{mol/L}$$

所以

$$[OH^-]=\sqrt{5.0\times10^{-2}\times5.68\times10^{-10}}\text{mol/L}=5.33\times10^{-6}\text{mol/L}$$

$$pOH=5.27;\qquad pH=8.73$$

④ 化学计量点后溶液的 pH。此时溶液的组成是过量 NaOH 和滴定产物 NaAc。由于过量 NaOH 的存在抑制了 Ac^- 的水解，溶液的 pH 仅由过量 NaOH 的浓度决定。例如，滴入 20.02mL NaOH 标准滴定溶液（过量的 NaOH 溶液为 0.02mL)，则

$$[OH^-]=\frac{0.02\times0.1000}{20.00+20.02}\text{mol/L}=5.0\times10^{-5}\text{mol/L}$$

$$pOH=4.30;\qquad pH=9.70$$

按上述方法，依次计算出滴定过程中溶液的 pH，其计算结果如表 3-8 所示。

用同样的方法可以计算出强酸滴定弱碱时溶液 pH 的变化情况。表 3-9 列出了用 0.1000mol/L HCl 标准滴定溶液滴定 20.00mL 0.1000mol/L $NH_3\cdot H_2O$ 溶液时溶液 pH 的变化情况，同时也列出了在不同滴定阶段溶液 pH 的计算式。

(2) 滴定曲线的形状和滴定突跃　根据滴定过程中各点的 pH 同样可以绘出强碱（酸）滴定一元弱酸（碱）的滴定曲线（见图 3-7 与图 3-8)。

比较图 3-7 和图 3-5 可以看出，在浓度相同的前提下，强碱滴定弱酸的突跃范围比强碱滴定强酸的突跃范围要小得多，且主要集中在弱碱性区域，在化学计量点溶液也不是呈中性，而呈弱碱性（pH>7)。

表 3-8　用 0.1000mol/L NaOH 标准滴定溶液滴定 20.00mL 0.1000mol/L HAc 溶液的 pH 变化

加入 NaOH 的体积/mL	HAc 被滴定分数/%	计　算　式	pH
0	0	$[H^+]=\sqrt{[HAc]K_{a(HAc)}}$	2.88
10.00	50.0	$[H^+]=K_a\frac{[HAc]}{[Ac^-]}$	4.76
18.00	90.0		5.71
19.80	99.0		6.76
19.96	99.8		7.46
19.98	99.9		7.76 滴定突跃
20.00	100.0	$[OH^-]=\sqrt{\frac{K_w}{K_{a(HAc)}}[Ac^-]}$	8.73 滴定突跃
20.02	100.1	$[OH^-]=[NaOH]_{过量}$	9.70 滴定突跃
20.04	100.2		10.00
20.20	101.0		10.70
22.00	110.0		11.70

表 3-9　用 0.1000mol/L HCl 标准滴定溶液滴定 20.00mL 0.1000mol/L $NH_3\cdot H_2O$ 溶液的 pH 变化

加入 HCl 的体积/mL	NH_3 被滴定分数/%	计　算　式	pH
0	0	$[OH^-]=\sqrt{[NH_3]K_{b(NH_3)}}$	11.12
10.00	50.0	$[OH^-]=K_b\frac{[NH_3]}{[NH_4^+]}$	9.25
18.00	90.0		8.30
19.80	99.0		7.25
19.98	99.9		6.25 滴定突跃
20.00	100.0	$[H^+]=\sqrt{\frac{K_w}{K_{b(NH_3)}}[NH_4^+]}$	5.28 滴定突跃
20.02	100.1		4.30 滴定突跃
20.20	101.0	$[H^+]=[HCl]_{过量}$	3.30
22.00	110.0		2.32

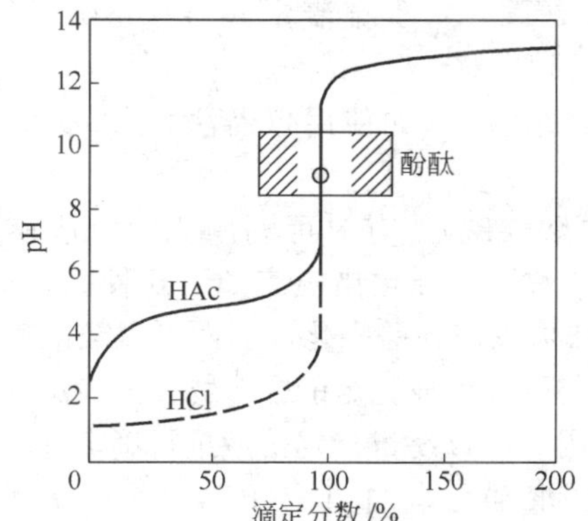

图 3-7　0.1mol/L NaOH 标准滴定溶液滴定 0.1mol/L HAc 溶液的滴定曲线

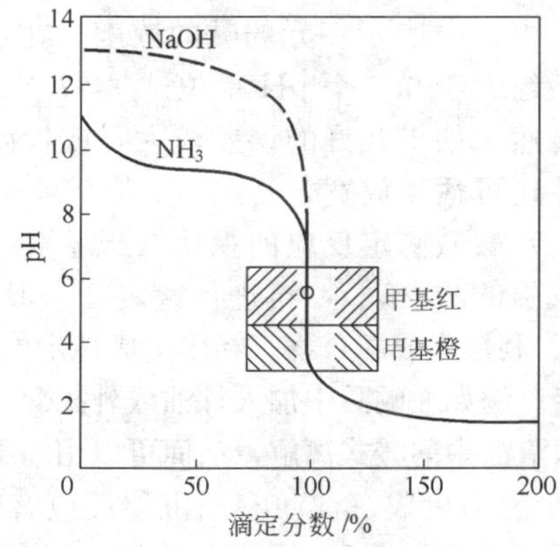

图 3-8　0.1mol/L HCl 标准滴定溶液滴定 0.1mol/L NH_3 溶液的滴定曲线

由图 3-8 与表 3-9 也可以看出，在浓度相同的前提下，强酸滴定弱碱的突跃范围比强酸滴定强碱的突跃范围也要小得多，且主要集中在弱酸性区域，在化学计量点溶液呈弱酸性。

(3) 指示剂的选择　在强碱（酸）滴定一元弱酸（碱）中，由于滴定突跃范围变小，指示剂的选择便受到一定的限制，但其选择原则还是与强碱（酸）滴定强酸（碱）时一样。对于用 0.1000mol/L NaOH 标准滴定溶液滴定 0.1000mol/L HAc 溶液而言，其突跃范围为

7.76～9.70（化学计量点时 pH＝8.73），因此，在酸性区域变色的指示剂如甲基红、甲基橙等均不能使用，而只能选择酚酞、百里酚蓝等在碱性区域变色的指示剂。在这一滴定分析中，由于酚酞指示剂的理论变色点（pH＝9.0）正好落在滴定突跃范围之内，滴定误差为＋0.01%，所以选择酚酞作为指示剂可以获得比较准确的结果。

若用 0.1000mol/L HCl 标准滴定溶液滴定 0.1000mol/L $NH_3 \cdot H_2O$ 溶液，由于其突跃范围在 6.25～4.30（化学计量点时 pH＝5.28），必须选择在酸性区域变色的指示剂，如甲基红或溴甲酚绿等。若选择甲基橙作指示剂，当滴定到溶液由黄色变至橙色（pH＝4.0）时，滴定误差达＋0.20%。

（4）滴定可行性判断　由上例的计算过程可知强碱（酸）滴定一元弱酸（碱）的突跃范围与弱酸（碱）的浓度及其离解常数有关。酸的离解常数越小（即酸的酸性越弱）、酸的浓度越低，则滴定突跃范围也就越小。考虑到借助指示剂观察终点有 0.3 个 pH 单位的不确定性，如果要求滴定误差≤±0.2%，那么滴定突跃就必须保证在 0.6 个 pH 单位以上。因此，只有当酸的浓度 c_0 与其离解常数 K_a 的乘积 $c_0K_a \geqslant 10^{-8}$ 时，该酸溶液才可被强碱直接准确滴定。例如，若弱酸 HA 的浓度为 0.1mol/L，则其被强碱（如 NaOH）准确滴定的条件是它的离解常数 $K_a \geqslant (10^{-8}/0.1) = 10^{-7}$。

那么，这是不是表明只需弱酸的 $c_0K_a \geqslant 10^{-8}$，就可以保证它一定能被强碱直接准确滴定呢？其实不然。通过计算发现，当酸的浓度 $c_0 = 10^{-4}$ mol/L，就算其离解常数 $K_a = 10^{-3}$（$c_0K_a = 10^{-4} \times 10^{-3} \geqslant 10^{-8}$，满足条件），但其滴定突跃范围却为 6.81～7.21，仅有 0.40 个 pH 单位，因此这种情况下也无法直接准确滴定。

综上所述，用指示剂法直接准确滴定一元弱酸的条件是：

$$c_0K_a \geqslant 10^{-8} \text{ 且 } c_0 \geqslant 10^{-3}\,\text{mol/L}$$

在这种条件下，可保证滴定误差≤±0.2%，滴定突跃约大于 0.6 个 pH 单位。

同理，能够用指示剂法直接准确滴定一元弱碱的条件是：

$$c_0K_b \geqslant 10^{-8} \text{ 且 } c_0 \geqslant 10^{-3}\,\text{mol/L}$$

式中，c_0 表示一元弱碱的浓度。在这样的条件下，同样可保证滴定误差≤±0.2%，滴定突跃约大于 0.6 个 pH 单位。

显然，如果允许的误差较大，或检测终点的方法改进了（如使用仪器法），那么上述滴定条件还可适当放宽。

（5）酸碱滴定反应的强化措施　对于一些极弱的酸（碱），有时可利用化学反应使其转变为较强的酸（碱），再进行滴定，一般称为强化法。常用的强化措施有如下几种。

① 利用生成配合物。利用生成稳定的配合物的方法可以使弱酸强化，从而可以较准确地进行滴定。例如在硼酸中加入甘油或甘露醇，由于它们能与硼酸形成稳定的配合物，大大增强了硼酸在水溶液中的酸式离解，从而可以用酚酞作指示剂，用 NaOH 标准滴定溶液进行滴定。

② 利用生成沉淀。利用沉淀反应有时也可以使弱酸强化。例如 H_3PO_4，由于 K_{a3} 很小（$K_{a3} = 4.4 \times 10^{-13}$），通常只能按二元酸被滴定。但如果加入钙盐，由于生成 $Ca_3(PO_4)_2$ 沉淀，则可继续滴定 HPO_4^{2-}。

③ 利用氧化还原反应。利用氧化还原反应使弱酸转变为强酸，再进行滴定。例如，用碘、过氧化氢或溴水可将 H_2SO_3 氧化为 H_2SO_4，然后再用碱标准滴定溶液滴定，这样可提高滴定的准确度。

④ 使用离子交换剂。利用离子交换剂与溶液中离子的交换作用可以强化一些极弱的酸或碱，然后用酸碱滴定法进行测定。例如测定 NH_4Cl、KNO_3、柠檬酸盐时，在溶液中加入离子交换剂，则发生如下反应：

$$NH_4Cl + RSO_3H \longrightarrow RSO_3NH_4 + HCl$$

置换出的 HCl 用标准碱溶液滴定。

⑤ 在非水介质中滴定。对某些酸性比水更弱的酸或碱，可在非水介质中进行滴定（见本章第六节非水溶液中的酸碱滴定）。

*（6）终点误差　对于强酸（碱）滴定一元弱碱（酸）而言，其终点误差的计算公式如下：

① 用 NaOH 滴定 HA

$$E_t = \frac{[OH^-]_{ep} - [HA]_{ep}}{c(HA)_{sp}} \tag{3-22}$$

② 用 HCl 滴定 BOH

$$E_t = \frac{[H^+]_{ep} - [BOH]_{ep}}{c(BOH)_{sp}} \tag{3-23}$$

【例 3-5】 计算 0.1000mol/L NaOH 标准溶液滴定 0.1000mol/L HAc 溶液至酚酞变红色（pH＝9.0）与 0.1000mol/L HCl 标准滴定溶液滴定 0.1000mol/L NH_3 溶液至甲基橙变橙色（pH＝4.0）的终点误差。

解（1）化学计量点时

$$[HAc]_{sp} = \frac{20.00}{20.00+20.00} \times 0.1000\text{mol/L} = 0.0500\text{mol/L}$$

当 pH＝9.0 时，$[OH^-]=10^{-5.0}$ mol/L，$[H^+]=10^{-9.0}$ mol/L

$$[HAc]_{ep} = \frac{[H^+]}{[H^+]+K_{a(HAc)}} \times [HAc]_{sp}$$

$$= \frac{10^{-9.0}}{10^{-9.0}+10^{-4.76}} \times 0.0500\text{mol/L} = 2.88 \times 10^{-6}\text{mol/L}$$

所以，由式(3-22)

$$E_t = \frac{[OH^-]_{ep} - [HAc]_{ep}}{c(HAc)_{sp}}$$

$$= \frac{10^{-5.0} - 2.88 \times 10^{-6}}{0.0500} = +0.014\%$$

答：0.1000mol/L NaOH 标准滴定溶液滴定 0.1000mol/L HAc 溶液至酚酞变红色时的终点误差为＋0.014％。

（2）化学计量点时

$$[NH_3]_{sp} = \frac{20.00}{20.00+20.00} \times 0.1000\text{mol/L} = 0.0500\text{mol/L}$$

当 pH＝4.0 时，$[H^+]=10^{-4.0}$ mol/L，$[OH^-]=10^{-10.0}$ mol/L

$$[NH_3]_{ep} = \frac{[OH^-]}{[OH^-]+K_{b(NH_3)}} \times [NH_3]_{sp}$$

$$= \frac{10^{-10.0}}{10^{-10.0}+10^{-4.75}} \times 0.0500\text{mol/L} = 2.81 \times 10^{-7}\text{mol/L}$$

所以，由式(3-23)

$$E_t = \frac{[H^+]_{ep} - [NH_3]_{ep}}{c(NH_3)_{sp}}$$

$$= \frac{10^{-4.0} - 2.81 \times 10^{-7}}{0.0500} = +0.20\%$$

答：0.1000mol/L HCl 标准滴定溶液滴定 0.1000mol/L NH_3 溶液至甲基橙变橙色的终点误差为＋0.20％。

二、多元酸、混合酸和多元碱、混合碱的滴定

多元酸碱或混合酸碱的滴定比一元酸碱的滴定复杂，这是因为如果考虑能否直接准确滴定的问题就意味着必须考虑两种情况：一是能否滴定酸或碱的总量，二是能否分级滴定（对多元酸碱而言）、分别滴定（对混合酸碱而言）。下面结合实例对上述问题做简要的讨论。

1. 强碱滴定多元酸

（1）滴定可行性判断和滴定突跃　大量的实验证明，多元酸的滴定可按下述原则判断：

① 当 $c_aK_{a1} \geqslant 10^{-8}$ 时，这一级离解的 H^+ 可以被直接滴定。

② 当相邻的两个 K_a 的比值等于或大于 10^5 时，较强的那一级离解的 H^+ 先被滴定，出现第一个滴定突跃，较弱的那一级离解的 H^+ 后被滴定。但能否出现第二个滴定突跃，则取决于酸的第二级离解常数值是否满足 $c_aK_{a2} \geqslant 10^{-8}$。

③ 如果相邻的两个 K_a 的比值小于 10^5，则滴定时两个滴定突跃将混在一起，这时只出现一个滴定突跃。

（2）H_3PO_4 的滴定　H_3PO_4 是三元酸，在水溶液中分步离解：

$$H_3PO_4 \rightleftharpoons H^+ + H_2PO_4^- \qquad pK_{a1} = 2.16$$

$$H_2PO_4^- \rightleftharpoons H^+ + HPO_4^{2-} \qquad pK_{a2} = 7.12$$

$$HPO_4^{2-} \rightleftharpoons H^+ + PO_4^{3-} \qquad pK_{a3} = 12.32$$

如果用 NaOH 滴定 H_3PO_4，那么 H_3PO_4 首先被滴定成 $H_2PO_4^-$，即

$$H_3PO_4 + NaOH \longrightarrow NaH_2PO_4 + H_2O$$

但当反应进行到大约 99.4% 的 H_3PO_4 被中和为 $H_2PO_4^-$ 之时（pH＝4.7），已经有大约 0.3% 的 $H_2PO_4^-$ 被进一步中和成 HPO_4^{2-} 了，即

$$NaH_2PO_4 + NaOH \longrightarrow Na_2HPO_4 + H_2O$$

这表明前面两步中和反应并不是分步进行的，而是稍有交叉地进行的，所以，严格说来，对 H_3PO_4 而言，实际上并不真正存在两个化学计量点。由于对多元酸的滴定准确度要求不太高（通常分步滴定允许误差为±0.5%），因此，在满足一般分析的要求下，认为 H_3PO_4 还是能够进行分步滴定的，第一化学计量点时溶液的 pH＝4.68，第二化学计量点时溶液的 pH＝9.76。第三化学计量点因 $pK_{a3} = 12.32$，说明 HPO_4^{2-} 已太弱，故无法用 NaOH 直接滴定，如果此时在溶液中加入 $CaCl_2$ 溶液，则会发生如下反应：

$$2HPO_4^{2-} + 3Ca^{2+} \longrightarrow Ca_3(PO_4)_2 \downarrow + 2H^+$$

则弱酸转化成强酸，就可以继续用 NaOH 直接滴定了。

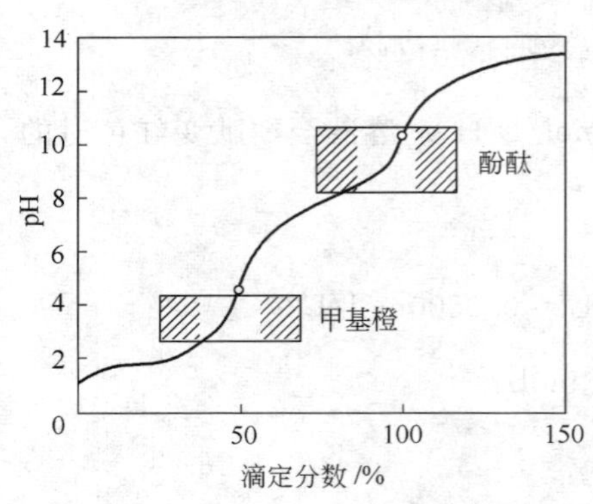

图 3-9　0.1000mol/L NaOH 标准滴定溶液滴定 0.1000mol/L H_3PO_4 溶液的滴定曲线

NaOH 滴定 H_3PO_4 的滴定曲线一般采用仪器法（电位滴定法）绘制。图 3-9 所示的是 0.1000mol/L NaOH 标准滴定溶液滴定 20.00mL 0.1000mol/L H_3PO_4 溶液的滴定曲线。从图 3-9 可以看出，由于中和反应交叉进行，使化学计量点附近曲线倾斜，滴定突跃较短，且第二化学计量点附近的突跃较第一化学计量点附近的突跃还短。正因为突跃短小，使得终点变色不够明显，因而导致终点准确度也欠佳。

如图 3-9 所示，第一化学计量点时 NaH_2PO_4 的浓度为 0.050mol/L，根据 H^+ 浓度计算

的最简式

$$[H^+]_1=\sqrt{K_{a1}K_{a2}}=\sqrt{10^{-2.16}\times10^{-7.21}}\text{mol/L}=10^{-4.68}\text{mol/L}$$

$$pH_1=4.68$$

此时若选用甲基橙（pH=4.0）为指示剂，采用同浓度 Na_2HPO_4 溶液为参比时，其终点误差不大于0.5%。

第二化学计量点时，Na_2HPO_4 的浓度为 3.33×10^{-2}mol/L（此时溶液的体积已增加了2倍），同样根据 H^+ 浓度计算的最简式

$$[H^+]_2=\sqrt{K_{a2}K_{a3}}=\sqrt{10^{-7.21}\times10^{-12.32}}\text{mol/L}=10^{-9.76}\text{mol/L}$$

$$pH_2=9.76$$

此时若选择酚酞（pH=9.0）为指示剂，则终点将出现过早；若选用百里酚酞（pH=10.0）作指示剂，当溶液由无色变为浅蓝色时，其终点误差为+0.5%。

2. 强酸滴定多元碱

多元碱的滴定与多元酸的滴定类似，因此，有关多元酸滴定的结论也适合多元碱的情况。

（1）滴定可行性判断和滴定突跃　与多元酸类似，多元碱的滴定可按下述原则判断。

① 当 $c_bK_{b1}\geqslant10^{-8}$时，这一级离解的 OH^- 可以被直接滴定。

② 当相邻的两个 K_b 比值等于或大于 10^5 时，较强的那一级离解的 OH^- 先被滴定，出现第一个滴定突跃，较弱的那一级离解的 OH^- 后被滴定。但能否出现第二个滴定突跃，则取决于碱的第二级离解常数值是否满足 $c_bK_{b2}\geqslant10^{-8}$。

③ 如果相邻的 K_b 比值小于 10^5，则滴定时两个滴定突跃将混在一起，这时只出现一个滴定突跃。

（2）Na_2CO_3 的滴定　Na_2CO_3 是二元碱，在水溶液中存在如下离解平衡：

$$CO_3^{2-}+H_2O \rightleftharpoons HCO_3^-+OH^- \qquad pK_{b1}=3.75$$

$$HCO_3^-+H_2O \rightleftharpoons H_2CO_3+OH^- \qquad pK_{b2}=7.62$$

在满足一般分析的要求下，Na_2CO_3 还是能够进行分步滴定的，只是滴定突跃较小。如果用 HCl 滴定，则第一步生成 $NaHCO_3$，反应式为：

$$HCl+Na_2CO_3 \longrightarrow NaHCO_3+NaCl$$

继续用 HCl 滴定，则生成的 $NaHCO_3$ 进一步反应生成 H_2CO_3。H_2CO_3 本身不稳定，很容易分解生成 CO_2 与 H_2O。反应式为：

$$HCl+NaHCO_3 \longrightarrow H_2CO_3+NaCl$$

$$\hookrightarrow CO_2\uparrow+H_2O$$

HCl 滴定 Na_2CO_3 的滴定曲线一般也采用仪器法（电位滴定法）绘制。图3-10所示的是0.1000mol/L HCl 标准滴定溶液滴定20.00mL 0.1000mol/L Na_2CO_3 溶液的滴定曲线。第一化学计量点时，HCl 与 Na_2CO_3 反应生成 $NaHCO_3$。$NaHCO_3$ 为两性物质，其浓度为0.050mol/L，根据表3-1所列 H^+ 浓度计算的最简式

$$[H^+]_1=\sqrt{K_{a1}K_{a2}}=\sqrt{10^{-6.38}\times10^{-10.25}}\text{mol/L}=10^{-8.32}\text{mol/L}$$

$$pH_1=8.32$$

$$(H_2CO_3 \text{ 的 } pK_{a1}=6.38,\ pK_{a2}=10.25)$$

此时选用酚酞（pH=9.0）为指示剂，终点误差较大，滴定准确度不高。若采用酚红与百里酚蓝混合指示剂，并用同浓度 $NaHCO_3$ 溶液作参比时，终点误差约为0.5%。

第二化学计量点时，HCl 进一步与 $NaHCO_3$ 反应，生成 H_2CO_3（H_2O+CO_2），其在水溶液中的饱和浓度约为0.040mol/L，因此，按表3-1计算二元弱酸 pH 的最简公式计算，则

$$[H^+]_2=\sqrt{cK_{a1}}=\sqrt{0.040\times10^{-6.38}}\ mol/L$$
$$=1.3\times10^{-4}\ mol/L$$
$$pH_2=3.89$$

若选择甲基橙（pH＝4.0）为指示剂，在室温下滴定时，终点变化不敏锐。为提高滴定准确度，可采用被 CO_2 所饱和并含有相同浓度 NaCl 和指示剂的溶液作对比。也有选择甲基红（pH＝5.0）为指示剂的，不过滴定时需加热除去 CO_2。实际操作是：当滴到溶液变红（pH＜4.4）时，暂时中断滴定，加热除去 CO_2，则溶液又变回黄色（pH＞6.2），继续滴定到红色（溶液 pH 变化如图 3-10 虚线所示）。重复此操作 2～3 次，至加热驱赶 CO_2 并将溶液冷却至室温后溶液颜色不发生变化为止。此种方式滴定终点敏锐，准确度高。

3. 混合酸（碱）的滴定

混合酸（碱）的滴定主要包括两种情况：一是强酸（碱）-弱酸（碱）混合液的滴定，二是两种弱酸（碱）混合液的滴定。下面主要讨论混合酸的滴定，混合碱的滴定本章第五节有详细的讨论。

（1）强酸-弱酸（HCl＋HA）混合液的滴定　这种情况比较典型的实例是 HCl 与另一弱酸 HA 混合液的滴定。当 HCl 与 HA 的浓度均为 0.1mol/L 时，不同离解常数下的弱酸 HA 用 0.1000mol/L NaOH 标准滴定溶液滴定的滴定曲线如图 3-11 所示。

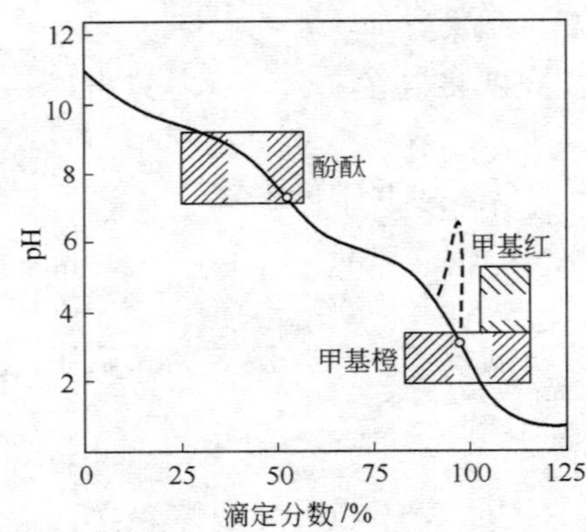

图 3-10　0.1000mol/L HCl 标准滴定溶液滴定 0.1000mol/L Na_2CO_3 溶液的滴定曲线

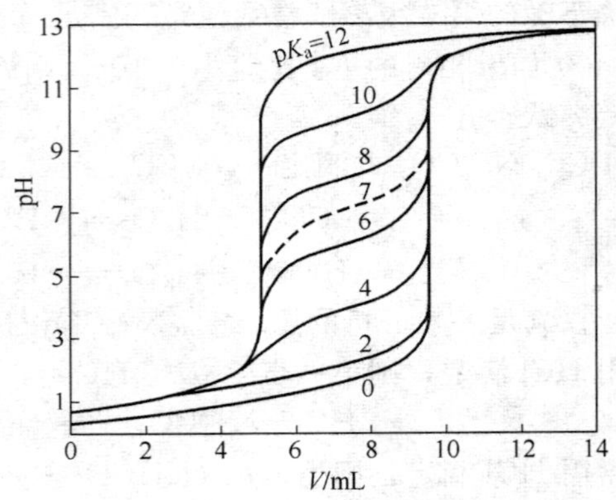

图 3-11　0.1000mol/L NaOH 标准滴定溶液滴定 10.00mL 含 0.1000mol/L HCl 与 0.1000mol/L HA 溶液的滴定曲线

由图 3-11 可以得出如下结论：

① 若 $K_{a(HA)}<10^{-7}$，HA 不影响 HCl 的滴定，能准确滴定 HCl 的分量，但无法准确滴定混合酸的总量；

② 若 $K_{a(HA)}>10^{-5}$，滴定 HCl 时，HA 同时被滴定，能准确滴定混合酸的总量，但无法准确滴定 HCl 的分量；

③ 若 $10^{-7}<K_{a(HA)}<10^{-5}$，则既能滴定 HCl，也能滴定 HA，即可分别滴定 HCl 和 HA 的分量。

总之，弱酸的 pK_a 值越大，越有利于强酸的滴定，但却越不利于混合酸总量的测定。一般当弱酸的 $c_0K_a\leqslant10^{-8}$时，就无法测得混合酸的总量；而弱酸（HA）的 $pK_a\leqslant5$ 时，就不能直接准确滴定混合液中的强酸。

当然，在实际分析过程中，若强酸的浓度增大，则分别滴定强酸与弱酸的可能性就增大，反之就变小。所以，对混合酸的直接准确滴定进行判断时，除了要考虑弱酸（HA）酸的强度之外，还须比较强酸（HCl）与弱酸（HA）浓度比值的大小。

（2）两种弱酸混合液（HA＋HB）的滴定　两种弱酸的混合液，类似于一种二元酸的测定，但也并不完全一致，能直接滴定的条件为：

$$\begin{cases} K_{a(HB)} \leqslant K_{a(HA)};\ c_{HB} < c_{HA} \\ c_{HB}K_{a(HB)} \geqslant 10^{-8} \text{且}\ c_{HB} \geqslant 10^{-3}\,\text{mol/L} \end{cases}$$

两种弱酸能够分别滴定的条件为：

$$\begin{cases} \dfrac{c_{HA}K_{a(HA)}}{c_{HB}K_{a(HB)}} \geqslant 10^{5} \\ c_{HB}K_{a(HB)} \geqslant 10^{-8} \text{且}\ c_{HB} \geqslant 10^{-3}\,\text{mol/L} \end{cases}$$

思考题3-3

1. 用 0.1000mol/L NaOH 标准溶液滴定同浓度的 $H_2C_2O_4$（$K_{a1}=5.6\times10^{-2}$、$K_{a2}=5.1\times10^{-5}$）溶液时，有（　　）个滴定突跃。应选用（　　）作为滴定的指示剂。

A. 二个突跃，甲基橙（$pK_{HIn}=3.40$）　　B. 二个突跃，甲基红（$pK_{HIn}=5.00$）

C. 一个突跃，溴百里酚蓝（$pK_{HIn}=7.30$）　　D. 一个突跃，酚酞（$pK_{HIn}=9.10$）

2. NaOH 滴定 H_3PO_4 以酚酞为指示剂，终点时生成（　　）（H_3PO_4：$K_{a1}=6.9\times10^{-3}$　$K_{a2}=6.2\times10^{-8}$　$K_{a3}=4.8\times10^{-13}$）。

A. NaH_2PO_4　　B. Na_2HPO_4

C. Na_3PO_4　　D. $NaH_2PO_4+Na_2HPO_4$

3. 用 NaOH 溶液滴定下列（　　）多元酸时，会出现两个 pH 突跃。

A. H_2SO_3（$K_{a1}=1.3\times10^{-2}$、$K_{a2}=6.3\times10^{-8}$）

B. H_2CO_3（$K_{a1}=4.2\times10^{-7}$、$K_{a2}=5.6\times10^{-11}$）

C. H_2SO_4（$K_{a1}\geqslant1$.　$K_{a2}=1.2\times10^{-2}$）

D. $H_2C_2O_4$（$K_{a1}=5.9\times10^{-2}$、$K_{a2}=6.4\times10^{-5}$）

4. 用 0.10mol/L HCl 溶液滴定 0.10mol/L Na_3PO_4 溶液至甲基橙变为橙色为终点，这里 Na_3PO_4 的基本单元数是（　　）。

A. Na_3PO_4　　B. $2Na_3PO_4$　　C. $\frac{1}{3}Na_3PO_4$　　D. $\frac{1}{2}Na_3PO_4$

5. 有人要用酸碱滴定法测定 NaAc 溶液的浓度，先加入一定量过量的 HCl 标准溶液，然后用 NaOH 的标准溶液返滴定过量的 HCl，问上述操作是否正确？为什么？

阅读材料

温度滴定法

温度滴定法是基于反应进行所产生的反应热引起的温度变化来确定滴定终点的分析方法。该方法将标准溶液滴加到试样溶液中，连续记录溶液的温度（或温度引起的某些参数如热敏电阻的电阻的变化）与滴加的标准溶液体积的关系。所得到的关系曲线称为温度滴定曲线，纵坐标为温度，横坐标是标准溶液的体积或匀速滴定过程的时间。从滴定曲线可确定反应的起点和终点。温度滴定法可用于用指示剂等确定终点有困难的各种（酸碱、氧化还原、沉淀、配位）滴定中。

第四节 酸碱标准滴定溶液的配制和标定

【学习要点】 了解酸碱标准滴定溶液的种类和常用的浓度，掌握 HCl 标准滴定溶液、无 CO_3^{2-} NaOH 标准滴定溶液的配制和标定方法；了解酸碱滴定中 CO_2 的影响，并掌握消除这种影响的方法和操作。

酸碱滴定法中常用的标准滴定溶液均为强酸强碱溶液组成。一般用于配制酸标准滴定溶液的主要有 HCl 和 H_2SO_4，其中最常用的是 HCl 溶液；若需要加热或在较高温度下使用，则用 H_2SO_4 溶液较适宜。一般用来配制碱标准滴定溶液的主要有 NaOH 与 KOH，实际分析中一般多数用 NaOH。酸碱标准滴定溶液通常配成 0.1mol/L，但有时也用到浓度高达 1.0mol/L 和低至 0.01mol/L 的。不过标准滴定溶液若浓度太高，因消耗太多试剂，会造成不必要的浪费；浓度太低，又会导致滴定突跃太小，不利于终点的判断，从而得不到准确的滴定结果。因此，实际工作中应根据需要配制合适浓度的标准溶液。

一、HCl 标准滴定溶液的配制和标定

1. 配制

盐酸标准滴定溶液一般用间接法配制，即先用市售的盐酸试剂[1]（分析纯）配制成接近所需浓度的溶液（其浓度值与所需配制浓度值的误差不得大于 5%），然后再用基准物质标定其准确浓度。由于浓盐酸具有挥发性，配制时所取 HCl 的量可稍多一些。

2. 标定

用于标定 HCl 标准溶液的基准物质有无水碳酸钠和硼砂等。

(1) 无水碳酸钠（Na_2CO_3） Na_2CO_3 容易吸收空气中的水分，使用前必须在 270～300℃高温炉中灼热至恒重（见 GB/T 601—2002 中 4.2），然后密封于称量瓶内，保存在干燥器中备用。称量时要求动作迅速，以免吸收空气中的水分而带入误差。

用 Na_2CO_3 标定 HCl 溶液的标定反应为：

$$2HCl + Na_2CO_3 \longrightarrow H_2CO_3 + 2NaCl$$
$$H_2CO_3 \longrightarrow CO_2\uparrow + H_2O$$

滴定时用溴甲酚绿-甲基红混合指示剂指示终点（详细步骤见 GB/T 601—2002 或配套实验教材）。近终点时要煮沸溶液赶除 CO_2，冷却后继续滴定至暗红色，以避免由于溶液中 CO_2 过饱和而造成假终点。

(2) 硼砂（$Na_2B_4O_7 \cdot 10H_2O$） 硼砂容易提纯，且不易吸水，由于其摩尔质量大（M=381.4g/mol），因此直接称取单份基准物作标定时称量误差相当小。但硼砂在空气中相对湿度小于 39%时容易风化失去部分结晶水，因此应保存在相对湿度为 60%的恒湿器[2]中。

用硼砂标定 HCl 溶液的标定反应为：

$$Na_2B_4O_7 + 2HCl + 5H_2O \longrightarrow 4H_3BO_3 + 2NaCl$$

滴定时选用甲基红作指示剂，终点时溶液颜色由黄变红，变色较为明显。

二、NaOH 标准滴定溶液的配制和标定

1. 配制

由于氢氧化钠具有很强的吸湿性，容易吸收空气中的水分及 CO_2，因此 NaOH 标准滴

---

[1] 市售盐酸的密度 ρ(HCl) 为 1.19g/mL，质量分数 w(HCl) 为 37%，其物质的量浓度为 12mol/L。

[2] 装有食盐和蔗糖饱和溶液的干燥器中，其上部空气的相对湿度即为 60%。

定溶液也不能用直接法配制，同样须先配制成接近所需浓度的溶液，然后再用基准物质标定其准确浓度。

NaOH 溶液吸收空气中的 CO_2 生成 CO_3^{2-}。而 CO_3^{2-} 的存在，在滴定弱酸时会带入较大的误差，因此必须配制和使用不含 CO_3^{2-} 的 NaOH 标准滴定溶液。

由于 Na_2CO_3 在浓的 NaOH 溶液中溶解度很小，因此配制无 CO_3^{2-} 的 NaOH 标准滴定溶液最常用的方法是先配制 NaOH 的饱和溶液（取分析纯 NaOH 约 110g，溶于 100mL 无 CO_2 的蒸馏水中），密闭静置数日，待其中的 Na_2CO_3 沉降后，取上层清液作贮备液（由于浓碱腐蚀玻璃，因此饱和 NaOH 溶液应当保存在塑料瓶或内壁涂有石蜡的瓶中），其浓度约为 20mol/L。配制时，根据所需浓度移取一定体积的 NaOH 饱和溶液，再用无 CO_2 的蒸馏水稀释至所需的体积（详细步骤见 GB/T 601—2002 中 4.1 或配套实验教材）。

配制成的 NaOH 标准滴定溶液应保存在装有虹吸管及碱石灰管的瓶中，防止吸收空气中的 CO_2。放置过久的 NaOH 溶液浓度会发生变化，使用时应重新标定。

2. 标定

常用于标定 NaOH 标准滴定溶液浓度的基准物质有邻苯二甲酸氢钾与草酸。

(1) 邻苯二甲酸氢钾（KHC_8O_4，缩写为 KHP）　邻苯二甲酸氢钾容易用重结晶法制得纯品，不含结晶水，在空气中不吸水，容易保存，且摩尔质量大 [$M(KHP)=204.2g/mol$]，单份标定[1]时称量误差小，所以它是标定碱标准溶液较好的基准物质。标定前，邻苯二甲酸氢钾应于 100～125℃干燥至恒重后，贮于称量瓶中，盖好盖，置干燥器中备用。干燥温度不宜过高，否则邻苯二甲酸氢钾会脱水而成为邻苯二甲酸酐。

用 KHP 标定 NaOH 溶液的标定反应如下：

$$C_6H_4(COOK)(COOH) + NaOH \longrightarrow C_6H_4(COOK)(COONa) + H_2O$$

由于滴定产物邻苯二甲酸钾钠盐呈弱碱性，故滴定时采用酚酞作指示剂，终点时溶液由无色变至浅红。

(2) 草酸（$H_2C_2O_4 \cdot 2H_2O$）　草酸是二元酸（$pK_{a1}=1.25$，$pK_{a2}=4.29$），由于 $\frac{K_{a1}}{K_{a2}}<10^5$，故与强碱作用时只能按二元酸一次被滴定到 $C_2O_4^{2-}$。其标定反应如下：

$$H_2C_2O_4 + 2NaOH \longrightarrow Na_2C_2O_4 + 2H_2O$$

由于草酸的摩尔质量较小 [$M(H_2C_2O_4 \cdot 2H_2O)=126.07g/mol$]，为了减小称量误差，标定时宜采用“称大样法”标定。用草酸标定 NaOH 溶液可选用酚酞作指示剂，终点时溶液变色敏锐。

草酸固体比较稳定，但草酸溶液的稳定性较差（空气中 $H_2C_2O_4$ 分解），溶液在长期保存后浓度逐渐降低。

三、酸碱滴定中 CO_2 的影响

在酸碱滴定中，CO_2 的影响有时是不能忽略的。CO_2 的来源很多，例如，蒸馏水中溶

[1] 在实际标定时通常有两种操作方法：一种是基准物质准确称量溶解后标定；另一种是基准物质准确称量，溶解后定量转移入一定体积的容量瓶中配制，然后移取一定量进行标定（通常是配制成 250mL，移取 25.00mL）。前者称为“小份标定”或“单份标定”或“称小样”，后者称为“大份标定”或“称大样”。后者的称量范围一般比前者大 10 倍，称量误差小。摩尔质量小的基准物质标定时应采用“称大样”法。

有一定量的CO_2，碱标准滴定溶液和配制标准滴定溶液的NaOH本身吸收CO_2（成为碳酸盐），在滴定过程中溶液不断地吸收空气中CO_2等。

在酸碱滴定中，CO_2的影响是多方面的。当用碱溶液滴定酸溶液时，被滴定溶液中的CO_2会被碱溶液滴定，至于滴定多少则取决于终点时溶液的pH。在不同的pH结束滴定，CO_2带来的误差不同（可由H_2CO_3的分布系数得知）。同样，当含有CO_3^{2-}的碱标准滴定溶液用于滴定酸时，由于终点pH的不同，碱标准滴定溶液中的CO_3^{2-}被酸中和的情况也不一样。显然，终点时溶液的pH越低，CO_2的影响越小。一般地说，如果终点时溶液的pH＜5，则CO_2的影响是可以忽略的。

例如以0.1mol/L的NaOH溶液滴定相同浓度一定体积的HCl溶液，在使用酚酞为指示剂时，滴定终点pH＝9.0，此时溶液中的CO_2所形成的H_2CO_3基本上以HCO_3^-形式存在，H_2CO_3作为一元酸被滴定。与此同时，碱标准滴定溶液吸收CO_2所产生的CO_3^{2-}也被滴定生成HCO_3^-。在这种情况下，由于CO_2的影响所造成的误差约为±2%，是不可忽视的。

若以甲基橙为指示剂，滴定终点时pH＝4.0，此时以各种方式溶于水中的CO_2主要以CO_2气体分子（室温下CO_2饱和溶液的浓度约为0.04mol/L）或H_2CO_3形式存在，只有约4%作为一元酸参与滴定，因此所造成的误差可以忽略。在这种情况下，即使碱标准滴定溶液吸收CO_2产生了CO_3^{2-}，也基本上被中和为CO_2逸出，对滴定结果不产生影响。所以，滴定分析时，在保证终点误差在允许范围之内的前提下，应当尽量选用在酸性范围内变色的指示剂。

当强酸强碱的浓度变得更稀时，滴定突跃变小，若再用甲基橙作指示剂，也将产生较大的终点误差（若改用终点时pH＞5的指示剂，只会增大溶液中H_2CO_3参加反应的比率，增大滴定误差）。此时，为了消除CO_2对酸碱滴定的影响，必要时可采用加热至沸的办法，除去CO_2后再进行滴定。

由于CO_2在水中的溶解速度相当快，CO_2的存在也影响到一些指示剂终点颜色的稳定性。如以酚酞作指示剂，当滴至终点时，溶液已呈浅红色，但稍放置0.5～1min后，由于CO_2的进入，消耗了部分过量的OH^-，溶液pH降低，溶液又褪至无色。因此，当使用酚酞、溴百里酚蓝、酚红等指示剂时，滴定至溶液变色后，若30s内溶液颜色不褪，表明此时已达终点。

此外，在滴定分析过程中，为进一步减少CO_2的进入，还应做到以下几点：

① 使用加热煮沸后冷却至室温的蒸馏水；

② 使用不含CO_3^{2-}的碱标准滴定溶液；

③ 滴定时不要剧烈振荡锥形瓶。

思考题3-4

1. 在酸碱滴定中，选择强酸强碱作为滴定剂的理由是（　　）。

A. 强酸强碱可以直接配制标准滴定溶液　　B. 使滴定突跃尽量大

C. 加快滴定反应速率　　D. 使滴定曲线较完美

2. 已知邻苯二甲酸氢钾（用KHP表示）的摩尔质量为204.2g/mol，用它来标定0.1mol/L的NaOH溶液，宜称取KHP质量为（　　）。

A. 0.25g左右　B. 1g左右　C. 0.6g左右　D. 0.1g左右

3. 在HCl滴定NaOH时，一般选择甲基橙而不是酚酞作为指示剂，主要是由于（　　）。

A. 甲基橙水溶液好　　B. 甲基橙终点CO_2影响小

C. 甲基橙变色范围较狭窄　　　　　　　D. 甲基橙是双色指示剂

4. 如何配制并储存无 CO_3^{2-} 的 NaOH 标准滴定溶液？

阅读材料

称量滴定法简介

称量滴定的原理与常规容量滴定的原理本质相同，都是利用溶液中的四大平衡原理。不同的是常规容量滴定需要准确测量滴定剂的体积，利用消耗的滴定剂的体积计算未知液浓度；而称量滴定需要准确测定滴定剂的质量，利用消耗的滴定剂的质量以及浓度进行计算。称量滴定法以溶液质量代替溶液的体积的测量，降低了温度、量器误差和人眼观测等因素造成的不良影响，使测定结果更加准确可靠。

在滴定分析法的发展史上，称量滴定法产生于容量分析之前，但由于当时分析天平称量技术的落后，没有得到发展。随着科学技术的发展，天平称量技术日益完善，称量滴定法也再度兴起。现在，称量滴定法已经作为工作基准试剂含量测定的国家标准方法。GB 10738—2007《工作基准试剂含量测定通则　称量滴定法》详细介绍了称量滴定法原理、称量滴定装置、测定步骤和结果计算。曾报道有分析工作者运用称量滴定法改进了可溶性氯化物中氯含量的测定方法，结果表明这个方法既可使硝酸银用量大大减少，又能达到准确度的要求，实现了绿色分析。

第五节　酸碱滴定法的应用实例

【学习要点】 掌握工业硫酸的测定方法；掌握用氯化钡法和双指示剂法测定混合碱的方法。

酸碱滴定法在生产实际中应用极为广泛，许多酸、碱物质包括一些有机酸（或碱）均可用酸碱滴定法进行测定。对于一些极弱酸或极弱碱，部分也可在非水溶液中进行测定（见本章第六节），也可用线性滴定法进行测定（见本章第六节后的阅读材料），有些非酸（碱）性物质还可以用间接酸碱滴定法进行测定。

实际上，酸碱滴定法除广泛应用于大量化工产品主成分含量的测定外，还广泛应用于钢铁及某些原材料中 C、S、P、Si 与 N 等元素的测定以及有机合成工业与医药工业中的原料、中间产品和成品等的分析测定，甚至现行国家标准（GB）中，如化学试剂、化工产品、食品添加剂、水质标准、石油产品等，凡涉及酸度、碱度项目测定的，多数采用酸碱滴定法。

下面列举几个实例，简要叙述酸碱滴定法在某些方面的应用。

一、工业硫酸的测定

工业硫酸是一种重要的化工产品，也是一种基本的工业原料，广泛应用于化工、轻工、制药及国防科研等部门，在国民经济中占有非常重要的地位。

纯硫酸是一种无色透明的油状黏稠液体，密度约为 1.84g/mL，其纯度的大小常用硫酸的质量分数来表示。

硫酸是一种强酸，可用 NaOH 标准滴定溶液滴定。滴定反应为：

$$H_2SO_4 + 2NaOH \longrightarrow Na_2SO_4 + 2H_2O$$

滴定硫酸一般可选用甲基橙、甲基红等指示剂，国家标准 GB/T 534—2002 中规定使用甲基红-亚甲基蓝混合指示剂（终点时溶液呈灰绿色）。其质量分数 $w(H_2SO_4)$ 的计算公式为：

$$w(H_2SO_4)=\frac{c(NaOH)V(NaOH)M\left(\frac{1}{2}H_2SO_4\right)}{m_s\times1000}\times100\% \tag{3-24}$$

式中 $c(NaOH)$——NaOH 标准滴定溶液的浓度，mol/L；

$V(NaOH)$——消耗 NaOH 标准滴定溶液的体积，mL；

m_s——称取 H_2SO_4 试样的质量，g；

$w(H_2SO_4)$——工业硫酸试样中 H_2SO_4 的质量分数（数值以%表示）；

$M\left(\frac{1}{2}H_2SO_4\right)$——$\frac{1}{2}H_2SO_4$ 的摩尔质量，49.04g/mol。

在滴定分析时，由于硫酸具有强腐蚀性，使用和称取硫酸试样时严禁溅出；硫酸稀释时会放出大量的热，使得试样溶液温度变高，需冷却后才能转移至容量瓶中稀释或进行滴定分析；硫酸试样的称取量由硫酸的密度和大致含量及 NaOH 标准滴定溶液的浓度决定。

二、混合碱的测定

混合碱的组分主要有 NaOH、Na_2CO_3、$NaHCO_3$，由于 NaOH 与 $NaHCO_3$ 不可能共存，因此混合碱的组成或者为 3 种组分中任一种，或者为 NaOH 与 Na_2CO_3 的混合物，或者为 Na_2CO_3 与 $NaHCO_3$ 的混合物。若是单一组分的化合物，用 HCl 标准滴定溶液直接滴定即可；若是两种组分的混合物，则一般可用氯化钡法与双指示剂法进行测定。下面详细讨论这两种方法。

1. 氯化钡法

（1）NaOH 与 Na_2CO_3 混合物的测定 准确称取一定量试样，溶解后稀释至一定体积，移取两份相同体积的试液，分别做如下测定。

第一份试液用甲基橙作指示剂，以 HCl 标准溶液滴定至溶液变为红色时，溶液中的 NaOH 与 Na_2CO_3 完全被中和，所消耗 HCl 标准溶液的体积记为 V_1(mL)。

第二份试液中先加入稍过量的 $BaCl_2$，使 Na_2CO_3 完全转化成 $BaCO_3$ 沉淀。在沉淀存在的情况下，用酚酞作指示剂，以 HCl 标准滴定溶液滴定至溶液变为无色时，溶液中的 NaOH 完全被中和，所消耗 HCl 标准滴定溶液的体积记为 V_2(mL)。

显然，与溶液中 NaOH 反应的 HCl 标准滴定溶液的体积为 V_2(mL)，因此

$$w(NaOH)=\frac{c(HCl)V_2M(NaOH)}{m_s\times1000}\times100\% \tag{3-25a}$$

而与溶液中 Na_2CO_3 反应的 HCl 标准滴定溶液的体积为 V_1-V_2(mL)，因此

$$w(Na_2CO_3)=\frac{c(HCl)(V_1-V_2)M\left(\frac{1}{2}Na_2CO_3\right)}{m_s\times1000}\times100\% \tag{3-25b}$$

上述两式中，m_s 均为称取试样的质量，g；$w(NaOH)$、$w(Na_2CO_3)$ 分别为试样中 NaOH、Na_2CO_3 的质量分数（数值以%表示）。

（2）Na_2CO_3 与 $NaHCO_3$ 混合物的测定 准确称取一定量试样，溶解后稀释至一定体积，同样移取两份相同体积的试液，分别做如下测定。

第一份试样溶液仍以甲基橙作指示剂，用 HCl 标准滴定溶液滴定至溶液恰显红色时，溶液中的 Na_2CO_3 与 $NaHCO_3$ 全部被中和，所消耗 HCl 标准滴定溶液的体积仍记为 V_1(mL)。

第二份试样溶液中先准确加入过量的已知准确浓度的 NaOH 标准滴定溶液 V(mL)，使溶液中的 $NaHCO_3$ 全部转化成 Na_2CO_3，然后再加入稍过量的 $BaCl_2$，将溶液中的 CO_3^{2-} 沉

淀为 $BaCO_3$。在沉淀存在的情况下，以酚酞为指示剂，用 HCl 标准滴定溶液返滴定过量的 NaOH 溶液。待溶液变为无色时，表明溶液中过量的 NaOH 全部被中和，所消耗的 HCl 标准滴定溶液的体积记为 V_2(mL)。

显然，使溶液中 $NaHCO_3$ 转化成 Na_2CO_3 所消耗的 NaOH 物质的量即为溶液中 $NaHCO_3$ 的物质的量，因此

$$w(NaHCO_3)=\frac{[c(NaOH)V-c(HCl)V_2]M(NaHCO_3)}{m_s\times 1000}\times 100\% \tag{3-26a}$$

同样，与溶液中的 Na_2CO_3 反应的 HCl 标准滴定溶液的体积则为总体积 V_1 减去 $NaHCO_3$ 所消耗的体积，因此

$$w(Na_2CO_3)=\frac{\{c(HCl)V_1-[c(NaOH)V-c(HCl)V_2]\}M\left(\frac{1}{2}Na_2CO_3\right)}{m_s\times 1000}\times 100\% \tag{3-26b}$$

上两式中，m_s 均为试样的质量，g；$w(NaHCO_3)$、$w(Na_2CO_3)$ 分别为试样中 $NaHCO_3$ 、Na_2CO_3 的质量分数（数值以%表示）。

2. 双指示剂法

双指示剂法测定混合碱时，无论其组成如何，方法均是相同的。具体操作如下：准确称取一定量试样，用蒸馏水溶解后，先以酚酞为指示剂，用 HCl 标准滴定溶液滴定至溶液粉红色消失，记下 HCl 标准滴定溶液所消耗的体积 V_1(mL)。此时，存在于溶液中的 NaOH 全部被中和，而 Na_2CO_3 则被中和为 $NaHCO_3$。然后在溶液中加入甲基橙指示剂，继续用 HCl 标准滴定溶液滴定至溶液由黄色变为橙红色，记下又用去的 HCl 标准滴定溶液的体积 V_2(mL)。显然，V_2 是滴定溶液中 $NaHCO_3$（包括溶液中原本存在的 $NaHCO_3$ 与 Na_2CO_3 被中和所生成的 $NaHCO_3$）所消耗的体积。由于 Na_2CO_3 被中和到 $NaHCO_3$ 与 $NaHCO_3$ 被中和到 H_2CO_3 所消耗的 HCl 标准滴定溶液的体积是相等的，因此有如下判别式。

(1) $V_1>V_2$　这表明溶液中有 NaOH 存在，因此，混合碱由 NaOH 与 Na_2CO_3 组成，且将溶液中的 Na_2CO_3 中和到 $NaHCO_3$ 所消耗的 HCl 标准滴定溶液的体积为 V_2(mL)，所以

$$w(Na_2CO_3)=\frac{c(HCl)V_2M(Na_2CO_3)}{m_s\times 1000}\times 100\% \tag{3-27a}$$

将溶液中的 NaOH 中和成 NaCl 所消耗的 HCl 标准滴定溶液的体积为 V_1-V_2(mL)，所以

$$w(NaOH)=\frac{c(HCl)(V_1-V_2)M(NaOH)}{m_s\times 1000}\times 100\% \tag{3-27b}$$

以上两式中，m_s 均为试样的质量，g；$w(NaOH)$、$w(Na_2CO_3)$分别为试样中 NaOH、Na_2CO_3 的质量分数（数值以%表示）。

(2) $V_1<V_2$　这表明溶液中有 $NaHCO_3$ 存在，因此，混合碱由 Na_2CO_3 与 $NaHCO_3$ 组成，且将溶液中的 Na_2CO_3 中和到 $NaHCO_3$ 所消耗的 HCl 标准溶液的体积为 V_1(mL)，所以

$$w(Na_2CO_3)=\frac{c(HCl)V_1M(Na_2CO_3)}{m_s\times 1000}\times 100\% \tag{3-28a}$$

将溶液中的 $NaHCO_3$ 中和成 H_2CO_3 所消耗的 HCl 标准滴定溶液的体积为 V_2-V_1(mL)，所以

$$w(NaHCO_3)=\frac{c(HCl)(V_2-V_1)M(NaHCO_3)}{m_s\times 1000}\times 100\% \tag{3-28b}$$

以上两式中，m_s 均为所制备试样溶液中包含试样的质量，g；$w(NaHCO_3)$、$w(Na_2CO_3)$

分别为试样中 $NaHCO_3$、Na_2CO_3 的质量分数（数值以%表示）。

氯化钡法与双指示剂法相比，前者操作上虽然稍麻烦，但由于测定时 CO_3^{2-} 被沉淀，最后的滴定实际上是强酸滴定强碱，因此结果反而比双指示剂法准确。

三、硼酸的测定

硼酸的酸性太弱（$pK_a=9.24$），不能用碱直接滴定。实际测定时一般是在硼酸溶液中加入多元醇（如甘露醇或甘油），使之与硼酸反应，生成配位酸：

$$2\ \begin{matrix} \mathrm{H} \\ | \\ \mathrm{R{-}C{-}OH} \\ | \\ \mathrm{R{-}C{-}OH} \\ | \\ \mathrm{H} \end{matrix} + H_3BO_3 \longrightarrow \left[\begin{matrix} \mathrm{H} & & \mathrm{H} \\ | & & | \\ \mathrm{R{-}C{-}O} & & \mathrm{O{-}C{-}R} \\ | & \mathrm{B} & | \\ \mathrm{R{-}C{-}O} & & \mathrm{O{-}C{-}R} \\ | & & | \\ \mathrm{H} & & \mathrm{H} \end{matrix} \right]^- H^+ + 3H_2O$$

此配位酸的酸性较强，其 $pK_a=4.26$，可用 NaOH 直接滴定。

四、铵盐中氮的测定

肥料、土壤以及某些有机化合物常常需要测定其中氮的含量，通常是将样品先经过适当的处理，将其中的各种含氮化合物全部转化为氨态氮，然后进行测定。常用的方法有蒸馏法与甲醛法。

1. 蒸馏法

准确称取一定量的含铵试样，置于蒸馏瓶中，加入过量浓 NaOH 溶液，加热，将 NH_3 蒸馏出来。反应式为：

$$(NH_4)_2SO_4+2NaOH(\text{浓})\longrightarrow Na_2SO_4+2H_2O+2NH_3\uparrow$$

蒸馏出来的 NH_3 用过量的 HCl 标准滴定溶液吸收：

$$NH_3+HCl\longrightarrow NH_4Cl$$

剩余 HCl 标准滴定溶液的量再用 NaOH 标准滴定溶液滴定，以甲基红为指示剂，则试样中氮的含量为：

$$w(N)=\frac{[c(HCl)V(HCl)-c(NaOH)V(NaOH)]\cdot M(N)}{m_s\times 1000}\times 100\% \qquad (3\text{-}29)$$

式中 m_s——试样的质量，g；

$c(NaOH)$，$c(HCl)$——NaOH 与 HCl 标准滴定溶液的浓度，mol/L；

$V(NaOH)$，$V(HCl)$——消耗 NaOH 与 HCl 标准滴定溶液的体积，mL；

$M(N)$——N 的摩尔质量，14.01g/mol。

也可用 H_3BO_3 溶液吸收，然后用 HCl 标准滴定溶液滴定 H_3BO_3 吸收液，选甲基红为指示剂。反应为：

$$NH_3+H_3BO_3\longrightarrow NH_4BO_2+H_2O$$

$$HCl+NH_4BO_2+H_2O\longrightarrow NH_4Cl+H_3BO_3$$

由于 H_3BO_3 是极弱的酸，不影响测定，因此作为吸收剂只需保证过量即可。此法的优点是只需一种标准溶液，且不需特殊的仪器。

有机氮化物需要在 $CuSO_4$ 的催化下用浓 H_2SO_4 消化分解使其转化为 NH_4^+，然后再用蒸馏法测定。这种方法称为凯氏（Kjeldahl）定氮法。

2. 甲醛法

甲醛与铵盐反应，生成质子化的六亚甲基四胺和 H^+。反应如下：

$$4NH_4^+ + 6HCHO \longrightarrow (CH_2)_6N_4H^+ + 3H^+ + 6H_2O$$

然后用 NaOH 标准滴定溶液滴定。由于$(CH_2)_6N_4H^+$的 $pK_a = 5.15$，所以它也能被 NaOH 所滴定。因此，4mol 的 NH_4^+ 将消耗 4mol 的 NaOH，即它们之间的化学计量关系为 1∶1。反应式为：

$$(CH_2)_6N_4H^+ + 3H^+ + 4OH^- \longrightarrow (CH_2)_6N_4 + 4H_2O$$

通常采用酚酞作指示剂。如果试样中含有游离酸，则应先以甲基红作指示剂，用 NaOH 将其中和，然后再测定。

五、氟硅酸钾法测定 SiO_2 含量

硅酸盐试样中 SiO_2 含量的测定，一般采用重量法。重量法虽然准确度高，但太费时，因此目前生产上各种试样中 SiO_2 含量的例行分析一般采用氟硅酸钾容量法，其方法如下所述。

硅酸盐试样用 KOH 或 NaOH 熔融，使之转化为可溶性硅酸盐，如 K_2SiO_3。K_2SiO_3 在过量 KCl、KF 的存在下与 HF（HF 有剧毒，必须在通风橱中操作）作用，生成微溶的氟硅酸钾（K_2SiF_6），其反应如下：

$$K_2SiO_3 + 6HF \longrightarrow K_2SiF_6 \downarrow + 3H_2O$$

将生成的 K_2SiF_6 沉淀过滤。由于 K_2SiF_6 在水中的溶解度较大，为防止其溶解损失，将其用 KCl 乙醇溶液洗涤，然后用 NaOH 溶液中和溶液中未洗净的游离酸，随后加入沸水使 K_2SiF_6 水解，生成 HF，反应如下：

$$K_2SiF_6 + 3H_2O \longrightarrow 2KF + H_2SiO_3 + 4HF$$

水解生成的 HF 可用 NaOH 标准滴定溶液滴定，从而计算出试样中 SiO_2 的含量。

由于 1mol 的 K_2SiF_6 释放出 4mol 的 HF，也即消耗 4mol 的 NaOH，因此试样中的 SiO_2 与 NaOH 的化学计量关系为 1∶4，所以试样中 SiO_2 含量的计算公式为：

$$w(SiO_2) = \frac{c(NaOH)V(NaOH)M\left(\frac{1}{4}SiO_2\right)}{m_s \times 1000} \times 100\% \tag{3-30}$$

式中　$c(NaOH)$——NaOH 标准滴定溶液的浓度，mol/L；

$V(NaOH)$——消耗 NaOH 标准滴定溶液的体积，mL；

m_s——试样的质量，g；

$M\left(\frac{1}{4}SiO_2\right)$——$\frac{1}{4}SiO_2$ 的摩尔质量，60.084g/mol。

思考题3-5

1. 有一碱性溶液，可能是 NaOH、$NaHCO_3$ 或 Na_2CO_3，或其中两者的混合物，用双指示剂法进行测定。开始用酚酞为指示剂，消耗 HCl 体积为 V_1，再用甲基橙为指示剂，又消耗 HCl 体积为 V_2，V_1 与 V_2 关系如下，试判断上述溶液的组成。

(1) $V_1 > V_2$，$V_2 \neq 0$

(2) $V_1 < V_2$，$V_1 \neq 0$

(3) $V_1 = V_2 \neq 0$

(4) $V_1 > V_2$，$V_2 = 0$

(5) $V_1 < V_2$，$V_1 = 0$

2. 请设计 $HCl + NH_4Cl$ 混合液的分析方案。

阅读材料

血浆中 HCO_3^- 浓度的测定

人体血浆中约 95% 以上的 CO_2 是以 HCO_3^- 形式存在的，临床上测定 HCO_3^- 的浓度可帮助诊断血液中的酸碱指标。在血浆中加入过量的 HCl 标准溶液，使其与 HCO_3^- 反应生成 CO_2，并使 CO_2 逸出，然后用酚红为指示剂，用 NaOH 标准滴定溶液滴定剩余的 HCl，根据 HCl 和 NaOH 标准溶液的用量，即可按下式计算血浆中 HCO_3^- 的溶液（以 mmol/L 表示）：

$$c(HCO_3^-) = \frac{c(HCl) \cdot V(HCl) - c(NaOH) \cdot V(NaOH)}{V_{样}}$$

正常血浆中 HCO_3^- 浓度为 22～28mmol/L。

*第六节　非水溶液中的酸碱滴定

【学习要点】 了解非水滴定的概念，溶剂的分类、性质及其选择；掌握非水滴定滴定剂的选择和终点的确定；了解非水滴定的应用。

一、概述

水是最常见的溶剂，酸碱滴定一般在水溶液中进行。但是，以水为介质进行滴定分析时也会遇到困难，比如：

① K_a（或 K_b）小于 10^{-7} 的弱酸（或弱碱），或 $c_0K_a<10^{-8}$（或 $c_0K_b<10^{-8}$）的溶液，一般不能准确滴定；

② 许多有机酸在水中的溶解度很小，这使滴定无法进行；

③ 两种或三种以上酸（或碱）的混合溶液在水溶液中不能分别进行滴定。

由于这些原因，使得在水溶液中进行酸碱滴定受到一定的限制。如果采用各种非水溶剂作为滴定介质，就可以解决上述困难，从而扩大酸碱滴定的应用范围。非水滴定在有机分析中得到了广泛的应用。本节简要介绍在非水溶剂中的酸碱滴定。

二、溶剂的分类和性质

1. 溶剂的分类

在非水溶液酸碱滴定中，常用的溶剂有甲醇、乙醇、冰醋酸、二甲基甲酰胺、四氯化碳、丙酮和苯等。通常可根据溶剂的酸碱性定性地将它们分为 4 大类。

（1）酸性溶剂　这类溶剂给出质子的能力比水强，接受质子的能力比水弱，即酸性比水强，碱性比水弱，故称为酸性溶剂。如甲酸、冰醋酸、硫酸等，主要适用于测定弱碱含量。

（2）碱性溶剂　这类溶剂接受质子的能力比水强，给出质子的能力比水弱，即碱性比水强，酸性比水弱，故称为碱性溶剂。如乙二胺、丁胺、乙醇胺等，主要适用于测定弱酸的含量。

（3）两性溶剂　这类溶剂的酸碱性与水相近，即它们给出和接受质子的能力相当。属于这类溶剂的主要是醇类，如甲醇、乙醇、乙二醇、丙醇等，主要适用于测定酸碱性不太弱的有机酸或有机碱。

（4）惰性溶剂 这类溶剂几乎没有接受质子的能力，其介电常数[1]通常比较小。如苯、氯仿、四氯化碳等。在这类溶剂中，溶剂分子之间没有质子自递反应。在惰性溶剂中，质子转移反应直接发生在试样和滴定剂之间。

应当指出，溶剂的分类是一个比较复杂的问题，不同研究者有不同的分类方法，但都各有其局限性。实际上，各类溶剂之间并无严格的界限。

2. 溶剂的性质

（1）溶剂的酸碱性质 酸和碱通过溶剂才能顺利地给出或接受质子完成离解，故酸和碱在溶剂中表现出它们的酸性和碱性。根据酸碱质子理论，不同物质所表现出的酸性或碱性的强弱不仅与这种物质本身给出或接受质子的能力大小有关，而且与溶剂的性质有关。即溶剂的碱性（接受质子的能力）越强，则溶液的酸性越强；溶剂的酸性（给出质子的能力）越强，则溶液的碱性越强。若以 HS 代表任一溶剂，酸 HB 在其中的离解平衡为：

$$HB + HS \rightleftharpoons H_2S^+ + B^-$$

H_2S^+ 指溶剂化质子。HB 在水、乙醇和冰醋酸中的离解平衡可分别表示如下：

$$HB + H_2O \rightleftharpoons H_3O^+ + B^-$$

$$HB + C_2H_5OH \rightleftharpoons C_2H_5OH_2{}^+ + B^-$$

$$HB + HAc \rightleftharpoons H_2Ac^+ + B^-$$

实验证明，$HClO_4$、H_2SO_4、HCl、HNO_3 在非水介质中，强度是有差别的，其强度顺序为：

$$HClO_4 > H_2SO_4 > HCl > HNO_3$$

但是在水溶液中它们的强度没有什么差别，这是因为它们在水溶液中给出质子的能力都很强，而水的碱性已足够使它充分接受这些酸给出的质子，只要这些酸的浓度不是太大，则它们将定量地与水作用，全部转化：

$$HClO_4 + H_2O \longrightarrow H_3O^+ + ClO_4^-$$

$$H_2SO_4 + 2H_2O \longrightarrow 2H_3O^+ + SO_4^{2-}$$

$$HCl + H_2O \longrightarrow H_3O^+ + Cl^-$$

$$HNO_3 + H_2O \longrightarrow H_3O^+ + NO_3^-$$

因此，它们的酸的强度在水中全部被拉平到 H_3O^+ 的水平。这种将各种不同强度酸拉平到溶剂化质子水平的效应称为拉平效应（leveling effect），具有拉平效应的溶剂称为拉平性溶剂。在这里，水是 $HClO_4$、H_2SO_4、HCl 和 HNO_3 的拉平性溶剂。很明显，通过水的拉平效应，任何一种比 H_3O^+ 酸性更强的酸都将被拉平到 H_3O^+ 的水平。

如果是在冰醋酸介质中，由于 H_2Ac^+ 的酸性较水强，HAc 的碱性就较水弱。在这种情况下，这 4 种酸就不能将其质子全部转移给 HAc，并且在程度上有差别。不同酸在冰醋酸介质中的离解反应及相应的 pK_a 值如表 3-10 所示。

表 3-10 不同酸在冰醋酸介质中的离解反应及相应的 pK_a 值

名称	离解方程式	pK_a 值	名称	离解方程式	pK_a 值
$HClO_4$	$HClO_4 + HAc \rightleftharpoons H_2Ac^+ + ClO_4^-$	5.8	HCl	$HCl + HAc \rightleftharpoons H_2Ac^+ + Cl^-$	8.8
H_2SO_4	$H_2SO_4 + 2HAc \rightleftharpoons 2H_2Ac^+ + SO_4^{2-}$	8.2(pK_{a1})	HNO_3	$HNO_3 + HAc \rightleftharpoons H_2Ac^+ + NO_3^-$	9.4

由表 3-10 可见，在冰醋酸介质中，这 4 种酸的强度能显示出差别。这种能区分酸（或

[1] 介电常数表示两个带相反电荷的质点在该溶剂中离解所需的能量。在介电常数大的溶剂中，离子对离解所需能量小，因此有利于离解。

碱）的强弱的效应称为分辨效应（又叫区分效应，differentiating effect），具有分辨效应的溶剂称为分辨性溶剂。在这里，冰醋酸是 $HClO_4$、H_2SO_4、HCl 和 HNO_3 的分辨性溶剂。

同理，在水溶液中最强的碱是 OH^-，更强的碱（如 O_2^-、NH_2^- 等）都被拉平到同一水平 OH^-，只有比 OH^- 更弱的碱（如 NH_3、$HCOO^-$ 等）才能分辨出强弱。

(2) 酸碱中和反应的实质 酸和碱的中和反应是经过溶剂发生的质子转移过程。中和反应的产物不一定是盐和水。中和反应能否发生，全由参加反应的酸、碱以及溶剂的性质决定。

例如一个酸与碱的反应过程，首先溶剂对于酸必须具有碱性，才能接受酸给出的质子，否则酸不能离解。其次，碱比溶剂有更强的碱性，即溶剂对于碱是酸，是质子的给予体，将质子传递给碱，从而完成质子由酸经过溶剂向碱的转移过程。

$$HA \rightleftharpoons A^- + H^+ \quad \text{(酸在溶剂中离解出质子)}$$

$$HS + H^+ \rightleftharpoons H_2S^+ \quad \text{(溶剂接受质子形成溶剂合质子)}$$

$$H_2S^+ + B \rightleftharpoons BH^+ + HS \quad \text{(质子转移至碱上)}$$

合并上列 3 个反应式，得

$$HA + B \rightleftharpoons BH^+ + A^-$$

由上式可以看出，酸碱中和反应的实质是质子转移的过程，而酸和碱之间的质子转移是通过溶剂完成的，故溶剂在酸碱中和反应中起了非常重要的作用。

三、非水滴定溶剂的选择

在非水滴定中，溶剂的选择至关重要。在选择溶剂时首先要考虑的是溶剂的酸碱性，因为它直接影响到滴定反应的完全程度。

例如，吡啶在水中是一个极弱的有机碱（$K_b = 1.4 \times 10^{-9}$），在水溶液中，进行直接滴定非常困难。如果改用冰醋酸作溶剂，由于冰醋酸是酸性溶剂，给出质子的倾向较强，从而增强了吡啶的碱性，这样就可以顺利地用 $HClO_4$ 进行滴定。其反应如下：

$$HClO_4 \rightleftharpoons H^+ + ClO_4^-$$

$$CH_3COOH + H^+ \rightleftharpoons CH_3COOH_2^+$$

$$CH_3COOH_2{}^+ + C_5H_5N \rightleftharpoons C_5H_5NH^+ + CH_3COOH$$

三式相加，得

$$C_5H_5N + HClO_4 \rightleftharpoons C_5H_5NH^+ + ClO_4^-$$

在这个反应中，冰醋酸的碱性比 ClO_4^- 强，因此它接受 $HClO_4$ 给出的质子，生成溶剂合质子 $CH_3COOH_2^+$，C_5H_5N 接受 $CH_3COOH_2^+$ 给出的质子而生成 $C_5H_5NH^+$。

因此，在非水滴定中，良好的溶剂应具备下列条件：

① 对试样的溶解度较大，并能提高其酸度或碱度；

② 能溶解滴定生成物和过量的滴定剂；

③ 溶剂与样品及滴定剂不发生化学反应；

④ 有合适的终点判断方法（目视指示剂法或电位滴定法）；

⑤ 易提纯，黏度小，挥发性低，易于回收，价格便宜，使用安全。

惰性溶剂没有明显的酸性和碱性，因此没有拉平效应，这样就使惰性溶剂成为一种很好的分辨性溶剂。

在非水滴定中，利用拉平效应可以滴定酸或碱的总量。若要分别滴定混合酸或混合碱，必须利用分辨效应显示其强度差别，从而分别进行滴定。

要注意的是，非水滴定必须在无水体系中进行，因此必须对试剂进行处理。例如，用醋酐除去冰乙酸、高氯酸等中的水分，用金属钠除去苯、甲苯等有机溶剂中的水分，还要用蒸馏、回流等方法进一步处理等。

四、滴定剂的选择和滴定终点的确定

1. 滴定剂的选择

（1）酸性滴定剂 在非水介质中滴定碱时，常用的溶剂为冰醋酸，用高氯酸的冰醋酸溶液为滴定剂，滴定过程中产生的高氯酸盐具有较大的溶解度。高氯酸的冰醋酸溶液是用含70%～72%的高氯酸水溶液配制而成的，其中的水分一般通过加入一定量的醋酸酐除去。

$HClO_4$-HAc 滴定剂一般用邻苯二甲酸氢钾作为基准物质进行标定，滴定反应为：

$$C_6H_4(COOH)(COOK) + HClO_4 \longrightarrow C_6H_4(COOH)_2 + KClO_4$$

滴定时以甲基紫或结晶紫作为指示剂。（详细步骤见 GB/T 601—2012 中 4.23）

$HClO_4$-HAc 标准滴定溶液应在临用前标定。使用 $HClO_4$-HAc 标准滴定溶液滴定试样溶液时的温度应与标定时温度相同。若不相同，应将高氯酸标准滴定溶液的浓度修正到使用温度下。

（2）碱性滴定剂 常用的碱性滴定剂为醇钠和醇钾。例如甲醇钠，它是由金属钠和甲醇反应制得的。

$$2CH_3OH + 2Na \longrightarrow 2CH_3ONa + H_2\uparrow$$

甲醇钠碱标准滴定溶液的标定通常使用苯甲酸作基准试剂，在苯-甲醇溶液或其他非水溶剂中标定，以百里酚酞为指示剂指示终点。其滴定反应为：

$$C_6H_5COOH + CH_3Na \longrightarrow C_6H_5COO^- + Na^+ + CH_3OH$$

氢氧化钾-乙醇标准滴定溶液常使用在105～110℃中干燥至恒重的基准试剂邻苯二甲酸氢钾标定，标定在无 CO_2 的水中进行，以酚酞指示终点（详细步骤见 GB/T 601—2002 中 4.24）。

季铵碱（如四丁基氢氧化铵）也可用作滴定剂。季铵碱的优点是碱性强度大，滴定产物易溶于有机溶剂。

碱性滴定剂在贮存和使用时，必须注意防水和避免 CO_2 的影响。

2. 滴定终点的确定

非水滴定中，确定滴定终点的方法很多，最常用的有电位法和指示剂法。

电位法一般以玻璃电极或锑电极为指示电极、饱和甘汞电极为参比电极，通过绘制滴定曲线确定滴定终点。具有颜色的溶液，可采用电位滴定法判断终点。

用指示剂确定终点，关键在于选用合适的指示剂。一般来说，非水滴定用的指示剂随溶剂而异。在酸性溶剂中，一般使用结晶紫、甲基紫、α-萘酚等作指示剂。在碱性溶剂中，百里酚蓝可用在苯、吡啶、二甲基甲酰胺或正丁胺中，但不适用于乙二胺溶液；偶氮紫可用于吡啶、二甲基甲酰胺、乙二胺及正丁胺中，但不适用于苯或其他烃类溶液；邻硝基苯胺可用于乙二胺或二甲基甲酰胺中，但在醇、苯或正丁胺中却不适用。

五、非水滴定在酸碱滴定法中的应用实例

非水滴定法主要用于解决水中不能滴定的弱酸、弱碱和水不溶性样品的测定，广泛应用于生物、医药、有机分析等领域，例如在药品检验方面，氨基酸类药、巴比妥类药、局麻药可卡因等含量的测定都采用非水滴定法。

1. α-氨基酸的含量测定

α-氨基酸在水中属二性物质，在水中可形成双极离子，其 $K_a=2.5\times10^{-10}$、$K_b=2.5\times$

10^{-12}。作为酸或碱时其离解趋势都很弱，在水中无法直接滴定，但可在二甲基甲酰胺、冰醋酸非水溶液中，分别采用 CH_3ONa、$HClO_4$ 标准滴定溶液进行滴定。当使用 CH_3ONa 作滴定剂时，可选用百里酚蓝作指示剂。当用 $HClO_4$ 作滴定剂测定各种氨基酸如缬氨酸、色氨酸等含量时，多采用电位滴定法确定终点。

2. 咖啡因含量测定

咖啡因为极弱碱（$K_b=4.0\times10^{-14}$），其含量在水溶液中无法直接测定，只能在冰醋酸-醋酐介质中用 $HClO_4$ 标准滴定溶液滴定。测定时取本品适量，加冰醋酸-醋酐混合液微温溶解，放冷后以结晶紫为指示剂，用 $HClO_4$ 标准滴定溶液滴定至溶液显黄色，并同时做空白试验。

思考题3-6

1. 水在下列混合酸中为拉平性溶剂还是分辨性溶剂？

(1) HCl/H_2SO_4

(2) HCl/HAc

(3) HNO_3/H_3PO_4

(4) $HClO_3/HCl$

2. 用非水滴定法测定下列物质时，哪些选用碱性试剂？哪些选用酸性试剂？为什么？

(1) 醋酸钠　(2) 苯甲酸　(3) 吡啶　(4) 乳酸钠

3. 溶剂中若有微量水对非水滴定是否有影响？为什么？

阅读材料

线性滴定简介

无论是在水溶液中的酸碱滴定还是在非水溶液中的酸碱滴定，都是根据加入的滴定剂体积 V 与相应溶液的 pH 之间的关系曲线（即滴定曲线），找出化学计量点附近的滴定突跃，并确定终点，从而求得被测物质的含量。显然，对于极弱的酸或碱或者离解常数相差较小的多元酸碱或混合酸碱，其滴定曲线无明显的滴定突跃，也就无法进行被测物质含量的测定或分步滴定。因而传统的滴定分析方法在应用范围上便受到一定的限制。

线性滴定法是将滴定过程中的滴定剂体积 V 与溶液的 pH 之间的关系经过数学处理，导出 $V_{ep}-V$ 与 V 的关系式。例如，对于一元酸可得出下式：

$$V_{ep}-V=K_{HA}^{H}\{H^+\}V+\frac{V_0+V}{c_B}(1+K_{HA}^{H}\{H^+\})([H^+]-[OH^-])$$

式中　V_{ep}——滴定至化学计量点时滴定剂的体积；

K_{HA}^{H}——弱酸 HA 的稳定常数（即 HA 离解常数的倒数）；

c_B——滴定剂的浓度；

$\{H^+\}$——溶液中氢离子的活度；

$[H^+]$，$[OH^-]$——H^+ 与 OH^- 的浓度。

实验时，每加入一份滴定剂，便测出溶液的 pH，然后将各组 V 与溶液对应的 pH 代入上式，得到一系列 $V_{ep}-V$ 与 V 的数据。以 V 为横坐标、$V_{ep}-V$ 为纵坐标，可得两段直线，两直线在横坐标上相交于一点，交点处 $V_{ep}-V=0$，即为化学计量点时滴定剂的加入量 V_{ep}，从而可求得被测物质的浓度或含量。

除了使用图解法求 V_{ep} 数值外，也可将一系列 $V_{ep}-V$ 与 V 的数据进行一元线性回归，根据 $V_{ep}-V$ 与 V 的线性关系式求得 V 值。计算法的准确度高于图解法。

使用线性滴定法避免了某些滴定情况下滴定突跃不明显而无法确定滴定终点的困难，对于 $pK_a=11$ 的一元酸也能得到满意的测定结果，对于 $pK_a\geqslant 0.2$ 的多元酸或混合酸仍可测得各组分的含量，因而线性滴定法扩展了酸碱滴定分析的应用范围。由于使用电子计算机，可以快速处理实验数据，得到准确的测定结果。

习　题　三

1. 计算下列溶液的 pH。

(1) 0.05moL/L NaOH 溶液；

(2) 5.00×10^{-7}moL/L HCl 溶液；

(3) 0.2 moL/L H_3PO_4 溶液；

(4) 0.2moL/L NH_4Ac 溶液；

2. 计算下列溶液的 pH：

(1) 41g NaAc 固体与 300mL HAc 溶液混合，稀释至 1L；

(2) 150mL 1mol/L 的 HCl 与 250mL 1.5mol/L 的 $NH_3\cdot H_2O$ 溶液混合，稀释至 1L。

3. 欲配制 1L pH＝10.00 的 NH_3-NH_4Cl 缓冲溶液，现有 250mL 10mol/L 的 $NH_3\cdot H_2O$ 溶液，还需称取 NH_4Cl 固体多少克？

4. 欲配制 pH 为 3.00 和 4.00 的 HCOOH-HCOONa 缓冲溶液 1L，应分别往 200mL 0.20mol/L 的 HCOOH 溶液中加入多少毫升 1.0mol/L 的 NaOH 溶液？

5. 取 20g 六亚甲基四胺，加浓 HCl（按 12mol/L 计）4.0mL，稀释至 100mL，溶液的 pH 是多少？此溶液是否是缓冲溶液？

6. 用 0.1000moL/L NaOH 滴定 25.00mL 甲酸溶液，终点时用去 NaOH 溶液 20.50mL。

(1) 计算甲酸溶液的浓度；

(2) 计算化学计量点时的 pH；

(3) 应选择哪种指示剂？

7. 有工业硼砂 $Na_3B_4O_7\cdot 10H_2O$ 用 0.2000moL/L HCl 标准滴定溶液 24.50mL 滴定至甲基橙变色，计算试样中硼砂 $Na_3B_4O_7\cdot 10H_2O$ 的含量及 B 的质量分数。

8. 退热药阿司匹林的有效成分是乙酰水杨酸。现称取试样 0.3500g，加入 50.00 mL0.1020moL/LNaOH 溶液煮沸 10min，冷却后以酚酞及为指示剂，用 0.0550moL/LHCl 标准滴定溶液滴定剩余的 NaOH，消耗 HCl 标准滴定溶液 35.00mL。计算试样中乙酰水杨酸的质量分数。

已知 $M(CH_3COOC_6H_4COOH)=181.16$g/mol

9. 用凯氏氮法测定某氨基酸中的氮，称取试样 1.7860g，将样品中的氮消化、碱化后蒸出 NH_3，并以 25.00mL 0.2014moL/L 的 HCl 标准溶液吸收，剩余的 HCl 用 0.1288moL/L 的 NaOH 标准滴定溶液返滴定，消耗 NaOH 溶液 10.12mL。计算此氨基酸中氮的质量分数。

10. 某混合碱试样可能含有 NaOH、Na_2CO_3、$NaHCO_3$ 中的一种或两种。称取该试样 0.3019g，用酚酞为指示剂，滴定用去 0.1035mol/L 的 HCl 标准滴定溶液 20.10mL；再加入甲基橙指示液，继续以同一 HCl 标准滴定溶液滴定，一共用去 HCl 溶液 47.70mL。试判断试样的组成及各组分的含量。

11. 称取 Na_2CO_3 和 $NaHCO_3$ 的混合试样 0.7650g，加适量的水溶解，以甲基橙为指示剂，用 0.2000mol/L 的 HCl 标准滴定溶液滴定至终点时，消耗 HCl 标准滴定溶液 50.00mL。如改用酚酞为指示剂，用上述 HCl 标准滴定溶液滴定至终点，还需消耗多少毫升 HCl 标准滴定溶液？

12. 用酸碱滴定法测定工业硫酸的含量。称取硫酸试样 1.8095g，配成 250mL 的溶液，移取 25mL 该溶液，以甲基橙为指示剂，用浓度为 0.1233mol/L 的 NaOH 标准滴定溶液滴定，到终点时消耗 NaOH 标准滴定溶液 31.42mL，试计算该工业硫酸的质量分数。

13. 测定硅酸盐中 SiO_2 的含量。称取试样 5.000g，用氢氟酸溶解处理后，用 4.0726mol/L 的 NaOH 标准滴定溶液滴定，到终点时消耗 NaOH 标准滴定溶液 28.42mL，试计算该硅酸盐中 SiO_2 的质量分数。

14. 标定甲醇钠溶液时，称取苯甲酸 0.4680g，消耗甲醇钠溶液 25.50mL，求甲醇钠的物质的量浓度。

15. 测定钢铁中的碳含量。称取钢铁试样 20.0000g，试样在氧气流中经高温燃烧，将产生的二氧化碳导入含有百里酚蓝和百里酚酞指示剂的丙酮-甲醇混合吸收液中，然后以 14 题中的甲醇钠标准溶液滴定至终点，消耗该溶液 30.50mL，试计算该钢铁中碳的质量分数。

*16. 某企业对其生产的食品添加剂柠檬酸钾进行出厂检验，进行柠檬酸钾含量测定时，称取于(180±2)℃下干燥后的柠檬酸钾试样 0.2475g，置于干燥的锥形瓶中，加 40mL 冰醋酸，微热溶解，冷却至室温，以结晶紫为指示剂，用 0.1012moL/L 的高氯酸标准滴定溶液滴定至溶液由紫色变为蓝色为终点，用去高氯酸标准滴定溶液 24.72mL。同时做空白试验，用去高氯酸标准滴定溶液 1.06mL。国家标准规定柠檬酸钾（干燥后）含量（以 $C_6H_5K_3O_7$ 计）不得小于 99.0%，试确定该批产品是否合格。

第四章

配位滴定法

学习指南

配位滴定法是以生成配合物的反应为基础的滴定分析方法。配位滴定中最常用的配位剂是 EDTA。以 EDTA 为标准滴定溶液的配位滴定法称为 EDTA 配位滴定法。本章主要讨论 EDTA 配位滴定法。

在本章的学习过程中，需要复习无机化学中已学习过的配位反应和配位平衡的基本概念及有关知识。通过学习，了解 EDTA 与金属离子配合物的特点；理解副反应对滴定主反应的影响，掌握条件稳定常数的意义及其与各副反应系数间的关系；理解金属指示剂作用原理，掌握选择金属指示剂的依据；掌握配位滴定基本原理，了解影响滴定突跃范围大小的因素；掌握直接准确滴定单一金属离子和选择滴定混合离子的条件及措施；了解配位滴定方式和应用实例；掌握配位滴定的结果计算。

第一节　概　　述

【学习要点】 了解配位滴定法对配位反应的要求；掌握 EDTA 及其与金属离子形成配合物的性质和特点；理解各副反应对主反应的影响；掌握条件稳定常数的意义，掌握副反应系数与条件稳定常数间的关系；了解金属离子缓冲溶液在配位滴定分析中的应用。

配位滴定法（complexometric titration）是以生成配位化合物的反应为基础的滴定分析方法。例如，用 $AgNO_3$ 溶液滴定 CN^-（又称为氰量法）时，Ag^+ 与 CN^- 发生配位反应，生成配离子 $[Ag(CN)_2]^-$，其反应式如下：

$$Ag^+ + 2CN^- \rightleftharpoons [Ag(CN)_2]^-$$

当滴定到达化学计量点后，稍过量的 Ag^+ 与 $[Ag(CN)_2]^-$ 结合生成 $Ag[Ag(CN)_2]$ 白色沉淀，使溶液变浑浊，指示终点的到达。

能用于配位滴定的配位反应必须具备一定的条件：

① 配位反应必须完全，即生成的配合物的稳定常数（stability constant）足够大；

② 反应应按一定的反应式定量进行，即金属离子与配位剂的比例（即配位比）恒定；

③ 反应速率快；

④ 有适当的方法检出终点。

配位反应具有极大的普遍性，但不是所有的配位反应及其生成的配合物均可满足上述条件。

一、氨羧配位剂

能与金属离子配位的配位剂很多，按类别可分为无机配位剂和有机配位剂，多数的无机配位剂只有一个配位原子（通常称此类配位剂为单基配位体，如 F^-、Cl^-、CN^-、NH_3 等），与金属离子配位时分级配位，常形成 ML_n 型的简单配合物。由于它们的稳定常数都不大，彼此相差也很小，因此，除个别反应（例如 Ag^+ 与 CN^-、Hg^{2+} 与 Cl^- 等反应）外，无机配位剂大多数不能用于配位滴定，在分析化学中一般多用作掩蔽剂、辅助配位剂和显色剂。

有机配位剂则可与金属离子形成很稳定而且组成固定的配合物，克服了无机配位剂的缺点，因而在分析化学中的应用得到迅速的发展。目前广泛用作配位滴定剂的是含有 $-N(CH_2COOH)_2$ 基团的有机化合物，称为氨羧配位剂。其分子中含有氨氮 $>\ddot{N}-$ 和羧氧 $-\overset{O}{\overset{\|}{C}}-\ddot{O}-$ 两种配位原子，前者易与 Cu^{2+}、Ni^{2+}、Zn^{2+}、Co^{2+}、Hg^{2+} 等金属离子配位，后者则几乎与所有高价金属离子配位。因此氨羧配位剂兼有两者配位的能力，几乎能与所有金属离子配位。它们与金属离子配位时形成低配位比的具有环状结构的螯合物，它比同种配位原子所形成的简单配合物稳定得多。表 4-1 中 Cu^{2+} 与氨、乙二胺、三亚乙基四胺所形成的配合物的比较清楚地说明了这一点。

表 4-1 Cu^{2+} 与氨、乙二胺、三亚乙基四胺所形成的配合物的比较

配合物	配位比	螯环数	$\lg K_{稳}$
$H_3N \rightarrow Cu \leftarrow NH_3$ $H_3N \nearrow \quad \nwarrow NH_3$	1∶4	0	12.6
$H_2C-NH_2 \rightarrow Cu \leftarrow NH_2-CH_2$ $\ \vert \qquad\qquad\qquad\qquad \vert$ $H_2C-NH_2 \rightarrow \quad \leftarrow NH_2-CH_2$	1∶2	2	19.6
H_2C-CH_2 $H_2C-NH \quad NH_2$ $\rightarrow Cu \leftarrow$ $H_2C-NH \quad NH_2$ H_2C-CH_2	1∶1	3	20.6

有机配位剂中由于含有多个配位原子，因而减少甚至消除了分级配位现象，特别是生成的螯合物的稳定性好，使这类配位反应有可能用于滴定。

在配位滴定中最常用的氨羧配位剂主要有以下几种：EDTA（乙二胺四乙酸）；CyDTA（或 DCTA，环已烷二氨基四乙酸）；EDTP（乙二胺四丙酸）；TTHA（三乙基四胺六乙酸）。常用氨羧配位剂与金属离子形成的配合物稳定性参见附录四。氨羧配位剂中 EDTA 是目前应用最广泛的一种，用 EDTA 标准溶液可以滴定几十种金属离子。通常所谓的配位滴定法，主要是指 EDTA 滴定法。

二、乙二胺四乙酸及其螯合物

1. 乙二胺四乙酸

乙二胺四乙酸（通常用 H_4Y 表示）简称 EDTA，其结构式如下：

$$\begin{matrix} HOOCCH_2 & & & & CH_2COOH \\ & \diagdown & & \diagup & \\ & N-CH_2-CH_2-N & & & \\ & \diagup & & \diagdown & \\ HOOCCH_2 & & & & CH_2COOH \end{matrix}$$

乙二胺四乙酸为白色无水结晶粉末，室温时溶解度较小（22℃时溶解度为 0.02g/100mL H_2O），难溶于酸和有机溶剂，易溶于碱或氨水形成相应的盐。乙二胺四乙酸溶解度小，因而不适用作滴定剂。

EDTA 二钠盐（$Na_2H_2Y \cdot 2H_2O$，也简称为 EDTA，相对分子质量为 372.26）为白色结晶粉末，室温下可吸附水分 0.3%，80℃时可烘干除去。在 100～140℃时失去结晶水而成为无水的 EDTA 二钠盐（相对分子质量为 336.24）。EDTA 二钠盐易溶于水（22℃时溶解度为 11.1g/100mL H_2O，浓度约 0.3mol/L，pH≈4.4），因此通常使用 EDTA 二钠盐作滴定剂。

乙二胺四乙酸在水溶液中具有双偶极离子结构：

$$\begin{matrix} HOOCCH_2 & & & & CH_2COO^- \\ & \diagdown^{+} & & ^{+}\diagup & \\ & \overset{}{N}-CH_2-CH_2-N & & & \\ & \diagup H & & H\diagdown & \\ ^-OOCCH_2 & & & & CH_2COOH \end{matrix}$$

因此，当 EDTA 溶解于酸度很高的溶液中时，它的两个羧酸根可再接受两个 H^+ 形成 H_6Y^{2+}，这样，它就相当于一个六元酸，有六级离解常数，即

K_{a1}	K_{a2}	K_{a3}	K_{a4}	K_{a5}	K_{a6}
$10^{-0.9}$	$10^{-1.6}$	$10^{-2.0}$	$10^{-2.67}$	$10^{-6.16}$	$10^{-10.26}$

EDTA 在水溶液中总是以 H_6Y^{2+}、H_5Y^+、H_4Y、H_3Y^-、H_2Y^{2-}、HY^{3-} 和 Y^{4-} 七种型体存在。它们的分布系数 δ 与溶液 pH 的关系如图 4-1 所示。

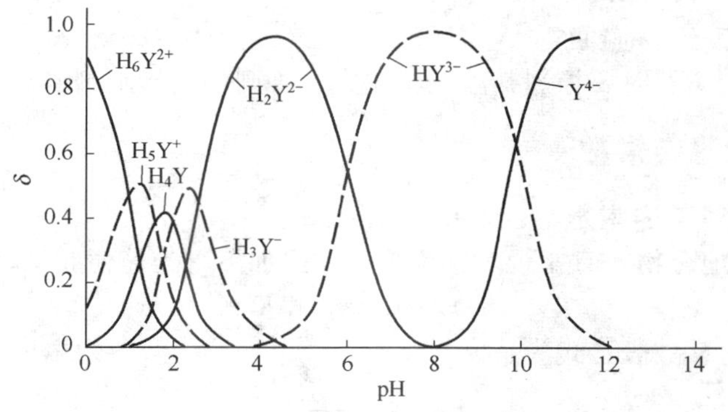

图 4-1　EDTA 溶液中各种存在形式分布图

由分布曲线图可以看出，在 pH＜1 的强酸溶液中，EDTA 主要以 H_6Y^{2+} 型体存在；在 pH 为 2.75～6.24 时，主要以 H_2Y^{2-} 型体存在；仅在 pH＞10.34 时才主要以 Y^{4-} 型体存在。值得注意的是，在七种型体中只有 Y^{4-}（为了方便，以下均用符号 Y 来表示 Y^{4-}）能

与金属离子直接配位。Y分布系数越大，EDTA的配位能力越强。而Y分布系数的大小与溶液的pH密切相关，所以溶液的酸度便成为影响EDTA配合物稳定性及滴定终点敏锐性的一个很重要的因素。

2. 乙二胺四乙酸的螯合物

螯合物是一类具有环状结构的配合物。螯合即指成环，只有当一个配体至少含有两个可配位的原子时才能与中心原子形成环状结构，螯合物中所形成的环状结构常称为螯环。能与金属离子形成螯合物的试剂称为螯合剂。EDTA就是一种常用的螯合剂。

EDTA分子中有6个配位原子，此6个配位原子恰能满足它们的配位数，在空间位置上均能与同一金属离子形成环状化合物，即螯合物。图4-2所示的是EDTA与Ca^{2+}形成的螯合物的立方构型。

图4-2 EDTA与Ca^{2+}形成的螯合物

乙二胺四乙酸的螯合物有如下特点：

① EDTA具有广泛的配位性能，几乎能与所有金属离子形成稳定性好的配合物，因而应用广泛，但如何提高滴定的选择性也因此成为配位滴定中的一个重要问题。

② EDTA配合物配位比简单，多数情况下都形成1∶1配合物。个别离子如Mo(Ⅴ)与EDTA配合物［$(MoO_2)_2Y^{2-}$］的配位比为2∶1。

③ EDTA配合物稳定性高，能与金属离子形成具有多个五元环结构的螯合物。

④ EDTA配合物易溶于水，使配位反应较迅速。

⑤ 大多数金属-EDTA配合物无色，这有利于指示剂确定终点。但EDTA与有色金属离子配位生成的螯合物颜色则加深。例如：

CuY^{2-}	NiY^{2-}	CoY^{2-}	MnY^{2-}	CrY^-	FeY^-
深蓝	蓝色	紫红	紫红	深紫	黄色

因此，滴定这些离子时要控制其浓度勿过大，否则使用指示剂确定终点将发生困难。

三、配合物的稳定常数

1. 配合物的绝对稳定常数（stability constant）

对于1∶1型的配合物ML来说，其配位反应式如下（为简便起见，略去电荷）：

$$M+L \rightleftharpoons ML$$

因此反应的平衡常数表达式为：

$$K_{MY}=\frac{[ML]}{[M][L]} \tag{4-1}$$

K_{MY}即为金属-EDTA配合物的绝对稳定常数［或称为形成常数（formation constant)］，也可用$K_{稳}$表示。对于具有相同配位数的配合物或配位离子，此值越大，配合物越稳定。绝对稳定常数K_{MY}的倒数即为配合物的不稳定常数（instability constant，或称为离解常数），即

$$K_{稳}=\frac{1}{K_{不稳}} \qquad (4-2)$$

或

$$\lg K_{稳}=\mathrm{p}K_{不稳}$$

常见金属离子与 EDTA 形成的配合物 MY 的绝对稳定常数 K_{MY} 见表 4-2（也可由相关的手册查到）。需要指出的是：绝对稳定常数是指无副反应情况下的数据，它不能反映实际滴定过程中真实配合物的稳定状况。

2. 配合物的逐级稳定常数（stepwise stability constant）和累积稳定常数（cumulative stability constant）

对于配位比为 1∶n 的配合物，由于 ML_n 的形成是逐级进行的，其逐级形成反应与相应的逐级稳定常数（$K_{稳n}$）为：

表 4-2 部分金属离子与 EDTA 形成的配合物的 $\lg K_{MY}$

阳离子	$\lg K_{MY}$	阳离子	$\lg K_{MY}$	阳离子	$\lg K_{MY}$
Na^{+}	1.66	Ce^{4+}	15.98	Cu^{2+}	18.80
Li^{+}	2.79	Al^{3+}	16.3	Ga^{2+}	20.3
Ag^{+}	7.32	Co^{2+}	16.31	Ti^{3+}	21.3
Ba^{2+}	7.86	Pt^{2+}	16.31	Hg^{2+}	21.8
Mg^{2+}	8.69	Cd^{2+}	16.49	Sn^{2+}	22.1
Sr^{2+}	8.73	Zn^{2+}	16.50	Th^{4+}	23.2
Be^{2+}	9.20	Pb^{2+}	18.04	Cr^{3+}	23.4
Ca^{2+}	10.69	Y^{3+}	18.09	Fe^{3+}	25.1
Mn^{2+}	13.87	VO^{+}	18.1	U^{4+}	25.8
Fe^{2+}	14.33	Ni^{2+}	18.60	Bi^{3+}	27.94
La^{3+}	15.50	VO^{2+}	18.8	Co^{3+}	36.0

$$\mathrm{M+L\longrightarrow ML} \qquad K_{稳1}=\frac{[\mathrm{ML}]}{[\mathrm{M}][\mathrm{L}]}$$

$$\mathrm{ML+L\longrightarrow ML_2} \qquad K_{稳2}=\frac{[\mathrm{ML_2}]}{[\mathrm{ML}][\mathrm{L}]} \qquad (4-3)$$

$$\vdots \qquad \vdots$$

$$\mathrm{ML_{n-1}+L\longrightarrow ML_n} \qquad K_{稳n}=\frac{[\mathrm{ML}_n]}{[\mathrm{ML}_{n-1}][\mathrm{L}]}$$

若将逐级稳定常数渐次相乘，就得到各级累积稳定常数（β_n）。

$$第一级累积稳定常数 \qquad \beta_1=K_{稳1}=\frac{[\mathrm{ML}]}{[\mathrm{M}][\mathrm{L}]}$$

$$第二级累积稳定常数 \qquad \beta_2=K_{稳1}K_{稳2}=\frac{[\mathrm{ML_2}]}{[\mathrm{M}][\mathrm{L}]^2} \qquad (4-4)$$

$$\vdots \qquad \vdots$$

$$第 n 级累积稳定常数 \qquad \beta_n=K_{稳1}K_{稳2}\cdots K_{稳n}=\frac{[\mathrm{ML}_n]}{[\mathrm{M}][\mathrm{L}]^n}$$

β_n 即为各级配位化合物的总的稳定常数。

根据配位化合物的各级累积稳定常数可以计算各级配合物的浓度，即

$$[\mathrm{ML}]=\beta_1[\mathrm{M}][\mathrm{L}]$$

$$[\mathrm{ML_2}]=\beta_2[\mathrm{M}][\mathrm{L}]^2 \qquad (4-5)$$

$$\vdots$$

$$[\mathrm{ML}_n]=\beta_n[\mathrm{M}][\mathrm{L}]^n$$

可见，各级累积稳定常数将各级配位化合物的浓度（$[ML]$、$[ML_2]$、…、$[ML_n]$）直接与游离金属、游离配位剂的浓度（$[M]$、$[L]$）联系了起来。在配位平衡计算中，常涉及各级配合物的浓度，这些关系式都是很重要的。

【例 4-1】 在 pH＝12 的 5.0×10^{-3} mol/L CaY 溶液中，Ca^{2+} 浓度和 pCa 为多少？

解 已知 pH＝12 时 $c(CaY)=5.0\times10^{-3}$ mol/L，查表 4-2 得 $K_{CaY}=10^{10.7}$。

$$K_{CaY}=\frac{[CaY]}{[Ca^{2+}][Y]}$$

由于$[Ca^{2+}]=[Y]$，$[CaY]\approx c(CaY)$，故

$$[Ca^{2+}]^2=\frac{c(CaY)}{K_{CaY}}$$

$$[Ca^{2+}]=\left[\frac{c(CaY)}{K_{CaY}}\right]^{\frac{1}{2}}=\left(\frac{10^{-2.30}}{10^{10.7}}\right)^{\frac{1}{2}}=10^{-6.5}$$

即

$$[Ca^{2+}]=3\times10^{-7}\text{ mol/L}$$

$$pCa=\frac{1}{2}[\lg K_{CaY}-\lg c(CaY)]=\frac{1}{2}(10.7+2.3)=6.5$$

因此，溶液中 Ca^{2+} 的浓度为 3×10^{-7} mol/L，pCa 为 6.5。

3. 溶液中各级配合物的分布

在酸碱平衡中要考虑酸度对酸碱各种存在形式分布的影响，同样在配位平衡中也应考虑配位剂浓度对配合物各级存在形式分布的影响。

若金属离子的分析浓度为 c_M，按金属离子的物料平衡关系：

$$c_M=[M]+[ML]+[ML_2]+\cdots+[ML_n]=[M]\left(1+\sum_{i=1}^{n}\beta_i[L]^i\right) \tag{4-6}$$

而各级配位化合物的浓度则可由式（4-4）即 $\beta_n=\frac{[ML_n]}{[M][L]^n}$表示，因此各级配位化合物的分布系数为：

$$\delta_M=\frac{[M]}{c_M}=\frac{1}{1+\sum_{i=1}^{n}\beta_i[L]^i} \tag{4-7}$$

$$\delta_{ML}=\frac{[ML]}{c_M}=\frac{\beta_1[L]}{1+\sum_{i=1}^{n}\beta_i[L]^i} \tag{4-8}$$

$$\vdots$$

$$\delta_{ML_n}=\frac{[ML_n]}{c_M}=\frac{\beta_n[L]^n}{1+\sum_{i=1}^{n}\beta_i[L]^i} \tag{4-9}$$

利用式(4-9) 可以由分配系数分别求出各级配合物的浓度。

【例 4-2】 在 0.02mol/LZn^{2+} 溶液中加入氨水，使其中游离氨的浓度为 0.1mol/L，计算溶液中 Zn^{2+}、$[Zn(NH_3)]^{2+}$、$[Zn(NH_3)_2]^{2+}$、$[Zn(NH_3)_3]^{2+}$、$[Zn(NH_3)_4]^{2+}$ 等各型体的分布分数及浓度。

解 已知锌氨的累积稳定常数分别为 $\beta_1=186(\lg\beta_1=2.27)$、$\beta_2=4.07\times10^4$（$\lg\beta_2=4.61$）、$\beta_3=1.02\times10^7$（$\lg\beta_3=7.01$）、$\beta_4=1.15\times10^9$（$\lg\beta_4=9.06$），$[NH_3]=0.1$mol/L，$c(Zn^{2+})=0.02$mol/L

根据关系式 $\delta_M = \dfrac{1}{1+\sum_{i=1}^{n}\beta_i[L]^i}$

$$\delta_{Zn^{2+}} = \frac{1}{1+\beta_1[NH_3]+\beta_2[NH_3]^2+\beta_3[NH_3]^3+\beta_4[NH_4]^4}$$

$$= \frac{1}{1+186\times0.1+4.07\times10^4\times0.1^2+1.02\times10^7\times0.1^3+1.15\times10^9\times0.1^4}$$

$$= \frac{1}{1.26\times10^5} = 7.94\times10^{-6}$$

$$\delta_{[Zn(NH_3)]^{2+}} = \frac{\beta_1[L]}{1+\sum_{i=1}^{n}\beta_i[L]^i} = \frac{186\times0.1}{1.26\times10^5} = 1.48\times10^{-4}$$

$$\delta_{[Zn(NH_3)_2]^{2+}} = \frac{\beta_2[L]^2}{1+\sum_{i=1}^{n}\beta_i[L]^i} = \frac{4.07\times10^4\times(0.10)^2}{1.26\times10^5} = 3.23\times10^{-3}$$

$$\delta_{[Zn(NH_3)_3]^{2+}} = \frac{\beta_3[L]^3}{1+\sum_{i=1}^{n}\beta_i[L]^i} = \frac{1.02\times10^7\times(0.10)^3}{1.26\times10^5} = 8.10\times10^{-2}$$

$$\delta_{[Zn(NH_3)_4]^{2+}} = \frac{\beta_4[L]^4}{1+\sum_{i=1}^{n}\beta_i[L]^i} = \frac{1.15\times10^9\times(0.10)^4}{1.26\times10^5} = 0.913$$

各型体的浓度

$[Zn^{2+}] = \delta_{Zn^{2+}}c(Zn^{2+}) = 7.94\times10^{-6}\times0.02 = 1.59\times10^{-7}$ mol/L

$[Zn(NH_3)^{2+}] = \delta_{[Zn(NH_3)]^{2+}}c(Zn^{2+}) = 1.84\times10^{-4}\times0.02 = 2.96\times10^{-6}$ mol/L

$[Zn(NH_3)_2^{2+}] = \delta_{[Zn(NH_3)_2]^{2+}}c(Zn^{2+}) = 3.23\times10^{-3}\times0.02 = 6.46\times10^{-5}$ mol/L

$[Zn(NH_3)_3^{2+}] = \delta_{[Zn(NH_3)_3]^{2+}}(Zn^{2+}) = 8.10\times10^{-2}\times0.02 = 1.62\times10^{-3}$ mol/L

$[Zn(NH_3)_4^{2+}] = \delta_{[Zn(NH_3)_4]^{2+}}c(Zn^{2+}) = 0.913\times0.02 = 1.83\times10^{-2}$ mol/L

由此看出，主要存在的型体是$[Zn(NH_3)_3]^{2+}$与$[Zn(NH_3)_4]^{2+}$

四、影响配合物稳定性的因素

在滴定过程中，一般将 EDTA(Y) 与被测金属离子 M 的反应称为主反应，溶液中存在的其他反应都称为副反应（side reaction），如下式：

主反应	M		+	Y	⇌	MY
	OH^-	L	H^+	N	H^+	OH^-
副反应	M(OH)	ML	HY	NY	MHY	M(OH)Y
	⋮	⋮	⋮			
	$M(OH)_n$	ML_n	H_6Y			
副反应系数	$\alpha_{M(OH)}$	$\alpha_{M(L)}$	$\alpha_{Y(H)}$	$\alpha_{Y(N)}$	$\alpha_{MY(H)}$	$\alpha_{MY(OH)}$
	羟基配位效应	配位效应	酸效应	共存离子效应		混合配位效应

式中，L 为辅助配位剂，N 为共存离子。副反应影响主反应的现象称为“效应”。

显然，反应物（M、Y）发生副反应不利于主反应的进行，而生成物（MY）发生的各种副反应则有利于主反应的进行。但所生成的这些混合配合物大多数不稳定，可以忽略不计。以下主要讨论反应物发生的副反应。

1. EDTA 酸效应与酸效应系数

由 EDTA 离解平衡可知，溶液 pH 不同，则 EDTA 存在形式也不同。这种由于 H^+ 与 Y^{4-} 作用，使 $[Y^{4-}]$ 降低，造成 Y^{4-} 参加主反应能力降低的现象称为 EDTA 酸效应，$\alpha_{Y(H)}$ 称为酸效应系数，即

$$\alpha_{Y(H)}=\frac{c_Y}{[Y]} \tag{4-10}$$

式中 c_Y 为 EDTA 总浓度

即 $c_Y=[H_6Y^{2+}]+[H_5Y^+]+[H_4Y]+[H_3Y^-]+[H_2Y^{2-}]+[HY^{3-}]+[Y^{4-}]$

不同酸度下的 $\alpha_{Y(H)}$ 值可由式(4-11) 算出

$$\alpha_{Y(H)}=1+\frac{[H]}{K_6}+\frac{[H]^2}{K_6K_5}+\frac{[H]^3}{K_6K_5K_4}+\cdots+\frac{[H]^6}{K_6K_5\cdots K_1} \tag{4-11}$$

式中 K_6、$K_5\cdots K_1$ 为 H_6Y^{2+} 的各级离解常数。

由式(4-11) 可知，酸效应系数 $\alpha_{Y(H)}$ 与 EDTA 的各级离解常数和溶液的酸度有关。温度一定时，EDTA 的各级离解常数一定，因此 EDTA 酸效应系数 $\alpha_{Y(H)}$ 的大小随溶液中 pH 的改变而变化。为应用方便，通常用其对数值 $\lg\alpha_{Y(H)}$。表 4-3 列出不同 pH 溶液中 EDTA 的酸效应系数 $\lg\alpha_{Y(H)}$ 值。

表 4-3 不同 pH 时 EDTA 的 $\lg\alpha_{Y(H)}$

pH	$\lg\alpha_{Y(H)}$	pH	$\lg\alpha_{Y(H)}$	pH	$\lg\alpha_{Y(H)}$	pH	$\lg\alpha_{Y(H)}$
0.0	23.64	2.8	11.09	5.4	5.69	8.0	2.27
0.4	21.32	3.0	10.60	5.8	4.98	8.4	1.87
0.8	19.08	3.4	9.70	6.0	4.65	8.8	1.48
1.0	18.01	3.8	8.85	6.4	4.06	9.0	1.28
1.4	16.02	4.0	8.44	6.8	3.55	9.5	0.83
1.8	14.27	4.4	7.64	7.0	3.32	10.0	0.45
2.0	13.51	4.8	6.84	7.4	2.88	11.0	0.07
2.4	12.19	5.0	6.45	7.8	2.47	12.0	0.01

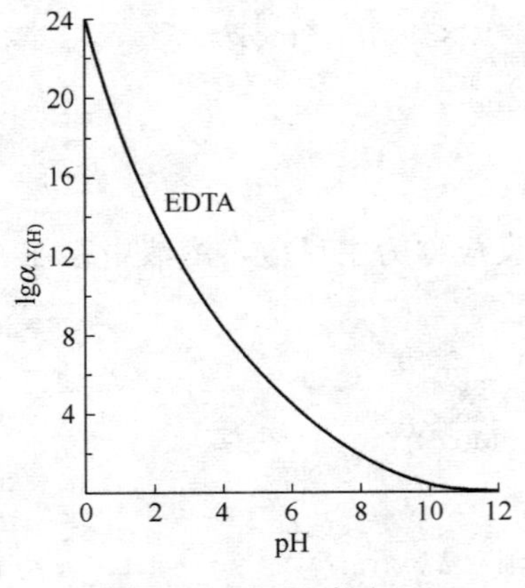

图 4-3 EDTA 的 $\lg\alpha_{Y(H)}$ 与 pH 的关系

也可将 pH 与 $\lg\alpha_{Y(H)}$ 的对应值绘成如图 4-3 所示的 $\lg\alpha_{Y(H)}$-pH曲线。由图 4-3 可看出，仅当 pH≥12 时，$\alpha_{Y(H)}=1$，即此时 Y^{4-} 才不与 H^+ 发生副反应。

2. 金属离子的配位效应及配位效应系数

金属离子的配位效应指表示未与 EDTA 配合的金属离子的总浓度 c_M 与游离金属离子浓度 [M] 之比，其系数用 α_M 表示，称为配位效应系数，即

$$\alpha_M=\frac{c_M}{[M]} \tag{4-12}$$

金属离子的配位效应包括辅助配位效应与羟基配位效应。

(1) 辅助配位效应及辅助配位效应系数　辅助配位效应指 M 与 Y 反应时，若有另一配位剂 (L) 存在，又能与金属离子 M 形成配合物，使金属离子参与主反应能力下降的现象。其数值用辅助配位效应系数 $\alpha_{M(L)}$ 表示。

(2) 羟基配位效应及羟基配位效应系数 $\alpha_{M(OH)}$　羟基配位效应是指金属离子 M 在水中与 OH^- 生成各种羟基化配离子，使金属离子 M 参与主反应能力下降的现象。其数值用羟基

配位效应系数 $\alpha_{M(OH)}$ 表示。

金属离子的配位效应、辅助配位效应及羟基配位效应的关系如下：

$$\alpha_M=\frac{c_M}{[M]}=\frac{[M]+[ML]+\cdots+[ML_n]+[M(OH)_n]+\cdots+[MOH]+[M]}{[M]}$$

$$=\alpha_{ML}+\alpha_{M(OH)}-1 \tag{4-13}$$

一些常见金属离子在不同 pH 时的 $\lg\alpha_{M(OH)}$ 可查表 4-4。主要是 $\alpha_{M(L)}$ 的计算。

$$\alpha_{M(L)}=[M']/[M]=1+\beta_1[L]+\beta_2[L]^2+\cdots+\beta_n[L]^n \tag{4-14}$$

$\alpha_{M(L)}$ 越大，表示金属离子被配位得越完全，则辅助配位反应越严重。如果没有辅助配位反应，则 $\alpha_{M(L)}=1$。

表 4-4　常见金属离子的 $\lg\alpha_{M(OH)}$ 值

金属离子	离子强度	$\lg\alpha_{M(OH)}$													
		pH=1	pH=2	pH=3	pH=4	pH=5	pH=6	pH=7	pH=8	pH=9	pH=10	pH=11	pH=12	pH=13	pH=14
Al^{3+}	2					0.4	1.3	5.3	9.3	13.3	17.3	21.3	25.3	29.3	33.3
Bi^{3+}	3	0.1	0.5	1.4	2.4	3.4	4.4	5.4							
Ca^{2+}	0.1													0.3	1.0
Cd^{2+}	3									0.1	0.5	2.0	4.5	8.1	12.0
Co^{2+}	0.1								0.1	0.4	1.1	2.2	4.2	7.2	10.2
Cu^{2+}	0.1								0.2	0.8	1.7	2.7	3.7	4.7	5.7
Fe^{2+}	1									0.1	0.6	1.5	2.5	3.5	4.5
Fe^{3+}	3			0.4	1.8	3.7	5.7	7.7	9.7	11.7	13.7	15.7	17.7	19.7	21.7
Hg^{2+}	0.1			0.5	1.9	3.9	5.9	7.9	9.9	11.9	13.9	15.9	17.9	19.9	21.9
La^{3+}	3										0.3	1.0	1.9	2.9	3.9
Mg^{2+}	0.1											0.1	0.5	1.3	2.3
Mn^{2+}	0.1										0.1	0.5	1.4	2.4	3.4
Ni^{2+}	0.1									0.1	0.7	1.6			
Pb^{2+}	0.1							0.1	0.5	1.4	2.7	4.7	7.4	10.4	13.4
Th^{4+}	1				0.2	0.8	1.7	2.7	3.7	4.7	5.7	6.7	7.7	8.7	9.7
Zn^{2+}	0.1									0.2	2.4	5.4	8.5	11.8	15.5

3. 混合配位效应　主反应的产物 MY 的副反应在酸度较高或较低下发生。酸度高时，生成酸式配合物 MHY，其效应系数用 $\alpha_{MY(H)}$ 表示；酸度低时，生成碱式配合物 MOHY，其效应系数用 $\alpha_{MY(OH)}$ 表示。这些混合配位效应有利于主反应的进行，不过，这些酸式配合物和碱式配合物大多不太稳定，一般计算中可忽略不计。

【例 4-3】　在 0.010mol/L 锌氨溶液中，$c(NH_3)=0.10$mol/L，计算 pH=10.0 和 pH=11.0 时 Zn^{2+} 的配位效应系数。

解　查附表得 $[Zn(NH_3)_4]^{2+}$ 的各级累积常数为：$\lg\beta_1=2.27$，$\lg\beta_2=4.61$，$\lg\beta_3=7.01$，$\lg\beta_4=9.06$。根据式(4-14) 得

$$\alpha_{Zn(NH_3)}=1+\beta_1[NH_3]+\beta_2[NH_3]^2+\beta_3[NH_3]^3+\beta_4[NH_3]^4$$

$$=1+10^{2.27}\times0.10+10^{4.61}\times0.10^2+10^{7.01}\times0.10^3+10^{9.06}\times0.10^4$$

$$=10^{5.10}$$

(1) 查表 4-4，pH=10.0 时 $\lg\alpha_{Zn(OH)}=2.4$，即 $\alpha_{Zn(OH)}=10^{2.4}$。根据式(4-13) 得

$$\alpha_{Zn^{2+}}=\alpha_{Zn(NH_3)}+\alpha_{Zn(OH)}-1=10^{5.10}+10^{2.4}-1\approx10^{5.10}$$

(2) 查表 4-4，pH=11.0 时 $\lg\alpha_{Zn(OH)}=5.4$，即 $\alpha_{Zn(OH)}=10^{5.4}$。根据式(4-13) 得

$$\alpha_{Zn^{2+}}=\alpha_{Zn(NH_3)}+\alpha_{Zn(OH)}-1=10^{5.10}+10^{5.4}-1\approx10^{5.6}$$

4. 条件稳定常数

通过上述副反应对主反应影响的讨论，用绝对稳定常数描述配合物的稳定性显然是不符合实际情况的，应将副反应的影响一起考虑，由此推导的稳定常数应区别于绝对稳定常数，而称之为条件稳定常数或表观稳定常数，用 K'_{MY} 表示。K'_{MY} 与 α_Y、α_M、α_{MY} 的关系如下：

$$K'_{MY}=K_{MY}\frac{\alpha_{MY}}{\alpha_M\alpha_Y} \tag{4-15}$$

当条件恒定时 α_M、α_Y、α_{MY} 均为定值，故 K'_{MY}❶ 在一定条件下为常数，称为条件稳定常数。当副反应系数为 1 时（无副反应），$K'_{MY}=K_{MY}$。

若将式(4-15) 取对数，得

$$\lg K'_{MY}=\lg K_{MY}+\lg\alpha_{MY}-\lg\alpha_M-\lg\alpha_Y \tag{4-16}$$

多数情况下（溶液的酸碱性不是太强时）不形成酸式或碱式配合物，故 $\lg\alpha_{MY}$ 忽略不计，式(4-16) 可简化成：

$$\lg K'_{MY}=\lg K_{MY}-\lg\alpha_M-\lg\alpha_Y \tag{4-17}$$

如果只有酸效应，式(4-17) 又简化成：

$$\lg K'_{MY}=\lg K_{MY}-\lg\alpha_{Y(H)} \tag{4-18}$$

条件稳定常数是利用副反应系数进行校正后的实际稳定常数，应用它可以判断滴定金属离子的可行性和混合金属离子分别滴定的可行性以及滴定终点时金属离子的浓度计算等。

【例 4-4】 计算 pH＝5.00，$[AlF_6]^{3-}$ 的浓度为 0.1mol/L，溶液中游离 F^- 的浓度为 0.01mol/L 时 EDTA 与 Al^{3+} 的配合物的条件稳定常数 K'_{AlY}。

解 在金属离子 Al^{3+} 发生副反应（配合效应）和 Y 也发生副反应（酸效应）时，K'_{AlY} 的条件稳定常数的对数值为：

$$\lg K'_{AlY}=\lg K_{AlY}-\lg\alpha_{Al(F)}-\lg\alpha_{Y(H)}$$

查表 4-3 得 pH＝5.00 时 $\lg\alpha_{Y(H)}=6.45$；查表 4-2 得 $\lg K_{AlY}=16.3$；查附录三得 $[AlF_6]^{3-}$ 的累积稳定常数 $\beta_1=10^{6.1}$，$\beta_2=10^{11.15}$，$\beta_3=10^{15.0}$，$\beta_4=10^{17.7}$，$\beta_5=10^{19.4}$，$\beta_6=10^{19.7}$。则

$$\begin{aligned}\alpha_{Al(F)}&=1+\beta_1[F^-]+\beta_2[F^-]^2+\beta_3[F^-]^3+\beta_4[F^-]^4+\beta_5[F^-]^5+\beta_6[F^-]^6\\&=1+10^{6.1}\times0.01+10^{11.15}\times0.01^2+10^{15.0}\times0.01^3+10^{17.7}\times0.01^4+\\&\quad10^{19.4}\times0.01^5+10^{19.7}\times0.01^6=10^{9.93}\end{aligned}$$

故 $$\lg K'_{AlY}=16.3-9.93-6.45=-0.08$$

可见，此时条件稳定常数很小，说明 AlY^{3-} 已被 F^- 破坏，用 EDTA 滴定 Al^{3+} 已不可能。

【例 4-5】 计算 pH＝2.00 和 pH＝5.00 时的 $\lg K'_{ZnY}$。

解 查表 4-2 得 $\lg K_{ZnY}=16.5$。查表 4-3 得 pH＝2.00 时 $\lg\alpha_{Y(H)}=13.51$。按题意，溶液中只存在酸效应，根据式(4-18) 得

$$\lg K'_{ZnY}=\lg K_{ZnY}-\lg\alpha_{Y(H)}=16.5-13.51=2.99$$

同样，查表 4-3 得 pH＝5.00 时 $\lg\alpha_{Y(H)}=6.45$，因此

---

❶ 有时为了明确表示 M、Y 和 MY 中哪一个发生了副反应，在发生副反应的离子（或分子）的右上方加上“′”。例如，只有 M 发生了副反应，条件常数写成 $K_{M'Y}$。当然，无论哪一种均可以用 K'_{MY} 表示。

$$\lg K'_{ZnY}=16.5-6.45=10.05$$

答：pH＝2.00 时 $\lg K'_{ZnY}$为 2.99，pH＝5.00 时 $\lg K'_{ZnY}$为 10.05。

由上例可看出，尽管 $\lg K_{ZnY}=16.5$，但 pH＝2.00 时 $\lg K'_{ZnY}$仅为 2.99，此时 ZnY^{2-} 极不稳定，在此条件下 Zn^{2+} 不能被准确滴定；而在 pH＝5.00 时 $\lg K'_{ZnY}$ 为 10.05，ZnY^{2-} 已稳定，配位滴定可以进行。可见配位滴定中控制溶液酸度是十分重要的。

五、金属离子缓冲溶液

在酸碱平衡中，将具有控制溶液酸度能力的缓冲溶液称为酸碱缓冲溶液。同样，在配位平衡中，将具有控制溶液金属离子浓度能力的缓冲溶液称为金属离子缓冲溶液。金属离子缓冲溶液由金属配合物（ML）和过量的配位剂（L）所组成，它缓冲金属离子浓度的机理是：在含有大量配合物 ML 和大量配位剂 L 的溶液中，当加入金属离子 M 时，大量存在的配位剂 L 将与之配位，从而抑制 pM(pM＝－lg[M]）降低；若加入能与 M 作用的其他配位剂，则溶液中大量存在的配合物 ML 将离解出 M，以阻止 pM 增高。

【例 4-6】 欲配制 pCa 为 6.0 的钙离子缓冲溶液，若选用 EDTA 为配位剂，应如何配制？pH 多大合适？

解　根据缓冲体系的平衡关系，此时

$$K'_{CaY}=\frac{[CaY]}{[Ca^{2+}][Y']}=\frac{K_{CaY}}{\alpha_{Y(H)}}$$

取对数形式得

$$p_{Ca}=\lg K'_{CaY}+\lg\frac{[Y']}{[CaY]}$$

$$=\lg K_{CaY}-\lg\alpha_{Y(H)}+\lg\frac{[Y']}{[CaY]}$$

查表 4-2 得 $\lg K_{CaY}=10.7$，欲使缓冲容量最大，按题意应有 [CaY]＝[Y′]，即溶液中 $c_Y=2c_{Ca}$。

依题意将上式整理得

$$\lg\alpha_{Y(H)}=\lg K_{CaY}-pCa$$

故

$$\lg\alpha_{Y(H)}=10.7-6.0=4.7$$

查 $\lg\alpha_{Y(H)}$-pH 曲线（见图 4-3），此时 pH 为 6.0。

因此，配制此溶液时按 EDTA 与 Ca^{2+} 的物质的量浓度比为 2∶1 进行，并调节 pH 为 6.0。

在一些化学反应中，常需要控制某金属离子浓度在很低的数值。由于在稀溶液中金属离子的配位、水解反应以及容器的吸附和该离子的外来引入等均影响极大，因此不能用直接稀释的方法配制出所需的浓度。

金属离子缓冲溶液既能维持该金属离子的浓度在滴定的 pM 范围，又有储备限度，因此金属离子缓冲溶液具有实用性。

思考题4-1

1. EDTA 与金属离子的配合物有何特点？
2. 配合物的绝对稳定常数 K_{MY}与条件稳定常数 K'_{MY}有何区别和联系？
3. 什么叫酸效应？什么叫酸效应系数？
4. 无色和有色的金属离子都能与 EDTA 形成有色配合物吗？
5. 在 EDTA 滴定中，下列有关酸效应的叙述，正确的是（　　）。

A. pH 越大，酸效应系数越大

B. 酸效应系数越大，配合物的稳定性越大

C. 酸效应系数越小，配合物的稳定性越大

D. 酸效应系数越大，滴定曲线的突跃范围越大

阅读材料

螯合物

多原子配位体根据配位原子的多少可以分为单齿配体和多齿配体。多齿配体指含有 2 个或 2 个以上的配位原子（如 O、N、S、P），且这些配位原子被 2 个或 3 个其他原子所隔开的配体，又称为螯合剂。多齿配体与中心原子键合成环称为螯合作用。常见的螯合剂有多元羧酸及其取代物、多元酚、多胺、氨基羧酸、β-二酮及羟肟等。而像联氨（NH_2NH_2）这样的配体，虽然具有两个配位原子，但因距离较近，在与中心原子配位时张力太大，不能形成环形螯合物（chelate compound）。因而，环状结构是螯合物的最显著特征，所谓螯合效应就是指由于成环作用导致配合物稳定性剧增的现象。一般而言，所形成环的数目越多，螯合物的稳定性就越高。大多数稳定的螯合物都是五元环或六元环，当环上没有双键时，五元环比六元环稳定，而具备双键的六元环则比没有双键的五元环更稳定，但比六元环更大的环也不稳定。

近年来，各种螯合物不断涌现，分子结构中含有可以进行聚合作用的双键和三键单元的金属螯合物单体经过直接聚合和共聚作用可生成大分子金属螯合物，因其具有导电、光导、催化、贮能等功能，日益得到广泛的应用。

摘自唐有祺主编《当代化学前沿》

第二节　金属指示剂

【学习要点】 理解金属指示剂的作用原理；掌握金属指示剂应具备的条件；熟悉常用金属指示剂的应用范围和终点颜色变化及使用 pH 条件；掌握使用金属指示剂应注意的问题。

配位滴定指示终点的方法很多，其中最重要的是使用金属离子指示剂（metallochromic indicator，简称为金属指示剂）指示终点。已经知道，酸碱指示剂是以指示溶液中 H^+ 浓度的变化确定终点，而金属指示剂则是以指示溶液中金属离子浓度的变化确定终点。

一、金属指示剂的作用原理

金属指示剂是一种有机染料，也是一种配位剂，能与某些金属离子反应，生成与其本身颜色显著不同的配合物以指示终点。

在滴定前加入金属指示剂（用 In 表示金属指示剂的配位基团），则 In 与待测金属离子 M 有如下反应（省略电荷）：

$$M + In \rightleftharpoons MIn$$

这时溶液呈配合物 MIn 的颜色。当滴入 EDTA 溶液后，Y 先与游离的金属离子 M 结合。至化学计量点附近，Y 夺取配合物 MIn 中的 M：

$$MIn + Y \rightleftharpoons MY + In$$

使指示剂 In 游离出来，溶液由配合物 MIn 的颜色转变为指示剂 In 的颜色，指示滴定终点的到达。

例如，铬黑 T 在 pH=10 的水溶液中呈蓝色，与 Mg^{2+} 的配合物的颜色为酒红色。若在 pH=10 时用 EDTA 滴定 Mg^{2+}，滴定开始前加入指示剂铬黑 T，则铬黑 T 与溶液中部分 Mg^{2+} 反应，此时溶液呈 Mg^{2+}-铬黑 T 的红色。随着 EDTA 的加入，EDTA 逐渐与 Mg^{2+} 反应。在化学计量点附近，Mg^{2+} 的浓度降至很低，加入的 EDTA 进而夺取 Mg^{2+}-铬黑 T 中的 Mg^{2+}，使铬黑 T 游离出来，此时溶液呈现出蓝色，指示滴定终点到达。

二、金属指示剂应具备的条件和理论变色点

1. 金属指示剂应具备的条件

作为金属指示剂必须具备以下条件：

（1）颜色的差异性　金属指示剂与金属离子形成的配合物的颜色应与金属指示剂本身的颜色有明显的不同，这样才能借助颜色的明显变化来判断终点的到达。

（2）适当的稳定性　金属指示剂与金属离子形成的配合物 MIn 要有适当的稳定性。如果 MIn 稳定性过高（K_{MIn}太大），则在化学计量点附近 Y 不易与 MIn 中的 M 结合，终点推迟，甚至不变色，得不到终点。通常要求 $K_{MY}/K_{MIn} \geqslant 10^2$。如果 MIn 稳定性过低，则未到达化学计量点时 MIn 就会分解，变色不敏锐，影响滴定的准确度。一般要求 $K_{MIn} \geqslant 10^4$。

（3）反应的灵敏性　金属指示剂与金属离子之间的反应要迅速，变色可逆，这样才便于滴定。

（4）良好的应用性　金属指示剂应易溶于水，不易变质，便于使用和保存。

2. 金属指示剂的理论变色点

如果金属指示剂与待测金属离子形成 1∶1 有色配合物，其配位反应为：

$$M + In \rightleftharpoons MIn$$

考虑指示剂的酸效应，则

$$K'_{MIn} = \frac{[MIn]}{[M][In']} \tag{4-19}$$

$$\lg K'_{MIn} = pM + \lg \frac{[MIn]}{[In']} \tag{4-20}$$

与酸碱指示剂类似，当[MIn]=[In′][1]时，溶液呈现 MIn 与 In 的混合色，此时 pM 即为金属指示剂的理论变色点 pM_t。

$$pM_t = \lg K'_{MIn} = \lg K_{MIn} - \lg \alpha_{In(H)} \tag{4-21}$$

金属指示剂是弱酸，存在酸效应[2]。式（4-21）说明，指示剂与金属离子 M 形成配合物的条件稳定常数 K'_{MIn}随 pH 的变化而变化，它不可能像酸碱指示剂那样有一个确定的变色点。因此，在选择指示剂时应考虑体系的酸度，使变色点 pM_t 尽量靠近滴定的化学计量点 pM_{sp}。实际工作中，大多采用实验的方法选择合适的指示剂，即先试验其终点颜色变化的敏锐程度，然后检查滴定结果是否准确，这样就可以确定指示剂是否符合要求。

三、常用金属指示剂

1. 铬黑 T（EBT）

铬黑 T 在溶液中有如下平衡：

---

[1] [In′] 表示多种具有不同颜色的型体的浓度总和。

[2] 指示剂的 $\lg \alpha_{In(H)}$ 和相应的 pM_t 值可由《分析化学手册》中查到，本教材不再列出。

$$H_3In \xrightleftharpoons{pK_{a1}=3.9} H_2In^- \xrightleftharpoons{pK_{a2}=6.3} HIn^{2-} \xrightleftharpoons{pK_{a3}=11.6} In^{3-}$$

（紫红色）　（紫红色）　（蓝色）　（橙色）

在 pH<6.3 时，铬黑 T 在水溶液中呈紫红色；pH>11.6 时，铬黑 T 呈橙色。而铬黑 T 与 2 价离子形成的配合物颜色为红色或紫红色，所以只有在 pH 为 7～11 范围内使用，指示剂才有明显的颜色变化。实验表明最适宜的酸度是 pH 为 9～10.5。

铬黑 T 固体相当稳定，但其水溶液仅能保存几天，这是由于聚合反应的缘故。聚合后的铬黑 T 不能再与金属离子结合显色。pH<6.5 的溶液中聚合更为严重。加入三乙醇胺可以防止聚合。

铬黑 T 是在弱碱性溶液中滴定 Mg^{2+}、Zn^{2+}、Pb^{2+} 等离子的常用指示剂。

2. 二甲酚橙（XO）

二甲酚橙为多元酸，在 pH 为 0～6.0 之间，二甲酚橙呈黄色，它与金属离子形成的配合物为红色。二甲酚橙常用于锆、铪、钍、钪、铟、钇、铋、铅、锌、镉、汞的直接滴定法中。

铝、镍、钴、铜、镓等离子会封闭（参见本节“四”）二甲酚橙，可采用返滴定法，即在 pH 5.0～5.5（六亚甲基四胺缓冲溶液）时加入过量 EDTA 标准溶液，再用锌或铅标准溶液返滴定。Fe^{3+} 在 pH 为 2～3 时以硝酸铋返滴定法测定。

3. PAN

PAN 与 Cu^{2+} 的显色反应非常灵敏，但很多其他金属离子如 Ni^{2+}、Co^{2+}、Zn^{2+}、Pb^{2+}、Bi^{3+}、Ca^{2+} 等与 PAN 反应慢或显色灵敏度低，所以有时利用 Cu-PAN 作间接指示剂来测定这些金属离子。Cu-PAN 指示剂是 CuY^{2-} 和少量 PAN 的混合液。将此液加到含有被测金属离子 M 的试液中时，发生如下置换反应：

$$\underset{(黄色)}{CuY+PAN}+M \rightleftharpoons MY+\underset{(紫红色)}{Cu\text{-}PAN}$$

此时溶液呈现紫红色。当加入的 EDTA 定量与 M 反应后，在化学计量点附近 EDTA 将夺取 Cu-PAN 中的 Cu^{2+}，从而使 PAN 游离出来：

$$\underset{(紫红色)}{Cu\text{-}PAN}+Y \rightleftharpoons CuY+\underset{(黄色)}{PAN}$$

溶液由紫红变为黄色，指示终点到达。因滴定前加入的 CuY 与最后生成的 CuY 是相等的，故加入的 CuY 并不影响测定结果。

在几种离子的连续滴定中，若分别使用几种指示剂，往往发生颜色干扰。由于 Cu-PAN 可在很宽的 pH 范围（pH 为 1.9～12.2）内使用，因而可以在同一溶液中连续指示终点。

类似 Cu-PAN 这样的间接指示剂，还有 Mg-EBT 等。

4. 其他指示剂

除前面所介绍的指示剂外，还有磺基水杨酸、钙指示剂（NN）等常用指示剂。磺基水杨酸（无色）在 pH=2 时与 Fe^{3+} 形成紫红色配合物，因此可用作滴定 Fe^{3+} 的指示剂。钙指示剂（蓝色）在 pH=12.5 时与 Ca^{2+} 形成紫红色配合物，因此可用作滴定 Ca^{2+} 的指示剂。

常用金属指示剂的使用 pH 条件、可直接滴定的金属离子和颜色变化及配制方法列于表 4-5中。

四、金属指示剂使用中常见的问题

1. 指示剂的封闭现象（blocking of indicator）

如果指示剂与金属离子形成更稳定的配合物而不能被 EDTA 置换，当加入过量的 EDTA时也达不到终点，这种现象称为指示剂的封闭。例如 EBT 与 Al^{3+}、Fe^{3+}、Cu^{2+}、

Ni^{2+}、Co^{2+}等生成的配合物非常稳定，若用EDTA滴定这些离子，过量较多的EDTA也无法将EBT从MIn中置换出来。因此滴定这些离子不能用EBT作指示剂。消除指示剂封闭现象的方法：加入适当的配位剂以掩蔽封闭指示剂的离子。如Al^{3+}、Fe^{3+}对铬黑T的封闭可加三乙醇胺予以消除；Cu^{2+}、Co^{2+}、Ni^{2+}可用KCN掩蔽；Fe^{3+}也可先用抗坏血酸还原为Fe^{2+}，再加KCN掩蔽。若干扰离子的量太大，则需预先分离除去。

表 4-5　常用的金属指示剂

指示剂	离解常数	滴定元素	颜色变化	配制方法	对指示剂封闭离子
酸性铬蓝K	$pK_{a1}=6.7$ $pK_{a2}=10.2$ $pK_{a3}=14.6$	Mg(pH=10) Ca(pH=12)	红→蓝	0.1%乙醇溶液	
钙指示剂	$pK_{a2}=3.8$ $pK_{a3}=9.4$ $pK_{a4}=13\sim14$	Ca(pH为12～13)	酒红→蓝	与NaCl按1∶100的质量比混合	Co^{2+},Ni^{2+},Cu^{2+},Fe^{3+},Al^{3+},Ti^{4+}
铬黑T	$pK_{a1}=3.9$ $pK_{a2}=6.4$ $pK=11.5$	Ca(pH=10,加入EDTA-Mg) Mg(pH=10) Pb(pH=10,加入酒石酸钾) Zn(pH为6.8～10)	红→蓝	与NaCl按1∶100的质量比混合	Co^{2+},Ni^{2+},Cu^{2+},Fe^{3+},Al^{3+},Ti(Ⅳ)
紫脲酸铵(红紫酸铵)	$pK_{a1}=1.6$ $pK_{a2}=8.7$ $pK_{a3}=10.3$ $pK_{a4}=13.5$ $pK_{a5}=14$	Ca(pH>10, =25%乙醇) Cu(pH为7～8) Ni(pH为8.5～11.5)	红→紫 黄→紫 黄→紫红	与NaCl按1∶100的质量比混合	
PAN	$pK_{a1}=2.9$ $pK_{a2}=11.2$	Cu(pH=6) Zn(pH为5～7)	红→黄 粉红→黄	1g/L乙醇溶液	
磺基水杨酸	$pK_{a1}=2.6$ $pK_{a2}=11.7$	Fe(Ⅲ)(pH为1.5～3)	红紫→黄	10～20g/L水溶液	

2. 指示剂的僵化现象（ossification of indicator）

有些指示剂或金属离子与指示剂的配合物在水中的溶解度太小，使得滴定剂与金属-指示剂配合物（MIn）交换缓慢，终点拖长，这种现象称为指示剂的僵化。如用PAN作指示剂测定Cu^{2+}时，它与Cu^{2+}形成的配合物在水中的溶解度小，会生成胶体溶液或沉淀，以致终点时Cu^{2+}不能很快地被释放出来，产生了僵化现象。消除僵化现象的方法：在不影响测定结果的情况下，可设法增大有关物质的溶解度以及控制适合的滴定速度。例如，用PAN作指示剂时，经常加入酒精或在加热下滴定。

3. 指示剂的氧化变质现象

金属指示剂大多为含双键的有色化合物，易被日光、氧化剂、空气所分解，在水溶液中多不稳定，日久会变质。如铬黑T溶液在碱性条件下（pH=10）易被空气所氧化使其变成无配位作用的组分，造成滴定终点不明显。克服的办法是在溶液中先加入还原剂，如盐酸羟胺、抗坏血酸，以保护铬黑T不被氧化。有些指示剂若将其配成固体混合物则较为稳定，保存时间相对长些，例如铬黑T和钙指示剂，常用固体NaCl或KCl作稀释剂来配制。

4. 指示剂的质量

指示剂的生产质量对其使用效果有较大影响。如二甲酚橙在pH= 6时用于测定金属离子，其色泽应从红紫色变为黄色，但实测时的红紫色不理想（偏黄），原因是二甲酚橙中含有甲酚红所致。需要更换质量更好的二甲酚橙。

5. 其他干扰的排除

用二甲酚橙作指示剂在pH为6用EDTA标准溶液滴定镉时，碱土金属、钛、铝的干扰可用氰化物掩蔽，而铁、铋、铅的干扰可将其沉淀为氢氧化物后除去。

用紫脲酸铵作指示剂，在 pH 为 10 时，用 EDTA 标准溶液滴定镍时，汞的干扰可以加碘化钾掩蔽，碱土金属与稀土元素干扰可加氟化物掩蔽。镉、钴、锌的干扰只能预先分离。

思考题4-2

1. 什么叫金属指示剂？金属指示剂的作用原理是什么？试以钙的测定为例说明。

2. 为什么使用金属指示剂时要有 pH 的限制？当以铬黑 T 为指示剂，标定 EDTA 溶液的 pH 调节为 7～8后，为什么要加入 $NH_3 \cdot H_2O$-NH_4Cl 缓冲溶液？

3. 金属指示剂为什么会发生封闭现象？如何避免？

4. 什么是金属指示剂的僵化现象？以 Ni^{2+} 试液加 EDTA 煮沸后需要迅速滴定来说明。

5. 在 pH＝10.0 的介质中，用铬黑 T 作指示剂测定 Ca^{2+}，为什么要在 EDTA 的标准溶液中加入少量的 MgY？

阅读材料

科学家维尔纳

19 世纪 50 年代，化合价理论提出后，化学家们纷纷用各种原子联结的图解式表示各种化合物。这在有机化合物中是成功的，但是在无机化合物中却遭遇到困难，特别是一些稳定的、复杂的化合物。例如 $CoCl_3 \cdot 6NH_3$ 中 Co、Cl、N 和 H 的化合价都已经满足了，怎样解释 $CoCl_3$ 和 NH_3 又能结合成稳定的化合物呢？化学家们纷纷提出不同的论说，但都因与事实有矛盾而不能成立，瑞士化学家维尔纳（Alfred Werner，1866—1919）也在苦苦思索。一天清晨两点，维尔纳突然想到用来表示配合物结构的全新方法，于是立即起床，把他的构思用文字记录下来，唯恐遗忘，一直写到当天下午 5 时才结束，这就是他一生最重要的论文《论无机化合物的组成》的初稿。文中用新的结构理论对配合物组成进行了解释，即提出了维尔纳的配位理论。该论文发表在 1893 年德国的《无机化学学报》上。然而由于他的理论当时还缺乏实验依据，再加上他年仅 26 岁，因此遭到某些人的非议。为此，他在以后近 20 年时间内主要为他的理论寻找实验数据，通过配合物水溶液电导率的测定和结构方面的研究，理论终于得到了普遍承认，并因此于 1913 获得诺贝尔化学奖。

维尔纳因病于 1919 年过早地去世，终年 53 岁。他对自己从事研究工作的体会是："真正的雄心壮志几乎全是智慧、辛勤、学习、经验的积累，差一分一毫也达不到目的。至于那一鸣惊人的专家学者，只是人们觉得他一鸣惊人，其实他下的工夫和潜在的智能别人事前未能领会到！"这是他对自己为何能在一天时间内就完成配位理论的最好注释。

摘自朱裕贞等编《现代基础化学》

第三节　滴定条件的选择

【学习要点】 了解配位滴定过程中 pM 的变化规律；掌握影响滴定突跃的因素；掌握准确滴定金属离子的条件；熟练掌握选择性滴定待测离子适宜酸度的控制方法；会灵活应用掩蔽法消除常见共存离子的干扰。

正确选择滴定条件是所有滴定分析的一个重要方面，特别是配位滴定，因为溶液的酸度和其他配位剂的存在都会影响生成的配合物的稳定性。如何选择合适的滴定条件使滴定顺利进行是本节的主要内容。

一、配位滴定曲线

在酸碱滴定中，随着滴定剂的加入，溶液中 H^+ 的浓度也在变化，当到达化学计量点时，溶液 pH 发生突变。配位滴定的情况与酸碱滴定相似。在一定 pH 条件下，随着配位滴定剂的加入，金属离子不断与配位剂反应生成配合物，其浓度不断减小。当滴定到达化学计量点时，金属离子浓度（pM）发生突变。若将滴定过程各点 pM 与对应的配位剂的加入体积绘成曲线，即可得到配位滴定曲线。配位滴定曲线反映了滴定过程中配位滴定剂的加入量与待测金属离子浓度之间的变化关系。

1. 曲线的绘制

配位滴定曲线可通过计算绘制，也可通过仪器测量绘制。现以 pH=12 时用0.01000mol/L 的 EDTA 标准滴定溶液滴定 20.00mL 0.01000mol/L 的 Ca^{2+} 溶液为例，通过计算滴定过程中的 pM，说明配位滴定过程中配位滴定剂的加入量与待测金属离子浓度之间的变化关系。

由于 Ca^{2+} 既不易水解也不与其他配位剂反应，因此在处理此配位平衡时只需考虑EDTA的酸效应。即在 pH 为 12.00 的条件下，CaY^{2-} 的条件稳定常数为：

$$\lg K'_{CaY}=\lg K_{CaY}-\lg\alpha_{Y(H)}=10.69-0=10.69$$

（1）滴定前　溶液中只有 Ca^{2+}，$[Ca^{2+}]=0.01000$mol/L，所以 pCa=2.00。

（2）化学计量点前　溶液中有剩余的金属离子 Ca^{2+} 和滴定产物 CaY^{2-}。由于 $\lg K'_{CaY}$ 较大，剩余的 Ca^{2+} 对 CaY^{2-} 的离解又有一定的抑制作用，因此可忽略 CaY^{2-} 的离解，按剩余的金属离子浓度 $[Ca^{2+}]$ 计算 pCa 值。

当滴入 EDTA 溶液的体积为 18.00mL 时：

$$[Ca^{2+}]=\frac{2.00\times0.01000}{20.00+18.00}\text{mol/L}=5.26\times10^{-4}\text{mol/L}$$

即

$$pCa=-\lg[Ca^{2+}]=3.3$$

当滴入 EDTA 溶液的体积为 19.98mL 时：

$$[Ca^{2+}]=\frac{0.02\times0.01000}{20.00+19.98}\text{mol/L}=5\times10^{-6}\text{mol/L}$$

即

$$pCa=-\lg[Ca^{2+}]=5.3$$

当然，在十分接近化学计量点时剩余的金属离子极少，计算 pCa 时应该考虑 CaY^{2-} 的离解，有关内容这里就不讨论了。在一般要求的计算中，化学计量点之前的 pM 可按此方法计算。

（3）化学计量点时　Ca^{2+} 与 EDTA 几乎全部形成 CaY^{2-}，所以

$$[CaY^{2-}]=\frac{20.00\times0.01000}{20.00+20.00}\text{mol/L}=5\times10^{-3}\text{mol/L}$$

因为 pH≥12，$\lg\alpha_{Y(H)}=0$，所以$[Y^{4-}]=[Y]_{总}$，同时$[Ca^{2+}]=[Y^{4-}]$，则

$$\frac{[CaY^{2-}]}{[Ca^{2+}]^2}=K'_{MY}$$

因此

$$\frac{5\times10^{-3}}{[Ca^{2+}]^2}=10^{10.69}$$

$$[Ca^{2+}]=3.2\times10^{-7}\text{mol/L}$$

即

$$pCa=6.5$$

（4）化学计量点后　当加入 EDTA 溶液的体积为 20.02mL 时，过量的 EDTA 溶液为 0.02mL。此时

$$[Y]_{总}=\frac{0.02\times0.01000}{20.00+20.02}mol/L=5\times10^{-6}mol/L$$

则
$$\frac{5\times10^{-3}}{[Ca^{2+}]\times5\times10^{-6}}=10^{10.69}$$

$$[Ca^{2+}]=10^{-7.69}mol/L$$

即
$$pCa=7.7$$

所得数据列于表 4-6。

表 4-6 pH=12 时用 0.01000mol/L EDTA 标准滴定溶液滴定 20.00mL 0.01000mol/L Ca^{2+} 溶液中 pCa 的变化

EDTA 加入量		Ca^{2+} 被滴定的分数/%	EDTA 过量的分数/%	pCa
/mL	/%			
0	0			2.0
18.00	90.0	90.0		3.3
19.80	99.0	99.0		4.3
19.98	99.9	99.9		5.3 突跃范围
20.00	100.0	100.0		6.5
20.02	100.1		0.1	7.7
20.20	101.0		1.0	8.7
40.00	200.0		100	10.7

根据表 4-6 所列数据，以 pCa 值为纵坐标、加入 EDTA 的体积为横坐标作图，得到如图 4-4 所示的滴定曲线。

从表 4-6 或图 4-4 可以看出，在 pH=12 时，用 0.01000mol/L EDTA 标准滴定溶液滴定 0.01000mol/L Ca^{2+}，计量点时的 pCa 为 6.5，滴定突跃的 pCa 为 5.3～7.7。可见滴定突跃较大，可以准确滴定。

由上述计算可知配位滴定比酸碱滴定复杂，不过两者有许多相似之处，酸碱滴定中的一些处理方法也适用于配位滴定。

2. 滴定突跃范围

配位滴定中滴定突跃越大，就越容易准确地指示终点。上例计算结果表明，配合物的条件稳定常数和被滴定金属离子的浓度是影响突跃范围的主要因素。

(1) 配合物的条件稳定常数对滴定突跃的影响　图 4-5 是金属离子浓度一定的情况下不

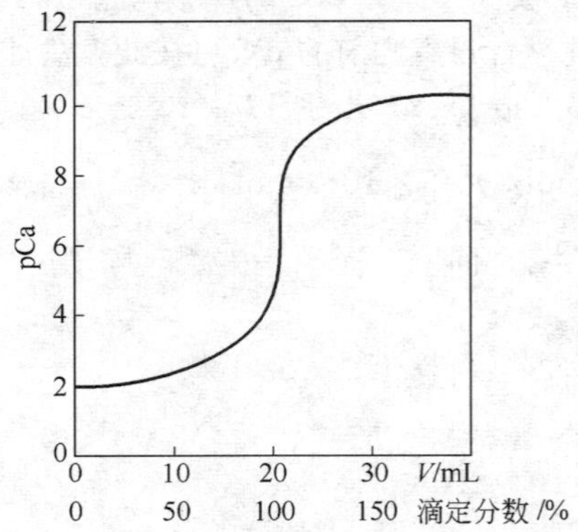

图 4-4 pH=12 时 0.01000mol/L EDTA 标准滴定溶液滴定 0.01000mol/L Ca^{2+} 溶液的滴定曲线

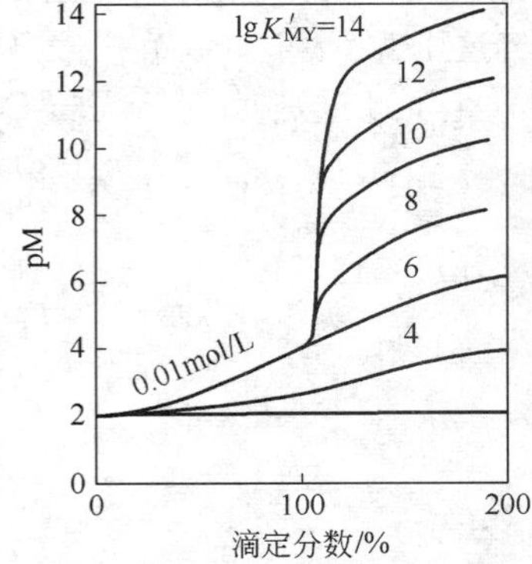

图 4-5 不同 $\lg K'_{MY}$ 的滴定曲线

同 $\lg K'_{MY}$ 时的滴定曲线。由图可看出，配合物的条件稳定常数 $\lg K'_{MY}$ 越大，滴定突跃（ΔpM）越大。决定配合物 $\lg K'_{MY}$ 大小的因素首先是绝对稳定常数 $\lg K_{MY}$（内因），但对某一指定的金属离子来说绝对稳定常数 $\lg K_{MY}$ 是一常数，此时溶液酸度、配位掩蔽剂及其他辅助配位剂的配位作用将起决定作用。

① 酸度。酸度高时，$\lg\alpha_{Y(H)}$ 大，$\lg K'_{MY}$ 变小，因此滴定突跃减小。

② 其他配位剂的配位作用。滴定过程中加入掩蔽剂、缓冲溶液等辅助配位剂的作用会增大 $\lg\alpha_{M(L)}$ 值，使 $\lg K'_{MY}$ 变小，因此滴定突跃减小。

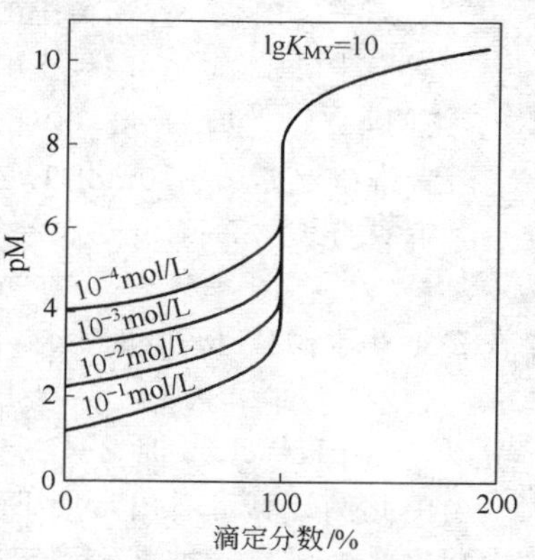

图 4-6 EDTA 滴定不同浓度溶液的滴定曲线

（2）浓度对滴定突跃的影响 图 4-6 是用 EDTA 滴定不同浓度溶液时的滴定曲线。由图 4-6 可以看出，金属离子 c_M 越大；滴定曲线起点越低，因此滴定突跃越大，反之则相反。

二、单一离子的滴定

1. 单一离子准确滴定的判别式

滴定突跃的大小是准确滴定的重要依据之一。而影响滴定突跃大小的主要因素是 c_M 和 K'_{MY}，那么 c_M、K'_{MY} 值要多大才有可能准确滴定金属离子呢？

金属离子的准确滴定与允许误差和检测终点方法的准确度有关，还与被测金属离子的原始浓度有关。设金属离子的原始浓度为 c_M（对终点体积而言），用等浓度的 EDTA 滴定，滴定分析的允许误差为 E_t，在化学计量点时：

① 被测定的金属离子几乎全部发生配位反应，即 $[MY]=c_M$；

② 被测定的金属离子的剩余量应符合准确滴定的要求，即 $c_{M(余)}\leqslant c_M E_t$；

③ 滴定时过量的 EDTA 也符合准确度的要求，即 $c_{EDTA(余)}\leqslant c(EDTA)E_t$。

将这些数值代入条件稳定常数的关系式，得

$$K'_{MY}=\frac{[MY]}{c_{M(余)}\,c_{EDTA(余)}}$$

$$K'_{MY}\geqslant\frac{c_M}{c_M E_t\cdot c(EDTA)E_t}$$

由于 $c_M=c(EDTA)$，不等式两边取对数，整理后得

$$\lg(c_M K'_{MY})\geqslant-2\lg E_t$$

若允许误差 $E_t=0.1\%$，得

$$\lg(c_M K'_{MY})\geqslant 6 \tag{4-22}$$

式（4-22）为单一金属离子准确滴定的可行性条件。

在金属离子的原始浓度 $c_M=0.010mol/L$ 的特定条件下，则

$$\lg K'_{MY}\geqslant 8 \tag{4-23}$$

式（4-23）是在上述条件下准确滴定 M 时 $\lg K'_{MY}$ 的允许低限。

与酸碱滴定相似，若降低分析准确度的要求，或改变检测终点的准确度，则滴定要求的 $\lg(c_M K'_{MY})$ 也会改变，例如：

$E_t=\pm0.5\%$，$\Delta pM=\pm0.2$[1]，$\lg(c_M K'_{MY})=5$ 时也可以滴定；

$E_t=\pm0.3\%$，$\Delta pM=\pm0.2$，$\lg(c_M K'_{MY})=6$ 时也可以滴定。

【例 4-7】 在 pH＝2.00 和 5.00 的介质中（$\alpha_{Zn}=1$），能否用 0.010mol/L EDTA 标准滴定溶液准确滴定 0.010mol/L Zn^{2+} 溶液？

解 查表 4-2 得 $\lg K_{ZnY}=16.50$，查表 4-3 得 pH＝2.00 时 $\lg\alpha_{Y(H)}=13.51$，按题意有

$$\lg K'_{MY}=16.50-13.51=2.99<8$$

查表 4-3 得 pH＝5.00 时 $\lg\alpha_{Y(H)}=6.45$，则

$$\lg K'_{MY}=16.50-6.45=10.05>8$$

所以，当 pH＝2.00 时 Zn^{2+} 是不能被准确滴定的，而 pH＝5.00 时可以被准确滴定。

由此例计算可看出，用 EDTA 滴定金属离子，若要准确滴定，必须选择适当的 pH。因为酸度是金属离子被准确滴定的重要影响因素。

2. 单一离子滴定的最低酸度（最高 pH）与最高酸度（最低 pH）

配位滴定中最低 pH 和最高 pH 的确定是非常重要的，可从两方面来考虑滴定的酸度范围：一是考虑 EDTA 的酸效应，由此可确定滴定时允许的最低 pH；二是考虑金属离子的羟基配位效应，由此可大致估计滴定时允许的最高 pH。当然，实际滴定时还要结合考虑所选指示剂的使用酸度范围。

（1）最高酸度（最低 pH） 若滴定反应中除 EDTA 酸效应外没有其他副反应，则根据单一离子准确滴定的判别式，在被测金属离子的浓度为 0.01mol/L 时，$\lg K'_{MY}\geqslant 8$，因此

$$\lg K'_{MY}=\lg K_{MY}-\lg\alpha_{Y(H)}\geqslant 8$$

即
$$\lg\alpha_{Y(H)}\leqslant \lg K_{MY}-8 \tag{4-24}$$

将各种金属离子的 $\lg K_{MY}$ 代入式（4-24），即可求出对应的最大 $\lg\alpha_{Y(H)}$ 值，再从表 4-3 查得与它对应的最小 pH。例如，对于浓度为 0.01mol/L 的 Zn^{2+} 溶液的滴定，将 $\lg K_{ZnY}=16.50$ 代入式（4-24），得

$$\lg\alpha_{Y(H)}\leqslant 8.5$$

从表 4-3 可查得 pH≥4.0，即滴定 Zn^{2+} 允许的最小 pH 为 4.0。将金属离子的 $\lg K_{MY}$ 值与最小 pH（或对应的 $\lg\alpha_{Y(H)}$ 与最小 pH）绘成曲线，称为酸效应曲线（或称 Ringboim 曲线），如图 4-7 所示。

实际工作中，利用酸效应曲线可查得单独滴定某种金属离子时所允许的最低 pH，还可以看出混合离子中哪些离子在一定 pH 范围内有干扰（这部分内容将在下面讨论）。此外，酸效应曲线还可当 $\lg\alpha_{Y(H)}$-pH 曲线使用。

必须注意，使用酸效应曲线查单独滴定某种金属离子的最低 pH 的前提是：金属离子浓度为 0.01mol/L；允许测定的相对误差为±0.1%；溶液中除 EDTA 酸效应外金属离子未发生其他副反应。如果前提变化，曲线将发生变化，因此要求的 pH 也会有所不同。

（2）最低酸度（最高 pH） 为了能准确滴定被测金属离子，滴定时酸度一般大于所允许的最小 pH。但溶液的酸度不能过低，因为酸度太低，金属离子将会发生水解，形成 $M(OH)_n$ 沉淀，除影响反应速率，使终点难以确定之外，还影响反应的计量关系，因此需要考虑滴定时金属离子不水解的最低酸度（最高 pH）。

在没有其他配位剂存在下，金属离子不水解的最低酸度可由 $M(OH)_n$ 的溶度积求得。

---

[1] 配位滴定中，采用指示剂目测终点时，由于人眼对颜色判断的局限性，即使指示剂的变色点与化学计量点完全一致，在一般实验条件下仍有 0.2～0.5 个 ΔpM 单位的不确定度，此处用最低值。

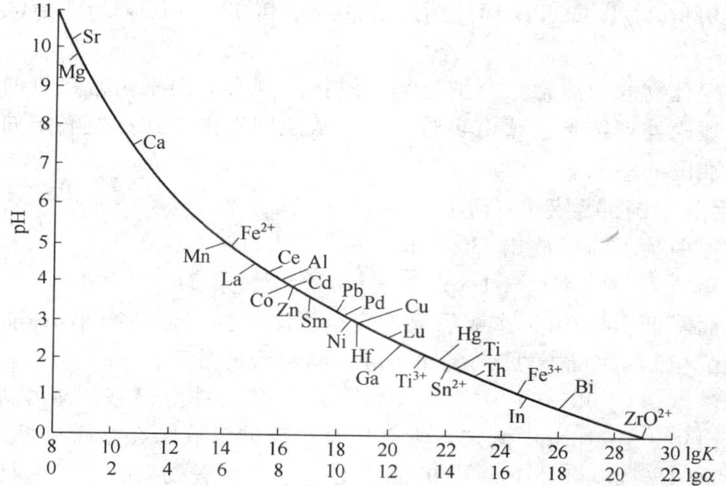

图 4-7 EDTA 酸效应曲线

如前例中为防止开始时形成 $Zn(OH)_2$ 的沉淀必须满足下式：

$$[OH^-]=\sqrt{\frac{K_{sp,Zn(OH)_2}}{[Zn^{2+}]}}=\sqrt{\frac{10^{-15.3}}{2\times10^{-2}}}=10^{-6.8}$$

即

$$pH=7.2$$

因此，EDTA 滴定浓度为 0.01mol/L Zn^{2+} 溶液应在 pH 为 4.0～7.2 范围内，pH 越近高限，K'_{MY}就越大，滴定突跃也越大。若加入辅助配位剂（如氨水、酒石酸等），则 pH 还会更高些。例如在氨性缓冲溶液存在下，可在 pH＝10 时滴定 Zn^{2+}。

若加入酒石酸或氨水，可防止金属离子生成沉淀。但辅助配位剂的加入会导致 K'_{MY}降低，因此必须严格控制其用量，否则将因为 K'_{MY}太小而无法准确滴定。

3. 用指示剂确定终点时滴定的最佳酸度

以上是从滴定主反应讨论滴定适宜的酸度范围，但实际工作中还需要用指示剂指示滴定终点，而金属指示剂只能在一定的 pH 范围内使用，且由于酸效应，指示剂的变色点不是固定的，它随溶液的 pH 而改变，因此在选择指示剂时必须考虑体系的 pH。通常情况下指示剂变色点与化学计量点最接近时的酸度即为指示剂确定终点时滴定的最佳酸度。当然，是否合适还需要通过实验检验。

【例 4-8】 计算 0.020mol/L EDTA 标准滴定溶液滴定 0.020mol/L Cu^{2+} 溶液的适宜酸度范围。

解 能准确滴定 Cu^{2+} 的条件是 $\lg(c_M K'_{MY})\geqslant6$，考虑滴定至化学计量点时体积增加 1 倍，故 $c(Cu^{2+})=0.010$mol/L。因此

$$\lg K_{CuY}-\lg\alpha_{Y(H)}\geqslant8$$

即

$$\lg\alpha_{Y(H)}\leqslant18.80-8.0=10.80$$

查图 4-7，当 $\lg\alpha_{Y(H)}=10.80$ 时 pH＝2.9，此为滴定允许的最高酸度。

滴定 Cu^{2+} 时，允许最低酸度为 Cu^{2+} 不发生水解时的 pH。因为

$$[Cu^{2+}][OH^-]^2=K_{sp,Cu(OH)_2}=10^{-19.66}$$

所以

$$[OH^-]=\sqrt{\frac{10^{-19.66}}{0.02}}=10^{-8.98}$$

即

$$pH=5.0$$

所以，用 0.020mol/L EDTA 标准滴定溶液滴定 0.020mol/L Cu^{2+} 溶液的适宜酸度范围 pH 为 2.9～5.0。

必须指出，配合物的形成常数特别是与金属指示剂有关的平衡常数目前还不齐全，有的可靠性还较差，理论处理结果必须由实验检验。从原则上讲，在配位滴定的适宜酸度范围内滴定均可获得较准确的结果。

4. 配位滴定剂中缓冲溶液的作用

配位滴定过程中会不断释放出 H^+，即

$$M^{n+} + H_2Y^{2-} \longrightarrow MY^{(4-n)-} + 2H^+$$

使溶液酸度增高而降低 K'_{MY} 值，影响反应的完全程度，同时还会减小 K'_{MIn} 值，使指示剂灵敏度降低。因此配位滴定中常要加入缓冲溶液控制溶液的酸度。

在弱酸性溶液（pH 为 5～6）中滴定，常使用醋酸缓冲溶液或六亚甲基四胺缓冲溶液；在弱碱性溶液（pH 为 8～10）中滴定，常采用氨性缓冲溶液。在强酸中滴定（如 pH=1 时滴定 Bi^{3+}）或强碱中滴定（如 pH=13 时滴定 Ca^{2+}），强酸或强碱本身就是缓冲溶液，具有一定的缓冲作用。在选择缓冲溶液时，不仅要考虑缓冲溶液所能缓冲的 pH 范围，还要考虑是否会引起金属离子的副反应而影响反应的完全程度。例如，在 pH=5 时用 EDTA 滴定 Pb^{2+}，通常不用醋酸缓冲溶液，因为 Ac^- 会与 Pb^{2+} 配位，降低 PbY^{2-} 的条件稳定常数。此外，所选的缓冲溶液还必须有足够的缓冲容量，才能控制溶液 pH 基本不变。

三、混合离子的选择性滴定

以上讨论的是单一金属离子配位滴定的情况。实际工作中遇到的常为多种离子共存的试样，而 EDTA 又是具有广泛配位性能的配位剂，因此常用控制酸度和使用掩蔽剂等方法提高配位滴定的选择性。

1. 控制酸度分别滴定

若溶液中含有能与 EDTA 形成配合物的金属离子 M 和 N，且 $K_{MY} > K_{NY}$，则用 EDTA 滴定时，首先被滴定的是 M。如若 K_{MY} 与 K_{NY} 相差足够大，此时可准确滴定 M 离子（若有合适的指示剂），而 N 离子不干扰。滴定 M 离子后，若 N 离子满足单一离子准确滴定的条件，则又可继续滴定 N 离子，此时称 EDTA 可分别滴定 M 和 N。问题是 K_{MY} 与 K_{NY} 相差多大才能分步滴定？滴定应在何酸度范围内进行？

用 EDTA 滴定含有离子 M 和 N 的溶液，若 M 未发生副反应，溶液中的平衡关系如下：

$$\begin{array}{ccccc} M & + & Y & \rightleftharpoons & MY \\ & \overset{H}{\swarrow} & & \overset{N}{\searrow} & \\ & HY & & NY & \\ & \vdots & & & \\ & H_6Y & & & \end{array}$$

当 $K_{MY} > K_{NY}$，且 $\alpha_{Y(N)} \gg \alpha_{Y(H)}$ 情况下，可推导出（省略推导）：

$$\lg(c_M K'_{MY}) = \lg K_{MY} - \lg K_{NY} + \lg \frac{c_M}{c_N} \tag{4-25}$$

或

$$\lg(c_M K'_{MY}) = \Delta \lg K + \lg \frac{c_M}{c_N} \tag{4-26}$$

上式说明，两种金属离子配合物的稳定常数相差越大，被测离子浓度（c_M）越大，干扰离子浓度（c_N）越小，则在 N 离子存在下滴定 M 离子的可能性越大。至于两种金属离子配合物的稳定常数要相差多大才能准确滴定 M 离子而 N 离子不干扰，决定于所要求的分析准确度和两种金属离子的浓度比（c_M/c_N）及终点和化学计量点的 pM 差值（ΔpM）等

因素。

（1）分步滴定可能性的判别 由以上讨论可推出，若溶液中只有M、N两种离子，当$\Delta pM=\pm0.2$［目测终点一般有±(0.2～0.5)个ΔpM的出入］，$E_t\leqslant\pm0.1\%$时，要准确滴定M离子而N离子不干扰，必须使$\lg(c_M K'_{MY})\geqslant6$，即

$$\Delta\lg K+\lg\frac{c_M}{c_N}\geqslant6 \tag{4-27}$$

式(4-27)是判断能否用控制酸度办法准确滴定M离子而N离子不干扰的判别式。滴定M离子后，若$\lg(c_N K'_{NY})\geqslant6$，则可继续准确滴定N离子。

如果$\Delta pM=\pm0.2$，$E_t\leqslant\pm0.5\%$（混合离子滴定通常允许误差$\leqslant\pm0.5\%$），则可用下式判别控制酸度分别滴定的可能性：

$$\Delta\lg K+\lg\frac{c_M}{c_N}\geqslant5 \tag{4-28}$$

（2）分别滴定的酸度控制

① 最高酸度（最低pH）：选择滴定M离子的最高酸度与单一金属离子滴定最高酸度的求法相似。即当$c_M=0.01\text{mol/L}$，$E_t\leqslant\pm0.5\%$时

$$\lg\alpha_{Y(H)}\leqslant\lg K_{MY}-8$$

根据$\lg\alpha_{Y(H)}$查出对应的pH即为最高酸度。

② 最低酸度（最高pH）：根据式（4-28），N离子不干扰M离子滴定的条件是：

$$\Delta\lg K+\lg\frac{c_M}{c_N}\geqslant5$$

即

$$\lg(c_M K'_{MY})-\lg(c_N K'_{NY})\geqslant5$$

由于准确滴定M时$\lg(c_M K'_{MY})\geqslant6$，因此

$$\lg(c_N K'_{NY})\leqslant1 \tag{4-29}$$

当$c_N=0.01\text{mol/L}$时

$$\lg\alpha_{Y(H)}\geqslant\lg K_{NY}-3$$

根据$\lg\alpha_{Y(H)}$查出对应的pH即为最低酸度。

值得注意的是，易发生水解反应的金属离子若在所求的酸度范围内发生水解反应，则适宜酸度范围的最低酸度为形成$M(OH)_n$沉淀时的酸度。

滴定M和N离子的酸度控制仍使用缓冲溶液，并选择合适的指示剂，以减少滴定误差。如果$\Delta\lg K+\lg(c_M/c_N)\leqslant5$，则不能用控制酸度的方法分步滴定。

M离子滴定后，滴定N离子的最高酸度、最低酸度及适宜酸度范围与单一离子滴定相同。

【例4-9】 溶液中Pb^{2+}和Ca^{2+}浓度均为$2.0\times10^{-2}\text{mol/L}$。如用相同浓度EDTA标准滴定溶液滴定，要求$E_t\leqslant\pm0.5\%$，问：（1）能否用控制酸度分步滴定？（2）求滴定$Pb^{2+}$的酸度范围。

解 （1）由于两种金属离子浓度相同，且要求$E_t\leqslant\pm0.5\%$，此时判断能否用控制酸度分步滴定的判别式为：$\Delta\lg K\geqslant5$。查表4-2得$\lg K_{PbY}=18.0$，$\lg K_{CaY}=10.7$，则

$$\Delta\lg K=18.0-10.7=7.3>5$$

所以可以用控制酸度分步滴定。

（2）由于$c(Pb^{2+})=2.0\times10^{-2}\text{mol/L}$，则

$$\lg\alpha_{Y(H)}\leqslant\lg K_{MY}-8=18.0-8=10.0$$

查表4-3得$\lg\alpha_{Y(H)}\leqslant10$时，$pH\geqslant3.7$，所以滴定$Pb^{2+}$的最高酸度$pH=3.7$。

滴定Pb^{2+}的最低酸度应先考虑滴定Pb^{2+}时Ca^{2+}不干扰，即

$$\lg[c(Ca^{2+})K'_{CaY}]\leqslant 1$$

由于 Ca^{2+} 浓度为 2.0×10^{-2} mol/L，所以

$$\lg K'_{CaY}\leqslant 3$$

即 $$\lg\alpha_{Y(H)}\geqslant \lg K_{CaY}-3=10.7-3=7.7$$

查表（或酸效应曲线）得 $pH\leqslant 4.4$。

因此，准确滴定 Pb^{2+} 而 Ca^{2+} 不干扰的酸度范围应是 pH 为 3.7～4.4。

考虑 Pb^{2+} 的水解

$$[OH^-]\leqslant\sqrt{\frac{K_{sp,Pb(OH)_2}}{[Pb^{2+}]}}=\sqrt{\frac{10^{-15.7}}{2\times10^{-2}}}=10^{-7}$$

$$pH\leqslant 7.0$$

可见，在 $pH<4.4$ 时，Pb^{2+} 不会水解。

所以，滴定 Pb^{2+} 适宜的酸度范围是 pH 为 3.7～4.4。

【例 4-10】 溶液中含 Ca^{2+}、Mg^{2+}，浓度均为 1.0×10^{-2} mol/L，用相同浓度 EDTA 标准滴定溶液滴定 Ca^{2+}，将溶液 pH 调到 12，问：若要求 $E_t\leqslant\pm0.1\%$，Mg^{2+} 对滴定有无干扰？

解 pH＝12 时

$$[Mg^{2+}]=\frac{K_{sp,Mg(OH)_2}}{[OH^-]^2}=\frac{1.8\times10^{-11}}{10^{-4}}=1.8\times10^{-7}(\text{mol/L})$$

查表 4-2 得 $\lg K_{CaY}=10.69$，$\lg K_{MgY}=8.69$，则

$$\Delta\lg K+\lg\frac{c_M}{c_N}=10.69-8.69+\lg\frac{10^{-2}}{1.8\times10^{-7}}=6.74>6$$

所以 Mg^{2+} 对 Ca^{2+} 的滴定无干扰。

2. 使用掩蔽剂的选择性滴定

当 $\lg K_{MY}-\lg K_{NY}<5$ 时，采用控制酸度分别滴定已不可能，这时可加入掩蔽剂降低干扰离子的浓度，以消除干扰。掩蔽方法按掩蔽反应类型的不同分为配位掩蔽法、氧化还原掩蔽法和沉淀掩蔽法等。

(1) 配位掩蔽法　配位掩蔽法在化学分析中应用最广泛，它是通过加入能与干扰离子形成更稳定配合物的配位剂（通称掩蔽剂）掩蔽干扰离子，从而能够更准确地滴定待测离子。

例如测定 Al^{3+} 和 Zn^{2+} 共存溶液中的 Zn^{2+} 时，可加入 NH_4F 与干扰离子 Al^{3+} 形成十分稳定的 $[AlF_6]^{3-}$，因而消除了 Al^{3+} 的干扰。又如测定水中 Ca^{2+}、Mg^{2+} 总量（即水的硬度）时，Fe^{3+}、Al^{3+} 的存在干扰测定，在 pH＝10 时加入三乙醇胺，可以掩蔽 Fe^{3+} 和 Al^{3+}，消除其干扰。

采用配位掩蔽法，在选择掩蔽剂时应注意如下几个问题。

① 掩蔽剂（L）与干扰离子形成的配合物的稳定性应远比干扰离子与 EDTA 形成的配合物的稳定性大（即 $\lg K'_{NL}\gg\lg K'_{NY}$），而且所形成的配合物应为无色或浅色。

② 掩蔽剂与待测离子不发生配位反应或形成的配合物稳定性远小于待测离子与 EDTA 配合物的稳定性。

③ 掩蔽作用与滴定反应的 pH 条件大致相同。例如，已经知道在 pH＝10 时测定 Ca^{2+}、Mg^{2+} 总量，少量 Fe^{3+}、Al^{3+} 的干扰可使用三乙醇胺来掩蔽，但若在 pH＝1 时测定 Bi^{3+} 就不能再使用三乙醇胺掩蔽，因为 pH＝1 时三乙醇胺不具有掩蔽作用。实际工作中常用的配位掩蔽剂见表 4-7。

(2) 氧化还原掩蔽法　利用加入一种氧化剂或还原剂改变干扰离子价态，降低 K_{NY} 的

表 4-7　部分常用的配位掩蔽剂

掩蔽剂	被掩蔽的金属离子	pH
三乙醇胺	Al^{3+}，Fe^{3+}，Sn^{4+}，$TiO_2{}^{2+}$	10
氟化物	Al^{3+}，Sn^{4+}，$TiO_2{}^{2+}$，Zr^{4+}	>4
乙酰丙酮	Al^{3+}，Fe^{2+}	5～6
邻二氮菲	Cu^{2+}，Co^{2+}，Ni^{2+}，Cd^{2+}，Hg^{2+}	5～6
氰化物	Cu^{2+}，Co^{2+}，Ni^{2+}，Cd^{2+}，Hg^{2+}，Fe^{2+}	10
2,3-二巯基丙醇	Zn^{2+}，Pb^{2+}，Bi^{3+}，Sb^{2+}，Sn^{4+}，Cd^{2+}，Cu^{2+}	
硫脲	Hg^{2+}，Cu^{2+}	
碘化物	Hg^{2+}	

值或使其不与 Y 发生配位反应，以消除干扰。例如锆铁矿中锆的滴定，由于 Zr^{4+} 和 Fe^{3+} 与 EDTA 配合物的稳定常数相差不够大（$\Delta\lg K=29.9-25.1=4.8$），$Fe^{3+}$ 干扰 Zr^{4+} 的滴定。此时可加入抗坏血酸或盐酸羟胺使 Fe^{3+} 还原为 Fe^{2+}，由于 $\lg K_{FeY^{2-}}=14.3$，比 $\lg K_{FeY^-}$ 小得多，因而避免了干扰。又如前面提到 pH=1 时测定 Bi^{3+} 不能使用三乙醇胺掩蔽 Fe^{3+}，此时同样可采用抗坏血酸或盐酸羟胺使 Fe^{3+} 还原为 Fe^{2+}，消除干扰。其他如滴定 Th^{4+}、In^{3+}、Hg^{2+} 时，也可用同样方法消除 Fe^{3+} 干扰。

（3）沉淀掩蔽法　沉淀掩蔽法是加入选择性沉淀剂与干扰离子形成沉淀，从而降低干扰离子的浓度，以消除干扰的一种方法。

沉淀掩蔽法要求所生成的沉淀溶解度小，沉淀的颜色为无色或浅色，沉淀最好是晶形沉淀，吸附作用小。

例如在 Ca^{2+}、Mg^{2+} 共存溶液中加入 NaOH，使pH>12，生成 $Mg(OH)_2$ 沉淀，这时 EDTA 就可直接滴定 Ca^{2+}。

由于某些沉淀反应进行得不够完全，造成掩蔽效率有时不太高，加上沉淀的吸附现象，既影响滴定准确度又影响终点观察，因此，沉淀掩蔽法不是一种理想的掩蔽方法，在实际工作中应用不多。配位滴定中常用的沉淀掩蔽剂见表 4-8。

表 4-8　部分常用的沉淀掩蔽剂

掩蔽剂	被掩蔽离子	被测离子	pH	指示剂
氢氧化物	Mg^{2+}	Ca^{2+}	12	钙指示剂
KI	Cu^{2+}	Zn^{2+}	5～6	PAN
氟化物	Ba^{2+}，Sr^{2+}，Ca^{2+}，Mg^{2+}	Zn^{2+}，Cd^{2+}，Mn^{2+}	10	EBT
硫酸盐	Ba^{2+}，Sr^{2+}	Ca^{2+}，Mg^{2+}	10	EBT
铜试剂	Bi^{3+}，Cu^{2+}，Cd^{2+}	Ca^{2+}，Mg^{2+}	10	EBT

使用配位掩蔽剂或沉淀掩蔽剂要注意的是，应避免试剂间的相互反应及保护环境等问题。

例如当 Al^{3+} 与 Zn^{2+} 共存时，可用 F^- 掩蔽 Al^{3+}；但当 pH=10 时，若溶液中含有 Ca^{2+}（如 Al^{3+}、Ca^{2+}、Mg^{2+} 共存），就不能用 F^- 掩蔽 Al^{3+}，因为 F^- 会与 Ca^{2+} 生成 CaF_2 沉淀。

KCN 在碱性溶液中有较强的掩蔽能力。氰配合物具有较高的稳定性，利用其选择性的掩蔽和解蔽作用，可以分别滴定某些金属离子。但是 KCN 剧毒，只允许在碱性溶液中使用；若加入酸性溶液，则应对产生的剧毒 HCN 气体有严格的防护措施，避免其对人体及环境带来危害。

3. 其他滴定剂的应用

氨羧配位剂的种类很多，除 EDTA 外还有不少种类的氨羧配位剂，它们与金属离子形成配位化合物的稳定性各具特点。选用不同的氨羧配位剂作为滴定剂，可以选择性地滴定某些离子。

(1) EGTA（乙二醇二乙醚二胺四乙酸） EGTA 和 EDTA 与 Mg^{2+}、Ca^{2+}、Sr^{2+}、Ba^{2+} 所形成的配合物的 $\lg K$ 值比较如下：

	Mg^{2+}	Ca^{2+}	Sr^{2+}	Ba^{2+}
M-EGTA	5.2	11.0	8.5	8.4
M-EDTA	8.7	10.7	8.6	7.6

可见，如果在大量 Mg^{2+} 存在下采用 EDTA 为滴定剂对 Ca^{2+} 进行滴定，则 Mg^{2+} 干扰严重。若用 EGTA 为滴定剂滴定，Mg^{2+} 的干扰就很小，这是因为 Mg^{2+} 与 EGTA 配合物的稳定性差，而 Ca^{2+} 与 EGTA 配合物的稳定性却很高。因此，测定 Ca^{2+}、Mg^{2+} 溶液中的 Ca^{2+}，选用 EGTA 作滴定剂选择性高于 EDTA。

(2) EDTP（乙二胺四丙酸） EDTP 与金属离子形成的配合物的稳定性普遍比相应的 EDTA 配合物差，但 Cu-EDTP 除外，其稳定性仍很高。EDTP 和 EDTA 与 Cu^{2+}、Zn^{2+}、Cd^{2+}、Mn^{2+}、Mg^{2+} 所形成的配合物的 $\lg K$ 值比较如下：

	Cu^{2+}	Zn^{2+}	Cd^{2+}	Mn^{2+}	Mg^{2+}
M-EDTP	15.4	7.8	6.0	4.7	1.8
M-EDTA	18.8	16.5	16.5	14.0	8.7

因此，在一定的 pH 下用 EDTP 滴定 Cu^{2+}，则 Zn^{2+}、Cd^{2+}、Mn^{2+}、Mg^{2+} 不干扰。

(3) DTPA（二乙基三胺五乙酸） 它与金属离子形成的配合物的稳定性比 EDTA 强。DTPA 和 EDTA 所形成的金属配合物的稳定常数 $\lg K$ 值比较如下：

	Ba^{2+}	Mg^{2+}	Zn^{2+}	Pb^{2+}	Co^{2+}	Cd^{2+}	Cu^{2+}	Fe^{3+}
M-DTPA	8.8	9.0	18.6	18.9	19.3	19.3	21.5	27.5
M-EDTA	7.8	8.7	16.5	18.0	16.3	16.5	18.8	25.1

由上表可看出，Ba^{2+}-DTPA 比 Ba^{2+}-EDTA 稳定，因此使用 DTPA 为配位剂测定钡能得到较好的效果。

若采用上述控制酸度、掩蔽干扰离子或选用其他滴定剂等方法仍不能消除干扰离子的影响，就只有采用分离的方法除去干扰离子了。

思考题4-3

1. 简述 EDTA 酸效应曲线的作用。
2. 在 Bi^{3+}、Pb^{2+}、Al^{3+} 和 Mg^{2+} 的混合溶液中测定 Pb^{2+} 含量，其他 3 种离子是否有干扰？
3. 在配位滴定分析中，有共存离子存在时应如何选择滴定的条件？
4. 配位滴定法中测定 Ca^{2+}、Mg^{2+} 时为什么要加入三乙醇胺？具体操作中是先调 pH 还是先加入三乙醇胺？为什么？

阅读材料

许伐辰巴赫与配位滴定

配位滴定已有 100 多年的历史。最早的配位滴定是 V. Liebig 推荐的 Ag^{+} 与 CN^{-} 的配位反应，用于测定银或氰化物。

1942～1943 年 Brintyinger 及 Pteiffer 研究了一些氨羧配位剂与一些金属的配合物的性质；1945 年瑞士化学家许伐辰巴赫（G. Schwayzenbach）与其同事以物理化学观点对氨三乙酸和乙二胺四乙酸以及它们的配合物进行了广泛的研究，测定了它们的离解常数和它们的金属配合物以后，才确定了利用它们的配位反应进行滴定分析的可靠的理论基础。同年，许伐辰巴赫等在瑞士化学学会中提出了一篇题为《酸、碱及配位剂》的报告，首先用氨羧配位剂作滴定剂测定了 Ca^{2+} 和 Mg^{2+}，引起了分析化学家们很大的兴趣。1946～1948 年许伐辰巴赫和贝德曼（Biedeymonn）相继发现紫脲酸铵和铬黑 T 可作为滴定钙和镁的指示剂，并提出金属指示剂的概念。此后，有许多分析化学家从事研究工作，创立了现代滴定分析的一个分支——配位滴定。

第四节 配位滴定标准溶液

【学习要点】 掌握 EDTA 标准滴定溶液的配制和标定方法；了解其他配位剂的应用及标准溶液的制备。

一、EDTA 标准滴定溶液的配制

1. 试剂

由于乙二胺四乙酸难溶于水，实际工作中通常用它的二钠盐（$Na_2H_2Y \cdot 2H_2O$）配制标准溶液。乙二胺四乙酸二钠盐（也简称 EDTA）是白色微晶粉末，易溶于水，经提纯后可作基准物质直接配制标准滴定溶液，但提纯方法较复杂。

2. 蒸馏水质量

在配位滴定中，使用的蒸馏水质量是否符合要求十分重要。若配制溶液的蒸馏水中含有 Al^{3+}、Fe^{3+}、Cu^{2+} 等，会使指示剂封闭，影响终点观察；若蒸馏水中含有 Ca^{2+}、Mg^{2+}、Pb^{2+} 等，在滴定中会消耗一定量的EDTA，对结果产生影响。因此在配位滴定中所用蒸馏水应符合 GB 6682—1992 中“分析实验室用水规格”中二级用水标准。

3. 配制方法

EDTA 标准滴定溶液一般采用间接法配制。常用的 EDTA 标准滴定溶液的浓度为 0.01～0.05mol/L。配制时，称取一定量（按所需浓度和体积计算）EDTA［$Na_2H_2Y \cdot 2H_2O$，$M(Na_2H_2Y \cdot 2H_2O)=372.2g/mol$］，用适量蒸馏水溶解（必要时可加热），溶解后稀释至所需体积，并充分混匀，转移至试剂瓶中待标定。

EDTA 二钠盐溶液的 pH 正常值为 4.8，市售的试剂如果不纯，pH 常低于 2，有时 pH＜4。当室温较低时易析出难溶于水的乙二胺四乙酸，使溶液变浑浊，并且溶液的浓度也发生变化。因此配制溶液时可用 pH 试纸检查，若溶液 pH 较低，可加几滴 0.1mol/L NaOH 溶液，使溶液的 pH 在 5～6.5 之间，直至变清为止。

4. EDTA 溶液的贮存

配制好的 EDTA 溶液应贮存在聚乙烯塑料瓶或硬质玻璃瓶中。若贮存在软质玻璃瓶中，EDTA 会不断地溶解玻璃中的 Ca^{2+}、Mg^{2+} 等离子，形成配合物，使其浓度不断降低。

二、EDTA 标准滴定溶液的标定

1. 标定 EDTA 常用的基准试剂

用于标定 EDTA 溶液的基准试剂很多，常用的基准试剂如表 4-9 所示。

表 4-9 标定 EDTA 溶液的常用基准试剂

基准试剂	基准试剂处理	滴定条件		终点颜色变化
		pH	指示剂	
铜片	稀 HNO_3 溶解，除去氧化膜，用水或无水乙醇充分洗涤，在 105℃ 烘箱中烘 3min，冷却后称量，以 1+1HNO_3 溶解，再以 H_2SO_4 蒸发除去 NO_2	4.3（HAc-Ac^- 缓冲溶液）	PAN	红→黄
铅	稀 HNO_3 溶解，除去氧化膜，用水或无水乙醇充分洗涤，在 105℃ 烘箱中烘 3min，冷却后称量，以 1+2HNO_3 溶解，加热除去 NO_2	10（NH_3-NH_4^+ 缓冲溶液）	铬黑 T	红→蓝
		5～6（六亚甲基四胺）	二甲酚橙	红→黄
锌片	用 1+5 HCl 溶解，除去氧化膜，用水或无水乙醇充分洗涤，在 105℃烘箱中烘 3min，冷却后称量，以 1+1 HCl 溶解	10（NH_3-NH_4^+ 缓冲溶液）	铬黑 T	红→蓝
		5～6（六亚甲基四胺）	二甲酚橙	红→黄
$CaCO_3$	在 105℃烘箱中烘 120min，冷却后称量，以 1+1 HCl 溶解	12.5～12.9(KOH)	甲基百里酚蓝	蓝→灰
		≥12.5	钙指示剂	酒红→蓝
MgO	在 1000℃灼烧后，以 1+1 HCl 溶解	10（NH_3-NH_4^+ 缓冲溶液）	铬黑 T K-B	红→蓝

表 4-9 中所列的纯金属，如 Cu、Zn、Pb 等，以及其他纯金属如 Bi、Cd、Mg、Ni 等，要求纯度在 99.99%以上。金属表面如有一层氧化膜，应先用酸洗去，再用水或乙醇洗涤，并在 105℃烘干数分钟后再称量。若基准试剂为金属氧化物或其盐类，如 Bi_2O_3、$CaCO_3$、MgO、$MgSO_4 \cdot 7H_2O$、ZnO、$ZnSO_4$ 等试剂，在使用前应预先处理。

实验室中常用金属锌或氧化锌为基准物质，由于它们的摩尔质量不大，标定时通常采用“称大样”法，即先准确称取基准物质，溶解后定量转移入一定体积的容量瓶中配制，然后再移取一定量溶液标定。

2. 标定的条件

为了使测定结果具有较高的准确度，标定的条件与测定的条件应尽可能相同。在可能的情况下，最好选用被测元素的纯金属或化合物为基准物质。这是因为不同的金属离子与EDTA反应完全的程度不同，允许的酸度不同，因而对结果的影响也不同。如 Al^{3+} 与EDTA的反应，在过量 EDTA 存在下控制酸度并加热，配位率也只能达到 99%左右，因此要准确测定 Al^{3+} 含量最好采用纯铝或含铝标样标定 EDTA 溶液，使误差抵消。又如，由实验用水中引入的杂质（如 Ca^{2+}、Pb^{2+}）在不同条件下有不同影响，在碱性溶液中滴定时两者均会与 EDTA 配位，在酸性溶液中只有 Pb^{2+} 与 EDTA 配位，在强酸溶液中则两者均不与 EDTA 配位。因此，若在相同酸度下标定和测定，这种影响就可以被抵消。

3. 标定方法[❶]

在 pH 为 4～12 时 Zn^{2+} 均能与 EDTA 定量配位，多采用如下方法：

① 在 pH=10 的 NH_3-NH_4Cl 缓冲溶液中，以铬黑 T 为指示剂，直接标定。

② 在 pH=5 的六亚甲基四胺缓冲溶液中，以二甲酚橙为指示剂，直接标定。

三、其他配位滴定标准溶液

1. DTPA（二乙基三胺五乙酸）

DTPA 学名为二乙基三胺五乙酸（$C_{14}H_{23}N_3O_{10}$），其结构简式为：

$$HOOCCH_2N[CH_2CH_2N(CH_2COOH)_2]_2$$

---

❶ EDTA 的标定方法参见 GB 601—2002。

DTPA是一种高效螯合剂，常应用于腈纶生产中颜色抑制剂，造纸行业，软水剂，纺织助剂。DTPA的螯合性强，例如，它与钡生成的配合物比与EDTA生成的配合物稳定；与钍生成的配合物在pH=2.5～3时不分解，且在此条件下镧、镨、铈、锌、铅均不干扰等。因此在配位滴定中，也被用作配位滴定剂等。

DTPA是白色晶体（摩尔质量为393.35g/mol），溶于热水和碱溶液，微溶于水，不溶于醇和醚等有机溶剂，它在水中溶解度为5g/L（20℃）。常温下应避光保存。

（1）DTPA标准滴定溶液的配制方法　称取一定量的DTPA（按所需溶液的浓度和体积计算）溶解于一定量的物质的量浓度为1mol/LNaOH溶液中，再加入蒸馏水稀释至一定体积混匀后即可。例如，需配制c(DTPA)=0.05mol/L的DTPA标准滴定溶液的1L应称取19.7g DTPA溶于150mL c(NaOH)=1mol/L溶液中，再加水稀释至1L，混匀后移入试剂瓶中待标定。

（2）DTPA标准滴定溶液的标定　DTPA标准滴定溶液常采用ZnO基准试剂标定。其标定方法与EDTA相似。如上例所配溶液的标定方法是：准确称取1g在800℃灼烧至恒重的氧化锌基准试剂于100mL的小烧杯中，加入少量水润湿，滴加盐酸溶液（1+1）至完全溶解。定量转移至250mL的容量瓶中，稀释至标线，混匀。移取25mL此溶液，加入50mL水，用氨水溶液（10%）中和至pH7～8，加10mLpH=10的氨-氯化铵缓冲溶液，50mg铬黑T指示剂（1%，用氯化钠混匀）用DTPA待标定溶液滴至溶液由紫色变为蓝色为终点。

（3）DTPA应用实例——钍的测定　在含有钍10～200mg的稀硝酸溶液中，加水稀释至150mL，用氨水溶液（10%）调至pH=2.5～3，加2滴5g/L的二甲酚橙水溶液，用浓度为c(DTPA)=0.05mol/L的DTPA标准滴定溶液滴定至黄色为终点，计算试样中钍的含量。

2. EGTA（乙二醇二乙醚二胺四乙酸）

EGTA学名乙二醇二乙醚二胺四乙酸，也有称为乙二醇二（2-氨基乙基）醚四乙酸（$C_{14}H_{24}N_2O_{10}$）其结构简式为：

$$[CH_2OCH_2CH_2N(CH_2COOH)_2]_2$$

EGTA能与碱金属、稀土元素和过渡金属等形成极稳定的水溶性配合物，在滴定分析和光度分析中用作配位剂。它可用于滴定钙、钡、锶、铜、镁和锌，最常用的是钙。它与钙离子形成的螯合物比与镁离子形成的螯合物要稳定且差别大，因此在有镁存在时被用来测定钙。还可用来制备钙缓冲液和控制钙离子的浓度。由于其具有对血液的抗凝作用及能消除重金属对酶催化反应的抑制作用而用作生化研究中的抗凝剂与掩蔽剂。

EGTA外观显白色结晶性粉末（摩尔质量380.35g/mol），易溶于碱性溶液中，微溶于水，不溶于乙醇和一般有机溶剂。它在水中溶解度为0.5g/L（20℃）。

（1）EGTA标准溶液的配制方法　称取一定量的EGTA（按所需溶液的浓度和体积计算）溶解于一定量的物质的量浓度为1mol/LNaOH溶液中，再加入蒸馏水稀释至一定体积混匀后即可。

例如，需配制c(EGTA)=0.01mol/L的EGTA标准滴定溶液的1L应称取3.8g EGTA溶于200mL c(NaOH)=1mol/L溶液中，再加水稀释至1L，混匀后移入试剂瓶中待标定。

（2）EGTA溶液的标定　EGTA溶液采用间接标定法，具体做法是：准确移取待标定的EGTA溶液25.00mL，加水至100mL，用c(NaOH)=1mol/L溶液调pH=12.5，加20mg钙黄绿素指示剂（1g钙黄绿素与99g硝酸钾混匀），用硝酸钙$c[Ca(NO_3)_2]$=0.01mol/L标准溶液滴定至溶液产生绿色荧光即为终点。

（3）EGTA应用实例——钙的测定　准确称取含钙量约为0.012g的试样（指可溶于

水，可以含有镁），溶解后，根据样品具体情况加入适量掩蔽剂，调节酸度，以钙指示剂为指示剂，用 EGTA 标准滴定溶液滴定至溶液由红变为蓝色为终点，计算钙的含量。

思考题4-4

1. 配制和标定 EDTA 标准滴定溶液时，对所用试剂和水有何要求？
2. 为什么在配位滴定中都要加入一定量的酸碱缓冲溶液？
3. 常用于标定 EDTA 标准滴定溶液的基准物质有哪些？若使用纯金属为基准物质，在标定前应如何处理？
4. 为什么标定 EDTA 标准滴定溶液时最好选用被测元素的纯金属或化合物为基准物质？
5. 用含有少量 Ca^{2+}、Mg^{2+} 的蒸馏水配制 EDTA 溶液，然后于 pH＝5.5 条件下，以二甲酚橙为指示剂，用 Zn^{2+} 标准滴定溶液标定 EDTA 的浓度，最后在 pH＝10.0 的条件下用上述 EDTA 溶液滴定试样中的 Ni^{2+}，对测定结果有无影响？并说明理由。

阅读材料

配位化学

配位化学（coordination chemistry）主要是研究金属离子（中心原子）和其他离子或分子（配位体）相互作用的化学。它所研究的对象就是配位化合物，简称配合物。由于配合物的本性及其稳定性差别很大，本身又处于不断发展和丰富的过程中，所以至今仍无一致的确切定义。通常认为它是两种或更多种可以独立存在的简单物种结合起来的一种化合物。

在配位化学发展过程中，建立了一系列能概括实验规律的理论。"有效原子序数规则"解释了六配位数的$[Co(NH_3)_6]^{3+}$配位离子采取八面体结构的事实。

为了进一步说明配位化合物的几何构型、磁性和导电性等特性，1930 年 Panling 建立了化学键理论中具有深远意义的杂化轨道理论和价键理论，成功地解释了过渡金属配位化合物的光谱及磁性。

而由晶体场理论延伸的配位理论和分子轨道理论在阐明一些明显具有离域性质的体系方面也取得了很大的成功。

配位化学已经发展成为当代化学的前沿领域之一，它打破了传统的有机化学与无机化学的界限。配位化合物新奇的特殊性能在生产实践中取得了重大的应用。除了在传统的金属分析、分离、提纯、电解、电镀、催化、药物、印染等国民经济诸多方面的应用外，其特殊的化学和生物特性有着广泛的应用意义。在生物体内微量的金属离子所形成的配合物对生命过程起着极其微妙的作用。特别是有些配合物所具有的特殊光、电、热、磁等功能，对于电子、激光和信息等高新技术的开发具有重要的意义。

摘自唐有祺主编《当代化学前沿》

第五节 配位滴定方式及应用

【学习要点】 了解配位滴定的方式；掌握各种滴定方式的使用条件和应用范围；了解各类滴定方式的应用实例。

在配位滴定中采用不同的滴定方式，不但可以扩大配位滴定的应用范围，而且可以提高配位滴定的选择性。常用的配位滴定方式有四种，即直接滴定、返滴定、置换滴定和间接滴定。

一、直接滴定法及应用

直接滴定法是配位滴定中的基本方式。这种方法是将试样处理成溶液后，调节至所需的酸度，再用 EDTA 直接滴定被测离子。在多数情况下，直接法引入的误差较小，操作简便、快速。只要金属离子与 EDTA 的配位反应能满足直接滴定的要求，应尽可能地采用直接滴定法。

但有以下任何一种情况，都不宜采用直接滴定法：

① 待测离子与 EDTA 不形成配合物或形成的配合物不稳定；

② 待测离子与 EDTA 的配位反应很慢，例如 Al^{3+}、Cr^{3+}、Zr^{4+} 等的配合物虽稳定，但在常温下反应进行得很慢；

③ 没有适当的指示剂，或金属离子对指示剂有严重的封闭或僵化现象；

④ 在滴定条件下，待测金属离子水解或生成沉淀，滴定过程中沉淀不易溶解，也不能用加入辅助配位剂的方法防止这种现象发生。

实际上大多数金属离子都可采用直接滴定法。例如，测定钙、镁可有多种方法，但以直接配位滴定法最为简便。钙、镁联合测定的方法是：先在 pH＝10 的氨性溶液中，以铬黑 T 为指示剂，用 EDTA 滴定。由于 CaY 比 MgY 稳定，故先滴定的是 Ca^{2+}。但它们与铬黑 T 配位化合物的稳定性则相反（$\lg K_{CaIn}=5.4$，$\lg K_{MgIn}=7.0$），因此当溶液由紫红变为蓝色时，表示 Mg^{2+} 已定量滴定。而此时 Ca^{2+} 早已定量反应，故由此测得的是 Ca^{2+}、Mg^{2+} 总量。另取同量试液，加入 NaOH 调节溶液酸度至 pH＞12。此时镁以 $Mg(OH)_2$ 沉淀形式被掩蔽，选用钙指示剂，用 EDTA 滴定 Ca^{2+}。由前后两次测定之差即得到镁含量。

表 4-10 列出了部分金属离子常用的 EDTA 直接滴定法实例。

表 4-10　直接滴定法实例

金属离子	pH	指示剂	其他主要滴定条件	终点颜色变化
Bi^{3+}	1	二甲酚橙	介质	紫红→黄
Ca^{2+}	12～13	钙指示剂		酒红→蓝
Cd^{2+},Fe^{2+},Pb^{2+},Zn^{2+}	5～6	二甲酚橙	六亚甲基四胺	红紫→黄
Co^{2+}	5～6	二甲酚橙	六亚甲基四胺，加热至 80℃	红紫→黄
Cd^{2+},Mg^{2+},Zn^{2+}	9～10	铬黑 T	氨性缓冲溶液	红→蓝
Cu^{2+}	2.5～10	PAN	加热或加乙醇	红→黄绿
Fe^{3+}	1.5～2.5	磺基水杨酸	加热	红紫→黄
Mn^{2+}	9～10	铬黑 T	氨性缓冲溶液、抗坏血酸或 $NH_2OH \cdot HCl$ 或酒石酸	红→蓝
Ni^{2+}	9～10	紫脲酸铵	加热至 50～60℃	黄绿→紫红
Pb^{2+}	9～10	铬黑 T	氨性缓冲溶液，加酒石酸，并加热至 40～70℃	红→蓝
Th^{2+}	1.7～3.5	二甲酚橙	介质	紫红→黄

二、返滴定法及应用

返滴定法是在适当的酸度下，在试液中加入过量的 EDTA 标准滴定溶液，使待测离子与 EDTA 配位完全后，调节溶液的 pH，加入指示剂，以另一种金属离子标准滴定溶液滴定过量的 EDTA。

返滴定法适用于如下一些情况：

① 被测离子与 EDTA 反应缓慢；

② 被测离子在滴定的 pH 下会发生水解，又找不到合适的辅助配位剂；

③ 被测离子对指示剂有封闭作用，又找不到合适的指示剂。

例如，Al^{3+} 与 EDTA 配位反应速率缓慢，而且对二甲酚橙指示剂有封闭作用；酸度不高时，Al^{3+} 还易发生一系列水解反应，形成多种多核羟基配合物。因此 Al^{3+} 不能直接滴定。用返滴定法测定 Al^{3+} 时，先在试液中加入一定量并过量的 EDTA 标准滴定溶液，调节 pH =3.5，煮沸以加速 Al^{3+} 与 EDTA 的反应（此时溶液的酸度较高，又有过量 EDTA 存在，Al^{3+} 不会形成羟基配合物）。冷却后，调节 pH 至 5～6，以保证 Al^{3+} 与 EDTA 定量配位，然后以二甲酚橙为指示剂（此时 Al^{3+} 已形成 AlY，不再封闭指示剂），用 Zn^{2+} 标准滴定溶液滴定过量的 EDTA。

返滴定法中用作返滴定剂的金属离子 N 与 EDTA 的配合物 NY 应有足够的稳定性，以保证测定的准确度。但 NY 又不能比待测离子 M 与 EDTA 的配合物 MY 更稳定，否则将发生下列反应（略去电荷），使测定结果偏低：

$$N + MY \rightleftharpoons NY + M$$

上例中 ZnY^{2-} 虽比 AlY^- 稍稳定（$\lg K_{ZnY}=16.5$，$\lg K_{AlY}=16.1$），但因 Al^{3+} 与 EDTA 配位缓慢，一旦形成离解也慢，因此在滴定条件下 Zn^{2+} 不会把 AlY^- 中的 Al^{3+} 置换出来。但是，如果返滴定时温度较高，AlY^- 活性增大，就有可能发生置换反应，使终点难于确定。表 4-11 列出了常用作返滴定剂的部分金属离子及其滴定条件。

表 4-11　常用作返滴定剂的金属离子及其滴定条件

待测金属离子	pH	返滴定剂	指示剂	终点颜色变化
Al^{3+}，Ni^{2+}	5～6	Zn^{2+}	二甲酚橙	黄→紫红
Al^{3+}	5～6	Cu^{2+}	PAN	黄→蓝紫（或紫红）
Fe^{2+}	9	Zn^{2+}	铬黑 T	蓝→红
Hg^{2+}	10	Mg^{2+}，Zn^{2+}	铬黑 T	蓝→红
Sn^{4+}	2	Th^{4+}	二甲酚橙	黄→红

三、置换滴定法及应用

配位滴定中用到的置换滴定有下列两类。

1. 置换出金属离子

例如 Ag^+ 与 EDTA 配合物不够稳定（$\lg K_{AgY}=7.3$），不能用 EDTA 直接滴定。若在 Ag^+ 试液中加入过量的 $[Ni(CN)_4]^{2-}$，则会发生如下置换反应：

$$2Ag^+ + [Ni(CN)_4]^{2-} \longrightarrow 2[Ag(CN)_2]^- + Ni^{2+}$$

此反应的平衡常数较大（$K=10^{10.9}$），反应进行较完全。然后用 EDTA 滴定置换出的 Ni^{2+}，即可求得 Ag^+ 含量。

要测定银币试样中的银与铜，常用的方法是：先将试样溶于硝酸后，加入氨调节溶液的 pH=8，以紫脲酸铵为指示剂，用 EDTA 滴定 Cu^{2+}，然后调 pH=10，加入过量的 $[Ni(CN)_4]^{2-}$ 溶液，再用 EDTA 标准溶液滴定置换出的 Ni^{2+}，即可求得银的含量。

紫脲酸铵是配位滴定 Ca^{2+}、Ni^{2+}、Co^{2+} 和 Cu^{2+} 的一个经典指示剂，在氨性溶液中滴定 Ni^{2+} 时，溶液由配合物的紫色变为指示剂的黄色，变色敏锐。测定 Cu^{2+} 时，由于 Cu^{2+} 与指示剂的稳定性差，只能在弱氨性溶液中滴定。

2. 置换出 EDTA

用返滴定法测定可能含有铜、铅、锌、铁等杂质离子的某复杂试样中的 Al^{3+} 时，实际测得的是这些离子的含量。为了得到准确的 Al^{3+} 量，在返滴定至终点后，加入 NH_4F，F^- 与溶液中的 AlY^- 反应，生成更为稳定的 $[AlF_6]^{3-}$，置换出与 Al^{3+} 相当量的 EDTA。

$$AlY^- + 6F^- + 2H^+ \longrightarrow [AlF_6]^{3-} + H_2Y^{2-}$$

置换出的 EDTA 再用 Zn^{2+} 标准滴定溶液滴定，由此可得 Al^{3+} 的准确含量。

锡的测定也常用此法。例如测定锡-铅焊料中锡、铅含量的方法为：将试样溶解后加入一定量并过量的 EDTA，煮沸，冷却后用六亚甲基四胺调节溶液 pH 至 5～6，以二甲酚橙作指示剂，用 Pb^{2+} 标准滴定溶液滴定 Sn^{4+} 和 Pb^{2+} 的总量。然后再加入过量的 NH_4F，置换出 SnY 中的 EDTA，再用 Pb^{2+} 标准滴定溶液滴定，即可求得 Sn^{4+} 的含量。

此外，利用置换滴定法的原理，可以改善指示剂指示滴定终点的敏锐性。例如，铬黑 T 与 Mg^{2+} 显色很灵敏，但与 Ca^{2+} 显色的灵敏度较差，为此，在 pH＝10 的溶液中用 EDTA 滴定 Ca^{2+} 时，常于溶液中先加入少量 MgY，此时发生下列置换反应：

$$MgY^{2-} + Ca^{2+} \rightleftharpoons CaY^{2-} + Mg^{2+}$$

置换出来的 Mg^{2+} 与铬黑 T 显很深的红色。滴定时，EDTA 先与 Ca^{2+} 配合，当达到滴定终点时，EDTA 夺取 Mg-铬黑 T 配合物中的 Mg^{2+}，形成 MgY^{2-}，游离出指示剂，显蓝色，颜色变化很明显。在这里，滴定前加入的 MgY^{2-} 和最后生成的 MgY^{2-} 的物质的量是相等的，故加入的 MgY^{2-} 不影响滴定结果。

置换滴定法不仅能扩大配位滴定法的应用范围，还可以提高配位滴定法的选择性。

四、间接滴定法及应用

有些离子和 EDTA 生成的配合物不稳定，如 Na^+、K^+ 等阳离子；有些离子和 EDTA 不配位，如 SO_4^{2-}、PO_4^{3-}、CN^-、Cl^- 等阴离子。这些离子可采用间接滴定法测定。例如，氰化物含量的测定就可使用间接配位滴定法。具体操作方法是：在不多于 90mg 的氰化物（以 CN^- 计的碱金属化合物）溶液中，加入浓度为 0.1mol/L 溶液 $NiSO_4$ 溶液 10mL，加入质量分数为 25%氨水 3mL，几滴紫尿酸胺指示剂（0.1g 紫尿酸胺加 5mL 水，摇至饱和溶解，静置，使用其上层清液，要新鲜配制），用 c(EDTA)＝0.1mol/L 标准滴定溶液滴定至紫色为终点。

表 4-12 列出了常用的部分离子的间接滴定法可供参考。

表 4-12　常用的间接滴定法

待测离子	主要步骤
K^+	沉淀为 $K_2Na[Co(NO_2)_6]\cdot 6H_2O$，经过滤、洗涤、溶解后测出其中的 Co^{3+}
Na^+	沉淀为 $NaZn(UO_2)_3Ac_9\cdot 9H_2O$，经过滤、洗涤、溶解后测出其中的 Zn^{2+}
PO_4^{3-}	沉淀为 $MgNH_4PO_4\cdot 6H_2O$，沉淀经过滤、洗涤、溶解，测定其中 Mg^{2+}，或测定滤液中过量的 Mg^{2+}
S^{2-}	沉淀为 CuS，测定滤液中过量的 Cu^{2+}
SO_4^{2-}	沉淀为 $BaSO_4$，测定滤液中过量的 Ba^{2+}，用 Mg-Y，铬黑 T 作指示剂
CN^-	加一定量并过量的 Ni^{2+}，使形成 $[Ni(CN)_4]^{2-}$，测定过量的 Ni^{2+}
Cl^-、Br^-、I^-	沉淀为卤化银，过滤，滤液中过量的 Ag^+ 与 $[Ni(CN)_4]^{2-}$ 置换，测定置换出的 Ni^{2+}

间接滴定法手续繁杂，引入误差的机会较多。

思考题4-5

1. 用返滴定法测定 Al^{3+} 含量时，首先在 pH 为 3.5 左右加入过量 EDTA，并加热，使 Al^{3+} 充分反应。试说明选择此 pH 的理由。

2. 今欲不经分离用配位滴定法测定下列混合液中各组分的含量，试设计简要方案（包括滴定剂、酸度、指示剂以及滴定方式）：

(1) Zn^{2+}、Mg^{2+}混合液中两者含量的测定；

(2) Fe^{3+}、Cu^{2+}、Ni^{2+}混合液中各含量的测定。

阅读材料

废气烟尘中铅含量的测定

铅污染主要来自尾气、涂料、印刷、采矿、冶炼等废水、废渣、废气。铅属于累积性毒物，贮于骨骼，对人体有害。

铅的测定方法很多，如原子吸收分光光度法、双硫腙比色法等。但污染源中高含量铅的测定可用 EDTA 滴定法。方法是：用玻璃纤维膜采集试样，经硝酸-过氧化氢浸出，并制备成试样溶液。加硫酸、酒石酸溶液，煮沸后过滤，并用硫酸洗涤液洗至无 Fe^{3+}。溶解沉淀，在 HAc-NaAc 缓冲溶液存在下，以二甲酚橙为指示剂，用 EDTA 标准滴定溶液滴定至亮黄色为终点。

习 题 四

1. 计算 pH=5.0 时氰化物的酸效应系数。

2. pH=5.0 时，Zn^{2+} 和 EDTA 配合物的条件稳定常数是多少？假设 Zn^{2+} 和 EDTA 的浓度皆为 0.01mol/L（不考虑羟基配位等副反应），pH=5.0 时，能否用 EDTA 标准溶液滴定 Zn^{2+}？

3. pH=6.0 时，Mg^{2+} 和 EDTA 配合物的条件稳定常数是多少？假设 Mg^{2+} 和 EDTA 的浓度皆为 0.01mol/L（不考虑羟基配位等副反应）。pH=6.0 时，能否用 EDTA 标准溶液滴定 Mg^{2+}？如不能滴定，求其允许的最小 pH。

4. 计算用 EDTA 标准滴定溶液滴定下列浓度各为 0.01mol/L 的金属离子时所允许的最低 pH：

(1) Ca^{2+}；(2) Al^{3+}；(3) Cu^{2+} (4) Hg^{2+}。

5. 在 pH=10 的 NH_3-NH_4Cl 缓冲溶液中，游离的 NH_3 浓度为 0.1mol/L，用 0.01mol/L 的 EDTA 标准滴定溶液滴定 0.01mol/L 的 Zn^{2+} 溶液。计算：

(1) $\lg\alpha_{[Zn(NH_3)_4]^{2+}}$；(2) $\lg K_{ZnY}$；(3) 化学计量点时 pZn。

6. 在 Pb^{2+} 存在下能否滴定 Bi^{3+}？若可以滴定，求出滴定 Bi^{3+} 的 pH 范围。能否继续滴定 Pb^{2+}？若可以滴定，求出滴定的 pH 范围（假设 Bi^{3+} 和 Pb^{2+} 的浓度均为 0.01mol/L）。

7. 某一含有 Fe^{3+}、Al^{3+}、Mg^{2+} 的溶液，各离子浓度均为 0.02mol/L 判断能否用同样浓度的 EDTA 准确滴定？若可以滴定，请说明滴定各种离子适宜的 pH 范围。

(1) 纯 Zn 粒；(2) 纯 $CaCO_3$；(3) 纯 Mg 粉。

8. 用纯锌标定 EDTA 溶液，若称取的纯锌粒为 0.5942g，用 HCl 溶液溶解后转移入 500mL 容量瓶中，稀释至标线。吸取该锌标准滴定溶液 25.00mL，用 EDTA 溶液滴定，消耗 24.05mL，计算 EDTA 溶液的准确浓度。

9. 称取含钙试样 0.2000g，溶解后转入 100mL 容量瓶中，稀释至标线。吸取此溶液 25.00mL，以钙指示剂为指示剂，在 pH=12.0 时用 0.02000mol/L 的 EDTA 标准滴定溶液滴定，消耗 EDTA 溶液19.86mL，求试样中 $CaCO_3$ 的质量分数。

10. 取水样 50mL，调 pH=10.0，以铬黑 T 为指示剂，用 0.02000mol/L 的 EDTA 标准滴定溶液滴定，消耗 15.00mL；另取水样 50mL，调 pH=12.0，以钙指示剂为指示剂，用 0.02000mol/L 的 EDTA 标准滴定溶液滴定，消耗 10.00mL。计算：

(1) 水样中钙、镁总量（以 mmol/L 表示）；

(2) 钙、镁各自的含量（以 mg/L 表示）。

11. 取干燥的 $Al(OH)_3$ 凝胶 0.3986g，处理后在 250mL 容量瓶中配制成试液。吸取此试液 25.00mL，准确加入 0.05000mol/LEDTA 溶液 25.00mL，反应后过量的 EDTA 用 0.05000mol/LZn^{2+} 标准溶液返滴定。用去 15.02mL，计算试样中 Al_2O_3 的质量分数。

12. 测定合金钢中镍的含量。称取 0.500g 试样，处理后制成 250.0mL 试液，准确移取 50.00mL 试液，用丁二酮肟将其中的沉淀分离。所得的沉淀溶于热盐酸中，得到 Ni^{2+} 试液。在所得试液中加入浓度为 0.05000mol/L 的 EDTA 标准滴定溶液 30.00mL，反应完全后，多余的 EDTA 用 $c(Zn^{2+})=0.02500$mol/L 的标准滴定溶液返滴定，消耗 14.56mL。计算合金钢中镍的质量分数。

13. 称取含氟矿样 0.5000g，溶解后，在弱碱介质中加入 0.1000mol/L 的 Ca^{2+} 标准滴定溶液 50.00mL，Ca^{2+} 将 F^- 沉淀后分离。滤液中过量的 Ca^{2+} 在 pH=10.0 的条件下用 0.05000mol/L 的 EDTA 标准滴定溶液返滴定，消耗 20.00mL。计算试样中氟的质量分数。

14. 锡青铜中锡的测定。称取试样 0.2000g，制成溶液，加入过量的 EDTA 标准滴定溶液，使共存的 Cu^{2+}、Zn^{2+}、Pb^{2+} 全部生成配合物。剩余的 EDTA 用 0.1000mol/L 的 $Zn(Ac)_2$ 标准滴定溶液滴定至终点（以二甲酚橙为指示剂，不计消耗体积）。然后加入适量 NH_4F，同时置换出 EDTA（此时只有 Sn^{4+} 与 F^- 生成 $[SnF_6]^{2-}$），再用 $Zn(Ac)_2$ 标准滴定溶液滴定，用去 22.30mL。求锡青铜试样中锡的质量分数。

15. 称取含磷试样 0.1000g，处理成 HPO_4^{2-} 试液，加入沉淀剂将 HPO_4^{2-} 沉淀为 $MgNH_4PO_4$。沉淀经过滤、洗涤后再溶解，在 pH=10.0 条件下，以铬黑 T 为指示剂，用 0.1000mol/L EDTA 标准溶液滴定溶液中的 Mg^{2+}，用去 20.00mL。求试样中 P 和 P_2O_5 的质量分数。

16. 测定硫酸盐中的 SO_4^{2-}。称取试样 3.000g，溶解后，配制成 250.0mL 溶液。吸取 25.00mL，加入 $c(BaCl_2)=0.05000$mol/L 的 $BaCl_2$ 溶液 25.0mL。加热沉淀后，用 0.02000mol/L 的 EDTA 标准滴定溶液滴定剩余的 Ba^{2+}，消耗 EDTA 溶液 17.15mL。计算硫酸盐试样中 SO_4^{2-} 的质量分数。

17. 分析铅、锌、镁合金时，称取合金 0.480g，溶解后，用容量瓶准确配制成 100mL 试液。吸取 25.00mL 试液，加 KCN 将 Zn^{2+} 掩蔽。然后用 $c(EDTA)=0.02000$mol/L 的 EDTA 标准滴定溶液滴定 Pb^{2+} 和 Mg^{2+}，消耗 EDTA 溶液 46.40mL。继续加入二巯基丙醇（DMP）掩蔽 Pb^{2+}，使其置换出等量的 EDTA，再用 $c(Mg^{2+})=0.01000$mol/L 的 Mg^{2+} 标准滴定溶液滴定置换出的 EDTA，消耗 Mg^{2+} 溶液 22.60mL。最后加入甲醛解蔽 Zn^{2+}，再用上述 EDTA 标准滴定溶液滴定 Zn^{2+}，又消耗 EDTA 溶液 44.10mL。计算合金中铅、锌、镁的质量分数。

18. 称取铋、铅、镉合金试样 2.420g，用 HNO_3 溶解后，在 250mL 容量瓶中配制成溶液。移取试液 50.00mL，调 pH=1，以二甲酚橙为指示剂，用 $c(EDTA)=0.02479$mol/L 的 EDTA 标准滴定溶液滴定，消耗 EDTA 溶液 25.67mL。再用六亚甲基四胺缓冲溶液将 pH 调至 5，再以上述 EDTA 溶液滴定，消耗 EDTA 溶液 24.76mL。再加入邻二氮菲，此时用 $c[Pb(NO_3)_2]=0.02479$mol/L 的 $Pb(NO_3)_2$ 标准滴定溶液滴定，消耗 6.76mL。计算合金试样中铋、铅、镉的质量分数。

第五章 氧化还原滴定法

学习指南

通过本章的学习，应进一步理解氧化还原反应的实质，能应用能斯特方程式计算电极电位；理解条件电极电位和外界条件对电对电极电位的影响；了解影响化学计量点时反应进行程度的因素；了解温度、浓度和催化剂对氧化还原反应速率的影响；了解氧化还原滴定法终点指示方法和正确选择指示剂的依据；熟练掌握高锰酸钾法、重铬酸钾法及碘量法的原理、特点、滴定条件、标准溶液的制备及方法的应用范围；掌握氧化还原滴定分析结果的计算。

第一节 概 述

【学习要点】 了解氧化还原滴定法的特点；理解条件电极电位的概念；掌握不同介质条件下条件电极电位的计算；了解影响条件电位的因素；掌握氧化还原反应进行程度的衡量方法；了解影响氧化还原反应速率的主要因素，会根据实际情况选用合适的方法加快反应速率。

一、氧化还原滴定法的特点

氧化还原滴定法是基于溶液中氧化剂与还原剂之间电子的转移进行反应的一种分析方法。在酸碱反应中，质子交换和酸碱共轭对相对应。与此相似，在氧化还原反应中，电子转移和氧化还原共轭对相对应。

$$Ox+ne \rightleftharpoons Red$$

这里 Ox 是一个电子接受体，即氧化剂；Red 是一个电子给予体，即还原剂。氧化还原滴定法较其他滴定分析方法有如下不同的特点。

① 氧化还原反应的机理较复杂，副反应多，因此与化学计量有关的问题更复杂。

② 氧化还原反应比其他所有类型的反应速率都慢。

对反应速率相对快一些且化学计量关系已知的反应而言，如果没有其他复杂的因素存在，一般认为一个化学计量的反应可由两个可逆的半反应得来：

$$\underset{\text{试样}}{Ox_1 + n_1 e \rightleftharpoons Red_1}$$

$$\underset{\text{滴定剂}}{Ox_2 + n_2 e \rightleftharpoons Red_2}$$

将两式合并，得

$$n_2 Red_1 + n_1 Ox_2 \rightleftharpoons n_2 Ox_1 + n_1 Red_2$$

滴定中的任何一点，即每加入一定量的滴定剂，当反应达到平衡时，两个体系的电极电位相等。

③ 氧化还原滴定可以用氧化剂作滴定剂，也可以用还原剂作滴定剂，因此有多种方法。

④ 氧化还原滴定法主要用于测定氧化剂或还原剂，也可以用于测定不具有氧化性或还原性的金属离子或阴离子，所以应用范围较广。

二、电极电位

1. 标准电极电位

标准电极电位是指在温度25℃，有关离子浓度（严格讲为活度）均为1mol/L时，以氢电极为零时所测得的相对电位。以$\varphi^{\ominus}_{O_x/Red}$表示。其中Ox表示氧化态，Red表示还原态。标准电极电位可用来初步判断氧化还原反应的方向、次序等。

2. 电极电位

若反应条件发生变化，不是在标准状况下时，其电位可用能斯特方程式计算：

对于一个可逆[1]的氧化还原电对

$$Ox + ne \longrightarrow Red$$

$$\varphi_{O_x/Red} = \varphi^{\ominus}_{O_x/Red} + \frac{RT}{nF}\ln\frac{\alpha_{O_x}}{\alpha_{Red}}$$

式中 $\varphi_{O_x/Red}$——电对O_x/Red的电极电位；

$\varphi^{\ominus}_{O_x/Red}$——电对$O_x$/Red的标准电极电位，V；

R——摩尔气体常数，J/(mol·K)；

F——法拉第常数，C/mol；

n——反应中电子转移数；

T——热力学温度，K。

将常数代入，并取常用对数，则在25℃时，得到如下方程：

$$\varphi_{O_x/Red} = \varphi^{\ominus}_{O_x/Red} + \frac{0.059}{n}\lg\frac{[\alpha_{O_x}]}{[\alpha_{Red}]}$$

式中 α_{O_x}，α_{Red}——分别为氧化态和还原态的活度。

在一般计算中，为简化起见，常忽略离子强度，以浓度代替活度，因此上式变为：

$$\varphi_{O_x/Red} = \varphi^{\ominus}_{O_x/Red} + \frac{0.059}{n}\lg\frac{[O_x]}{[Red]} \tag{5-1}$$

[1] 在氧化还原反应的任一瞬间能迅速建立平衡，其实际电势，与能斯特公式计算值基本相符的电对称为可逆电对。不可逆电对则相反。

式(5-1) 就是最为常见的能斯特方程式的表达式。

在使用式(5-1) 时，要区别电对的对称与不对称。

对称电对中，氧化态与还原态的系数相同；不对称电对中氧化态与还原态的系数则不同。例如：

对称电对 $Fe^{3+}+e \longrightarrow Fe^{2+}$

不对称电对 $I_2+2e \longrightarrow 2I^-$

$$Cr_2O_7^{2-}+14H^++6e \longrightarrow 2Cr^{3+}+7H_2O$$

则上述电对的能斯特方程分别表达如下：

$$\varphi_{Fe^{3+}/Fe^{2+}}=\varphi^{\ominus}_{Fe^{3+}/Fe^{2+}}+\frac{0.059}{1}\lg\frac{[Fe^{3+}]}{[Fe^{2+}]}$$

$$\varphi_{I_2/2I^-}=\varphi^{\ominus}_{I_2/2I^-}+\frac{0.059}{2}\lg\frac{[I_2]}{[I^-]^2}$$

$$\varphi_{Cr_2O_7^{2-}/2Cr^{3+}}=\varphi^{\ominus}_{Cr_2O_7^{2-}/2Cr^{3+}}+\frac{0.059}{6}\lg\frac{[Cr_2O_7^{2-}][H^+]^{14}}{[Cr^{3+}]^2}$$

从严格意义上说，不对称电对多系不可逆电对，不遵从能斯特方程式，将反应写成可逆反应也不十分正确，但是用能斯特方程式计算此类体系的电位，多数情况下产生的误差也不是很大，所以做近似判断与计算还是有一定价值的。

在应用(5-1) 时要注意以下几点：

(1) 方程式中的［氧化型］和［还原型］并不是专指氧化数有变化的物质，而是包括了参加电极反应的其他物质。

(2) 在电对中，如果氧化型或还原型物质的系数不是1，则［氧化型］或［还原型］要乘以与系数相同的方次。

(3) 如果电对中的某一物质是固体或液体，则它们的浓度均为常数，可认为是1。

(4) 如果电对中的某一物质是气体，它的浓度用气体分压来表示。

3. 电极电位的应用

(1) 比较氧化剂、还原剂的相对强弱　电对的电极电位高，则电对中氧化型物质的氧化能力强，是强氧化剂；还原型物质的还原能力差，是弱还原剂。电对的电极电位低，则对应电对中还原型物质的还原能力强，是强还原剂；氧化剂物质是弱氧化剂。各电对的标准电极电位见附录五

(2) 判断反应自发进行的方向和顺序　自发的氧化还原反应总是较强的氧化剂与较强的还原剂相互作用生成较弱的氧化剂与较弱的还原剂。

例如 $\varphi^{\ominus}_{Fe^{3+}/Fe^{2+}}>\varphi^{\ominus}_{I_2/I^-}$，则反应

$$2Fe^{3+}+2I^- \longrightarrow I_2+2Fe^{2+}$$

在标准状态下向正方向自发进行。

当氧化剂可以氧化同一系统中的几种还原剂时，在不考虑动力学因素的情况下，氧化剂首先氧化还原能力最强的物质，即电极电位最低的还原剂。同理，当还原剂可以还原同一系统中的几种氧化剂时，还原剂首先氧化还原氧化能力最强的物质，即电极电位最高的氧化剂。

(3) 选择适当的氧化剂、还原剂。

(4) 计算反应平衡常数，判断氧化还原反应进行的程度。

(5) 测定溶液 pH、弱酸的离解常数 K_a、配合物的稳定常数 $K_{稳}$ 及难溶化合物的溶度积常数 K_{sp}。

由于反应系统的复杂性，除标准电极电位之外，还要应用条件电极电位 $\varphi^{\ominus\prime}$ 和条件平衡常数 K' 来处理氧化还原滴定中的问题。

4. 条件电极电位

在实际应用中，通常知道的是氧化型与还原型物质在溶液中的浓度，而当溶液中的离子强度大时，则需要对浓度进行校正。此外，氧化型与还原型物质在溶液中常会发生副反应，如酸效应、配位效应和沉淀效应等影响，导致电对电极电位的改变。当用分析浓度代替活度进行计算时，应引入相应的活度系数 γ_{Ox} 及 γ_{Red} 对上述各种因素进行校正，即

$$a_{Ox}=\gamma_{Ox}[Ox] \qquad a_{Red}=\gamma_{Red}[Red]$$

此外，当溶液中的介质不同时，氧化态、还原态还会发生某些副反应（如酸效应、沉淀反应、配位效应等）而影响电极电位，所以必须考虑这些副反应的发生，引入相应的副反应系数 α_{Ox} 和 α_{Red}，则

$$a_{Ox}=\gamma_{Ox}[Ox]=\gamma_{Ox}\frac{c_{Ox}}{\alpha_{Ox}} \qquad a_{Red}=\gamma_{Red}[Red]=\gamma_{Red}\frac{c_{Red}}{\alpha_{Red}}$$

将上述关系代入能斯特方程式，得

$$\varphi(Ox/Red)=\varphi^{\ominus}(Ox/Red)+\frac{0.059}{n}\lg\frac{\gamma_{Ox}\alpha_{Red}c_{Ox}}{\gamma_{Red}\alpha_{Ox}c_{Red}}$$

当 $c_{Ox}=c_{Red}=1mol/L$ 时，得

$$\varphi^{\ominus\prime}(Ox/Red)=\varphi^{\ominus}(Ox/Red)+\frac{0.059}{n}\lg\frac{\gamma_{Ox}\alpha_{Red}}{\gamma_{Red}\alpha_{Ox}} \tag{5-2}$$

$\varphi^{\ominus}(Ox/Red)$ 称为条件电极电位，它是一定的介质条件下，半反应中氧化态和还原态的总浓度相等或均为 1mol/L 时电对的电极电位。它校正了离子强度及副反应的影响，显然更符合实际情况。

引入条件电极电位后，能斯特方程式则可表示为：

$$\varphi=\varphi^{\ominus}(Ox/Red)+\frac{0.059}{n}\lg\frac{c_{Ox}}{c_{Red}} \tag{5-3}$$

条件电极电位 $\varphi^{\ominus}(Ox/Red)$ 是由实验测得的，但在众多的氧化还原电对中已经准确测定的 $\varphi^{\ominus}(Ox/Red)$ 值还不多［在应用中，如某电对有 $\varphi^{\ominus}(Ox/Red)$，应选择使用］。附录六列出了部分常用条件电极电位值，供查阅。

【例 5-1】 已知 $\varphi^{\ominus}(Fe^{3+}/Fe^{2+})=0.77V$，当 $[Fe^{3+}]=1.0mol/L$、$[Fe^{2+}]=0.0001mol/L$ 时，计算该电对的电极电位。

解 根据能斯特方程式得

$$\varphi(Fe^{3+}/Fe^{2+})=\varphi^{\ominus}(Fe^{3+}/Fe^{2+})+\frac{0.059}{1}\lg\frac{[Fe^{3+}]}{[Fe^{2+}]}$$

则
$$\varphi(Fe^{3+}/Fe^{2+})=0.77+0.059\lg\frac{1.0}{0.0001}=1.0(V)$$

【例 5-2】 1.0mol/L HCl 溶液中，若 $c(Ce^{4+})=0.01mol/L$、$c(Ce^{3+})=0.001mol/L$，计算电对 Ce^{4+}/Ce^{3+} 的电极电位值。

解 已知 $c(Ce^{4+})=0.01mol/L$，$c(Ce^{3+})=0.001mol/L$。查附录六，在 1.0mol/L HCl 溶液中 $\varphi^{\ominus}(Ce^{4+}/Ce^{3+})=1.28V$。因为

$$\varphi(Ce^{4+}/Ce^{3+})=\varphi^{\ominus\prime}(Ce^{4+}/Ce^{3+})+\frac{0.059}{1}\lg\frac{c(Ce^{4+})}{c(Ce^{3+})}$$

所以
$$\varphi(Ce^{4+}/Ce^{3+})=1.28+0.059\lg\frac{0.01}{0.001}=1.34(V)$$

若不考虑介质的影响，用标准电极电位计算，则

$$\varphi(Ce^{4+}/Ce^{3+})=\varphi^{\ominus}(Ce^{4+}/Ce^{3+})+\frac{0.059}{1}\lg\frac{c(Ce^{4+})}{c(Ce^{3+})}$$

所以 $$\varphi(Ce^{4+}/Ce^{3+})=1.61+0.059\lg\frac{0.01}{0.001}=1.67(V)$$

由结果看出，差异是明显的。

三、外界条件对电极电位的影响

影响电对的电极电位的主要因素是：离子强度和各种副反应（包括在溶液中可能发生的配位、沉淀、酸效应等各种副反应）。

1. 离子强度的影响

溶液中离子强度较大时，活度与浓度的差别较大，用能斯特方程式计算的结果与实际情况会有差异。但由于各种副反应对电位的影响远比离子强度的影响大，同时离子强度的影响又难以校正，因此一般都忽略离子强度的影响。

2. 副反应的影响

在氧化还原反应中，常利用沉淀反应和配位反应使电对的氧化态和还原态的浓度发生变化，从而改变电对的电极电位。

（1）生成沉淀的影响　当加入一种可与氧化态或还原态生成沉淀的沉淀剂时，就会改变电对的电极电位。若氧化态生成沉淀，则电对的电极电位降低；反之，若还原态生成沉淀，则电对的电极电位增高。

例如用碘量法测定 Cu^{2+} 的含量是基于如下反应：

$$2Cu^{2+}+4I^{-}\longrightarrow 2CuI\downarrow+I_2$$

$$I_2+2S_2O_3^{2-}\longrightarrow 2I^{-}+S_4O_6^{2-}$$

$\varphi^{\ominus}(Cu^{2+}/Cu^{+})=+0.17V$，$\varphi^{\ominus}(I_2/2I^{-})=+0.54V$。从 $\varphi^{\ominus}$ 看，Cu^{2+} 不能氧化 I^-，但实际上怎样？

【例 5-3】 计算 KI 浓度为 1mol/L 时 Cu^{2+}/Cu^{+} 电对的条件电极电位（忽略离子强度的影响）。

解　已知 $\varphi^{\ominus}(Cu^{2+}/Cu^{+})=+0.17V$，$K_{sp,CuI}=1.1\times10^{-12}$，则

$$\begin{aligned}\varphi(Cu^{2+}/Cu^{+})&=\varphi^{\ominus}(Cu^{2+}/Cu^{+})+0.059\lg\frac{[Cu^{2+}]}{[Cu^{+}]}\\&=\varphi^{\ominus}(Cu^{2+}/Cu^{+})+0.059\lg\frac{[Cu^{2+}]}{K_{sp,CuI}/[I^{-}]}\\&=\varphi^{\ominus}(Cu^{2+}/Cu^{+})+0.059\lg\frac{[I^{-}][Cu^{2+}]}{K_{sp,CuI}}\\&=\varphi^{\ominus}(Cu^{2+}/Cu^{+})-0.059\lg K_{sp,CuI}+0.059\lg([Cu^{2+}][I^{-}])\end{aligned}$$

因此，当 $[Cu^{2+}]=[I^{-}]=1mol/L$ 时

$$\varphi(Cu^{2+}/Cu^{+})=0.17-0.059\lg(1.1\times10^{-12})=0.88(V)$$

从上例可知，由于生成了溶解度很小的 CuI 沉淀，使溶液中 Cu^+ 浓度大为降低，Cu^{2+}/Cu^{+} 电对的电极电位由 +0.17V 增高至 +0.88V，比 +0.54V 大得多，所以 Cu^{2+} 可以氧化 I^-，而且反应进行得很完全。

（2）形成配合物的影响　当溶液中有多种阴离子存在时，这些阴离子常能与氧化态或还原态形成不同稳定性的配合物，从而引起电极电位的改变。氧化态形成的配合物越稳定，电位降得越低（或氧化态和还原态均形成稳定的配合物，但氧化态的配合物较还原态的配合物

更稳定）。相反，还原态形成的配合物越稳定，电位值升得越高（或氧化态和还原态均形成稳定的配合物，但还原态的配合物较氧化态的配合物更稳定）。例如，用碘量法测定 Cu^{2+} 的含量时，如果试样中含有 Fe^{3+}，它将与 Cu^{2+} 一起氧化 I^-，从而干扰 Cu^{2+} 的测定。如果在试液中加入 F^-，F^- 与氧化态 Fe^{3+} 形成稳定的铁氟配合物，干扰就被消除了。

【例 5-4】 计算溶液中 $c(Fe^{3+})=0.1mol/L$，$c(Fe^{2+})=1.0\times10^{-5}mol/L$，游离的 F^- 浓度为 1mol/L 时的 $\varphi(Fe^{3+}/Fe^{2+})$ 忽略离子强度的影响。

解　查表得知铁氟配合物的累积稳定常数分别为：

$$\beta_1=1.9\times10^5,\ \beta_2=2.0\times10^9,\ \beta_3=1.2\times10^{12}$$

则

$$\alpha_{Fe(F)}=1+\beta_1[F]+\beta_2[F]^2+\beta_3[F]^3$$
$$=1+(1.9\times10^5)\times1+(2.0\times10^9)\times1^2+(1.2\times10^{12})\times1^3=1.20\times10^{12}$$

$$[Fe^{3+}]=\frac{c(Fe^{3+})}{\alpha_{Fe(F)}}=\frac{0.1}{1.20\times10^{12}}=8.3\times10^{-13}(mol/L)$$

所以

$$\varphi(Fe^{3+}/Fe^{2+})=\varphi^{\ominus}(Fe^{3+}/Fe^{2+})+0.059\lg\frac{[Fe^{3+}]}{[Fe^{2+}]}$$
$$=0.77+0.059\lg\frac{8.3\times10^{-13}}{1.0\times10^{-5}}=+0.35(V)$$

计算结果说明，加入 F^- 后 Fe^{3+} 与 F^- 形成了稳定的配合物，导致 $\varphi(Fe^{3+}/Fe^{2+})$ 的电位由 +0.77V 降到 +0.35V，小于 +0.54V。这样 Fe^{3+} 就不能氧化 I^-，从而消除了 Fe^{3+} 的干扰。

3. 溶液的酸度对反应方向的影响

许多氧化还原反应有 H^+ 或 OH^- 参加，此时溶液的酸度变化将直接影响溶液中电对的电极电位。

【例 5-5】 判断当溶液的 $[H^+]=1mol/L$ 和 $[H^+]=10^{-4}mol/L$ 时，下列反应的进行方向：

$$AsO_4^{3-}+2I^-+2H^+\longrightarrow AsO_3^{3-}+H_2O+I_2$$

解　已知上述反应对应的半反应为：

$$AsO_4^{3-}+2H^++2e\longrightarrow AsO_3^{3-}+H_2O \qquad \varphi^{\ominus}(AsO_4^{3-}/AsO_3^{3-})=+0.56V$$
$$I_2+2e\longrightarrow 2I^- \qquad \varphi^{\ominus}(I_2/I^-)=+0.54V$$

从电极反应知 $\varphi^{\ominus}(I_2/I^-)$ 几乎与 pH 无关，而 $\varphi^{\ominus}(AsO_4^{3-}/AsO_3^{3-})$ 受酸度影响较大。

$$\varphi(AsO_4^{3-}/AsO_3^{3-})=\varphi^{\ominus}(AsO_4^{3-}/AsO_3^{3-})+\frac{0.059}{2}\lg\frac{[AsO_4^{3-}][H^+]^2}{[AsO_3^{3-}]}$$

当 $[H^+]=1mol/L$、$[AsO_4^{3-}]=[AsO_3^{3-}]=1mol/L$ 时，电对 AsO_4^{3-}/AsO_3^{3-} 的电极电位 $\varphi^{\ominus}(AsO_4^{3-}/AsO_3^{3-})=+0.56V$。由于 +0.56V > +0.54V，所以上述反应向右[❶]进行。

当 $[H^+]=10^{-4}mol/L$、$[AsO_4^{3-}]=[AsO_3^{3-}]=1mol/L$ 时，若不考虑酸度对 AsO_4^{3-}、AsO_3^{3-} 存在形式的影响，则电对 AsO_4^{3-}/AsO_3^{3-} 的电极电位为：

$$\varphi(AsO_4^{3-}/AsO_3^{3-})=\varphi^{\ominus}(AsO_4^{3-}/AsO_3^{3-})+\frac{0.059}{2}\lg[H^+]^2$$
$$=0.56+0.059\lg(10^{-8})=+0.088(V)$$

由于 +0.54V > +0.088V，所以该反应向左进行。

---

❶ 氧化还原反应的方向是：两电对中电位值较高电对的氧化态物质与电位值较低电对的还原态物质相互反应。

应当指出，酸度对反应方向的影响，只在两个电对的 φ（或 $\varphi^{\ominus\prime}$）值相差很小时才能实现。如上述反应中两电对值只相差 0.02V，则只要改变溶液的 pH 就可以改变反应进行的方向。

四、氧化还原反应进行的程度

氧化还原反应进行的完全程度常用反应平衡常数来衡量。平衡常数可根据能斯特方程式，从有关电对的条件电极电位求出。如氧化还原反应

$$n_2 Ox_1 + n_1 Red_2 \longrightarrow n_2 Red_1 + n_1 Ox_2$$

两电对的半反应的电极电位分别为：

$$\varphi_1 = \varphi_1^{\ominus\prime} + \frac{0.059}{n_1}\lg\frac{c_{Ox1}}{c_{Red1}} \quad \varphi_2 = \varphi_2^{\ominus\prime} + \frac{0.059}{n_2}\lg\frac{c_{Ox2}}{c_{Red2}}$$

当反应达到平衡时，两电对的电极电位相等，即

$$\varphi_1^{\ominus\prime} + \frac{0.059}{n_1}\lg\frac{c_{Ox1}}{c_{Red1}} = \varphi_2^{\ominus\prime} + \frac{0.059}{n_2}\lg\frac{c_{Ox2}}{c_{Red2}}$$

整理后得

$$\varphi_1^{\ominus\prime} - \varphi_2^{\ominus\prime} = \frac{0.059}{n_1 n_2}\lg\left[\left(\frac{c_{Red1}}{c_{Ox1}}\right)^{n_2}\left(\frac{c_{Ox2}}{c_{Red2}}\right)^{n_1}\right] = \frac{0.059}{n_1 n_2}\lg K \tag{5-4}$$

式中，K 为反应的条件平衡常数。

若设 $n_1 n_2 = n$（n 为 n_1 和 n_2 的最小公倍数），$\Delta\varphi = \varphi_1^{\ominus\prime} - \varphi_2^{\ominus\prime}$，则

$$\lg K' = \frac{n\Delta\varphi}{0.059} \tag{5-5}$$

可见，条件平衡常数 K 值的大小是由两电对的条件电极电位之差 $\Delta\varphi$ 和转移的电子数决定的。$\varphi_1^{\ominus\prime}$与 $\varphi_2^{\ominus\prime}$相差越大，氧化还原反应的平衡常数 K'就越大，反应进行也越完全。对于氧化还原滴定反应，平衡常数 K 多大或两电对的条件电极电位相差多大反应才算定量进行呢？可以根据式（5-4），结合考虑分析所要求的误差求出。如当 $n_1 = n_2 = 1$ 时，氧化还原滴定反应

$$Ox_1 + Red_2 \longrightarrow Red_1 + Ox_2$$

只有在反应完成 99.9%以上，才满足定量分析的要求。因此在化学计量点时，要求：反应产物的含量≥99.9%，即 $[Ox_2] \geq 99.9\%$，$[Red_1] \geq 99.9\%$；而剩余反应物的含量≤0.1%，即 $[Ox_1] \leq 0.1\%$，$[Red_2] \leq 0.1\%$。则

$$\lg K = \lg\frac{[Red_1][Ox_2]}{[Ox_1][Red_2]} = \lg\frac{99.9\% \times 99.9\%}{0.1\% \times 0.1\%} = \lg(10^3 \times 10^3) = 6 \tag{5-6}$$

所以，当分析误差≤0.1%时，两电对最小的电位差值应为：

$n_1 = n_2 = 1$ 时　　$\Delta\varphi \geq \frac{0.059}{1} \times 6 = 0.35(V)$

$n_1 = n_2 = 2$ 时　　$\Delta\varphi \geq \frac{0.059}{2} \times 6 = 0.18(V)$

$n_1 = n_2 = 3$ 时　　$\Delta\varphi \geq \frac{0.059}{3} \times 6 = 0.12(V)$

对 $n_1 \neq n_2$ 的对称电对的氧化还原反应

$$n_2 Ox_1 + n_1 Red_2 \longrightarrow n_2 Red_1 + n_1 Ox_2$$

$$\lg K = \lg\frac{[Red_1]^{n_2}[Ox_2]^{n_1}}{[Ox_1]^{n_2}[Red_2]^{n_1}} \geq \lg(10^{3n_1} \times 10^{3n_2})$$

即
$$\lg K \geqslant 3(n_1+n_2) \tag{5-7}$$

根据式（5-3），最小电位差值应为：

$$\Delta\varphi=\frac{0.059}{n_1 n_2}\lg K \geqslant 3(n_1+n_2)\frac{0.059}{n_1 n_2} \tag{5-8}$$

可见，当反应类型不同时，K 值的要求也不同，实际运用中要根据反应平衡常数 K 和 $\Delta\varphi$ 的大小进行判断。只要两电对的条件电极电位之差 $\Delta\varphi \geqslant 0.4V$，该反应的完全程度均能满足滴定分析的要求。但这只是反映了氧化还原滴定的可行性。除此之外还应考虑反应的机理、反应速率、反应条件的控制等问题。

【例 5-6】 计算 1mol/L HCl 介质中 Fe^{3+} 与 Sn^{2+} 反应的平衡常数，并判断反应能否定量进行。

解 Fe^{3+} 与 Sn^{2+} 的反应式为：

$$2Fe^{3+}+Sn^{2+}\longrightarrow Sn^{4+}+2Fe^{2+}$$

查表可知，1mol/L HCl 介质中，两电对的电极电位值分别为：

$$Fe^{3+}+e\longrightarrow Fe^{2+} \qquad \varphi^{\ominus\prime}(Fe^{3+}/Fe^{2+})=0.70V$$

$$Sn^{4+}+2e\longrightarrow Sn^{2+} \qquad \varphi^{\ominus\prime}(Sn^{4+}/Sn^{2+})=0.14V$$

由于 $n_1 \neq n_2$，根据式（5-6）

$$\lg K \geqslant 3(n_1+n_2)$$

得

$$\lg K' \geqslant 9$$

根据式（5-4），反应式的平衡常数为：

$$\lg K=\frac{n(\varphi_1^{\ominus\prime}-\varphi_2^{\ominus\prime})}{0.059}=\frac{2\times(0.70-0.14)}{0.059}=18.98 \geqslant 9$$

所以此反应能定量进行。

五、氧化还原反应速率及其影响因素

仅从有关电对的条件电极电位判断氧化还原反应的方向和完全程度，只说明反应发生的可能性，无法指出反应的速率。而在滴定分析中，总是希望滴定反应能快速进行，若反应速率慢，反应就不能直接用于滴定。如 Ce^{4+} 与 H_3AsO_3 的反应：

$$2Ce^{4+}+H_3AsO_3+H_2O\xrightarrow{0.5mol/L\ H_2SO_4\ 溶液}2Ce^{3+}+H_3AsO_4+2H^+$$

$$\varphi^{\ominus}(Ce^{4+}/Ce^{3+})=1.46V \qquad \varphi^{\ominus}[As(V)/As(III)]=0.56V$$

计算得该反应的平衡常数为 $K\approx 10^{30}$。若仅从平衡考虑，此常数很大，反应可以进行得很完全。实际上此反应速率极慢，若不加催化剂，反应则无法实现。

影响氧化还原反应速率的因素有氧化剂与还原剂本身的性质、反应物浓度、溶液的温度及催化剂作用等。只有在某些具体条件下，能迅速反应的氧化剂与还原剂之间的反应才能用于滴定分析。

1. 氧化剂与还原剂的性质

不同性质的氧化剂和还原剂反应速率相差极大，这与它们的原子结构、反应历程等诸多因素有关，情况较复杂，这里不做讨论。

2. 反应物浓度

许多氧化还原反应是分步进行的，整个反应速率由最慢的一步决定，因此不能从总的氧化还原反应方程式判断反应物浓度对反应速率的影响。但一般来说，增加反应物的浓度就能加快反应的速率。例如 $Cr_2O_7^{2-}$ 与 I^- 的反应：

$$Cr_2O_7^{2-}+6I^-+14H^+\longrightarrow 2Cr^{3+}+3I_2+7H_2O \quad (慢)$$

此反应速率慢，但增大 I^- 的浓度或提高溶液酸度可加速反应。实验证明，在 H^+ 浓度为 0.4mol/L 时，KI 过量约 5 倍，放置 5min，反应即可进行完全。不过用增加反应物浓度来加快反应速率的方法只适用于滴定前一些预氧化还原处理的一些反应，在直接滴定时不能用此法来加快反应速率。

3. 催化反应（catalyzed reaction）对反应速率的影响

催化剂的使用是提高反应速率的有效方法。例如前面提到的 Ce^{4+} 与 As(Ⅲ）的反应，实际上是分两步进行的：

$$As(III)\xrightarrow{Ce^{4+}(慢)}As(IV)\xrightarrow{Ce^{4+}(快)}As(V)$$

由于前一步的影响，总的反应速率很慢。如果加入少量的 I^-，则发生如下反应：

$$Ce^{4+}+I^- \longrightarrow I^0+Ce^{3+}$$

$$2I^0 \longrightarrow I_2$$

$$I_2+H_2O \longrightarrow HIO+H^++I^-$$

$$H_3AsO_3+HIO \longrightarrow H_3AsO_4+H^++I^-$$

由于所有涉及碘的反应都是快速的，少量的 I^- 起了催化剂的作用，加速了 Ce^{4+} 与 As(Ⅲ）的反应。基于此，可用 As_2O_3 标定 Ce^{4+} 溶液的浓度。

又如，MnO_4^- 与 $C_2O_4^{2-}$ 的反应速率慢，但若加入 Mn^{2+}，能催化反应迅速进行。如果不加入 Mn^{2+}，而利用 MnO_4^- 与 $C_2O_4^{2-}$ 发生作用后生成的微量 Mn^{2+} 作催化剂，反应也可进行。这种生成物本身引起的催化作用的反应称为自动催化反应。这类反应有一个特点，就是开始时的反应速率较慢，随着生成物逐渐增多，反应速率逐渐加快。经一个最高点后，由于反应物的浓度越来越低，反应速率又逐渐降低。

4. 温度对反应速率的影响

对大多数反应来说，升高溶液的温度可以加快反应速率，通常溶液温度每增高 10℃，反应速率可增大 2～3 倍。例如在酸性溶液中 MnO_4^- 和 $C_2O_4^{2-}$ 的反应：

$$2MnO_4^-+5C_2O_4^{2-}+16H^+ \longrightarrow 2Mn^{2+}+10CO_2\uparrow+8H_2O$$

在室温下反应速率缓慢，如果将溶液加热至 75～85℃，反应速率就大大加快，滴定便可以顺利进行。但 $K_2Cr_2O_7$ 与 KI 的反应就不能用加热的方法来加快反应速率，因为生成的 I_2 会挥发而引起损失。又如草酸溶液加热的温度过高，时间过长，草酸分解引起的误差也会增大。有些还原性物质如 Fe^{2+}、Sn^{2+} 等也会因加热而更容易被空气中的氧所氧化。因此，对那些加热引起挥发或加热易被空气中的氧氧化的反应不能用提高温度来加速，只能寻求其他方法来提高反应速率。

5. 诱导反应（induced reaction）对反应速率的影响

在氧化还原反应中，有些反应在一般情况下进行得非常缓慢或实际上并不发生，可是当存在另一反应的情况下，此反应就会加速进行。这种因某一氧化还原反应的发生而促进另一种氧化还原反应进行的现象称为诱导作用，反应称为诱导反应。例如，$KMnO_4$ 氧化 Cl^- 反应速率极慢，对滴定几乎无影响。但如果溶液中同时存在 Fe^{2+}，MnO_4^- 与 Fe^{2+} 的反应可以加速 MnO_4^- 与 Cl^- 的反应，使测定的结果偏高。这种现象就是诱导作用，MnO_4^- 与 Fe^{2+} 的反应就是诱导反应。

诱导反应不同于催化反应，其区别见表 5-1。

由于氧化还原反应机理较为复杂，采用何种措施来加速滴定反应速率，需要综合考虑各种因素。例如高锰酸钾法滴定 $C_2O_4^{2-}$，滴定开始前需要加入 Mn^{2+} 作为反应的催化剂，滴定反应需要在 75～85℃下进行。

表 5-1　诱导反应与催化反应的区别

诱导反应	催化反应
由于一个氧化还原反应的发生，促进另一个氧化还原反应进行的现象	催化剂可以改变反应的速率，正催化剂加快反应速率，负催化剂减慢反应速率
诱导反应的发生，与氧化还原反应的中间步骤所产生的不稳定中间价态离子或游离基等因素有关	在催化反应中，由于催化剂的存在，可能新产生了一些不稳定的中间价态离子、游离基或活泼的中间配合物，从而改变了原来的反应历程，或者降低了原来进行反应时所需要的活化能，使反应速率发生了变化
诱导体参加反应后，变为其他物质	催化剂参加反应后，又变回原来的组成

思考题5-1

1. 外界条件对条件电极电位有什么影响？为什么使用条件电极电位比标准电极电位更合适？

2. 如何衡量氧化还原反应进行的程度？氧化还原反应进行的程度取决于什么？

3. 影响氧化还原反应速率的主要因素有哪些？

4. 解释下列现象

（1）将氯水慢慢加入到含有 Br^- 和 I^- 的酸性溶液中，用 CCl_4 萃取，CCl_4 层变为紫色。再继续加入氯水，紫色消失而呈红褐色。

（2）虽然 $\varphi^{\ominus\prime}_{I_2/2I^-} > \varphi^{\ominus\prime}_{Cu^{2+}/Cu^+}$ 但 Cu^{2+} 却能将 I^- 氧化成 I_2。

（3）在 HCl 溶液中用 $KMnO_4$ 滴定 Fe^{2+} 时，会消耗较多 $KMnO_4$ 的溶液使结果偏高。

（4）以 $K_2Cr_2O_7$ 标定 $Na_2S_2O_3$ 溶液时，是使用间接碘量法。能否用 $K_2Cr_2O_7$ 溶液直接滴定 $Na_2S_2O_3$，为什么？

阅读材料

科学家能斯特

能斯特（Waalfter Hermann Nernst）1864 年 6 月 25 日生于土伦东北的一个小镇上，那是天文学家哥白尼诞生的地方。能斯特年轻时对文学、诗歌和古典作品特别是拉丁作品很感兴趣，而且表现出了非凡的能力。后来他的化学老师使他对自然科学产生了兴趣。他经常在一个小的家庭实验室做实验。他先后在苏黎世大学、匹兹堡大学和格拉茨大学学习过，在格拉茨时他遇到了玻尔兹曼和阿仑尼乌斯。1887 年能斯特在柯尔劳什（F. Kohlro）的指导下取得了哲学博士学位。

后来，能斯特成为哥丁堡大学和柏林大学的教授。他开始研究物理学，后来在奥斯特瓦尔德的影响下转而研究物理化学，特别是在热力学和电化学方面取得了巨大的成就。

能斯特从实验中观察到，由两种不同的电解质溶液组成原电池时，两种溶液的电位差仅决定于两种溶液的浓度比。如 0.01mol/L KCl 溶液和 0.01mol/L HCl 溶液间的电位差与 0.1mol/L KCl 溶液和 0.1mol/L HCl 溶液间的电位差相同。这些结果都是由实验数据证明的。

电池产生电位差的理论开始由能斯特提出，后来又得到了发展。能斯特认为，在原电池中，金属进入溶液的倾向可以用一种金属的溶解压力来描绘，而溶液中的金属离子沉积到金属电极上是由于金属离子的渗透压所致，显然这种力与金属离子浓度有关，这两种力的性质相反，它们之间的平衡与电极和溶液间的电位差是一致的。如果金属有一个非常小的溶解压力，此时溶液中的离子将从溶液中沉积到金属电极上，而溶液中就留下负电荷。如果溶解压力和渗透压相等，此时金属既不会溶解进入溶液，溶液中的离子也不会沉积出来，电池电位差等于零。

1889 年，他提出溶解压假说，从热力学导出电极电位与溶液浓度的关系式，即电化学中著名的能斯特方程：

$$\varphi=\varphi^{\ominus}-\frac{RT}{nF}\ln\frac{c(\mathrm{Ox})}{c(\mathrm{Red})}$$

同年，还引入溶度积这个重要的概念来解释沉淀反应。他用量子理论的观点研究低温下固体的比热容；提出光化学的“原子链式反应”理论。1906 年，根据低温现象的研究，得出了热力学第三定律，人们称之为“能斯特热定律”。这个定律有效地解决了计算平衡常数问题和许多工业生产难题，能斯特本人因此获得了 1920 年的诺贝尔化学奖。

摘自胡亚东主编《世界著名科学家传记》

第二节　氧化还原滴定曲线及指示剂

【学习要点】　了解氧化还原滴定曲线的绘制方法；掌握化学计量点电位和化学计量点前后电位的计算；掌握影响滴定突跃范围的因素；了解氧化还原滴定用指示剂的类型和氧化还原指示剂的变色原理、变色范围和变色点，掌握淀粉指示剂的使用方法；掌握氧化还原指示剂的选择原则和使用方法。

在氧化还原滴定的过程中，反应物和生成物的浓度不断改变，使有关电对的电位也发生变化，这种电位改变的情况可以用滴定曲线表示。滴定过程中各点的电位可用仪器方法测量，也可以根据能斯特公式计算，尤其是化学计量点的电位以及滴定突跃电位，这是确定终点的依据。

一、氧化还原滴定曲线

1. 氧化还原滴定中化学计量点的电位和滴定突跃的计算

(1) 化学计量点时的电位计算

对称电对的氧化还原反应　当两个电对中的电子转移数不相等，即 $n_1 \neq n_2$ 时

$$n_2\mathrm{Ox}_1+n_1\mathrm{Red}_2\longrightarrow n_1\mathrm{Ox}_2+n_2\mathrm{Red}_1$$

两个半反应及对应的电位值为：

$$\mathrm{Ox}_1+n_1\mathrm{e}\longrightarrow \mathrm{Red}_1\qquad \varphi_1=\varphi_1^{\ominus\prime}+\frac{0.059}{n_1}\lg\frac{[\mathrm{Ox}_1]}{[\mathrm{Red}_1]}$$

$$\mathrm{Ox}_2+n_2\mathrm{e}\longrightarrow \mathrm{Red}_2\qquad \varphi_2=\varphi_2^{\ominus\prime}+\frac{0.059}{n_2}\lg\frac{[\mathrm{Ox}_2]}{[\mathrm{Red}_2]}$$

达到化学计量点时，$\varphi_{sp}=\varphi_1=\varphi_2$，将以上两式通分后相加，整理后得

$$(n_1+n_2)\varphi_{sp}=n_1\varphi_1^{\ominus\prime}+n_2\varphi_2^{\ominus\prime}+0.059\lg\frac{[\mathrm{Ox}_1][\mathrm{Ox}_2]}{[\mathrm{Red}_1][\mathrm{Red}_2]}$$

因为化学计量点时

$$[\mathrm{Ox}_1]/[\mathrm{Red}_2]=n_2/n_1\qquad [\mathrm{Ox}_2]/[\mathrm{Red}_1]=n_1/n_2$$

故

$$\lg\frac{[\mathrm{Ox}_1][\mathrm{Ox}_2]}{[\mathrm{Red}_1][\mathrm{Red}_2]}=0$$

所以

$$\varphi_{sp}=\frac{n_1\varphi_1^{\ominus\prime}+n_2\varphi_2^{\ominus\prime}}{n_1+n_2}\tag{5-9}$$

式(5-10)是 $n_1 \neq n_2$ 对称电对的氧化还原滴定化学计量点时电位的计算公式。若 $n_1 = n_2 = 1$，则

$$\varphi_{sp} = \frac{\varphi_1^{\ominus\prime} + \varphi_2^{\ominus\prime}}{2} \tag{5-10}$$

（2）滴定突跃的计算　对于 $n_1 \neq n_2$ 对称电对的氧化还原反应，化学计量点前后的电位突跃可用能斯特方程式计算。

① 化学计量点前的电位。可用被测物电对的电位计算。若被测物为 Red_2，则

$$\varphi(Ox_2/Red_2) = \varphi^{\ominus\prime}(Ox_2/Red_2) + \frac{0.059}{n_2}\lg\frac{[Ox_2]}{[Red_2]} \tag{5-11}$$

② 化学计量点后的电位。可用滴定剂电对的电位计算。若滴定剂为 Ox_1，则

$$\varphi(Ox_1/Red_1) = \varphi^{\ominus\prime}(Ox_1/Red_1) + \frac{0.059}{n_1}\lg\frac{[Ox_1]}{[Red_1]} \tag{5-12}$$

（3）不对称电对的氧化还原反应　以两个电对中只有一个是不对称电对为例。

其化学计量点电位 φ_{sp} 不仅与条件电位及电子转移数有关，还与对称电对浓度有关。

$$Ox_1 + n_1 e \longrightarrow aRed_1 \text{（不对称电对）}$$

$$Ox_2 + n_2 e \longrightarrow Red_2 \text{（对称电对）}$$

组成的氧化还原反应为 $n_2 Ox_1 + n_1 Red_2 \longrightarrow n_1 Ox_2 + an_2 Red_1$

将两电对的能斯特方程式分别乘以 n_2 和 n_1 并相加，而且因 $\varphi_{sp} = \varphi_1 = \varphi_2$ 则得到

$$(n_1 + n_2)\varphi_{sp} = n_1\varphi_1^{\ominus\prime} + n_2\varphi_2^{\ominus\prime} + 0.059\lg\frac{[Ox_1][Ox_2]}{[Red_1][Red_2]}$$

而化学计量点时，各组分平衡浓度的关系为：

$$n_1[Ox_1] = n_2[Red_2];\quad an_2[Ox_2] = n_1[Red_1]$$

则

$$\lg\frac{[Ox_1][Ox_2]}{[Red_1][Red_2]} = \lg\frac{n_1 n_2}{n_1 an_2[Red]^{a-1}} = \lg\frac{1}{a[Red]^{a-1}}$$

代入上式得

$$\varphi_{sp} = \frac{n_1\varphi_1^{\ominus\prime} + n_2\varphi_2^{\ominus\prime}}{n_1 + n_2} + \frac{0.059}{n_1 + n_2}\lg\frac{1}{\alpha[Red_1]^{\alpha-1}} \tag{5-13}$$

可见，有不对称电对参加的氧化还原反应的 φ_{sp} 与体系中不对称电对生成物的浓度有关。

若使用标准电极电位计算化学计量点的电位，对于有 H^+ 参加的氧化还原滴定反应，在计算式中还应当包含 H^+ 浓度。例如：

以 $K_2Cr_2O_7$ 滴定 Fe^{3+} 以标准电位计算 φ_{sp} 的计算式为：

$$\varphi_{sp} = \frac{n_1\varphi_1^{\ominus\prime} + n_2\varphi_2^{\ominus\prime}}{n_1 + n_2} + \frac{0.059}{n_1 + n_2}\lg\frac{1}{2C_{Cr^{3+},SP}} + \frac{0.059}{n_1 + n_2}\lg[H^+]^{14}$$

（4）实例　用 0.1000mol/L $Ce(SO_4)_2$ 溶液，在 0.5mol/L H_2SO_4 溶液中滴定 20.00mL 0.1000mol/L $FeSO_4$ 溶液，其滴定反应为：

$$Ce^{4+} + Fe^{2+} \longrightarrow Ce^{3+} + Fe^{3+}$$

滴定过程中溶液的组成发生如下变化：

滴定过程	溶液组成
滴定前	Fe^{2+}
化学计量点	Fe^{2+}，Fe^{3+}，Ce^{3+}（反应完全，$[Ce^{4+}]$很小）
化学计量点后	Fe^{3+}，Ce^{3+}，Ce^{4+}（$[Fe^{2+}]$很小）

① 化学计量点前。因为加入的 Ce^{4+} 几乎全部被 Fe^{2+} 还原为 Ce^{3+}，到达平衡时

$c(Ce^{4+})$很小，电位值不易直接求得。但如果知道了滴定的百分数，就可求得 $c(Fe^{3+})/c(Fe^{2+})$，进而计算出电位值。假设 Fe^{2+} 被滴定了 $a\%$，则按式(5-10)：

$$\varphi(Fe^{3+}/Fe^{2+})=\varphi^{\ominus\prime}(Fe^{3+}/Fe^{2+})+0.059\lg\frac{a}{100-a} \tag{5-14}$$

② 化学计量点后。Fe^{2+} 几乎全部被 Ce^{4+} 氧化为 Fe^{3+}，$c(Fe^{2+})$ 很小，不易直接求得，但只要知道加入过量的 Ce^{4+} 的百分数，就可以用 $c(Ce^{4+})/c(Ce^{3+})$ 按式(5-11) 计算电位值。设加入了 $b\%$ Ce^{4+}，则过量的 Ce^{4+} 为 $(b-100)\%$，得

$$\varphi(Ce^{4+}/Ce^{3+})=\varphi^{\ominus\prime}(Ce^{4+}/Ce^{3+})+0.059\lg\frac{b-100}{100} \tag{5-15}$$

③ 化学计量点。Ce^{4+} 和 Fe^{2+} 分别定量地转变为 Ce^{3+} 和 Fe^{3+}，未反应的 $c(Ce^{4+})$和 $c(Fe^{2+})$ 很小，不能直接求得，可从式(5-9) 求得：

$$\varphi_{sp}=\frac{\varphi^{\ominus\prime}(Fe^{3+}/Fe^{2+})+\varphi^{\ominus\prime}(Ce^{4+}/Ce^{3+})}{2}$$

计算结果列表如下：

加入 Ce^{4+} 溶液的体积 V/mL	Fe^{2+} 被滴定的百分数 a/%	电位 φ/V
1.00	5.0	0.60
2.00	10.0	0.62
4.00	20.0	0.64
8.00	40.0	0.67
10.00	50.0	0.68
12.00	60.0	0.69
18.00	90.0	0.74
19.80	99.0	0.80
19.98	99.9	0.86 突跃范围
20.00	100.0	1.06
20.02	100.1	1.26
22.00	110.0	1.38
30.00	150.0	1.42
40.00	200.0	1.44

④ 滴定曲线。以滴定剂加入的百分数为横坐标、电对的电位为纵坐标作图，可得到如图 5-1 的滴定曲线。

2. 滴定突跃范围

根据前面的计算可以看出，化学计量点附近电位突跃范围的大小取决于两个电对的电子转移数和电位差。两个电对的条件电极电位相差越大，滴定突跃范围越大，如 Ce^{4+} 滴定 Fe^{2+} 的突跃范围大于 $Cr_2O_7^{2-}$ 滴定 Fe^{2+}；电对的电子转移数越小，滴定突跃范围越大，如 Ce^{4+} 滴定 Fe^{2+} 的突跃范围大于 MnO_4^- 滴定 Fe^{2+}。图 5-2 是以不同的氧化剂分别滴定还原剂 Fe^{2+} 时所绘成的滴定曲线。

对于 $n_1=n_2=1$ 的氧化还原反应，化学计量点恰好处于滴定突跃的中间，在化学计量点附近滴定曲线是对称的。

对于 $n_1\neq n_2$ 对称电对的氧化还原反应，化学计量点不在滴定突跃范围的中心，而是偏向电子得失较多的电对一方。

3. 不可逆电对的滴定曲线

当氧化还原体系中涉及不可逆氧化还原电对时，实测的滴定曲线与理论计算所得的滴定

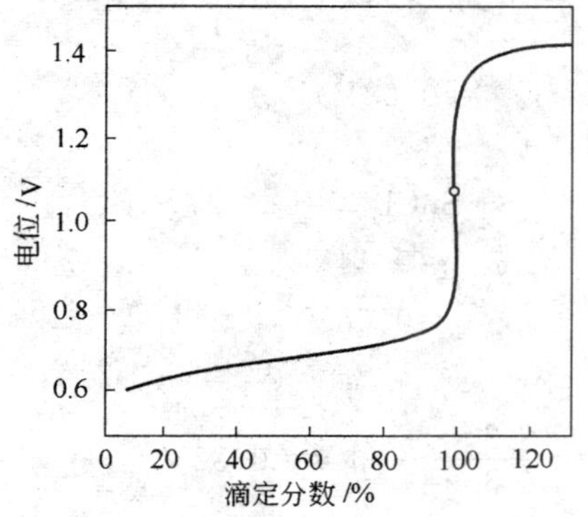

图 5-1　0.1000mol/L $Ce(SO_4)_2$ 标准滴定溶液滴定 20.00mL 0.1000mol/L $FeSO_4$ 溶液的滴定曲线

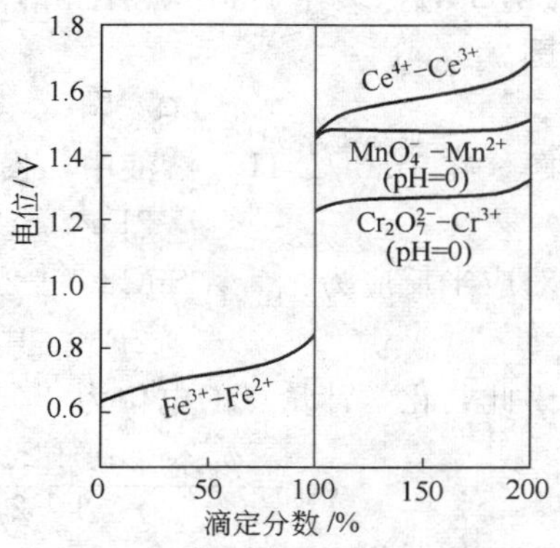

图 5-2　不同的氧化剂滴定还原剂 Fe^{2+}

曲线常有差别。这种差别通常出现在电位主要由不可逆氧化还原电对控制的时候。例如，在 H_2SO_4 溶液中用 $KMnO_4$ 滴定 Fe^{2+}，MnO_4^-/Mn^{2+} 为不可逆氧化还原电对，Fe^{3+}/Fe^{2+} 为可逆的氧化还原电对。在化学计量点前，电位主要由 Fe^{3+}/Fe^{2+} 控制，故实测滴定曲线与理论滴定曲线并无明显的区别。但是，在化学计量点后，当电位主要由电对 MnO_4^-/Mn^{2+} 控制时，它们两者在形状及数值上均有较明显的差别。这种情况从图 5-3 中可以看出。

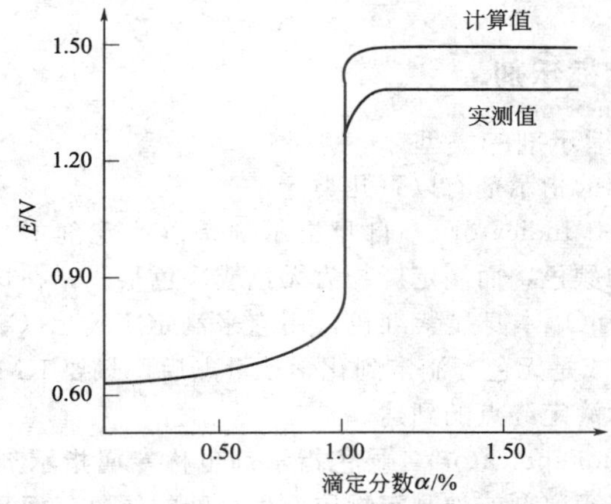

图 5-3　在 H_2SO_4 溶液中用 $KMnO_4$ 滴定 Fe^{2+} 的滴定曲线

图 5-3 是用 0.1000mol/L$KMnO_4$ 滴定 0.1000mol/LFe^{2+} 时理论与实测的滴定曲线的比较。

【例 5-7】 以 0.01667mol/L $K_2Cr_2O_7$ 标准溶液滴定 0.1000mol/L 的 Fe^{2+} 至终点时，溶液的 pH＝2.0，求化学计量点电位。(已知：$\varphi^{\ominus\prime}_{Fe^{3+}/Fe^{2+}}=0.68V$　$\varphi^{\ominus\prime}_{Cr_2O_7^{2-}/2Cr^{3+}}=1.33V$)

解　滴定反应式为

$$Cr_2O_7^{2-}+6Fe^{2+}+14H^+ \longrightarrow 2Cr^{3+}+6Fe^{3+}+7H_2O$$

$$[Cr^{3+}]_{sp}=\frac{2\times0.01667}{2}=0.01667mol/L$$

$$\varphi_{sp}=[\frac{6\times1.33+0.77}{6+1}+\frac{0.059}{7}\lg\frac{1}{0.01667}+\frac{0.059}{7}\lg(1.0\times10^{-2})]V=1.03V$$

答：此滴定化学计量点电位为 1.03V

【例 5-8】 求在 1mol/L HCl 溶液中用 Fe^{3+} 滴定 Sn^{2+} 时化学计量点及滴定的电位的突跃范围。

$$(\varphi^{\ominus\prime}_{Sn^{4+}/Sn^{2+}}=0.14V, \varphi^{\ominus\prime}_{Fe^{3+}/Fe^{2+}}=0.68V)$$

解 在 1mol/L HCl 溶液中，发生的反应如下：

$$2Fe^{3+}+SnCl_4^{2-} \longrightarrow 2Fe^{2+}+SnCl_6^{2-}$$

对应半反应为：

$$SnCl_6^{2-}+2e \longrightarrow SnCl_4^{2-} \qquad \varphi^{\ominus\prime}=0.14V$$

$$2Fe^{3+}+e \longrightarrow 2Fe^{2+} \qquad \varphi^{\ominus\prime}=0.68V$$

因此，化学计量点的电位为：

$$\varphi_{sp}=\frac{\varphi^{\ominus\prime}_{Fe^{3+}/Fe^{2+}}+2\varphi^{\ominus\prime}_{Sn^{4+}/Sn^{2+}}}{1+2}=\left(\frac{0.68+2\times0.14}{3}\right)V=0.32V$$

滴定的电位突跃范围：

化学计量点前 $\varphi=\varphi^{\ominus\prime}_{SnCl_6^{2-}/SnCl_4^{2-}}+\frac{0.059}{2}\lg\frac{99.9}{0.1}=0.14+\frac{0.059}{2}\lg\frac{99.9}{0.1}=0.23(V)$

化学计量点后 $\varphi=\varphi^{\ominus\prime}_{Fe^{3+}/Fe^{2+}}+0.059\lg\frac{0.1}{100}=0.68+0.059\lg\frac{0.1}{100}=0.50(V)$

答：在 1mol/L HCl 溶液中用 Fe^{3+} 滴定 Sn^{2+} 时化学计量点为 0.32V，滴定电位的突跃范围为 0.23～0.50V。

值得注意：滴定突跃的中点为 0.365V，φ_{sp} 偏向于 Sn^{4+}/Sn^{2+} 电对（即电子转移数较大的电对）一方。

二、氧化还原滴定指示剂

1. 氧化还原滴定用指示剂的类型

氧化还原滴定中所用的指示剂有以下几类。

(1) 自身指示剂（self indicator） 自身指示剂是以滴定剂本身颜色指示滴定终点的。有些滴定剂本身有很深的颜色，而滴定产物为无色或颜色很浅，在这种情况下，滴定时可不必另加指示剂。例如 $KMnO_4$ 本身显紫红色，用它来滴定 Fe^{2+}、$C_2O_4^{2-}$ 溶液时，反应产物 Mn^{2+}、Fe^{3+} 等颜色很浅或是无色，滴定到化学计量点后，只要 $KMnO_4$ 稍微过量[1]半滴就能使溶液呈现淡红色，指示滴定终点的到达。

(2) 显色指示剂（color indicator） 显色指示剂也称专属指示剂，这种指示剂本身并不具有氧化还原性，但能与滴定剂或被测定物质产生特殊的颜色，而且颜色反应是可逆的，因而可以指示滴定终点。这类指示剂最常用的是淀粉（starch），如可溶性淀粉与碘溶液反应生成深蓝色的化合物，当 I_2 被还原为 I^- 时，蓝色就突然褪去，反应极为明显。因此，在碘量法中多用淀粉溶液作指示液。用淀粉指示液可以检出约 10^{-5}mol/L 的碘，但淀粉指示液与 I_2 的显色灵敏度与淀粉的性质和加入时间、温度及反应介质等条件有关（详见碘量法），如温度升高，显色灵敏度下降。

此外，Fe^{3+} 溶液滴定 Sn^{2+} 时，可用 KSCN 为指示剂，当溶液出现红色（Fe^{3+} 与 SCN^- 形成的硫氰配合物的颜色）时即为终点。

(3) 氧化还原指示剂（redox indicator） 这类指示剂本身是氧化剂或还原剂，它的氧化态和还原态具有不同的颜色。在滴定过程中，指示剂由氧化态转为还原态或由还原态转为氧化态时，溶液颜色随之发生变化，从而指示滴定终点。例如用 $K_2Cr_2O_7$ 滴定 Fe^{2+} 时，常用

---

[1] 实验证明，在 100mL 水溶液中有 0.01mL $c(KMnO_4)=0.02$mol/L 的 $KMnO_4$ 溶液，肉眼就能观察到粉红色。

二苯胺磺酸钠为指示剂。二苯胺磺酸钠的还原态无色，当滴定至化学计量点时，稍过量的 $K_2Cr_2O_7$ 使二苯胺磺酸钠由还原态转变为氧化态，溶液显紫红色，指示滴定终点的到达。

2. 氧化还原指示剂变色的电位范围

若以 In_{Ox} 和 In_{Red} 分别代表指示剂的氧化态和还原态，滴定过程中，指示剂的电极反应可用下式表示：

$$In_{Ox} + ne \rightleftharpoons In_{Red}$$

$$\varphi = \varphi^{\ominus\prime}(In) \pm \frac{0.059}{n} \lg \frac{[In_{Ox}]}{[In_{Red}]} \tag{5-16}$$

显然，随着滴定过程中溶液电位值的改变，$\frac{[In_{Ox}]}{[In_{Red}]}$ 比值也在改变，因而溶液的颜色也发生变化。与酸碱指示剂在一定 pH 范围内发生颜色转变一样，只能在一定电位范围内看到这种颜色变化，这个范围就是指示剂变色的电位范围，它相当于两种形式浓度比值从 1/10 变到 10 时的电位变化范围。即

$$\varphi = \varphi^{\ominus\prime}(In) \pm \frac{0.059}{n} \tag{5-17}$$

当被滴定溶液的电位值恰好等于 $\varphi^{\ominus\prime}(In)$ 时，指示剂呈现中间颜色，称为变色点。若指示剂的一种形式的颜色比另一种形式的颜色深得多，则变色点电位将偏离 $\varphi^{\ominus\prime}(In)$ 值。表 5-2 列出了部分常用的氧化还原指示剂。

表 5-2 常用的氧化还原指示剂

指示剂	$\varphi^{\ominus\prime}(In)/V$ ($[H^+]=1$)	颜色变化		配制方法
		还原态	氧化态	
亚甲基蓝	+0.52	无	蓝	0.5g/L 水溶液
二苯胺磺酸钠	+0.85	无	紫红	将 0.5g 指示剂和 2g Na_2CO_3 加水稀释至 100mL
邻苯氨基苯甲酸	+0.89	无	紫红	将 0.11g 指示剂溶于 20mL 50g/L Na_2CO_3 溶液中，用水稀释至 100mL
邻二氮菲亚铁	+1.06	红	浅蓝	将 1.485g 邻二氮菲和 0.695g $FeSO_4 \cdot 7H_2O$ 用水稀释至 100mL

3. 氧化还原指示剂的选择原则

氧化还原指示剂不仅对某种离子有特效，而且对氧化还原反应普遍适用，因而是一种通用指示剂，应用范围比较广泛。选择这类指示剂的原则是：

① 指示剂变色点的电位应当处在滴定体系的电位突跃范围内，或尽可能选择指示剂的变色点电位 $\varphi^{\ominus\prime}(In)$ 与化学计量点电位 φ_{sp} 接近。

② 指示剂在终点时颜色要有明显的突变，以便于观察。

例如，在 0.5mol/L H_2SO_4 溶液中，用 Ce^{4+} 滴定 Fe^{2+}，前面已经计算出滴定到化学计量点前后 0.1%的电位突跃范围是 0.86～1.26V。显然，选择邻苯氨基苯甲酸和邻二氮菲亚铁是合适的。若选二苯胺磺酸钠，终点会提前，终点误差将会大于允许误差。

应该指出，指示剂本身会消耗滴定剂。例如，0.1mL 0.2%二苯胺磺酸钠会消耗 0.1mL 0.017mol/L 的 $K_2Cr_2O_7$ 溶液，因此，若 $K_2Cr_2O_7$ 溶液的浓度是 0.01mol/L 或更稀，则应做指示剂的空白校正，即用含量与分析试样相近的标准试样或标准溶液在同样条件下标定 $K_2Cr_2O_7$。

思考题5-2

1. 如何确定对称电对氧化还原反应的化学计量点电位？
2. 氧化还原滴定曲线突跃范围大小与哪些因素有关？
3. 化学计量点的位置与氧化剂和还原剂的电子转移数有什么关系？
4. 简述氧化还原指示剂的变色原理。
5. 何谓显色指示剂？何谓自身指示剂？各举一例说明。
6. 什么是氧化还原指示剂的变色点电位和变色电位范围？

阅读材料

淀粉与碘反应的本质

淀粉是一种高分子化合物。淀粉与碘反应的本质是生成了一种包合物（碘分子被包在了淀粉分子的螺旋结构中），这种新的物质对光的吸收不同导致颜色变化。天然淀粉的成分可以分为两类：直链淀粉和支链淀粉。直链淀粉约占10%～30%，相对分子质量较小，在50000左右，可溶于热水（70～80℃）形成胶体溶液。直链淀粉与碘酒作用显蓝色，但较短的直链则呈现红色、棕色或黄色等不同的颜色。支链淀粉约70%～90%，相对分子质量比直链淀粉大得多，在60000左右，不溶于水，支链淀粉与碘酒作用显紫色或紫红色。所以，淀粉遇碘酒究竟显什么颜色，取决于该淀粉中直链淀粉与支链淀粉的比例。有的豆类几乎全是直链淀粉，遇碘酒显蓝色；糯米中几乎全是支链淀粉，遇碘酒显紫色；玉米、马铃薯分别含有27%、20%的直链淀粉，所以马铃薯遇碘酒所显的颜色比玉米遇碘酒所显的颜色要略深。

摘自百度文库

第三节 氧化还原滴定前的预处理

【学习要点】 了解氧化还原滴定前预处理的重要性；掌握选择预处理所用的氧化剂和还原剂的原则；了解常用的预氧化剂和预还原剂的主要性质，掌握其使用方法。

在利用氧化还原滴定法分析某些具体试样时，往往需要将欲测组分预先处理成便于滴定的特定的价态。例如，测定铁矿中总铁量时，将 Fe^{3+} 预先还原为 Fe^{2+}，然后用氧化剂 $K_2Cr_2O_7$ 滴定。测定锰和铬时，先将试样溶解，如果它们是以 Mn^{2+} 或 Cr^{3+} 形式存在，就很难找到合适的强氧化剂直接滴定。可先用 $(NH_4)_2S_2O_8$ 将它们氧化成 MnO_4^-、$Cr_2O_7^-$，再选用合适的还原剂（如 $FeSO_4$ 溶液）进行滴定。又如 Sn^{4+} 的测定，要找一种强还原剂直接滴定它是不可能的，需将 Sn^{4+} 预还原成 Sn^{2+}，然后选用合适的氧化剂（如碘溶液）滴定。这种测定前的氧化还原步骤称为氧化还原预处理。

一、预氧化剂和预还原剂的条件

预处理时所选用的氧化剂或还原剂必须满足如下条件。

① 反应进行完全，速率快。

② 氧化或还原必须将欲测组分定量地氧化或还原至一定的价态。

③ 过剩的氧化剂或还原剂必须易于完全除去。除去的方法有以下几种。

a. 加热分解。例如，$(NH_4)_2S_2O_8$、H_2O_2、Cl_2 等易分解或易挥发的物质可借加热煮沸分解除去。

b. 过滤。如 $NaBiO_3$、Zn 等难溶于水的物质，可过滤除去。

c. 利用化学反应。如用 $HgCl_2$ 除去过量 $SnCl_2$：

$$2HgCl_2 + SnCl_2 \longrightarrow SnCl_4 + Hg_2Cl_2 \downarrow$$

Hg_2Cl_2 沉淀一般不被滴定剂氧化，不必过滤除去。

④ 氧化或还原反应的选择性要好，以避免试样中其他组分干扰。例如钛铁矿中铁的测定，若用金属锌［$\varphi^{\ominus}(Zn^{2+}/Zn) = -0.76V$］为预还原剂，不仅还原 Fe^{3+}，而且也还原 Ti^{4+}［$\varphi^{\ominus\prime}(Ti^{4+}/Ti^{3+}) = +0.10V$］，此时用 $K_2Cr_2O_7$ 滴定测出的是两者的含量。如若用 $SnCl_2$［$\varphi^{\ominus\prime}(Sn^{4+}/Sn^{2+}) = +0.14V$］为预还原剂，则仅还原 Fe^{3+}，因而提高了反应的选择性。

二、常用的预氧化剂和预还原剂

预处理是氧化还原滴定法的关键性步骤之一，熟练掌握各种氧化剂、还原剂的特点，选择合理的预处理步骤，可以提高方法的选择性。下面介绍几种常用的预氧化和预还原时采用的试剂。

1. 氧化剂

(1) 过硫酸铵［$(NH_4)_2S_2O_8$］ 过硫酸铵在酸性溶液中，在有催化剂银盐存在时，是一种很强的氧化剂。

$$S_2O_8^{2-} + 2e \longrightarrow 2SO_4^{2-} \qquad \varphi^{\ominus}(S_2O_8^{2-}/SO_4^{2-}) = 2.01V$$

$S_2O_8^{2-}$ 可以定量地将 Ce^{3+} 氧化成 Ce^{4+}，将 Cr^{3+} 氧化成 Cr(Ⅵ)，将 V(Ⅳ)氧化成 V(Ⅴ)，以及将 W(Ⅴ)氧化成 W(Ⅵ)。在硝酸-磷酸或硫酸-磷酸介质中，过硫酸铵能将 Mn(Ⅱ)氧化成 Mn(Ⅶ)。磷酸的存在可以防止锰被氧化成 MnO_2 沉淀析出，并保证全部氧化成 MnO_4^-。

如果 Mn^{2+} 溶液中含有 Cl^-，应该先加 H_2SO_4 蒸发并加热至 SO_3 白烟，以除尽 HCl，然后再加入 H_3PO_4，用过硫酸铵进行氧化。Cr(Ⅲ)和 Mn(Ⅱ)共存时，能同时被氧化成 Cr(Ⅵ)和 Mn(Ⅶ)。如果在 Cr^{3+} 氧化完全后加入盐酸或氯化钠煮沸，则 Mn(Ⅶ)被还原而 Cr(Ⅵ)不被还原，可以提高选择性。过量的 $(NH_4)_2S_2O_8$ 可用煮沸的方法除去，其反应为：

$$2S_2O_8^{2-} + 2H_2O \xrightarrow{\text{煮沸}} 4HSO_4^- + O_2 \uparrow$$

(2) 过氧化氢（H_2O_2） 在碱性溶液中，过氧化氢是较强的氧化剂，可以把 Cr(Ⅲ)氧化成 CrO_4^{2-}。在酸性溶液中，过氧化氢既可作氧化剂，也可作还原剂。例如，在酸性溶液中它可以把 Fe^{2+} 氧化成 Fe^{3+}，其反应式如下：

$$2Fe^{2+} + H_2O_2 + 2H^+ \longrightarrow 2Fe^{3+} + 2H_2O$$

也可将 MnO_4^- 还原为 Mn^{2+}：

$$2MnO_4^- + 5H_2O_2 + 6H^+ \longrightarrow 2Mn^{2+} + 5O_2 \uparrow + 8H_2O$$

因此，如果在碱性溶液中用过氧化氢进行预氧化，过量的过氧化氢应该在碱性溶液中除去，否则在酸化后已经被氧化的产物可能再次被还原。例如，Cr^{3+} 在碱性条件下被 H_2O_2

氧化成 CrO_4^{2-}，当溶液被酸化后，CrO_4^{2-} 能被剩余的 H_2O_2 还原成 Cr^{3+}。

(3) 高锰酸钾 ($KMnO_4$) 高锰酸钾是一种很强的氧化剂，在冷的酸性介质中，可以在 Cr^{3+} 存在时将 V(Ⅳ)氧化成 V(Ⅴ)，此时 Cr^{3+} 被氧化的速率很慢，但在加热煮沸的硫酸溶液中 Cr^{3+} 可以被定量氧化成 Cr(Ⅵ)。

$$2MnO_4^- + 2Cr^{3+} + 3H_2O \longrightarrow 2MnO_2\downarrow + Cr_2O_7^{2-} + 6H^+$$

过量的 MnO_4^- 和生成的 MnO_2 可以加入盐酸或氯化钠一起煮沸破坏。当有氟化物或磷酸存在时，$KMnO_4$ 可选择性地将 Ce^{3+} 氧化成 Ce^{4+}，过量的 MnO_4^- 可以用亚硝酸盐还原，多余的亚硝酸盐用尿素分解除去。

$$2MnO_4^- + 5NO_2^- + 6H^+ \longrightarrow 2Mn^{2+} + 5NO_3^- + 3H_2O$$

$$2NO_2^- + CO(NH_2)_2 + 2H^+ \longrightarrow 2N_2\uparrow + CO_2\uparrow + 3H_2O$$

(4) 高氯酸 ($HClO_4$) 高氯酸既是最强的酸，在热而浓度很高时又是很强的氧化剂。其电对半反应如下：

$$ClO_4^- + 8H^+ + 8e \longrightarrow Cl^- + 4H_2O \qquad \varphi^{\ominus}(ClO_4^-/Cl^-) = 1.37V$$

在钢铁分析中，通常用它来分解试样并同时将铬氧化成 CrO_4^{2-}，钒氧化成 VO_3^-，而 Mn^{2+} 不被氧化。当有 H_3PO_4 存在时，高氯酸可将 Mn^{2+} 定量地氧化成 $[Mn(H_2P_2O_7)_3]^{3-}$ (其中锰为 3 价状态)。在预氧化结束后，冷却并稀释溶液，高氯酸就会失去氧化能力。

应当注意，热而浓的高氯酸遇到有机物会发生爆炸。因此，在处理含有机物的试样时，必须先用浓 HNO_3 加热破坏试样中的有机物，然后再使用高氯酸氧化。

其他的预氧化剂见表 5-3。

表 5-3 部分常用的预氧化剂

氧化剂	用途	使用条件	过量氧化剂除去的方法
$NaBiO_3$	$Mn^{2+} \longrightarrow MnO_4^-$ $Cr^{3+} \longrightarrow Cr_2O_7^{2-}$ $Ce^{3+} \longrightarrow Ce^{4+}$	在硝酸溶液中	$NaBiO_3$ 微溶于水，过量时可过滤除去
KIO_4	$Ce^{3+} \longrightarrow Ce^{4+}$ $VO^{2+} \longrightarrow VO^{3+}$ $Cr^{3+} \longrightarrow Cr_2O_7^{2-}$	在酸性介质中加热	加入 Hg^{2+}，与过量的 KIO_4 作用生成 $Hg(IO_4)_2$ 沉淀，过滤除去
Cl_2 或 Br_2	$I^- \longrightarrow IO_3^-$	酸性或中性	煮沸或通空气流
H_2O_2	$Cr^{3+} \longrightarrow CrO_4^{2-}$	碱性介质	碱性溶液中煮沸

2. 还原剂

在氧化还原滴定中，由于还原剂的保存比较困难，氧化剂标准滴定溶液的使用比较广泛，这就要求待测组分必须处于还原状态，因而预先还原更显重要。常用的预还原剂有如下几种。

(1) 二氯化锡 ($SnCl_2$) $SnCl_2$ 是一种中等强度的还原剂，在 1mol/L 盐酸中 $\varphi^{\ominus'}(Sn^{4+}/Sn^{2+}) = 0.139V$。$SnCl_2$ 常用于预还原 Fe^{3+}，还原速率随氯离子浓度的增高而加快。在热的盐酸溶液中，$SnCl_2$ 可以将 Fe^{3+} 定量并迅速地还原为 Fe^{2+}，过量的 $SnCl_2$ 加入 $HgCl_2$[❶] 除去。

---

❶ 由于 $HgCl_2$ 有剧毒，为避免污染环境，近年来已采用 $SnCl_2$-$TiCl_3$ 无汞测定法。

$$SnCl_2 + 2HgCl_2 \longrightarrow SnCl_4 + Hg_2Cl_2 \downarrow$$

但要注意，如果加入 $SnCl_2$ 的量过多，就会进一步将 Hg_2Cl_2 还原为汞，而汞将与氧化剂作用，使分析结果产生误差。所以预还原 Fe^{3+} 时，$SnCl_2$ 不能过量太多。

$SnCl_2$ 也可将 Mo(Ⅵ)还原为 Mo(Ⅴ)及 Mo(Ⅳ)，将 As(Ⅴ)还原为 As(Ⅲ)等。

(2) 三氯化钛（$TiCl_3$）　$TiCl_3$ 是一种强还原剂，在 1mol/L 盐酸中 $\varphi^{\ominus}(Ti^{4+}/Ti^{3+}) = -0.04V$。在测定铁时，为了避免使用剧毒的 $HgCl_2$，可以采用 $TiCl_3$ 还原 Fe^{3+}（详见本章第四节中“二”）。此法的缺点是选择性不如 $SnCl_2$ 好。

(3) SO_2　SO_2 是弱还原剂，可将 Fe^{3+} 还原为 Fe^{2+}。而不能将 Ti(Ⅳ) 还原为 Ti(Ⅲ)。在大量 H_2SO_4 存在时，反应速率缓慢，但当有 SCN^- 共存时，可加速反应的进行。SO_2 也能将 As(Ⅴ) 还原为 As(Ⅲ)，将 Sb(Ⅴ) 还原为Sb(Ⅲ)，将 V(Ⅴ) 还原为 V(Ⅵ)。在有 SCN^- 存在的情况下，还可以将 Cu(Ⅱ) 还原为Cu(Ⅰ)。

(4) 金属还原剂　常用的金属还原剂有铁、铝和锌等，它们都是非常强的还原剂。在 HCl 介质中铝可以将 Ti^{4+} 还原为 Ti^{3+}，Sn^{4+} 还原为 Sn^{2+}，过量的金属可以过滤除去。为了方便，通常将金属装入柱内使用，一般称作还原器，例如，常用的有锌汞齐还原器（琼斯还原器如图 5-4）、银还原器（瓦尔登还原器）、铅还原器等。溶液以一定的流速通过还原器，流出时待测组分已被还原至一定的价态，还原器可以长期连续使用。表 5-4 列出了部分常用的预还原剂，供选择时参考。

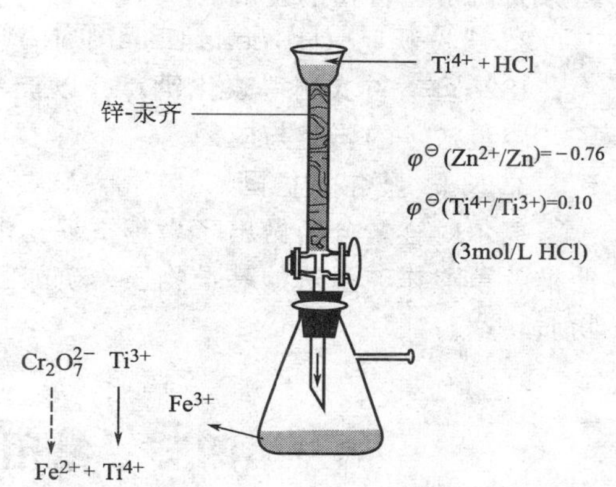

图 5-4　琼斯还原器

表 5-4　部分常用的预还原剂

还原剂	用途	使用条件	过量还原剂除去的办法
SO_2	$Fe^{3+} \longrightarrow Fe^{2+}$ $AsO_4^{3-} \longrightarrow AsO_3^{3-}$ $Sb^{5+} \longrightarrow Sb^{3+}$ $V^{5+} \longrightarrow V^{4+}$ $Cu^{2+} \longrightarrow Cu^{+}$	H_2SO_4 溶液 SCN^- 催化 SCN^- 存在下	煮沸或通 CO_2 气流
联胺	$As^{5+} \longrightarrow As^{3+}$ $Sb^{5+} \longrightarrow Sb^{3+}$		浓 H_2SO_4 中煮沸
Al	$Sn^{4+} \longrightarrow Sn^{2+}$ $Ti^{4+} \longrightarrow Ti^{3+}$	HCl 溶液	过滤
H_2S	$Fe^{3+} \longrightarrow Fe^{2+}$ $MnO_4^- \longrightarrow Mn^{2+}$ $Ce^{4+} \longrightarrow Ce^{3+}$ $Cr_2O_7^{2-} \longrightarrow Cr^{3+}$	强酸性溶液	煮沸

思考题5-3

1. 氧化还原滴定前，为什么往往需要预处理？预处理所用氧化剂或还原剂应具备哪些条件？

2. 在氧化还原预处理时，为除去剩余的 $KMnO_4$、$(NH_4)_2S_2O_8$、$NaBiO_3$、$SnCl_2$ 等预氧化还原剂，常采用什么方法？

3. 为什么银还原器(金属银浸在 1mol/L HCl 溶液中)只能还原 Fe^{3+} 而不能还原 Ti^{4+}？试由条件电极电位大小加以说明。

阅读材料

对氧化还原滴定做出重要贡献的化学家

1. 马格里特 (F. Margueritte)，法国

1846 年，首次应用高锰酸钾法测定铁。此后将该方法扩展，应用于测定其他可被还原为低价化合物的金属。

2. 比拉狄厄 (H. de la Bellardiere)，法国

1826 年，首次制得碘化钠，并以淀粉为指示剂将它应用于次氯酸钙的滴定。开创了“碘量法”的研究与应用。

3. K. F. 莫尔，德国

莫尔对容量分析做出了卓越贡献，他设计的可盛强碱溶液的滴定管至今仍在沿用。他推荐草酸作碱量法的基准物质，硫酸亚铁铵 (也称莫尔盐) 作氧化还原滴定法的基准物质。

第四节　常用的氧化还原滴定法

【学习要点】 掌握高锰酸钾滴定法、重铬酸钾滴定法、碘量法的原理、滴定条件、标准滴定溶液的制备方法和应用；了解其他常用氧化还原滴定法的原理和应用。

氧化还原滴定法是应用范围很广的一种滴定分析方法，它既可直接测定许多具有还原性或氧化性的物质，也可间接测定某些不具氧化还原性的物质。氧化还原滴定法可以根据待测物的性质选择合适的滴定剂，并常根据所用滴定剂的名称命名，如常用的有高锰酸钾法、重铬酸钾法、碘量法、铈量法、溴酸钾法等。各种方法都有其特点和应用范围，应根据实际情况正确选用。下面介绍几种常用的氧化还原滴定法。

一、高锰酸钾法

1. 方法概述

高锰酸钾是一种强氧化剂，它的氧化能力和还原产物与溶液的酸度有关。

在强酸性溶液中，$KMnO_4$ 与还原剂作用，被还原为 Mn^{2+}。

$$MnO_4^- + 8H^+ + 5e \rightleftharpoons Mn^{2+} + 4H_2O \qquad \varphi^{\ominus} = 1.51V$$

由于在强酸性溶液中 $KMnO_4$ 有更强的氧化性，因而高锰酸钾滴定法一般多在 0.5～1mol/L H_2SO_4 强酸性介质中使用，而不使用盐酸介质，这是由于盐酸具有还原性，能诱发一些副反应，干扰滴定。硝酸由于含有氮氧化物，容易发生副反应，也很少采用。

在弱酸性、中性或碱性溶液中，$KMnO_4$ 被还原为 MnO_2。

$$MnO_4^- + 2H_2O + 3e \rightleftharpoons MnO_2\downarrow + 4OH^- \qquad \varphi^{\ominus} = 0.593V$$

由于反应产物为棕色的 MnO_2 沉淀，妨碍终点观察，所以很少使用。

在 pH>12 的强碱性溶液中用 $KMnO_4$ 氧化有机物时，由于在强碱性（大于 2mol/L NaOH 溶液）条件下的反应速率比在酸性条件下更快，所以常利用 $KMnO_4$ 在强碱性溶液中与有机物的反应测定有机物。

$$MnO_4^- + e \rightleftharpoons MnO_4^{2-} \qquad \varphi^{\ominus}(MnO_4^-/MnO_4^{2-}) = 0.564V$$

$KMnO_4$ 法有如下特点：

① $KMnO_4$ 氧化能力强，应用广泛，可直接或间接地测定多种无机物和有机物。例如可直接滴定许多还原性物质，如 Fe^{2+}、As(Ⅲ)、Sb(Ⅲ)、W(Ⅴ)、U(Ⅳ)、H_2O_2、$C_2O_4^{2-}$、NO_2^- 等；返滴定时可测 MnO_2、PbO_2 等物质；也可以通过 MnO_4^- 与 $C_2O_4^{2-}$ 反应间接测定一些非氧化还原物质，如 Ca^{2+}、Th^{4+} 等。

② $KMnO_4$ 溶液呈紫红色，当试液为无色或颜色很浅时，滴定不需要外加指示剂。

③ 由于 $KMnO_4$ 氧化能力强，因此方法的选择性欠佳，而且 $KMnO_4$ 与还原性物质的反应历程比较复杂，易发生副反应。

④ $KMnO_4$ 标准滴定溶液不能直接配制，且标准滴定溶液不够稳定，不能久置，需经常标定。

2. 高锰酸钾标准滴定溶液的制备（执行 GB 601—2002）

市售高锰酸钾试剂常含有少量的 MnO_2 及其他杂质，使用的蒸馏水中也含有少量如尘埃、有机物等还原性物质，这些物质都能使 $KMnO_4$ 还原，因此 $KMnO_4$ 标准滴定溶液不能直接配制，必须先配成近似浓度的溶液，放置 1 星期后滤去沉淀（具体配制方法及操作见配套实验教材），然后再用基准物质标定。

标定 $KMnO_4$ 溶液的基准物质很多，如 $Na_2C_2O_4$、$H_2C_2O_4 \cdot 2H_2O$、$(NH_4)_2Fe(SO_4)_2 \cdot 6H_2O$ 和纯铁丝等。其中常用的是 $Na_2C_2O_4$，这是因为它易提纯，且性质稳定，不含结晶水，在 105～110℃烘至恒重，即可使用。

MnO_4^- 与 $C_2O_4^{2-}$ 的标定反应在 H_2SO_4 介质中进行，其反应如下：

$$2MnO_4^- + 5C_2O_4^{2-} + 16H^+ \longrightarrow 2Mn^{2+} + 10CO_2\uparrow + 8H_2O$$

此时，$KMnO_4$ 的基本单元为$\frac{1}{5}KMnO_4$，而 $Na_2C_2O_4$ 的基本单元为$\frac{1}{2}Na_2C_2O_4$。

为了使标定反应能定量地较快进行，标定时应注意以下滴定条件。

（1）温度　$Na_2C_2O_4$ 溶液加热至 70～85℃再进行滴定。不能使温度超过 90℃，否则 $H_2C_2O_4$ 分解，导致标定结果偏高。

$$H_2C_2O_4 \xrightarrow{\geqslant 90℃} H_2O + CO_2\uparrow + CO\uparrow$$

（2）酸度　溶液应保持足够大的酸度，一般控制酸度为 0.5～1mol/L。如果酸度不足，易生成 MnO_2 沉淀；酸度过高，则又会使 $H_2C_2O_4$ 分解。

（3）滴定速率　MnO_4^- 与 $C_2O_4^{2-}$ 的反应开始时速率很慢，当有 Mn^{2+} 生成之后，反应速率逐渐加快。因此，开始滴定时，应该等第一滴 $KMnO_4$ 溶液褪色后，再加第二滴。此后，因反应生成的 Mn^{2+} 有自动催化作用而加快了反应速率，随之可加快滴定速率，但不能过快，否则加入的 $KMnO_4$ 溶液会因来不及与 $C_2O_4^{2-}$ 反应，就在热的酸性溶液中分解，导致标定结果偏低。

$$4MnO_4^- + 12H^+ \longrightarrow 4Mn^{2+} + 6H_2O + 5O_2\uparrow$$

若滴定前加入少量的 $MnSO_4$ 为催化剂，则在滴定的最初阶段就以较快的速率进行。

（4）滴定终点　用 $KMnO_4$ 溶液滴定至溶液呈淡粉红色 30s 不褪色即为终点。放置时间过长，空气中的还原性物质能使 $KMnO_4$ 还原而褪色。

标定好的 $KMnO_4$ 溶液在放置一段时间后，若发现有 $MnO(OH)_2$ 沉淀析出，应重新过滤并标定。标定结果按下式计算：

$$c\left(\frac{1}{5}KMnO_4\right) = \frac{m(Na_2C_2O_4)}{(V-V_0)\times M\left(\frac{1}{2}Na_2C_2O_4\right)\times 10^{-3}} \tag{5-18}$$

式中 $m(Na_2C_2O_4)$——称取 $Na_2C_2O_4$ 的质量，g；

V——滴定时消耗 $KMnO_4$ 标准滴定溶液的体积，mL；

V_0——空白试验时消耗 $KMnO_4$ 标准滴定溶液的体积，mL；

$M\left(\frac{1}{2}Na_2C_2O_4\right)$——以$\frac{1}{2}Na_2C_2O_4$ 为基本单元的 $Na_2C_2O_4$ 的摩尔质量，67.00g/mol。

【例 5-9】 配制 1.5L $c\left(\frac{1}{5}KMnO_4\right)=0.2mol/L$ 的 $KMnO_4$ 溶液，应称取 $KMnO_4$ 多少克？配制 1L $T_{Fe^{2+}/KMnO_4}=0.00600g/mL$ 的 $KMnO_4$ 溶液，应称取 $KMnO_4$ 多少克？

解 已知 $M(KMnO_4)=158g/mol$，$M(Fe)=55.85g/mol$。

(1)
$$m(KMnO_4)=c\left(\frac{1}{5}KMnO_4\right)V(KMnO_4)M\left(\frac{1}{5}KMnO_4\right)$$
$$=1.5\times0.2\times\frac{1}{5}\times158g=9.5g$$

答：配制 1.5L $c\left(\frac{1}{5}KMnO_4\right)=0.2mol/L$ 的 $KMnO_4$ 溶液，应称取 $KMnO_4$ 9.5g。

(2) 按题意，$KMnO_4$ 与 Fe^{2+} 的反应为：

$$KMnO_4+5Fe^{2+}+8H^+\longrightarrow K^++Mn^{2+}+5Fe^{3+}+4H_2O$$

在该反应中，Fe^{2+} 的基本单元为自身，则

$$c\left(\frac{1}{5}KMnO_4\right)=\frac{T\times1000}{M(Fe)}$$
$$=\frac{0.00600\times1000}{55.85\times1}mol/L=0.108mol/L$$

所需 $KMnO_4$ 的质量为：

$$m(KMnO_4)=c\left(\frac{1}{5}KMnO_4\right)V(KMnO_4)M\left(\frac{1}{5}KMnO_4\right)$$
$$=0.108\times1\times\frac{1}{5}\times158g=3.4g$$

答：配制 1L $T_{Fe^{2+}/KMnO_4}=0.00600g/mL$ 的 $KMnO_4$ 溶液，应称取 $KMnO_4$ 3.4g。

3. $KMnO_4$ 法的应用实例

(1) 直接滴定法测定 H_2O_2 在酸性溶液中 H_2O_2 被 MnO_4^- 定量氧化：

$$2MnO_4^-+5H_2O_2+6H^+\longrightarrow 2Mn^{2+}+5O_2\uparrow+8H_2O$$

此反应在室温下即可顺利进行。滴定开始时反应较慢，随着 Mn^{2+} 的生成而加速。也可先加入少量 Mn^{2+} 为催化剂。

若 H_2O_2 中含有机物质，后者会消耗 $KMnO_4$，使测定结果偏高。这时，应改用碘量法或铈量法测定 H_2O_2。

(2) 间接滴定法测定 Ca^{2+} Ca^{2+}、Th^{4+} 等在溶液中没有可变价态，通过生成草酸盐沉淀，可用高锰酸钾法间接测定。

以 Ca^{2+} 的测定为例。先将 Ca^{2+} 沉淀为 CaC_2O_4，再经过滤、洗涤后，将沉淀溶于热的稀 H_2SO_4 溶液中，最后用 $KMnO_4$ 标准溶液滴定 $H_2C_2O_4$，根据所消耗 $KMnO_4$ 的量间接求得 Ca^{2+} 的含量。

为了保证 Ca^{2+} 与 $C_2O_4^{2-}$ 间 1∶1 的计量关系，以及获得颗粒较大的 CaC_2O_4 沉淀，以便于过滤和洗涤，必须采取以下相应的措施。

① 在酸性试液中先加入过量 $(NH_4)_2C_2O_4$，后用稀氨水慢慢中和试液至甲基橙显黄色，使沉淀缓慢地生成。

② 沉淀完全后，须放置陈化一段时间。

③ 用蒸馏水洗去沉淀表面吸附的 $C_2O_4^{2-}$。若在中性或弱碱性溶液中沉淀，会有部分 $Ca(OH)_2$ 或碱式草酸钙生成，使测定结果偏低。为减少沉淀溶解损失，应用尽可能少的冷水洗涤沉淀。

(3) 返滴定法测定软锰矿中 MnO_2　软锰矿中 MnO_2 的测定是利用 MnO_2 与 $C_2O_4^{2-}$ 在酸性溶液中的反应，其反应式如下：

$$MnO_2+C_2O_4^{2-}+4H^+ \longrightarrow Mn^{2+}+2CO_2\uparrow+2H_2O$$

加入一定量过量的 $Na_2C_2O_4$ 于磨细的矿样中，加 H_2SO_4 并加热，当样品中无棕黑色颗粒存在时，表示试样分解完全。用 $KMnO_4$ 标准滴定溶液趁热返滴定剩余的草酸，由 $Na_2C_2O_4$ 的加入量和 $KMnO_4$ 溶液消耗量之差求出 MnO_2 的含量。

(4) 置换滴定法测定 $SnCl_2$　Sn^{2+} 在盐酸溶液中，将 Fe^{3+} 还原为 Fe^{2+}，以 $KMnO_4$ 标准溶液滴定所生成的 Fe^{2+}，根据高锰酸钾消耗量，换算成氯化亚锡。主要反应为：

$$SnCl_2+Fe_2(SO_4)_3+2HCl \longrightarrow SnCl_4+2FeSO_4+H_2SO_4$$

把试样加到硫酸铁铵 [$NH_4Fe(SO_4)_2$] 的盐酸溶液中 [$c(HCl)=3mol/L$] 加热煮沸，这时氯化亚锡（$SnCl_2$）把高价铁定量还原为亚铁。加入硫酸锰混合溶液（$MnSO_4$ 的硫酸与磷酸的水溶液），用高锰酸钾标准溶液滴定生成的亚铁。

硫酸锰混合溶液的作用是：硫酸锰是催化剂；用硫酸保持强酸性；用磷酸和溶液中的高铁生成配位化合物，以克服高铁黄色色泽对滴定终点色泽的干扰。另外，有 Mn^{2+} 存在可以防止溶液中氯（Cl^-）被高锰酸钾氧化的干扰。

(5) 水中化学耗氧量 COD_{Mn} 的测定　化学耗氧量 COD 是 1L 水中还原性物质（无机的或有机的）在一定条件下被氧化时所消耗的氧含量，通常用 COD_{Mn}（O，mg/L）表示。它是反映水体被还原性物质污染的主要指标。还原性物质包括有机物、亚硝酸盐、亚铁盐和硫化物等，但多数水普遍受有机物污染，因此，化学耗氧量可作为有机物污染程度的指标，目前它已经成为环境监测分析的主要项目之一。

COD_{Mn} 的测定方法是：在酸性条件下，加入过量的 $KMnO_4$ 溶液，将水样中的某些有机物及还原性物质氧化，反应后在剩余的 $KMnO_4$ 中加入过量的 $Na_2C_2O_4$ 还原，再用 $KMnO_4$ 溶液返滴定过量的 $Na_2C_2O_4$，从而计算出水样中所含还原性物质所消耗的 $KMnO_4$，再换算为 COD_{Mn}。测定过程所发生的有关反应如下：

$$4KMnO_4+6H_2SO_4+5C \longrightarrow 2K_2SO_4+4MnSO_4+5CO_2\uparrow+6H_2O$$

$$2MnO_4^-+5C_2O_4^{2-}+16H^+ \longrightarrow 2Mn^{2+}+8H_2O+10CO_2\uparrow$$

$KMnO_4$ 法测定的化学耗氧量 COD_{Mn} 只适用于较为清洁水样的测定。

(6) 一些有机物的测定　$KMnO_4$ 氧化有机物的反应在碱性溶液中比在酸性溶液中快，采用加入过量 $KMnO_4$ 并加热的方法可进一步加速反应。例如，测定甘油时，加入一定量过量的 $KMnO_4$ 标准滴定溶液到含有试样的 2mol/L NaOH 溶液中，放置片刻，溶液中发生如下反应：

$$\begin{matrix}CH_2OH\\|\\CHOH\\|\\CH_2OH\end{matrix}+14MnO_4^-+20OH^- \longrightarrow 3CO_3^{2-}+14MnO_4^{2-}+14H_2O$$

待溶液中反应完全后，将溶液酸化，MnO_4^{2-} 歧化成 MnO_4^- 和 MnO_2，加入过量的 $Na_2C_2O_4$ 标准滴定溶液还原所有高价锰为 Mn^{2+}，最后再以 $KMnO_4$ 标准滴定溶液滴定剩余的 $Na_2C_2O_4$，由两次加入的 $KMnO_4$ 量和 $Na_2C_2O_4$ 的量计算甘油的质量分数。甲醛、甲酸、酒石酸、柠檬酸、苯酚、葡萄糖等都可按此法测定。

二、重铬酸钾法

1. 方法概述

重铬酸钾是一种常用的氧化剂，它具有较强的氧化性。室温下不受 Cl^- 还原作用的影响。在酸性介质中 $Cr_2O_7^{2-}$ 被还原为 Cr^{3+}，其电极反应如下：

$$Cr_2O_7^{2-}+14H^++6e \longrightarrow 2Cr^{3+}+7H_2O \qquad \varphi^{\ominus}(Cr_2O_7^{2-}/Cr^{3+})=1.33V$$

$K_2Cr_2O_7$ 的基本单元为$\frac{1}{6}K_2Cr_2O_7$。

重铬酸钾的氧化能力不如高锰酸钾强，因此重铬酸钾可以测定的物质不如高锰酸钾广泛。但与高锰酸钾法相比，它有自己的优点，如下所述。

① $K_2Cr_2O_7$ 易提纯，可以制成基准物质，在 140～150℃干燥 2h 后，可直接称量，配制标准溶液。$K_2Cr_2O_7$ 标准滴定溶液相当稳定，保存在密闭容器中，浓度可长期保持不变。

② 室温下，当 HCl 溶液浓度低于 3mol/L 时，$Cr_2O_7^{2-}$ 不会诱导氧化 Cl^-，因此 $K_2Cr_2O_7$ 法可在盐酸介质中进行滴定。$Cr_2O_7^{2-}$ 的滴定还原产物是 Cr^{3+}，呈绿色，滴定时须用指示剂指示滴定终点。常用的指示剂为二苯胺磺酸钠。

2. $K_2Cr_2O_7$ 标准滴定溶液的制备

(1) 直接配制法　$K_2Cr_2O_7$ 标准滴定溶液可用直接法配制，但在配制前应将 $K_2Cr_2O_7$ 基准试剂在 105～110℃温度下烘至恒重。

(2) 间接配制法（执行 GB 601—2002）　若使用分析纯 $K_2Cr_2O_7$ 试剂配制标准滴定溶液，则需进行标定，其标定原理是：移取一定体积的 $K_2Cr_2O_7$ 溶液，加入过量的 KI 和 H_2SO_4，用已知浓度的 $Na_2S_2O_3$ 标准滴定溶液进行滴定，以淀粉指示液指示滴定终点。其反应式为：

$$Cr_2O_7^{2-}+6I^-+14H^+ \longrightarrow 2Cr^{3+}+3I_2+7H_2O$$

$$I_2+2S_2O_3^{2-} \longrightarrow S_4O_6^{2-}+2I^-$$

$K_2Cr_2O_7$ 标准滴定溶液的浓度按下式计算：

$$c\left(\frac{1}{6}K_2Cr_2O_7\right)=\frac{(V_1-V_2)c(Na_2S_2O_3)}{V}$$

式中　$c\left(\frac{1}{6}K_2Cr_2O_7\right)$——重铬酸钾标准滴定溶液的浓度，mol/L；

$c(Na_2S_2O_3)$——硫代硫酸钠标准滴定溶液的浓度，mol/L；

V_1——滴定时消耗硫代硫酸钠标准滴定溶液的体积，mL；

V_2——空白试验消耗硫代硫酸钠标准滴定溶液的体积，mL；

V——重铬酸钾标准滴定溶液的体积，mL。

3. 重铬酸钾法的应用实例

(1) 铁矿石中全铁量的测定　重铬酸钾法是测定矿石中全铁量的标准方法。根据预氧化还原方法的不同分为 $SnCl_2$-$HgCl_2$ 法和 $SnCl_2$-$TiCl_3$（无汞测定法）。

① $SnCl_2$-$HgCl_2$ 法。试样用热浓盐酸溶解，用 $SnCl_2$ 趁热将 Fe^{3+} 还原为 Fe^{2+}。冷却后，过量的 $SnCl_2$ 用 $HgCl_2$ 氧化，再用水稀释，并加入 H_2SO_4-H_3PO_4 混合酸和二苯胺磺酸钠指示剂，立即用 $K_2Cr_2O_7$ 标准滴定溶液滴定至溶液由浅绿色（Cr^{3+} 色）变为紫红色。

用盐酸溶解时，反应为：

$$Fe_2O_3+6HCl \longrightarrow 2FeCl_3+3H_2O$$

滴定反应为：

$$Cr_2O_7^{2-}+6Fe^{2+}+14H^+ \longrightarrow 2Cr^{3+}+6Fe^{3+}+7H_2O$$

测定中加入 H_3PO_4 的目的有两个：一是降低 Fe^{3+}/Fe^{2+} 电对的电极电位，使滴定突跃范围增大，让二苯胺磺酸钠变色点的电位落在滴定突跃范围之内；二是使滴定反应的产物生成无色的 $[Fe(HPO_4)_2]^-$，消除 Fe^{3+} 黄色的干扰，有利于滴定终点的观察。

② 无汞测定法。样品用酸溶解后，以 $SnCl_2$ 趁热将大部分 Fe^{3+} 还原为 Fe^{2+}，再以钨酸钠为指示剂，用 $TiCl_3$ 还原剩余的 Fe^{3+}。反应为：

$$2Fe^{3+}+Sn^{2+} \longrightarrow 2Fe^{2+}+Sn^{4+}$$

$$Fe^{3+}+Ti^{3+} \longrightarrow Fe^{2+}+Ti^{4+}$$

当 Fe^{3+} 定量还原为 Fe^{2+} 之后，稍过量的 $TiCl_3$ 即可使溶液中作为指示剂的 6 价钨还原为蓝色的 5 价钨（俗称“钨蓝”），此时溶液呈现蓝色。然后滴入重铬酸钾溶液，使钨蓝刚好褪色，或者以 Cu^{2+} 为催化剂使稍过量的 Ti^{3+} 被水中溶解的氧所氧化，从而消除少量还原剂的影响。最后以二苯胺磺酸钠为指示剂，用重铬酸钾标准滴定溶液滴定溶液中的 Fe^{2+}，即可求出全铁含量。

值得一提的是，二苯胺磺酸钠指示剂消耗一定量的重铬酸钾，所以不能多加。指示剂配制过久，颜色变为深绿色时也不能继续使用。在滴定过程中，加入的各种试剂和指示剂也会消耗少量的重铬酸钾，故在精确分析中应对试剂和指示剂作空白校正。

(2) 利用 $Cr_2O_7^{2-}$-Fe^{2+} 反应测定其他物质　$Cr_2O_7^{2-}$ 与 Fe^{2+} 的反应可逆性强，速率快，计量关系好，无副反应发生，指示剂变色明显。此反应不仅用于测铁，还可利用它间接地测定多种物质。

① 测定氧化剂。NO_3^-（或 ClO_3^-）等氧化剂被还原的反应速率较慢，测定时可加入过量的 Fe^{2+} 标准溶液与其反应：

$$3Fe^{2+}+NO_3^-+4H^+ \longrightarrow 3Fe^{3+}+NO\uparrow+2H_2O$$

待反应完全后，用 $K_2Cr_2O_7$ 标准滴定溶液返滴定剩余的 Fe^{2+}，即可求得 NO_3^- 含量。

② 测定还原剂。一些强还原剂如 Ti^{3+} 等极不稳定，易被空气中的氧所氧化。为使测定准确，可将 Ti^{4+} 流经还原柱后，用盛有 Fe^{3+} 溶液的锥形瓶接收，此时发生如下反应：

$$Ti^{3+}+Fe^{3+} \longrightarrow Ti^{4+}+Fe^{2+}$$

置换出的 Fe^{2+} 再用 $K_2Cr_2O_7$ 标准滴定溶液滴定。

③ 测定污水的化学耗氧量（COD_{Cr}）。$KMnO_4$ 法测定的化学耗氧量（COD_{Mn}）只适用于较为清洁水样的测定。若需要测定污染严重的生活污水和工业废水，则需要用 $K_2Cr_2O_7$ 法。用 $K_2Cr_2O_7$ 法测定的化学耗氧量用 COD_{Cr}(O，mg/L) 表示。COD_{Cr}是衡量污水被污染程度的重要指标。其测定原理是：水样中加入一定量的重铬酸钾标准滴定溶液，在强酸性（H_2SO_4）条件下，以 Ag_2SO_4 为催化剂，加热回流 2h，使重铬酸钾与有机物和还原性物质充分作用。过量的重铬酸钾以试亚铁灵为指示剂，用硫酸亚铁铵标准滴定溶液返滴定，其滴定反应为：

$$Cr_2O_7^{2-}+6Fe^{2+}+14H^+ \rightleftharpoons 2Cr^{3+}+6Fe^{3+}+7H_2O$$

由所消耗的硫酸亚铁铵标准滴定溶液的量及加入水样中的重铬酸钾标准滴定溶液的量，便可以按式(5-19) 计算出水样中还原性物质消耗氧的量：

$$COD_{Cr}=\frac{(V_0-V_1)c(Fe^{2+})\times 8.000\times 1000}{V} \tag{5-19}$$

式中　V_0——滴定空白时消耗硫酸亚铁铵标准滴定溶液的体积，mL；

V_1——滴定水样时消耗硫酸亚铁铵标准滴定溶液的体积，mL；

V——水样的体积，mL；

$c(Fe^{2+})$——硫酸亚铁铵标准滴定溶液的浓度，mol/L；

8.000——$\frac{1}{2}$O 的摩尔质量，g/mol。

④ 测定非氧化还原性物质。测定 Pb^{2+}（或 Ba^{2+}）等物质时，一般先将其沉淀为 $PbCrO_4$（或 $BaCrO_4$），然后过滤沉淀，沉淀经洗涤后溶解于酸中，再以 Fe^{2+} 标准滴定溶液滴定 $Cr_2O_7^{2-}$，从而间接求出 Pb^{2+}（或 Ba^{2+}）的含量。

注意：$K_2Cr_2O_7$ 有毒，使用时应回收处理，以免污染环境！

三、碘量法

1. 方法概述

碘量法是利用 I_2 的氧化性和 I^- 的还原性进行滴定的方法，其基本反应为：

$$I_2 + 2e \longrightarrow 2I^-$$

固体 I_2 在水中溶解度很小（298K 时为 1.18×10^{-3} mol/L），且易于挥发。通常将 I_2 溶解于 KI 溶液中，此时它以 I_3^- 配离子形式存在，其半反应为：

$$I_3^- + 2e \longrightarrow 3I^- \qquad \varphi^{\ominus}(I_3^-/I^-)=0.545V$$

从 $\varphi^{\ominus}$ 值可以看出，I_2 是较弱的氧化剂，能与较强的还原剂作用；I^- 是中等强度的还原剂，能与许多氧化剂作用。因此碘量法可以用直接或间接的两种方式进行。

碘量法既可测定氧化剂，又可测定还原剂。I_3^-/I^- 电对反应可逆性好，副反应少，又有很灵敏的淀粉指示剂指示终点，因此碘量法的应用范围很广。

(1) 直接碘量法　用 I_2 配成的标准滴定溶液可以直接测定电位值比 $\varphi^{\ominus}(I_3^-/I^-)$ 小的还原性物质，如 S^{2-}、SO_3^{2-}、Sn^{2+}、$S_2O_3^{2-}$、As(Ⅲ)、维生素 C 等，这种碘量法称为直接碘量法，又叫碘滴定法。直接碘量法不能在碱性溶液中进行滴定，因为碘与碱发生歧化反应：

$$I_2 + 2OH^- \longrightarrow IO^- + I^- + H_2O$$

$$3IO^- \longrightarrow IO_3^- + 2I^-$$

(2) 间接碘量法　电位值比 $\varphi^{\ominus}(I_3^-/I^-)$ 高的氧化性物质可在一定的条件下用 I^- 还原，然后用 $Na_2S_2O_3$ 标准滴定溶液滴定释放出的 I_2，这种方法称为间接碘量法，又叫滴定碘法。间接碘量法的基本反应为：

$$2I^- - 2e \longrightarrow I_2$$

$$I_2 + 2S_2O_3^{2-} \longrightarrow S_4O_6^{2-} + 2I^-$$

利用这一方法可以测定很多氧化性物质，如 Cu^{2+}、$Cr_2O_7^{2-}$、IO_3^-、BrO_3^-、AsO_4^{3-}、ClO^-、NO_2^-、H_2O_2、MnO_4^- 和 Fe^{3+} 等。

间接碘量法多在中性或弱酸性溶液中进行，因为在碱性溶液中 I_2 与 $S_2O_3^{2-}$ 将发生如下反应：

$$S_2O_3^{2-} + 4I_2 + 10OH^- \longrightarrow 2SO_4^{2-} + 8I^- + 5H_2O$$

同时，I_2 在碱性溶液中还会发生歧化反应：

$$3I_2 + 6OH^- \longrightarrow IO_3^- + 5I^- + 3H_2O$$

在强酸性溶液中，$Na_2S_2O_3$ 溶液会发生分解反应：

$$S_2O_3^{2-} + 2H^+ \longrightarrow SO_2\uparrow + S\downarrow + H_2O$$

同时，I^- 在酸性溶液中易被空气中的 O_2 氧化：

$$4I^- + 4H^+ + O_2 \longrightarrow 2I_2 + 2H_2O$$

(3) 碘量法的终点指示——淀粉指示液法　I_2 与淀粉呈现蓝色，其显色灵敏度除与 I_2

的浓度有关以外，还与淀粉的性质、加入的时间、温度及反应介质等条件有关。因此在使用淀粉指示液指示终点时要注意以下几点：

① 所用的淀粉必须是可溶性淀粉。

② I_3^- 与淀粉的蓝色在热溶液中会消失，因此，不能在热溶液中进行滴定。

③ 要注意反应介质的条件。淀粉在弱酸性溶液中灵敏度很高，与 I_2 作用显蓝色；当 pH<2 时，淀粉会水解成糊精，与 I_2 作用显红色；当 pH>9 时，I_2 转变为 IO^-，与淀粉不显色。

④ 直接碘量法用淀粉指示液指示终点时，应在滴定开始时加入，终点时溶液由无色突变为蓝色。间接碘量法用淀粉指示液指示终点时，应等滴至 I_2 的黄色很浅时再加入淀粉指示液（若过早加入淀粉，它与 I_2 形成的蓝色配合物会吸留部分 I_2，往往易使终点提前且不明显），终点时溶液由蓝色转无色。

⑤ 淀粉指示液的用量一般为 2～5mL（5g/L 淀粉指示液）。

（4）碘量法的误差来源和防止措施　碘量法的误差来源于两个方面：一是 I_2 易挥发；二是在酸性溶液中 I^- 易被空气中的氧氧化。为了防止 I_2 挥发和空气氧化 I^-，测定时要加入过量的 KI，使 I_2 生成 I_3^-，并使用碘瓶，滴定时不要剧烈摇动，以减少 I_2 的挥发。由于 I^- 被空气氧化的反应随光照及酸度增高而加快，因此在反应时应将碘瓶置于暗处，滴定前调节好酸度，析出 I_2 后立即进行滴定。此外，Cu^{2+}、NO_2^- 等离子催化空气对 I^- 的氧化，应设法消除干扰。

2. 碘量法标准滴定溶液的制备

碘量法中需要配制和标定 I_2 和 $Na_2S_2O_3$ 两种标准滴定溶液。

（1）$Na_2S_2O_3$ 标准滴定溶液的制备（执行 GB 601—2002）　市售硫代硫酸钠（$Na_2S_2O_3 \cdot 5H_2O$）一般含有少量杂质，因此配制 $Na_2S_2O_3$ 标准滴定溶液不能用直接法，只能用间接法。

配制好的 $Na_2S_2O_3$ 溶液在空气中不稳定，容易分解。这是由于在水中的微生物、CO_2、空气中 O_2 的作用下发生下列反应：

$$Na_2S_2O_3 \xrightarrow{\text{微生物}} Na_2SO_3 + S\downarrow$$

$$3Na_2S_2O_3 + 4CO_2 + 3H_2O \longrightarrow 2NaHSO_4 + 4NaHCO_3 + 4S\downarrow$$

$$2Na_2S_2O_3 + O_2 \longrightarrow 2Na_2SO_4 + 2S\downarrow$$

此外，水中微量的 Cu^{2+} 或 Fe^{3+} 等也能促进 $Na_2S_2O_3$ 溶液分解，因此配制 $Na_2S_2O_3$ 溶液时应当用新煮沸并冷却的蒸馏水，并加入少量 Na_2CO_3，使溶液呈弱碱性，以抑制细菌生长。配制好的 $Na_2S_2O_3$ 溶液应贮于棕色瓶中，于暗处放置 2 星期后，过滤去沉淀，然后再标定。标定后的 $Na_2S_2O_3$ 溶液在贮存过程中如发现溶液变浑浊，应重新标定，或弃去重配。

标定 $Na_2S_2O_3$ 溶液的基准物质有 $K_2Cr_2O_7$、KIO_3、$KBrO_3$ 及升华 I_2 等。除 I_2 外，其他物质都需在酸性溶液中与 KI 作用析出 I_2 后，再用配制的 $Na_2S_2O_3$ 溶液滴定。以 $K_2Cr_2O_7$ 作基准物质为例，$K_2Cr_2O_7$ 在酸性溶液中与 I^- 发生如下反应：

$$Cr_2O_7^{2-} + 6I^- + 14H^+ \longrightarrow 2Cr^{3+} + 3I_2 + 7H_2O$$

反应析出的 I_2 以淀粉为指示剂，用待标定的 $Na_2S_2O_3$ 溶液滴定。

$$I_2 + 2S_2O_3^{2-} \longrightarrow 2I^- + S_4O_6^{2-}$$

用 $K_2Cr_2O_7$ 标定 $Na_2S_2O_3$ 溶液时应注意：$Cr_2O_7^{2-}$ 与 I^- 反应较慢，为加速反应，须加入过量的 KI 并提高酸度，但酸度过高会加速空气氧化 I^-。因此，一般应控制酸度为 0.2～0.4mol/L。并在暗处放置 10min，以保证反应顺利完成。

根据称取 $K_2Cr_2O_7$ 的质量和滴定时消耗 $Na_2S_2O_3$ 标准滴定溶液的体积，可计算出 $Na_2S_2O_3$ 标准滴定溶液的浓度。计算公式如下：

$$c(Na_2S_2O_3)=\frac{m(K_2Cr_2O_7)\times 1000}{(V-V_0)\times M\left(\frac{1}{6}K_2Cr_2O_7\right)} \tag{5-20}$$

式中 $m(K_2Cr_2O_7)$——$K_2Cr_2O_7$ 的质量，g；

V——滴定时消耗 $Na_2S_2O_3$ 标准滴定溶液的体积，mL；

V_0——空白试验消耗 $Na_2S_2O_3$ 标准滴定溶液的体积，mL；

$M\left(\frac{1}{6}K_2Cr_2O_7\right)$——以$\frac{1}{6}K_2Cr_2O_7$ 为基本单元的 $K_2Cr_2O_7$ 的摩尔质量，49.03g/mol。

(2) I_2 标准滴定溶液的制备（执行 GB 601—2002)

① I_2 标准滴定溶液的配制。用升华法制得的纯碘可直接配制成标准滴定溶液。但通常是用市售的碘先配成近似浓度的碘溶液，然后用基准试剂或已知准确浓度的 $Na_2S_2O_3$ 标准滴定溶液标定碘溶液的准确浓度。由于 I_2 难溶于水，易溶于 KI 溶液，故配制时应将 I_2、KI 与少量水一起研磨后再用水稀释，并保存在棕色试剂瓶中待标定。

② I_2 标准滴定溶液的标定。I_2 溶液可用 As_2O_3 基准物质标定。As_2O_3 难溶于水，多用 NaOH 溶液溶解，使之生成亚砷酸钠，再用 I_2 溶液滴定 AsO_3^{3-}。

$$As_2O_3+6NaOH \longrightarrow 2Na_3AsO_3+3H_2O$$

$$AsO_3^{3-}+I_2+H_2O \longrightarrow AsO_4^{3-}+2I^-+2H^+$$

此反应为可逆反应，为使反应快速定量地向右进行，可加 $NaHCO_3$，以保持溶液pH≈8。

根据称取 As_2O_3 的质量和滴定时消耗 I_2 溶液的体积可计算出 I_2 标准滴定溶液的浓度。计算公式如下：

$$c\left(\frac{1}{2}I_2\right)=\frac{m(As_2O_3)\times 1000}{(V-V_0)\times M\left(\frac{1}{4}As_2O_3\right)} \tag{5-21}$$

式中 $m(As_2O_3)$——称取 As_2O_3 的质量，g；

V——滴定时消耗 I_2 溶液的体积，mL；

V_0——空白试验消耗 I_2 溶液的体积，mL；

$M\left(\frac{1}{4}As_2O_3\right)$——以$\frac{1}{4}As_2O_3$ 为基本单元的 As_2O_3 的摩尔质量，g/mol。

由于 As_2O_3 为剧毒物，一般常用已知浓度的 $Na_2S_2O_3$ 标准滴定溶液标定 I_2 溶液。

3. 碘量法应用实例

(1) 水中溶解氧的测定　溶解于水中的氧称为溶解氧，常以 DO 表示。水中溶解氧的含量与大气压力、水的温度有密切关系。大气压力减小，溶解氧含量也减小；温度升高，溶解氧含量显著下降。溶解氧的含量用 1L 水中溶解的氧气量(O_2，mg/L) 表示。

① 测定水体溶解氧的意义。水体中溶解氧含量的多少反映出水体受到污染的程度。清洁的地面水在正常情况下所含溶解氧接近饱和状态。如果水中含有藻类，由于光合作用而放出氧，就可能使水中含过饱和的溶解氧。但当水体受到污染时，由于氧化污染物质需要消耗氧，水中所含的溶解氧就会减少。因此，溶解氧的测定是衡量水污染的一个重要指标。

② 水中溶解氧的测定方法。清洁的水样一般采用碘量法测定。若水样有色或含有氧化还原性物质、藻类、悬浮物时将干扰测定，则须采用叠氮化钠修正的碘量法或膜电极法等其

他方法测定。

碘量法测定溶解氧的原理是：往水样中加入硫酸锰和碱性碘化钾溶液，使生成氢氧化亚锰沉淀。氢氧化亚锰性质极不稳定，迅速与水中的溶解氧化合，生成棕色锰酸锰沉淀。

$$MnSO_4 + 2NaOH \longrightarrow \underset{\text{(白色沉淀)}}{Mn(OH)_2\downarrow} + Na_2SO_4$$

$$2Mn(OH)_2 + O_2 \longrightarrow \underset{\text{(棕色沉淀)}}{2H_2MnO_3\downarrow}$$

$$Mn(OH)_2 + H_2MnO_3 \longrightarrow \underset{\text{(棕色沉淀)}}{MnMnO_3\downarrow} + 2H_2O$$

加入硫酸酸化，使已经化合的溶解氧与溶液中所加入的 I^- 起氧化还原反应，析出与溶解氧相当量的 I_2。溶解氧越多，析出的碘越多，溶液的颜色就越深。

$$MnMnO_3 + 3H_2SO_4 + 2KI \longrightarrow 2MnSO_4 + K_2SO_4 + I_2 + 3H_2O$$

最后取出一定量反应完毕的水样，以淀粉为指示剂，用 $Na_2S_2O_3$ 标准滴定溶液滴定至终点。滴定反应为：

$$2Na_2S_2O_3 + I_2 \longrightarrow Na_2S_4O_6 + 2NaI$$

测定结果按下式计算：

$$DO = \frac{(V_0 - V_1)c(Na_2S_2O_3) \times 8.000 \times 1000}{V_{水}}$$

式中　DO——水中溶解氧的含量，mg/L；

V_0——滴定空白时消耗硫代硫酸钠标准溶液的体积，mL；

V_1——滴定水样时消耗硫代硫酸钠标准滴定溶液的体积，mL；

$V_{水}$——水样的体积，mL；

$c(Na_2S_2O_3)$——硫代硫酸钠标准滴定溶液的浓度，mol/L；

8.000——$\frac{1}{2}$O 的摩尔质量，g/mol。

(2) 维生素 C 含量的测定　维生素 C 又称为抗坏血酸（$C_6H_8O_6$，摩尔质量为 176g/mol）。由于维生素 C 分子中的烯二醇基具有还原性，所以它能被 I_2 定量地氧化成二酮基。其反应为：

```
 ┌─────O─────┐      H   OH               ┌─────O─────┐      H   OH
 C───C═══C───C───C───CH + I₂  ⇌  C───C───C───C───C───CH + 2HI
 ║   |   |   |   |   |           ║   ║   ║   |   |   |
 O  OH  OH   H  OH   H           O   O   O   H  OH   H
```

维生素 C 的半反应式为：

$$C_6H_6O_6 + 2H^+ + 2e \longrightarrow C_6H_8O_6 \qquad \varphi^{\ominus}(C_6H_6O_6/C_6H_8O_6) = +0.18V$$

维生素 C 的还原性很强，在空气中极易被氧化，尤其在碱性介质中更甚，测定时应加入 HAc 使溶液呈现弱酸性，以减少维生素 C 的副反应。

维生素 C 含量的测定方法是：准确称取含维生素 C 试样，溶解在新煮沸且冷却的蒸馏水中，以 HAc 酸化，加入淀粉指示液，迅速用 I_2 标准滴定溶液滴定至终点（呈现稳定的蓝色）。

维生素 C 在空气中易被氧化，所以在 HAc 酸化后应立即滴定。蒸馏水中溶解有氧，因此蒸馏水必须事先煮沸，否则会使测定结果偏低。如果试液中有能被 I_2 直接氧化的物质存在，则对测定有干扰。

(3) 硫的测定—直接碘量法　测定溶液中 S^{2-} 或 H_2S 的含量时，可调节溶液至弱酸性，以淀粉为指示剂，用 I_2 标准溶液直接滴定 H_2S 而求得。

$$I_2 + H_2S \longrightarrow S + 2I^- + 2H^+$$

该滴定不能在碱性溶液中进行，除 I_2 将发生歧化反应外，部分 S^{2-} 也会被氧化为 SO_4^{2-}。

测定钢铁中硫含量时，将试样置于密封的管式炉中高温熔融，并通入空气，使其中的硫氧化成 SO_2，用水吸收导出的 SO_2，生成 H_2SO_3

$$SO_2 + H_2O \longrightarrow H_2SO_3$$

再以淀粉为指示剂，用 I_2 标准溶液滴定生成的 H_2SO_3，从而求得硫的含量。

$$I_2 + H_2SO_3 + H_2O \longrightarrow 2I^- + SO_4^{2-} + 4H^+$$

(4) 铜合金中 Cu 含量的测定——间接碘量法　将铜合金（黄铜或青铜）试样溶于 $HCl + H_2O_2$ 溶液中，加热分解除去 H_2O_2。在弱酸性溶液中，Cu^{2+} 与过量 KI 作用，定量释出 I_2，释出的 I_2 再用 $Na_2S_2O_3$ 标准滴定溶液滴定。反应如下：

$$Cu + 2HCl + H_2O_2 \longrightarrow CuCl_2 + 2H_2O$$

$$2Cu^{2+} + 4I^- \longrightarrow 2CuI\downarrow + I_2$$

$$I_2 + 2S_2O_3^{2-} \longrightarrow 2I^- + S_4O_6^{2-}$$

加入过量 KI，Cu^{2+} 的还原可趋于完全。由于 CuI 沉淀强烈地吸附 I_2，使测定结果偏低，故在滴定近终点时应加入适量 KSCN，使 CuI（$K_{sp} = 1.1 \times 10^{-12}$）转化为溶解度更小的 CuSCN（$K_{sp} = 4.8 \times 10^{-15}$），转化过程中释放出 I_2。

$$CuI + SCN^- \longrightarrow CuSCN\downarrow + I^-$$

测定过程中要注意以下几点：

① SCN^- 只能在近终点时加入，否则会直接还原 Cu^{2+}，使结果偏低。

② 溶液的 pH 应控制在 3.3～4.0 范围。若 pH<4，则 Cu^{2+} 水解，使反应不完全，结果偏低；酸度过高，则 I^- 被空气氧化为 I_2（Cu^{2+} 催化此反应），使结果偏高。

③ 合金中的杂质 As、Sb 在溶样时氧化为 As(Ⅴ)、Sb(Ⅴ)，当酸度过大时，As(Ⅴ)、Sb(Ⅴ) 能与 I^- 作用析出 I_2，干扰测定。控制适宜的酸度可消除其干扰。

④ Fe^{3+} 能氧化 I^- 而析出 I_2，可用 NH_4HF_2 掩蔽（生成 $[FeF_6]^{3-}$）。这里 NH_4HF_2 又是缓冲剂，可使溶液的 pH 保持在 3.3～4.0。

⑤ 淀粉指示液应在近终点时加入，过早加入会影响终点观察。

(5) 直接碘量法测定海波（$Na_2S_2O_3$）的含量　$Na_2S_2O_3$ 俗称大苏打或海波，是无色透明的单斜晶体，易溶于水，水溶液呈弱碱性反应，有还原作用，可用作定影剂、去氯剂和分析试剂。

$Na_2S_2O_3$ 的含量可在 pH=5 的 HAc-NaAc 缓冲溶液存在下，用 I_2 标准滴定溶液直接滴定测得。分析结果按下式计算：

$$w(Na_2S_2O_3 \cdot 5H_2O) = \frac{c\left(\frac{1}{2}I_2\right)V(I_2)M(Na_2S_2O_3 \cdot 5H_2O)}{m_s \times 1000} \times 100\%$$

式中　$c\left(\frac{1}{2}I_2\right)$——以 $\frac{1}{2}I_2$ 为基本单元时 I_2 标准滴定溶液的浓度，mol/L；

$V(I_2)$——滴定时消耗 I_2 标准滴定溶液的体积，mL；

$M(Na_2S_2O_3 \cdot 5H_2O)$——以 $Na_2S_2O_3 \cdot 5H_2O$ 为基本单元时 $Na_2S_2O_3 \cdot 5H_2O$ 的摩尔质量，g/mol；

m_s——样品的质量，g。

$Na_2S_2O_3$ 样品中可能存在杂质（如亚硫酸钠），亚硫酸钠也会与碘标准溶液反应，造成测定结果偏高。

$$Na_2SO_3 + 2H^+ \longrightarrow H_2SO_3 + 2Na^+$$

$$H_2SO_3 + I_2 + H_2O \longrightarrow 2HI + H_2SO_4$$

若加入甲醛，则亚硫酸钠与其发生加成反应，因而消除了干扰。

$$HCHO + Na_2SO_3 + H_2O \longrightarrow HCH(OH)(SO_3Na) + NaOH$$

此方法详见 HG/T 2328—2006《工业硫代硫酸钠标准》。

(6) 葡萄糖含量的测定　在碱性溶液中，I_2（过量）反应生成 IO^- 能将葡萄糖定量氧化：

$$I_2 + 2OH^- \longrightarrow IO^- + I^- + H_2O$$

$$CH_2OH(CHOH)_4CHO + IO^- + OH^- \longrightarrow CH_2OH(CHOH)_4COOH + I^- + H_2O$$

其总反应为 $C_6H_{12}O_6 + I_2 + 3OH^- \longrightarrow C_6H_{11}O_7^- + 2I^- + 2H_2O$

剩余的 IO^- 在碱性溶液中发生歧化反应：

$$3IO^- \longrightarrow IO_3^- + 2I^-$$

酸化试液后，上述歧化产物可转变成 I_2 析出，再用 $Na_2S_2O_3$ 标准溶液滴定：

$$IO_3^- + 5I^- + 6H^+ \longrightarrow 3I_2 + 3H_2O$$

$$2S_2O_3^{2-} + I_2 \longrightarrow S_4O_6^{2-} + 2I^-$$

在上述过程中，反应物之间有如下计量关系：

$$I_2 \approx IO^- \approx C_6H_{12}O_6 \qquad I_2 \approx 2S_2O_3^{2-}$$

因此 $$w(C_6H_{12}O_6) = \frac{\left[c(I_2)V(I_2) - \frac{1}{2}c(Na_2S_2O_3)V(Na_2S_2O_3)\right] \times M(C_6H_{12}O_6)}{m_s} \times 100\%$$

四、其他氧化还原滴定法简介

1. 硫酸铈法

(1) 方法原理　$Ce(SO_4)_2$ 是强氧化剂，其氧化性与 $KMnO_4$ 差不多，凡 $KMnO_4$ 能够测定的物质几乎都能用铈量法测定。在酸性溶液中，Ce^{4+} 与还原剂作用，被还原为 Ce^{3+}。其半反应为：

$$Ce^{4+} + e \longrightarrow Ce^{3+} \qquad \varphi^{\ominus}(Ce^{4+}/Ce^{3+}) = 1.61V$$

Ce^{4+}/Ce^{3+} 电对的电极电位值与酸性介质的种类和浓度有关。由于在 $HClO_4$ 中不形成配合物，所以在 $HClO_4$ 介质中 Ce^{4+}/Ce^{3+} 的电极电位值最高，因此应用也较多。

(2) 方法特点

① $Ce(SO_4)_2$ 标准溶液可以用提纯的 $Ce(SO_4)_2 \cdot 2(NH_4)_2SO_4 \cdot 2H_2O$（该物质易提纯）配制，不必进行标定，溶液很稳定，放置较长时间或加热煮沸也不分解。

② $Ce(SO_4)_2$ 不会使 HCl 氧化，可在 HCl 溶液中直接用 Ce^{4+} 标准滴定溶液滴定还原剂。

③ Ce^{4+} 还原为 Ce^{3+} 时没有中间价态的产物，反应简单，副反应少。

④ $Ce(SO_4)_2$ 溶液为橙黄色，而 Ce^{3+} 无色，一般采用邻二氮菲亚铁作指示剂，终点变色敏锐。

⑤ Ce^{4+} 在酸度较低的溶液中易水解，所以 Ce^{4+} 不适宜在碱性或中性溶液中滴定。

(3) 硫酸铈法的应用　可用硫酸铈滴定法测定的物质有 $[Fe(CN)_6]^{4-}$、NO_2^-、Sn^{2+} 等离子。由于铈盐价格高，实际工作中应用不多。

2. 溴酸钾法

$KBrO_3$ 是一种强氧化剂，在酸性溶液中其电对的半反应式为：

$$BrO_3^- + 6H^+ + 6e \longrightarrow Br^- + 3H_2O \qquad \varphi^{\ominus}(BrO_3^-/Br^-) = 1.44V$$

$KBrO_3$ 容易提纯，在 180℃烘干后可以直接配制成标准滴定溶液，在酸性溶液中直接滴定一些还原性物质，如 As(Ⅲ)、Sb(Ⅲ)、Sn^{2+}、联氨（N_2H_4）等。

由于 $KBrO_3$ 本身与还原剂反应速率慢，实际上常是在 $KBrO_3$ 标准滴定溶液中加入过量 KBr，当溶液酸化时，BrO_3^- 即氧化 Br^- 析出 Br_2。

$$BrO_3^- + 5Br^- + 6H^+ \longrightarrow 3Br_2 + 3H_2O$$

定量析出的 Br_2 与待测还原性物质反应，反应达化学计量点后，稍过量的 Br_2 可使指示剂（如甲基橙或甲基红）变色，从而指示终点。

溴酸钾法常与碘量法配合使用，即在酸性溶液中加入一定量过量的 $KBrO_3$-KBr 标准滴定溶液，与被测物反应完全后，过量的 Br_2 与加入的 KI 反应，析出 I_2，再以淀粉为指示液，用 $Na_2S_2O_3$ 标准滴定溶液滴定。

$$Br_2(\text{过量}) + 2I^- \longrightarrow 2Br^- + I_2$$

$$I_2 + S_2O_3^{2-} \longrightarrow 2I^- + S_4O_6^{2-}$$

这种间接溴酸钾法在有机分析中应用较多。特别是利用 Br_2 的取代反应可测定许多芳香化合物，例如苯酚的测定就是利用苯酚与溴的反应：

$$C_6H_5OH + Br_2 \longrightarrow C_6H_2Br_3OH\downarrow + 3H^+ + 3Br^-$$

待反应完全后，使剩余的 Br_2 与过量的 KI 作用，析出相当量的 I_2，再用 $Na_2S_2O_3$ 标准滴定溶液进行滴定，从加入的 $KBrO_3$-KBr 标准滴定溶液的量中减去剩余量即可计算出试样中苯酚的含量。应用相同的方法还可测定甲酚、间苯二酚及苯胺等。

例如，要测定某生产工艺中的反应中间体高碘酸钾（KIO_4）和碘酸钾（KIO_3）的混合物中两组分的含量，可以在酸性条件下，在定量的试样溶液中加入 KI，这时 KIO_4 和 KIO_3 均氧化 I^- 生成 I_2，用淀粉溶液作指示剂，以 $Na_2S_2O_3$ 标准滴定溶液滴定，计算出 KIO_4 与 KIO_3 的总量。计算时以碘酸钾计算总量。（要注意滴定过程中 KIO_3 与 KIO_4 的价态改变，从而正确判断其基本单元。）

再称取一定量试样，加水溶解，加入 KBr，加热，这时 KIO_4 氧化 KBr 生成 Br_2，Br_2 因加热而逸失，KIO_4 被还原成 KIO_3。冷却后调成酸性，加入 KI 与试液中的 KIO_3 发生反应生成 I_2。用淀粉溶液作指示剂，以 $Na_2S_2O_3$ 标准滴定溶液滴定，计算出 KIO_3 的总量。

根据两次测定的 KIO_3 含量之差，即可计算出 KIO_4 和 KIO_3 各自的含量。

思考题5-4

1. 请写出利用 $KMnO_4$ 法测定某溶液中 H_2O_2 和 Fe^{2+} 的步骤，并说明测定中的注意事项。

2. 用重铬酸钾法测定铁矿石中的全铁时：

（1）滴定前为什么要加入 H_3PO_4？加入 H_3PO_4 后为什么要立即滴定？

（2）为什么用 $SnCl_2$ 还原 Fe^{3+} 要在热溶液中进行，而在加 $HgCl_2$ 除去过量的 $SnCl_2$ 时反而要等溶液冷却后再加？

3. 为什么碘量法不适宜在高酸度或高碱度介质中进行？碘量法的主要误差来源是什么？有哪些防止措施？

4. 在直接碘量法和间接碘量法中，淀粉指示液的加入时间和终点颜色变化有何不同？

5. 如何配制 $KMnO_4$、$K_2Cr_2O_7$、$Na_2S_2O_3$、I_2 标准滴定溶液？

阅读材料

间接碘量法在高温超导体成分分析中的应用

新型节能材料高温超导体的最先突破是从新的钇钡铜氧材料的发现开始的。成分分析表明，其组成为 $YBa_2Cu_3O_7$，而其存在的价态为 $(Y^{3+})(Ba^{2+})_2(Cu^{2+})_2(Cu^{3+})(O^{2-})_7$，这里有三分之二的铜是以 Cu^{2+} 的形态存在的，而其余的三分之一是以罕见的 Cu^{3+} 形式存在。

在上述的成分分析中，确定铜的价态曾经是关键一环，却是通过间接碘量法得到解决的。具体的做法分为两步：

实验 A：将试样 $YBa_2Cu_3O_7$ 溶于稀酸，此时铜离子全部以二价的形态存在。

$$4YBa_2Cu_3O_7 + 52H^+ \longrightarrow 4Y^{3+} + 8Ba^{2+} + 12Cu^{2+} + 26H_2O + O_2\uparrow$$

加入过量 KI，$2Cu^{2+} + 4I^- \longrightarrow 2CuI\downarrow + I_2$ 再用 $Na_2S_2O_3$ 标准溶液滴定生成的 I_2。

实验 B：将试样 $YBa_2Cu_3O_7$ 溶于含有过量的稀酸中，除钇和钡仍分别以 Y^{3+}、Ba^{2+} 形式进入溶液外，有关铜的反应为

$$2Cu^{2+} + 4I^- \longrightarrow 2CuI\downarrow + I_2$$

$$2Cu^{3+} + 4I^- \longrightarrow CuI\downarrow + I_2$$

再用 $Na_2S_2O_3$ 标准溶液进行滴定。

显然，如果采用同样质量的 $YBa_2Cu_3O_7$ 试样，实验 B 消耗的 $Na_2S_2O_3$ 的量将大于实验 A。实验结果证实了这一点，这就表明在钇钡铜氧高温超导体中确实有一部分铜是以 Cu^{3+} 形式存在的。此外，不仅在实验 A 中可以测得试样中铜的总含量，而且由两次实验所消耗的 $Na_2S_2O_3$ 量之差还可以测出 Cu^{3+} 在试样中的质量分数。

这个例子突出地表明了传统的氧化还原滴定法是如何成功地应用于新兴的高科技研究领域的。

百度文摘

第五节 氧化还原滴定计算示例

【学习要点】 掌握氧化还原反应中氧化剂和还原剂基本单元的确定；掌握氧化还原滴定结果计算。

氧化还原滴定中涉及的化学反应比较复杂，在进行氧化还原滴定计算时首先必须弄清楚滴定剂与待测物之间的计量关系，选择滴定剂的基本单元，确定被测组分的基本单元，然后按等物质的量规则列出计算式，进行计算。

【例 5-10】 称取 NaClO 试液 5.8600g 于 250mL 容量瓶中，稀释定容后，移取 25.00mL 于碘量瓶中，加水稀释，并加入适量 HAc 溶液和 KI，盖紧碘量瓶塞子后静置片刻。以淀粉作指示液，用 $Na_2S_2O_3$ 标准滴定溶液（$T_{I_2/Na_2S_2O_3}=0.01335g/mL$）滴定至终点，用去 20.64mL。计算试样中 Cl 的质量分数。已知 $M(I_2)=253.8g/mol$，$M(Cl)=35.45g/mol$。

解 根据题意，测定中有关的反应式如下：

$$2ClO^- + 4H^+ + 2e \longrightarrow Cl_2\uparrow + 2H_2O$$

$$Cl_2 + 2I^- \longrightarrow 2Cl^- + I_2$$

$$I_2 + 2S_2O_3^{2-} \longrightarrow S_4O_6^{2-} + 2I^-$$

由以上反应可得出：I_2 的基本单元为$\frac{1}{2}I_2$；Cl 的基本单元为 Cl。

$$c(Na_2S_2O_3) = \frac{T_{I_2/Na_2S_2O_3}\times 10^3}{M\left(\frac{1}{2}I_2\right)} = \frac{0.01335\times 1000}{126.9}mol/L = 0.1052mol/L$$

所以

$$w(Cl) = \frac{c(Na_2S_2O_3)V(Na_2S_2O_3)M(Cl)}{m_s\times\frac{25.00}{250.0}\times 1000}\times 100\% = \frac{0.1052\times 20.64\times 35.45}{5.8600\times\frac{25.00}{250}\times 1000}\times 100\% = 13.14\%$$

答：试样中 Cl 的质量分数为 13.14%。

【例 5-11】 称取 $Na_2SO_3\cdot 5H_2O$ 试样 0.3878g，将其溶解，加入 50.00mL $c\left(\frac{1}{2}I_2\right)=$ 0.09770mol/L 的 I_2 溶液处理，剩余的 I_2 需要用 $c(Na_2S_2O_3)=0.1008mol/L$ 的 $Na_2S_2O_3$ 标准滴定溶液 25.40mL 滴定至终点。计算试样中 Na_2SO_3 的质量分数。已知 $M(Na_2SO_3)=$ 126.04g/mol。

解 根据题意，有关反应式如下：

$$I_2 + SO_3^{2-} + H_2O \longrightarrow 2H^+ + 2I^- + SO_4^{2-}$$

$$2S_2O_3^{2-} + I_2 \longrightarrow S_4O_6^{2-} + 2I^-$$

$$Na_2SO_3 \triangleq I_2$$

故 Na_2SO_3 的基本单元为$\frac{1}{2}Na_2SO_3$。则

$$w(Na_2SO_3) = \frac{\left[c\left(\frac{1}{2}I_2\right)V(I_2) - c(Na_2S_2O_3)V(Na_2S_2O_3)\right]M\left(\frac{1}{2}Na_2SO_3\right)}{m_s\times 1000}\times 100\% = \frac{(0.09770\times 50.00 - 0.1008\times 25.40)\times 63.02}{0.3878\times 1000}\times 100\% = 37.78\%$$

答：样品中 Na_2SO_3 的质量分数为 37.78%。

【例 5-12】 称取含少量水的甲酸（HCOOH）试样 0.2040g，溶解于碱性溶液中后，加入 $c(KMnO_4)=0.02010mol/L$ 的 $KMnO_4$ 标准滴定溶液 25.00mL，待反应完全后酸化，加入过量的 KI 还原过剩的 MnO_4^- 以及 MnO_4^{2-} 歧化生成的 MnO_4^- 和 MnO_2，最后用0.1002mol/L 的 $Na_2S_2O_3$ 标准滴定溶液滴定析出的 I_2，消耗 $Na_2S_2O_3$ 溶液 21.02mL。计算试样中甲酸的质量分数。已知 $M(HCOOH)=46.04g/mol$。

解 按题意，测定过程发生如下反应：

$$HCOOH + 2MnO_4^- + 4OH^- \longrightarrow CO_3^{2-} + 2MnO_4^{2-} + 3H_2O$$

$$3MnO_4^{2-} + 4H^+ \longrightarrow 2MnO_4^- + MnO_2\downarrow + 2H_2O$$

然后 I^- 将 MnO_4^- 和 MnO_2 全部还原为 Mn^{2+}。

该测定中的氧化剂是 $KMnO_4$，还原剂有 HCOOH 与 $Na_2S_2O_3$。$KMnO_4$ 虽经多步反应，但最终产物为 Mn^{2+}，故 $KMnO_4$ 的基本单元为 $\frac{1}{5}KMnO_4$；HCOOH 因最终产物是 CO_3^{2-}，故 HCOOH 的基本单元为 $\frac{1}{2}HCOOH$；$Na_2S_2O_3$ 的基本单元为 $Na_2S_2O_3$。

按等物质的量规则：

$$n\left(\frac{1}{5}KMnO_4\right)=n\left(\frac{1}{2}HCOOH\right)+n(Na_2S_2O_3)$$

故

$$w(HCOOH)=\frac{n\left(\frac{1}{2}HCOOH\right)M\left(\frac{1}{2}HCOOH\right)}{m_s}$$

$$=\frac{[5c(KMnO_4)V(KMnO_4)-c(Na_2S_2O_3)V(Na_2S_2O_3)]M\left(\frac{1}{2}HCOOH\right)}{m_s\times1000}\times100\%$$

$$=\frac{(5\times0.02010\times25.00-0.1002\times21.02)\times23.02}{0.2040\times1000}\times100\%=4.58\%$$

答：试样中甲酸的质量分数为 4.58%。

【例 5-13】 化学耗氧量（chemical oxygen demand，常简称 COD）是指每升水中的还原性物质（有机物和无机物）在一定条件下被强氧化剂氧化时所消耗的氧的质量。今取废水样 100mL，用 H_2SO_4 酸化后，加 25.00mL $c(K_2Cr_2O_7)=0.01667mol/L$ 的 $K_2Cr_2O_7$ 标准滴定溶液，以 Ag_2SO_4 为催化剂煮沸，待水样中还原性物质完全被氧化后，以邻二氮菲亚铁为指示剂，用 $c(FeSO_4)=0.1000\,mol/L$ 的 $FeSO_4$ 标准滴定溶液滴定剩余的 $Cr_2O_7^{2-}$，用去 15.00mL。计算水样的化学耗氧量，以 ρ(g/L) 表示。

解 按题意：

$$6Fe^{2+}+Cr_2O_7^{2-}+14H^+\longrightarrow6Fe^{3+}+2Cr^{3+}+7H_2O$$

$$6FeSO_4\cong K_2Cr_2O_7$$

$K_2Cr_2O_7$ 的基本单元为 $\frac{1}{6}K_2Cr_2O_7$；$FeSO_4$ 的基本单元为 $FeSO_4$。由于 $K_2Cr_2O_7$ 与 O_2 的相当关系为：

$$\frac{1}{6}K_2Cr_2O_7\cong\frac{1}{4}O_2$$

所以 O_2 的基本单元为 $\frac{1}{4}O_2$。

根据题意得 $$n\left(\frac{1}{4}O_2\right)=n\left(\frac{1}{6}K_2Cr_2O_7\right)-n(FeSO_4)$$

所以 $$\rho(O_2)=\frac{m(O_2)}{V_{水样}}=\left[c\left(\frac{1}{6}K_2Cr_2O_7\right)V(K_2Cr_2O_7)-c(FeSO_4)V(FeSO_4)\right]\times\frac{M\left(\frac{1}{4}O_2\right)}{V_{水样}}$$

$$=(6\times0.01667\times25.00-0.1000\times15.00)\times\frac{8.000}{100}g/L=0.0800g/L$$

答：水样的化学耗氧量为 0.0800g/L。

【例 5-14】 用 $KBrO_3$ 法测定苯酚。取苯酚试液 10.00mL 于 250mL 容量瓶中，加水稀释至标线。摇匀后准确移取 25.00mL 试液，加入 $c\left(\frac{1}{6}KBrO_3\right)=0.1102mol/L$ 的 $KBrO_3$-KBr 标准滴定溶液 35.00mL，再加 HCl 酸化，放置片刻后再加 KI 溶液，使未反应的 Br_2 还

原并析出 I_2，然后用 $c(Na_2S_2O_3)=0.08730mol/L$ 的 $Na_2S_2O_3$ 标准滴定溶液滴定，用去 28.55mL。计算每升苯酚试液中含有苯酚多少克？已知 $M(C_6H_5OH)=94.68g/mol$。

解 根据以下测定反应：

$$KBrO_3+5KBr+6HCl \longrightarrow 3Br_2+6KCl+3H_2O$$
$$C_6H_5OH+3Br_2 \longrightarrow C_6H_2Br_3OH+3HBr$$
$$Br_2+2KI \longrightarrow 2KBr+I_2$$
$$I_2+2S_2O_3^{2-} \longrightarrow S_4O_6^{2-}+2I^-$$

得
$$C_6H_5OH \triangleq KBrO_3 \triangleq 3Br_2 \triangleq 3I_2 \triangleq 6Na_2S_2O_3$$

因此 C_6H_5OH 的基本单元为 $\frac{1}{6}C_6H_5OH$，得

$$n\left(\frac{1}{6}C_6H_5OH\right)=n\left(\frac{1}{6}KBrO_3\right)-n(Na_2S_2O_3)$$

则

$$\rho(C_6H_5OH)=\frac{\left[c\left(\frac{1}{6}KBrO_3\right)V(KBrO_3)-c(Na_2S_2O_3)V(Na_2S_2O_3)\right]M\left(\frac{1}{6}C_6H_5OH\right)}{V_s}$$
$$=\frac{(0.1102\times35.00-0.08730\times28.55)\times15.68}{10.00\times\frac{25.00}{250}}g/L=21.40g/L$$

答：苯酚试液中含苯酚 21.40g/L。

【例 5-15】 称取红丹试样 0.1000g，加盐酸处理成溶液后，铅全部转化为 Pb^{2+}，加入 K_2CrO_4，使 Pb^{2+} 转化为 $PbCrO_4$。将沉淀过滤、洗涤后，再溶于酸，并加入过量的 KI。以淀粉为指示剂，用 0.1000mol/L $Na_2S_2O_3$ 标准溶液滴定生成的 I_2，用去 13.00mL。求红丹中 Pb_3O_4 的质量分数。

解 此例为用间接碘量法测定 Pb^{2+} 含量。有关的反应式为：

$$Pb_3O_4+2Cl^-+8H^+ \longrightarrow 3Pb^{2+}+Cl_2+4H_2O$$
$$Pb^{2+}+CrO_4^{2-} \longrightarrow PbCrO_4\downarrow$$
$$2PbCrO_4+2H^+ \longrightarrow 2Pb^{2+}+Cr_2O_7^{2-}+H_2O$$
$$Cr_2O_7^{2-}+6I^-+14H^+ \longrightarrow 2Cr^{3+}+3I_2+7H_2O$$
$$2S_2O_3^{2-}+I_2 \longrightarrow 2I^-+S_4O_6^{2-}$$

由上述反应得各物质之间的计量关系为：

$$2Pb_3O_4 \approx 6Pb^{2+} \approx 6CrO_4^{2-} \approx 3Cr_2O_7^{2-} \approx 9I_2 \approx 18S_2O_3^{2-}$$

即
$$Pb_3O_4 \approx 9S_2O_3^{2-}$$

故 Pb_3O_4 在试样中的质量分数为：

$$w(Pb_3O_4)=\frac{\frac{1}{9}c(Na_2S_2O_3)V(Na_2S_2O_3)M(Pb_3O_4)}{m_s}\times100\%$$
$$=\frac{\frac{1}{9}\times0.1000\times13.00\times10^{-1}\times685.6}{0.1000}\times100\%=99.03\%$$

答：红丹中 Pb_3O_4 的质量分数 99.03%。

【例 5-16】 取 25.00mL KI 试液，加入稀 HCl 溶液和 10.00mL 0.05000mol/L KIO_3 溶液，析出的 I_2 经煮沸挥发释出。冷却后，加入过量的 KI 与剩余的 KIO_3 反应，析出的 I_2 用

0.1008mol/L $Na_2S_2O_3$ 标准溶液滴定生成的 I_2，用去 21.14mL，试计算试液中 KI 的浓度。

解　挥发阶段和测定阶段均涉及同一反应：

$$IO_3^- + 5I^- + 6H^+ \longrightarrow 3I_2 + 3H_2O$$

滴定反应为：

$$2S_2O_3^{2-} + I_2 \longrightarrow 2I^- + S_4O_6^{2-}$$

各物质间的计量关系为：$2IO_3^- \approx 5I^-$　　$IO_3^- \approx 3I_2 \approx 6S_2O_3^{2-}$

故消耗于 KI 试液的物质的量为：$c(KIO_3)V(KIO_3) - \frac{1}{6}c(Na_2S_2O_3)V(Na_2S_2O_3)$

即

$$c(KI) = \frac{\left[c(KIO_3)V(KIO_3) - \frac{1}{6}c(Na_2S_2O_3)V(Na_2S_2O_3)\right] \times 5}{V_{KI}}$$

$$= \frac{\left[0.05000 \times 10.00 \times 10^{-3} - \frac{1}{6} \times 0.1008 \times 21.14 \times 10^{-3}\right] \times 5}{25.00 \times 10^{-1}}$$

$$= 0.02896 \text{ (mol/L)}$$

答：试液中的 KI 的浓度为 0.02896mol/L。

思考题5-5

1. 指出下列反应中氧化剂和还原剂的基本单元，并分别列出它们的物质的量关系式。

(1) $KBrO_3 + KI + H_2SO_4 \longrightarrow I_2 + KBr + K_2SO_4 + H_2O$

(2) $NaBiO_3 + Mn(NO_3)_2 + HNO_3 \longrightarrow HMnO_4 + Bi(NO_3)_3 + NaNO_3 + H_2O$

(3) $K_2Cr_2O_7 + KI + HCl \longrightarrow CrCl_3 + KCl + I_2 + H_2O$

(4) $Ce^{4+} + HAsO_2 + H_2O \longrightarrow H_2AsO_4^- + Ce^{3+} + H^+$

2. 用下列 3 种方法测定钢样中的锰含量，分别指出 3 种方法中锰的基本单元。

(1) 铋酸盐法：用铋酸盐将锰氧化为 $KMnO_4$，再用过量的 $FeSO_4$ 标准滴定溶液将 $KMnO_4$ 还原，多余的 $FeSO_4$ 用 $KMnO_4$ 标准滴定溶液滴定。反应为：

$$MnO_4^- + 5Fe^{2+} + 8H^+ \longrightarrow Mn^{2+} + 5Fe^{3+} + 4H_2O$$

(2) 氯酸盐法：用 $KClO_3$ 将锰氧化为 MnO_2，滤出 MnO_2 后与过量 $FeSO_4$ 标准滴定溶液反应，多余的 $FeSO_4$ 再用 $KMnO_4$ 标准滴定溶液滴定。反应为：

$$MnO_2 + 2Fe^{2+} + 4H^+ \longrightarrow Mn^{2+} + 2Fe^{3+} + 2H_2O$$

(3) 福尔哈德法：在用 ZnO 保持的中性溶液中，用 $KMnO_4$ 直接滴定 Mn^{2+}。反应为：

$$3Mn^{2+} + 2MnO_4^- + 2ZnO \longrightarrow 5MnO_2 + 2Zn^{2+}$$

3. 碘量法中用的 $Na_2S_2O_3$ 标准溶液，在保存中吸收了空气中的 CO_2，发生了下列反应：

$$S_2O_3^{2-} + H_2CO_3 \longrightarrow HSO_3^- + HCO_3^- + S\downarrow$$

若用该 $Na_2S_2O_3$ 标定 I_2，测 I_2 的浓度与其实际浓度相比会有什么变化？

阅读材料

韦氏法测定动物油脂的碘值

有机化合物的分子中含有碳-碳双键或碳-碳三键的属于不饱和化合物。含碳-碳双键的称为烯基化合物。有机化合物分子中的烯基具有较高的反应活性，容易发生亲电加成反应。通常用碘值表示烯基化合物的不饱和度。

碘值是油脂的特征常数和衡量油脂质量的主要指标。所谓碘值是指在规定条件下每100g试样在反应中所加碘的质量（g）。它是用以表示物质不饱和度的一种量度。

测定动物油脂的碘值常用氯化碘加成法。氯化碘加成法也称为韦氏法，其原理为过量的氯化碘溶液和不饱和化合物分子中的双键进行定量的加成反应：

$$>C=C< + ICl \longrightarrow -\underset{I}{\overset{|}{C}}-\underset{Cl}{\overset{|}{C}}-$$

反应完全后，加入碘化钾溶液与剩余的氯化碘作用析出碘，析出的碘以淀粉作指示剂，用硫代硫酸钠标准滴定溶液滴定，反应为：

$$ICl + KI \longrightarrow I_2 + KCl$$

$$I_2 + 2Na_2S_2O_3 \longrightarrow 2NaI + Na_2S_4O_6$$

为了获得符合要求的结果，测定时应同时做空白试验。

习 题 五

1. 指出下列氧化剂在所给氧化还原反应中的基本单元。

(1) $As_2O_3(AsO_3^{3-} \longrightarrow AsO_4^{3-})$；
(2) $Fe_2O_3(Fe^{2+} \longrightarrow Fe^{3+})$；
(3) $MnO_2(MnO_2 \longrightarrow Mn^{2+})$；
(4) $CuO(Cu^{2+} \longrightarrow Cu^{+})$；
(5) $Cr_2O_3(Cr^{3+} \longrightarrow Cr_2O_7^{2-})$。

2. 指出下列还原剂在所给氧化还原反应中的基本单元。

(1) $SnCl_2(Sn^{2+} \longrightarrow Sn^{4+})$；
(2) $Na_2S_2O_3 \cdot 5H_2O(S_2O_3^{2-} \longrightarrow S_4O_6^{2-})$；
(3) $HNO_2(NO_2^{-} \longrightarrow NO_3^{-})$；
(4) $H_2SO_3(SO_3^{2-} \longrightarrow SO_4^{2-})$。

3. 计算 $Cr_2O_7^{2-}/2Cr^{3+}$ 电对的电极电位。

(1) $[Cr_2O_7^{2-}]=0.020mol/L$，$[Cr^{3+}]=1.0\times10^{-6}mol/L$，$[H^+]=0.10mol/L$；
(2) $[Cr_2O_7^{2-}]=0.023mol/L$，$[Cr^{3+}]=0.015mol/L$，$[H^+]=1.0mol/L$。

4. 用标准电极电位判断下列反应方向：

(1) $Fe^{3+}+Cu^{+} \rightleftharpoons Fe^{2+}+Cu^{2+}$
(2) $Br_2+2Fe^{2+} \rightleftharpoons 2Br^{-}+2Fe^{3+}$
(3) $2Fe^{3+}+Cd \rightleftharpoons 2Fe^{2+}+Cd^{2+}$
(4) $2MnO_4^{-}+5H_2O_2+6H^{+} \rightleftharpoons 2Mn^{2+}+5O_2\uparrow+8H_2O$
(5) $2Ce^{3+}+H_3AsO_4+2H^{+} \rightleftharpoons 2Ce^{4+}+H_3AsO_3+H_2O$

5. 已知 $\varphi^{\ominus}(Ag^{+}/Ag)=0.8V$，$\varphi^{\ominus}(I_2/2I^{-})=0.54V$，反应能否发生？反应达平衡后，若：(1) $[I^{-}]=1mol/L$；(2) $[I^{-}]=0.1mol/L$。计算 AgI/Ag 电对的电极电位。已知 $K_{sp,AgI}=8.3\times10^{-17}$。

6. 计算在1mol/L HCl介质中，用0.1000mol/L的 Ce^{4+} 标准滴定溶液滴定 Fe^{2+} 时的化学计量点电位。已知 $\varphi^{\ominus\prime}(Ce^{4+}/Ce^{3+})=1.44V$，$\varphi^{\ominus\prime}(Fe^{3+}/Fe^{2+})=0.68V$。

7. 在1mol/L $HClO_4$ 溶液中用0.2000mol/L $KMnO_4$ 滴定0.1000mol/L Fe^{2+} 时，计算：

(1) 此氧化还原反应的平衡常数及化学计量点时反应进行的程度；
(2) 滴定的突跃范围；
(3) 在此滴定中应选用什么指示剂？其滴定终点是否与化学计量点一致？

8. 已知 $K_2Cr_2O_7$ 溶液对Fe的滴定度为0.00525g/mL，计算 $K_2Cr_2O_7$ 溶液的物质的量浓度 $c\left(\frac{1}{6}K_2Cr_2O_7\right)$。

9. 欲配制500mL $c\left(\frac{1}{6}K_2Cr_2O_7\right)=0.5000mol/L$ 的 $K_2Cr_2O_7$ 溶液，问应称取 $K_2Cr_2O_7$ 多少克？

10. 制备1L $c(Na_2S_2O_3)=0.2mol/L$ 的 $Na_2S_2O_3$ 溶液，需称取 $Na_2S_2O_3 \cdot 5H_2O$ 多少克？

11. 将0.1500g的铁矿样经处理后成为 Fe^{2+}，然后用 $c\left(\frac{1}{5}KMnO_4\right)=0.1000mol/L$ $KMnO_4$ 标准滴定溶液滴定，消耗15.03mL，计算铁矿石中以Fe、FeO、Fe_2O_3 表示的质量分数。

12. 在250mL容量瓶中将1.0028g H_2O_2 溶液配制成250mL试液。准确移取此试液25.00mL，用 $c\left(\frac{1}{5}KMnO_4\right)=0.1000mol/L$ 的 $KMnO_4$ 标准滴定溶液滴定，消耗17.38mL，求 H_2O_2 试样中 H_2O_2 的质量分数。

13. 测定稀土中铈（Ce）的含量。称取试样量为1.000g，用 H_2SO_4 溶解后，加过硫酸铵氧化（$AgNO_3$ 为催化剂），稀释至100.0mL，取25.00mL，用 $c(Fe^{2+})=0.05000mol/L$ 的 Fe^{2+} 标准滴定溶液滴定，用去6.32mL，计算稀土中 $CeCl_4$ 的质量分数。（反应式：$Ce^{4+}+Fe^{2+} \longrightarrow Ce^{3+}+Fe^{3+}$）

14. 称取炼铜中所得渣粉0.5000g，测其中锑量。用 HNO_3 溶解试样，经分离铜后，将 Sb^{5+} 还原为 Sb^{3+}，然后在HCl溶液中用 $c\left(\frac{1}{6}KBrO_3\right)=0.1000mol/L$ 的 $KBrO_3$ 标准滴定溶液滴定，消耗 $KBrO_3$ 溶液22.20mL，计算锑的质量分数。

15. 用 I_2 标准滴定溶液滴定辉锑矿。今称取辉锑矿0.1000g，用 $c\left(\frac{1}{2}I_2\right)=0.05000mol/L$ 的 I_2 标准滴定溶液滴定，消耗20.00mL，求此辉锑矿中 Sb_2S_3 的质量分数。（反应式：$2SbO_3^{2-}+I_2+4HCO_3^- \longrightarrow 2SbO_4^{3-}+2I^-+4CO_2\uparrow+2H_2O$）

16. 称取0.4000g软锰矿样，用 $c\left(\frac{1}{2}H_2C_2O_4\right)=0.2000mol/L$ 的 $H_2C_2O_4$ 溶液50.00mL处理，过量的 $H_2C_2O_4$ 用 $c\left(\frac{1}{2}KMnO_4\right)=0.1152mol/L$ 的 $KMnO_4$ 标准滴定溶液返滴定，消耗 $KMnO_4$ 溶液10.55mL，求矿石中 MnO_2 的质量分数。

17. 称取甲醇试样0.1000g，在 H_2SO_4 中与25.00mL $c\left(\frac{1}{6}K_2Cr_2O_7\right)=0.1000mol/L$ 的 $K_2Cr_2O_7$ 溶液作用，反应后过量的 $K_2Cr_2O_7$ 用0.1000mol/L的 Fe^{2+} 标准滴定溶液返滴定，用去 Fe^{2+} 溶液10.00mL，计算试样中甲醇的质量分数。（反应式：$CH_3OH+Cr_2O_7^{2-}+8H^+ \longrightarrow 2Cr^{3+}+CO_2\uparrow+6H_2O$）

18. 试剂厂生产化学试剂 $FeCl_3 \cdot 6H_2O$，按国家标准规定：二级含量不少于 $w=99.0\%$；三级含量不少于 $w=98.0\%$。为了检查本厂生产的一批产品，化验员进行了质量鉴定。称取0.5000g样品，加水溶解后，再加HCl和KI，反应后，析出的 I_2 用0.1000mol/L的 $Na_2S_2O_3$ 标准滴定溶液滴定，消耗标准溶液18.17mL，问本批产品符合哪一级标准？（主要反应：$2Fe^{3+}+2I^- \longrightarrow I_2+2Fe^{2+}$，$I_2+2S_2O_3^{2-} \longrightarrow 2I^-+S_4O_6^{2-}$）

19. 称取铜试样0.4217g，用碘量法滴定。矿样经处理后，加入 H_2SO_4 和KI，析出 I_2，然后用 $Na_2S_2O_3$ 标准滴定溶液滴定，消耗35.16mL，而41.22mL $Na_2S_2O_3$ 相当于0.2121g $K_2Cr_2O_7$，求铜矿中CuO的质量分数。

20. 称取苯酚试样0.5005g，用NaOH溶液溶解后，准确配制成250mL试液。移取25.00mL试液于碘量瓶中，加入 $KBrO_3$-KBr标准溶液25.00mL及HCl溶液，使苯酚溴化为三溴苯酚，加入KI溶液，使未反应的 Br_2 还原并析出定量的 I_2，然后用 $c(Na_2S_2O_3)=0.1008mol/L$ 的 $Na_2S_2O_3$ 标准滴定溶液滴定，用去15.05mL。另取25.00mL $KBrO_3$-KBr标准滴定溶液，加HCl和KI溶液，析出 I_2，用上述的 $Na_2S_2O_3$ 标准滴定溶液滴定，用去40.20mL。计算苯酚的质量分数。已知 $M(C_6H_5OH)=94.11g/mol$。

第六章

沉淀滴定法

学习指南

基于沉淀反应的滴定法称为沉淀滴定法。由于能用于滴定分析的沉淀反应必须具备一定的条件，在实际工作中应用较多的沉淀滴定法主要是银量法。通过本章的学习，应了解沉淀滴定法对沉淀反应的要求，熟练掌握莫尔法、福尔哈德法、法扬司法三种沉淀滴定法确定理论终点的方法原理、滴定条件和应用范围及有关计算。在学习过程中应结合复习无机化学关于沉淀平衡的有关理论和实践知识，进一步理解分级沉淀及沉淀转化的概念。

第一节　概　　述

【学习要点】 掌握沉淀滴定法对沉淀反应的要求；了解银量法的特点、滴定方式和测定对象。

沉淀滴定法（precipitation titrimetry）是以沉淀反应为基础的一种滴定分析方法。虽然沉淀反应很多，但是能用于滴定分析的沉淀反应必须符合下列几个条件：

① 沉淀反应必须迅速，并按一定的化学计量关系进行；

② 生成的沉淀应具有恒定的组成，而且溶解度必须很小；

③ 有确定化学计量点的简单方法；

④ 沉淀的吸附现象不影响滴定终点的确定。

由于上述条件的限制，能用于沉淀滴定法的反应并不多。目前有实用价值的主要是形成难溶性银盐的反应，例如：

$$Ag^{+}+Cl^{-} \longrightarrow AgCl\downarrow（白色）$$
$$Ag^{+}+SCN^{-} \longrightarrow AgSCN\downarrow（白色）$$

这种利用生成难溶银盐反应进行沉淀滴定的方法称为银量法（argentimetry）。银量法主

要用于测定 Cl^-、Br^-、I^-、Ag^+、CN^-、SCN^- 等离子及含卤素的有机化合物。

除银量法外，沉淀滴定法中还有利用其他沉淀反应的方法。例如 $K_4[Fe(CN)_6]$ 与 Zn^{2+}、四苯硼酸钠与 K^+ 形成沉淀的反应：

$$2K_4[Fe(CN)_6]+3Zn^{2+} \longrightarrow K_2Zn_3[Fe(CN)_6]_2\downarrow+6K^+$$

$$NaB(C_6H_5)_4+K^+ \longrightarrow KB(C_6H_5)_4\downarrow+Na^+$$

都可用于沉淀滴定法。

本章主要讨论银量法。根据滴定方式的不同，银量法可分为直接法和间接法。直接法是用 $AgNO_3$ 标准滴定溶液直接滴定待测组分的方法。间接法是先于待测试液中加入一定量的 $AgNO_3$ 标准滴定溶液，再用 NH_4SCN 标准滴定溶液滴定剩余的 $AgNO_3$ 溶液的方法。

思考题6-1

1. 什么叫沉淀滴定法？用于沉淀滴定的反应必须符合哪些条件？
2. 何谓银量法？银量法主要用于测定哪些物质？
3. 沉淀滴定法中，除银量法外还可利用哪些沉淀反应进行滴定分析？

阅读材料

盖·吕萨克的银量法（Gay-Lussac 法）

Gay-Lussac 法又叫等浊滴定法和浊度法，是 100 多年前由 Josephlouis Gay Lussac（1718—1850，法国人）提出的用氯化物测定银的方法。它对测定银、氯和以纯金属氯化物形式进行分析的一些金属的原子量有着持久的意义，至今某些政府的造币厂仍用此法测定银。

这种方法确定终点不需要指示剂。其原理是：以硝酸银滴定氯化钠至化学计量点时，溶液是氯化银的饱和溶液并含有相同浓度的银离子和氯离子。如果在上层清液中加入少量的氯离子或银离子，由于生成氯化银沉淀而使清液变为浑浊，这是因为两种离子不管哪一种过量都会降低氯化银的溶解度。在化学计量点时的试样上层清液中加入稍过量的银离子所得到的浊度与加入同样过量的氯离子所得到的浊度相等。如果氯离子还过量，那么在试样上层清液中加入银离子所造成的浊度比加入过量的氯离子所造成的浊度要深得多；同样，如果滴定过程中硝酸银已加得过量，将会看到相反的效果。因此在应用这种方法时在接近化学计量点时抽取两份上层清液，分别用硝酸银和氯化物试验。如果发现浊度不相等，继续用硝酸银或氯化物滴定到浊度相等为止。

该法的不足之处是操作比较繁琐。

第二节　银量法滴定终点的确定

【学习要点】 理解分级沉淀和沉淀转化的概念；掌握莫尔法、福尔哈德法、法扬司法三种滴定法确定终点的方法原理、滴定条件、应用范围和有关计算。

根据确定滴定终点所采用的指示剂不同，银量法分为莫尔法（Mohr method）、福尔哈德法（Volhard method）和法扬司法（Fajans method）三种。

一、莫尔法——铬酸钾作指示剂法

莫尔法是以 K_2CrO_4 为指示剂，在中性或弱碱性介质中用 $AgNO_3$ 标准滴定溶液测定卤素混合物含量的方法。

1. 指示剂的作用原理

以测定 Cl^- 为例，K_2CrO_4 作指示剂，用 $AgNO_3$ 标准滴定溶液滴定，其反应为：

$$Ag^+ + Cl^- \longrightarrow AgCl\downarrow（白色）$$

$$2Ag^+ + CrO_4^{2-} \longrightarrow Ag_2CrO_4\downarrow（砖红色）$$

这种方法的依据是多级沉淀原理。由于 AgCl 的溶解度比 Ag_2CrO_4 的溶解度小，因此在用 $AgNO_3$ 标准滴定溶液滴定时，先析出 AgCl 沉淀，当滴定剂 Ag^+ 与 Cl^- 达到化学计量点时，微过量的 Ag^+ 与 CrO_4^{2-} 反应，析出砖红色的 Ag_2CrO_4 沉淀，指示滴定终点的到达。

2. 滴定条件

（1）指示剂作用量　用 $AgNO_3$ 标准滴定溶液滴定 Cl^-，指示剂 K_2CrO_4 的用量对于终点指示有较大的影响，CrO_4^{2-} 浓度过高或过低，Ag_2CrO_4 沉淀的析出就会过早或过迟，就会产生一定的终点误差。因此要求 Ag_2CrO_4 沉淀应该恰好在滴定反应的化学计量点时出现。化学计量点时 $[Ag^+]$ 为：

$$[Ag^+]=[Cl^-]=\sqrt{K_{sp,AgCl}}=\sqrt{3.2\times10^{-10}}\text{mol/L}=1.8\times10^{-5}\text{mol/L}$$

若此时恰有 Ag_2CrO_4 沉淀，则

$$[CrO_4^{2-}]=\frac{K_{sp,Ag_2CrO_4}}{[Ag^+]^2}=\frac{5.0\times10^{-12}}{(1.8\times10^{-5})^2}\text{mol/L}=1.5\times10^{-2}\text{mol/L}$$

在滴定时，由于 K_2CrO_4 显黄色，当其浓度较高时颜色较深，不易判断砖红色的出现。为了能观察到明显的终点，指示剂的浓度以略低一些为好。实验证明，滴定溶液中 $c(K_2CrO_4)$ 为 5×10^{-3}mol/L 是确定滴定终点的适宜浓度。

显然，K_2CrO_4 浓度降低后，要使 Ag_2CrO_4 析出沉淀，必须多加一些 $AgNO_3$ 标准滴定溶液，这时滴定剂就过量了，终点将在化学计量点后出现，但由于产生的终点误差一般小于 0.1%，不会影响分析结果的准确度。但是如果溶液较稀，如用 0.01000mol/L 的 $AgNO_3$ 标准滴定溶液滴定 0.01000mol/L 的 Cl^- 溶液，滴定误差可达 0.6%，影响分析结果的准确度，此时应做指示剂空白试验进行校正。

（2）滴定时的酸度　在酸性溶液中，CrO_4^{2-} 有如下反应：

$$2CrO_4^{2-} + 2H^+ \rightleftharpoons 2HCrO_4^- \rightleftharpoons Cr_2O_7^{2-} + H_2O$$

因而降低了 CrO_4^{2-} 的浓度，使 Ag_2CrO_4 沉淀出现过迟，甚至不会沉淀。

在强碱性溶液中，会有棕黑色 Ag_2O 沉淀析出：

$$2Ag^+ + 2OH^- \rightleftharpoons Ag_2O\downarrow + H_2O$$

因此，莫尔法只能在中性或弱碱性（pH 为 6.5～10.5）溶液中进行。若溶液酸性太强，可用 $Na_2B_4O_7\cdot10H_2O$ 或 $NaHCO_3$ 中和；若溶液碱性太强，可用稀 HNO_3 溶液中和；而在有 NH_4^+ 存在时，滴定的 pH 范围应控制在 6.5～7.2 之间。

3. 应用范围

莫尔法主要用于测定 Cl^-、Br^- 和 Ag^+，如氯化物、溴化物纯度测定以及天然水中氯含量的测定。当试样中 Cl^- 和 Br^- 共存时，测得的结果是它们的总量。若测定 Ag^+，应采用返滴定法，即向 Ag^+ 的试液中加入过量的 NaCl 标准滴定溶液，然后再用 $AgNO_3$ 标准滴定溶液滴定剩余的 Cl^-（若直接滴定，先生成的 Ag_2CrO_4 转化为 AgCl 的速率缓慢，滴定终点难以确定）。莫尔法不宜测定 I^- 和 SCN^-，因为滴定生成的 AgI 和 AgSCN 沉淀表面会强烈吸附 I^- 和 SCN^-，使滴定终点过早出现，造成较大的滴定误差。

莫尔法的选择性较差，凡能与 CrO_4^{2-} 或 Ag^+ 生成沉淀的阳、阴离子均干扰滴定。前者

如 Ba^{2+}、Pb^{2+}、Hg^{2+} 等；后者如 SO_3^{2-}、PO_4^{3-}、AsO_4^{3-}、S^{2-}、$C_2O_4^{2-}$ 等。

二、福尔哈德法——铁铵矾作指示剂法

福尔哈德法是在酸性介质中以铁铵矾［$NH_4Fe(SO_4)_2 \cdot 12H_2O$］作指示剂确定滴定终点的一种银量法。根据滴定方式的不同，福尔哈德法分为直接滴定法和返滴定法两种。

1. 直接滴定法测定 Ag^+

在含有 Ag^+ 的 HNO_3 介质中，以铁铵矾作指示剂，用 NH_4SCN 标准滴定溶液直接滴定，当滴定到化学计量点时，微过量的 SCN^- 与 Fe^{3+} 结合，生成红色的［$FeSCN$］$^{2+}$，即为滴定终点。其反应为：

$$Ag^+ + SCN^- \longrightarrow AgSCN\downarrow \text{（白色）} \quad K_{sp,AgSCN}=2.0\times10^{-12}$$

$$Fe^{3+} + SCN^- \longrightarrow [FeSCN]^{2+} \text{（红色）} \quad K=200$$

由于指示剂中的 Fe^{3+} 在中性或碱性溶液中将形成［$Fe(OH)$］$^{2+}$、［$Fe(OH)_2$］$^+$ 等深色配合物，碱度再大还会产生 $Fe(OH)_3$ 沉淀，因此滴定应在酸性（0.3～1mol/L）溶液中进行。

用 NH_4SCN 溶液滴定 Ag^+ 溶液时，生成的 AgSCN 沉淀能吸附溶液中的 Ag^+，使 Ag^+ 浓度降低，以致红色的出现略早于化学计量点。因此在滴定过程中需剧烈摇动，使被吸附的 Ag^+ 释放出来。

此法的优点在于可用来直接测定 Ag^+，并可在酸性溶液中进行滴定。

2. 返滴定法测定卤素离子

福尔哈德法测定卤素离子（如 Cl^-、Br^-、I^-）和 SCN^- 时应采用返滴定法。即在酸性（HNO_3 介质）待测溶液中，先加入已知过量的 $AgNO_3$ 标准滴定溶液，再用铁铵矾作指示剂，用 NH_4SCN 标准滴定溶液回滴剩余的 Ag^+（HNO_3 介质）。反应如下：

$$\underset{\text{（过量）}}{Ag^+} + Cl^- \longrightarrow \underset{\text{（白色）}}{AgCl\downarrow}$$

$$\underset{\text{（剩余量）}}{Ag^+} + SCN^- \longrightarrow \underset{\text{（白色）}}{AgSCN\downarrow}$$

终点指示反应：

$$Fe^{3+} + SCN^- \longrightarrow \underset{\text{（红色）}}{[FeSCN]^{2+}}$$

用福尔哈德法测定 Cl^-，滴定到临近终点时，经摇动后形成的红色会褪去。这是因为 AgSCN 的溶解度小于 AgCl 的溶解度，加入的 NH_4SCN 将与 AgCl 发生沉淀转化反应：

$$AgCl + SCN^- \longrightarrow AgSCN\downarrow + Cl^-$$

沉淀的转化速率较慢，滴加 NH_4SCN 形成的红色随着溶液的摇动而消失。这种转化作用将继续进行到 Cl^- 与 SCN^- 浓度之间建立一定的平衡关系，才会出现持久的红色，无疑滴定已多消耗了 NH_4SCN 标准滴定溶液。

为了避免上述现象的发生，通常采用以下措施。

① 试液中加入一定量过量的 $AgNO_3$ 标准滴定溶液之后，将溶液煮沸，使 AgCl 沉淀凝聚，以减少 AgCl 沉淀对 Ag^+ 的吸附。滤去沉淀，并用稀 HNO_3 充分洗涤沉淀，然后用 NH_4SCN 标准滴定溶液回滴滤液中过量的 Ag^+。

② 在滴入 NH_4SCN 标准滴定溶液之前，加入有机溶剂硝基苯或邻苯二甲酸二丁酯或1,2-二氯乙烷。用力摇动后，有机溶剂将 AgCl 沉淀包住，使 AgCl 沉淀与外部溶液隔离，阻止 AgCl 沉淀与 NH_4SCN 发生转化反应。此法方便，但硝基苯有毒。

③ 提高 Fe^{3+} 的浓度，以减小终点时 SCN^- 的浓度，从而减小上述误差［实验证明，一

般溶液中 $c(Fe^{3+})=0.2mol/L$ 时，终点误差将小于 0.1%]。

福尔哈德法在测定 Br^-、I^- 和 SCN^- 时，滴定终点十分明显，不会发生沉淀转化，因此不必采取上述措施。但是在测定碘化物时，必须加入过量 $AgNO_3$ 溶液，之后再加入铁铵矾指示剂，以免 I^- 对 Fe^{3+} 的还原作用而造成误差。强氧化剂和氮的氧化物以及铜盐、汞盐都与 SCN^- 作用，因而干扰测定，必须预先除去。

三、法扬司法——吸附指示剂法

法扬司法是以吸附指示剂（adsorption indicator）确定滴定终点的一种银量法。

1. 吸附指示剂的作用原理

吸附指示剂是一类有机染料，它的阴离子在溶液中易被带正电荷的胶状沉淀吸附，吸附后结构改变，从而引起颜色的变化，指示滴定终点的到达。

现以 $AgNO_3$ 标准滴定溶液滴定 Cl^- 为例，说明指示剂荧光黄的作用原理。

荧光黄是一种有机弱酸，用 HFI 表示，在水溶液中可离解为荧光黄阴离子 FI^-，呈黄绿色：

$$HFI \rightleftharpoons FI^- + H^+$$

在化学计量点前，生成的 AgCl 沉淀在过量的 Cl^- 溶液中，AgCl 沉淀吸附 Cl^- 而带负电荷，形成的 $(AgCl)\cdot Cl^-$ 不吸附指示剂阴离子 FI^-，溶液呈黄绿色。达化学计量点时，微过量的 $AgNO_3$ 可使 AgCl 沉淀吸附 Ag^+，形成 $(AgCl)\cdot Ag^+$ 而带正电荷，此带正电荷的 $(AgCl)\cdot Ag^+$ 吸附荧光黄阴离子 FI^-，结构发生变化，呈现粉红色，使整个溶液由黄绿色变成粉红色，指示终点的到达。

$$\underset{\text{（黄绿色）}}{(AgCl)\cdot Ag^+ + FI^-} \xrightarrow{\text{吸附}} \underset{\text{（粉红色）}}{(AgCl)\cdot AgFI}$$

2. 使用吸附指示剂的注意事项

为了使终点变色敏锐，应用吸附指示剂时需要注意以下几点。

（1）保持沉淀呈胶体状态　由于吸附指示剂的颜色变化发生在沉淀微粒表面上，因此，应尽可能使卤化银沉淀呈胶体状态，以具有较大的比表面积。为此，在滴定前应将溶液稀释，并加糊精或淀粉等高分子化合物作为保护剂，以防止卤化银沉淀凝聚。

（2）控制溶液酸度　常用的吸附指示剂大多是有机弱酸，起指示剂作用的是它们的阴离子。酸度大时，H^+ 与指示剂阴离子结合成不被吸附的指示剂分子，无法指示终点。酸度的大小与指示剂的离解常数有关，离解常数大，酸度可以大一些。例如荧光黄的 $pK_a \approx 7$，适用于 pH 为 7～10 的条件下进行滴定。若 $pH<7$，荧光黄主要以 HFI 形式存在，不被吸附。

（3）避免强光照射　卤化银沉淀对光敏感，易分解析出银，使沉淀变为灰黑色，影响滴定终点的观察，因此在滴定过程中应避免强光照射。

（4）吸附指示剂的选择　沉淀胶体微粒对指示剂离子的吸附能力应略小于对待测离子的吸附能力，否则指示剂将在化学计量点前变色。但不能太小，否则终点出现过迟。卤化银对卤化物和几种吸附指示剂的吸附能力的次序如下：

$$I^- > SCN^- > Br^- > \text{曙红} > Cl^- > \text{荧光黄}$$

因此，滴定 Cl^- 不能选曙红，而应选荧光黄。表 6-1 列出了几种常用的吸附指示剂及其应用。

3. 应用范围

法扬司法可用于测定 Cl^-、Br^-、I^- 和 SCN^- 及生物碱盐类（如盐酸麻黄碱）等。测定 Cl^- 常用荧光黄或二氯荧光黄作指示剂，而测定 Br^-、I^- 和 SCN^- 常用曙红作指示剂。此法终点明显，方法简便，但反应条件要求较严，应注意溶液的酸度、浓度及胶体的保护等。

表 6-1 常用吸附指示剂及其应用

指示剂	被测离子	滴定剂	滴定条件	终点颜色变化
荧光黄	Cl^-,Br^-,I^-	$AgNO_3$	pH 7～10	黄绿→粉红
二氯荧光黄	Cl^-,Br^-,I^-	$AgNO_3$	pH 4～10	黄绿→红
曙红	Br^-,SCN^-,I^-	$AgNO_3$	pH 2～10	橙黄→红紫
溴酚蓝	生物碱盐类	$AgNO_3$	弱酸性	黄绿→灰紫
甲基紫	Ag^+	NaCl	酸性溶液	黄红→红紫

思考题6-2

1. 莫尔法中 K_2CrO_4 指示剂用量对分析结果有何影响？
2. 为什么莫尔法只能在中性或弱碱性溶液中进行，而福尔哈德法只能在酸性溶液中进行？
3. 法扬司法使用吸附指示剂时，应注意哪些问题？
4. 用银量法测定下列试样中 Cl^- 含量时，应选用何种方法确定终点较为合适？
(1) KCl；(2) NH_4Cl；(3) Na_3PO_4 + NaCl。
5. 在下列情况下，分析结果是偏低还是偏高，还是没影响？为什么？
(1) pH=4 时，用莫尔法测定 Cl^-；
(2) 莫尔法测定 Cl^- 时，指示剂 K_2CrO_4 溶液浓度过稀；
(3) 福尔哈德法测定 Cl^- 时，未加硝基苯；
(4) 福尔哈德法测定 I^- 时，先加入铁铵矾指示剂，再加入过量 $AgNO_3$ 标准滴定溶液。
(5) 法扬司法测定 Cl^- 时，用曙红作指示剂。

阅读材料

沉淀滴定法中常用的标准滴定溶液和基准物质

银量法中常用的标准滴定溶液有硝酸银、氯化钠、硫氰酸钾（或硫氰酸钠，或硫氰酸铵）等，它们可以用基准物质直接配制，也可以互相标定。

硝酸银标准滴定溶液：根据要求配制的硝酸银标准滴定溶液的浓度和体积，称取一定质量的分析纯硝酸银，溶于水中，稀释至所需体积，摇匀后贮于棕色瓶中，待标定。标定硝酸银标准滴定溶液浓度的基准物质是已在 550℃ ±50℃ 的高温炉中灼烧至恒重的工作基准试剂氯化钠。按 GB/T 601—2002 规定，标定硝酸银标准滴定溶液采用电位滴定法。

氯化钠标准滴定溶液：根据要求配制的氯化钠标准滴定溶液的浓度和体积，准确称取一定质量的已在 550℃ ±50℃ 的高温炉中灼烧至恒重的工作基准试剂氯化钠，溶于水，定量移入所需体积的容量瓶中，稀释至刻度，摇匀。其浓度根据所称取的氯化钠的准确质量和所配氯化钠溶液的体积计算，数值以 mol/L 表示。

硫氰酸钾标准滴定溶液：根据要求配制的硫氰酸钾标准滴定溶液的浓度和体积，称取一定质量的分析纯硫氰酸钾（或硫氰酸钠，或硫氰酸铵）溶于水中，稀释至所需体积，摇匀后贮于棕色瓶中，待标定。标定硫氰酸钾标准滴定溶液浓度的基准物质是已在硫酸干燥器中干燥至恒重的工作基准试剂硝酸银。按GB/T 601—2002规定，标定硫氰酸钾标准滴定溶液采用电位滴定法。

习 题 六

1. NaCl 试液 20.00mL，用 0.1023mol/L 的 $AgNO_3$ 标准滴定溶液滴定至终点，消耗了 27.00mL。求

NaCl 试液中 NaCl 的质量浓度（g/L）。

2. 在含有相等浓度的 Cl^- 和 I^- 的溶液中，逐滴加入 $AgNO_3$ 溶液，哪一种离子先沉淀？第二种离子开始沉淀时，Cl^- 和 I^- 的浓度比为多少？

3. 称取银合金试样 0.3000g，溶解后制成溶液，加铁铵矾指示剂，用 0.1000mol/L 的 NH_4SCN 标准滴定溶液滴定，用去 23.80mL。计算合金中银的质量分数。

4. 称取可溶性氯化物 0.2266g，加入 0.1120mol/L 的 $AgNO_3$ 标准滴定溶液 30.00mL，过量的 $AgNO_3$ 用 0.1158mol/L 的 NH_4SCN 标准滴定溶液滴定，用去 6.50mL。计算试样中氯的质量分数。

5. 称取烧碱样品 0.5038g，溶于水中，用硝酸调节 pH 后，溶于 250mL 容量瓶中，摇匀。吸取 25.00mL 置于锥形瓶中，加入 25.00mL 0.1041mol/L 的 NH_4SCN 标准滴定溶液 21.45mL。计算烧碱中 NaCl 的质量分数。

6. 将纯 KCl 和 KBr 的混合物 0.3000g 溶于水后，用 0.1002mol/L 的 $AgNO_3$ 标准滴定溶液 30.85mL 滴定至终点。计算混合物中 KCl 和 KBr 的含量。

7. 法扬司法测定某试样中 KI 含量时，称样 1.6520g，溶于水后，用 $c(AgNO_3)=0.05000$mol/L 的 $AgNO_3$ 标准滴定溶液滴定，消耗 20.00mL。试计算试样中 KI 的质量分数。

8. 称取含砷矿样 1.000g，溶解并氧化成 AsO_4^{3-}，然后沉淀为 Ag_3AsO_4。将沉淀过滤、洗涤，溶于 HNO_3 中，用 0.1100mol/L 的 NH_4SCN 标准滴定溶液 25.00mL 滴定至终点。计算矿样中砷的质量分数。

第七章 重量分析法

学习指南

重量分析法是经典的化学分析方法之一，它是根据生成物的质量确定被测组分含量的方法。通常有沉淀法、气化法和电解法，本章重点介绍沉淀重量法。通过本章的学习，应理解沉淀形成的有关理论和知识；掌握沉淀的条件；掌握重量分析法的原理和测定过程及结果计算。

第一节 概 述

【学习要点】 了解重量分析法的分类和方法特点；理解沉淀形和称量形的意义，掌握沉淀重量法对沉淀形和称量形的要求；掌握选择沉淀剂的原则。

一、重量分析法的分类和特点

重量分析法是用适当的方法先将试样中待测组分与其他组分分离，然后用称量的方法测定该组分的含量。根据分离方法的不同，重量分析法常分为3类。

1. 沉淀法

沉淀法是重量分析法中的主要方法，这种方法是利用试剂与待测组分生成溶解度很小的沉淀，经过滤、洗涤、烘干或灼烧成为组成一定的物质，然后称其质量，再计算待测组分的含量。例如，测定试样中 SO_4^{2-} 的含量时，在试液中加入过量 $BaCl_2$ 溶液，使 SO_4^{2-} 完全生成难溶的 $BaSO_4$ 沉淀，经过滤、洗涤、烘干、灼烧后，称量 $BaSO_4$ 的质量，再计算试样中 SO_4^{2-} 的含量。

2. 气化法（又称为挥发法）

利用物质的挥发性质，通过加热或其他方法使试样中的待测组分挥发逸出，然后根据试样质量的减少计算该组分的含量；或者用吸收剂吸收逸出的组分，根据吸收剂质量的增加计算该组分的含量。例如，测定氯化钡晶体（$BaCl_2 \cdot 2H_2O$）中结晶水的含量，可将一定质量的氯化钡试样加热，使水分逸出，根据氯化钡质量的减轻计算出试样中水分的含量。也可以用吸湿剂（高氯酸镁）吸收逸出的水分，根据吸湿剂质量的增加计算水分的含量。

3. 电解法

利用电解的方法使待测金属离子在电极上还原析出，然后称量，根据电极增加的质量求得其含量。

重量分析法是经典的化学分析法，它通过直接称量得到分析结果，不需要从容量器皿中引入许多数据，也不需要标准试样或基准物质做比较。对高含量组分的测定，重量分析法比较准确，一般测定的相对误差不大于0.1%。对高含量的硅、磷、钨、镍、稀土元素等试样的精确分析至今仍常使用重量分析法。但重量分析法的不足之处是操作较繁琐，耗时多，不适于生产中的控制分析；对低含量组分的测定误差较大。

二、沉淀重量法对沉淀形和称量形的要求

利用沉淀重量法进行分析时，首先将试样分解为试液，然后加入适当的沉淀剂，使其与被测组分发生沉淀反应，并以“沉淀形”（precipitation form）沉淀出来。沉淀经过过滤、洗涤，在适当的温度下烘干或灼烧，转化为“称量形”（weighing form），再进行称量。根据称量形的化学式计算被测组分在试样中的含量。沉淀形和称量形可能相同，也可能不同，例如：

$$\underset{\text{被测组分}}{Ba^{2+}} \xrightarrow{\text{沉淀}} \underset{\text{沉淀形}}{BaSO_4} \xrightarrow{\text{灼烧}} \underset{\text{称量形}}{BaSO_4}$$

$$\underset{\text{被测组分}}{Fe^{3+}} \xrightarrow{\text{沉淀}} \underset{\text{沉淀形}}{Fe(OH)_3} \xrightarrow{\text{灼烧}} \underset{\text{称量形}}{Fe_2O_3}$$

在重量分析法中，为获得准确的分析结果，沉淀形和称量形必须满足以下要求。

1. 对沉淀形的要求

① 沉淀要完全，沉淀的溶解度要小，要求测定过程中沉淀的溶解损失不应超过分析天平的称量误差。一般要求溶解损失应小于0.1mg。例如，测定Ca^{2+}时，以形成$CaSO_4$和CaC_2O_4两种沉淀形式做比较，$CaSO_4$的溶解度较大（$K_{sp}=2.45\times10^{-5}$），CaC_2O_4的溶解度较小（$K_{sp}=1.78\times10^{-9}$）。显然，用$(NH_4)_2C_2O_4$作沉淀剂比用硫酸作沉淀剂沉淀得更完全。

② 沉淀必须纯净，并易于过滤和洗涤。沉淀纯净是获得准确分析结果的重要因素之一。颗粒较大的晶体沉淀（如$MgNH_4PO_4 \cdot 6H_2O$）比表面积较小，吸附杂质的机会较少，因此沉淀较纯净，易于过滤和洗涤。颗粒细小的晶形沉淀（如CaC_2O_4、$BaSO_4$），由于某种原因其比表面积大，吸附杂质多，洗涤次数也相应增多。非晶形沉淀［如$Al(OH)_3$、$Fe(OH)_3$］体积庞大疏松，吸附杂质较多，过滤费时且不易洗净，对于这类沉淀必须选择适当的沉淀条件，以满足对沉淀形的要求。

③ 沉淀形应易于转化为称量形。沉淀经烘干、灼烧时，应易于转化为称量形。例如Al^{3+}的测定，若沉淀为8-羟基喹啉铝［$Al(C_9H_6NO)_3$］，在130℃烘干后即可称量；而沉淀为$Al(OH)_3$，则必须在1200℃灼烧才能转变为无吸湿性的Al_2O_3，方可称量。因此，测定Al^{3+}时选用前法比后法好。

2. 对称量形的要求

① 称量形的组成必须与化学式相符，这是定量计算的基本依据。例如测定PO_4^{3-}，可以形成磷钼酸铵沉淀，但组成不固定，无法利用它作为测定PO_4^{3-}的称量形。若采用磷钼酸喹啉法测定PO_4^{3-}，则可得到组成与化学式相符的称量形。

② 称量形要有足够的稳定性，不易吸收空气中的 CO_2、H_2O。例如，测定 Ca^{2+} 时，若将 Ca^{2+} 沉淀为 $CaC_2O_4 \cdot H_2O$，灼烧后得到 CaO，易吸收空气中的 H_2O 和 CO_2，因此，CaO 不宜作为称量形。

③ 称量形的摩尔质量尽可能大，这样可增大称量形的质量，以减小称量误差。例如，在铝的测定中，分别用 Al_2O_3 和 8-羟基喹啉铝［$Al(C_9H_6NO)_3$］两种称量形进行测定，若被测组分铝的质量为 0.1000g，则可分别得到 0.1888g Al_2O_3 和 1.7040g $Al(C_9H_6NO)_3$。两种称量形由称量误差所引起的相对误差分别为±1%和±0.1%。显然，以 $Al(C_9H_6NO)_3$ 作为称量形比用 Al_2O_3 作为称量形测定铝的准确度高。

三、沉淀剂的选择

根据上述对沉淀形和称量形的要求，选择沉淀剂（precipitant）时应考虑以下几点。

1. 选用具有较好选择性的沉淀剂

所选的沉淀剂只能和待测组分生成沉淀，而与试液中的其他组分不起作用。例如，丁二酮肟和 H_2S 都可以沉淀 Ni^{2+}，但在测定 Ni^{2+} 时常选用前者。又如，沉淀锆离子时，选用在盐酸溶液中与锆有特效反应的苦杏仁酸作沉淀剂，这时即使有钛、铁、钡、铝、铬等十几种离子存在，也不发生干扰。

2. 选用能与待测离子生成溶解度最小的沉淀的沉淀剂

所选的沉淀剂应能使待测组分沉淀完全。例如，生成的难溶的钡化合物有 $BaCO_3$、$BaCrO_4$、BaC_2O_4 和 $BaSO_4$，根据其溶解度可知 $BaSO_4$ 溶解度最小，因此以 $BaSO_4$ 的形式沉淀 Ba^{2+} 比生成其他难溶化合物好。

3. 尽可能选用易挥发或经灼烧易除去的沉淀剂

这样沉淀中带有的沉淀剂即便未洗净，也可以借烘干或灼烧除去。一些铵盐和有机沉淀剂都能满足这项要求。例如，用氯化物沉淀 Fe^{3+} 时，选用氨水而不用 NaOH 作沉淀剂。

4. 选用溶解度较大的沉淀剂

用此类沉淀剂可以减少沉淀对沉淀剂的吸附作用。例如，利用生成难溶钡化合物沉淀 SO_4^{2-} 时，应选 $BaCl_2$ 作沉淀剂，而不用 $Ba(NO_3)_2$。这是因为 $Ba(NO_3)_2$ 的溶解度比 $BaCl_2$ 小，$BaSO_4$ 吸附 $Ba(NO_3)_2$ 比吸附 $BaCl_2$ 严重。

思考题7-1

1. 重量分析有几种方法？各自的特点是什么？
2. 沉淀形与称量形有何区别？试举例说明。
3. 重量分析中对沉淀形与称量形各有什么要求？
4. 如何选择沉淀剂？

阅读材料

电重量分析法

重量法除了有沉淀法、气化法外，还有另外一种方法，即电解分析法（electrolytic analysis），也称为电重量法。

电重量法是将被测试液置于电解装置中进行电解，使被测离子在电极上以金属或其他形式析出，由电极增加的质量求算出其含量的方法。例如，在盛有硫酸铜溶液的烧杯中浸入两个铂电极，加上足够大的直流电压进行电解，此时阳极上有氧气析出，阴极上有铜析出。其电极反应如下：

阴极反应 $Cu^{2+} + 2e \longrightarrow Cu\downarrow$

阳极反应 $2H_2O \longrightarrow 4H^+ + O_2\uparrow + 4e$

通过称量阴极上析出的铜的质量，就可以对硫酸铜溶液中的铜含量进行测定。

电重量法的优点是准确度高，可对高含量物质进行分析测定。不足之处是不能对微量物质进行分析，而且费时。目前逐渐被库仑分析法替代。

第二节 影响沉淀溶解度的因素

【学习要点】 复习无机化学关于溶度积的理论知识，掌握同离子效应、盐效应、酸效应、配位效应及其他因素对沉淀溶解度的影响。

一、溶解度与固有溶解度、溶度积与条件溶度积

1. 溶解度与固有溶解度（intrinsic solubility）

当水中存在1∶1型微溶化合物MA时，MA溶解并达到饱和状态后，有下列平衡关系：

$$MA(固) \rightleftharpoons MA(水) \rightleftharpoons M^+ + A^-$$

在水溶液中，除了M^+、A^-外，还有未离解的分子状态的MA。例如，AgCl溶于水中：

$$AgCl(固) \rightleftharpoons AgCl(水) \rightleftharpoons Ag^+ + Cl^-$$

有些物质可能是离子化合物（M^+A^-），如$CaSO_4$溶于水中：

$$CaSO_4(固) \rightleftharpoons CaSO_4(水) \rightleftharpoons Ca^{2+} + SO_4^{2-}$$

根据MA(固)和MA(水)之间的溶解平衡可得

$$K'(平衡常数) = \frac{a_{MA(水)}}{a_{MA(固)}}$$

因固体物质的活度等于1，若用s^0表示K'，则

$$a_{MA(水)} = s^0 \tag{7-1}$$

s^0称为MA的固有溶解度，当温度一定时s^0为常数。

若溶液中不存在其他副反应，微溶化合物MA的溶解度s等于固有溶解度和M^+（或A^-）的浓度之和，即

$$s = s^0 + [M^+] = s^0 + [A^-] \tag{7-2}$$

如果MA(水)几乎完全离解或$s^0 \ll [M^+]$时（大多数的电解质属此类情况），则s^0可以忽略不计，则

$$s = [M^+] = [A^-] \tag{7-3}$$

对于M_mA_n型微溶化合物，溶解度s可按下式计算：

$$s = s^0 + \frac{[M^{n+}]}{m} = s^0 + \frac{[A^{m-}]}{n} \tag{7-4}$$

或

$$s = \frac{[M^{n+}]}{m} = \frac{[A^{m-}]}{n} \tag{7-5}$$

2. 溶度积（solubility product）与条件溶度积（conditional solubility product）

(1) 活度积与溶度积　当微溶化合物MA溶解于水中时，如果除简单的水合离子外其

他各种形式的化合物均可忽略，则根据 MA 在水溶液中的平衡关系，得到

$$K=\frac{a_{M^+}\cdot a_{A^-}}{a_{MA(水)}}$$

中性分子的活度系数视为 1，则根据式(7-1)，$a_{MA(水)}=s^0$，故

$$a_{M^+}\cdot a_{A^-}=Ks^0=K_{sp}^{\ominus} \quad (7\text{-}6)$$

$K_{sp}^{\ominus}$为离子的活度积常数（简称活度积）。$K_{sp}^{\ominus}$仅随温度变化。若引入活度系数，则由式(7-6)可得

$$a_{M^+}\cdot a_{A^-}=\gamma_{M^+}[M^+]\cdot\gamma_{A^-}[A^-]=K_{sp}^{\ominus}$$

即

$$[M^+][A^-]=\frac{K_{sp}^{\ominus}}{\gamma_{M^+}\gamma_{A^-}}=K_{sp} \quad (7\text{-}7)$$

式中，K_{sp}为溶度积常数（简称溶度积），它是微溶化合物饱和溶液中各种离子浓度的乘积。K_{sp}的大小不仅与温度有关，而且与溶液的离子强度大小有关。在重量分析中大多是加入过量沉淀剂，一般离子强度较大，引用溶度积[1]计算比较符合实际，仅在计算水中的溶解度时才用活度积。

对于 M_mA_n 型微溶化合物，其溶解平衡如下：

$$M_mA_n(固)\rightleftharpoons mM^{n+}+nA^{m-}$$

因此其溶度积表达式为：

$$K_{sp}=[M^{n+}]^m[A^{m-}]^n \quad (7\text{-}8)$$

（2）条件溶度积　在沉淀溶解平衡中，除了主反应外，还可能存在多种副反应。例如对于 1∶1 型沉淀 MA，除了溶解为 M^+ 和 A^- 这个主反应外，阳离子 M^+ 还可能与溶液中的配位剂 L 形成配合物 ML、ML_2、…（略去电荷，下同），也可能与 OH^- 生成各级羟基配合物；阴离子 A^- 还可能与 H^+ 形成 HA、H_2A、…。可表示为：

主反应　MA(固) ⇌ M ＋ A

（M 与 L → ML … ML_n；M 与 OH^- → MOH … $M(OH)_n$；A 与 H^+ → HA … H_nA）

副反应　ML　MOH　HA
⋮　⋮　⋮
ML_n　$M(OH)_n$　H_nA

此时，溶液中金属离子总浓度［M′］和沉淀剂总浓度［A′］分别为：

$$[M']=[M]+[ML]+[ML_2]+\cdots+[M(OH)]+[M(OH)_2]+\cdots$$

$$[A']=[A]+[HA]+[H_2A]+\cdots$$

同配位平衡的副反应计算相似，引入相应的副反应系数 α_M、α_A，则

$$K_{sp}=[M][A]=\frac{[M'][A']}{\alpha_M\alpha_A}=\frac{K'_{sp}}{\alpha_M\alpha_A}$$

即

$$K'_{sp}=[M'][A']=K_{sp}\alpha_M\alpha_A \quad (7\text{-}9)$$

K'_{sp}只有在温度、离子强度、酸度、配位剂浓度等一定时才是常数，即 K'_{sp}只有在反应条件一定时才是常数，故称为条件溶度积常数，简称条件溶度积。因为 $\alpha_M>1$、$\alpha_A>1$，所以 $K'_{sp}>K_{sp}$，即副反应的发生使溶度积常数增大。

对于 $m∶n$ 型的沉淀 M_mA_n，则

$$K'_{sp}=K_{sp}\alpha_M^m\alpha_A^n \quad (7\text{-}10)$$

由于条件溶度积 K'_{sp}的引入，使得在有副反应发生时的溶解度计算大为简化。

---

[1] 本章有关计算中引用的多是离子强度为 0.1 时的溶度积。

二、影响沉淀溶解度的因素

影响沉淀溶解度的因素很多，如同离子效应、盐效应、酸效应、配位效应等。此外，温度、介质、沉淀结构和颗粒大小等对沉淀的溶解度也有影响。现分别进行讨论。

1. 同离子效应

组成沉淀晶体的离子称为构晶离子。当沉淀反应达到平衡后，如果向溶液中加入适当过量的含有某一构晶离子的试剂或溶液，则沉淀的溶解度减小，这种现象称为同离子效应。

例如，25℃时，$BaSO_4$ 在水中的溶解度为：

$$s=[Ba^{2+}]=[SO_4^{2-}]=\sqrt{K_{sp}}=\sqrt{6\times10^{-10}}=2.4\times10^{-5}(mol/L)$$

如果使溶液中的 $[SO_4^{2-}]$ 增至 0.10mol/L，此时 $BaSO_4$ 的溶解度为：

$$s=[Ba^{2+}]=K_{sp}/[SO_4^{2-}]=6\times10^{-10}/0.10=6\times10^{-9}(mol/L)$$

即 $BaSO_4$ 的溶解度减少至 1/10000。

因此，在实际分析中，常加入过量沉淀剂，利用同离子效应使被测组分沉淀完全。但沉淀剂过量太多，可能引起盐效应、酸效应及配位效应等副反应，反而使沉淀的溶解度增大。一般情况下，沉淀剂过量 50%～100%是合适的，如果沉淀剂是不易挥发的，则以过量20%～30%为宜。

2. 盐效应

沉淀反应达到平衡时，由于强电解质的存在或加入其他强电解质，使沉淀的溶解度增大，这种现象称为盐效应。例如，AgCl、$BaSO_4$ 在 KNO_3 溶液中的溶解度比在纯水中大，而且溶解度随 KNO_3 浓度的增大而增大。

产生盐效应的原因是由于离子的活度系数 γ 与溶液中加入的强电解质的浓度有关，当强电解质的浓度增大到一定程度时，离子强度增大，因而使离子活度系数明显减小。而在一定温度下 K_{sp} 为一常数，致使沉淀的溶解度增大。因此，利用同离子效应降低沉淀的溶解度时应考虑盐效应的影响，即沉淀剂不能过量太多。

应该指出，如果沉淀本身的溶解度很小，一般来讲，盐效应的影响很小，可以不予考虑。只有当沉淀的溶解度比较大，而且溶液的离子强度很高时，才考虑盐效应的影响。

3. 酸效应

溶液酸度对沉淀溶解度的影响称为酸效应。酸效应的发生主要是由于溶液中 H^+ 浓度的大小对弱酸、多元酸或难溶酸离解平衡的影响。因此，酸效应对于不同类型沉淀的影响情况不一样，若沉淀是强酸盐（如 $BaSO_4$、AgCl 等），其溶解度受酸度影响不大，但对弱酸盐（如 CaC_2O_4）则酸效应影响就很显著。如 CaC_2O_4 沉淀在溶液中有下列平衡：

$$\begin{array}{ccc} CaC_2O_4 \rightleftharpoons Ca^{2+} + & C_2O_4^{2-} & \\ & -H^+ \Big\Updownarrow +H^+ & \\ & HC_2O_4^- & \underset{-H^+}{\overset{+H^+}{\rightleftharpoons}} H_2C_2O_4 \end{array}$$

当酸度较高时，沉淀溶解平衡向右移动，从而增加了沉淀的溶解度。若知平衡时溶液的 pH，就可以计算酸效应系数，得到条件溶度积，从而计算溶解度。

【例 7-1】 计算沉淀 CaC_2O_4 在 pH＝5 和 pH＝2 溶液中的溶解度。已知 $H_2C_2O_4$ 的 $K_{a1}=5.9\times10^{-2}$，$K_{a2}=6.4\times10^{-5}$，$K_{sp,CaC_2O_4}=1.6\times10^{-8}$。

解 pH＝5 时，$H_2C_2O_4$ 的酸效应系数❶为：

---

❶ 可参阅第四章式(4-10) $\alpha_{Y(H)}$ 的求法。

$$\alpha_{C_2O_4(H)}=1+\frac{[H^+]}{K_2}+\frac{[H^+]^2}{K_1K_2}$$
$$=\frac{1+1.0\times10^{-5}}{6.4\times10^{-5}}+\frac{(1.0\times10^{-5})^2}{6.4\times10^{-5}\times5.9\times10^{-2}}=1.16$$

根据式(7-9) 得

$$K'_{sp,CaC_2O_4}=K_{sp,CaC_2O_4}\times\alpha_{C_2O_4(H)}=1.6\times10^{-8}\times1.16$$

因此

$$s=[Ca^{2+}]=[C_2O_4^{2-}]=\sqrt{K'_{sp}}$$
$$=\sqrt{1.6\times10^{-8}\times1.16}\text{mol/L}=1.4\times10^{-4}\text{mol/L}$$

同理可求出 pH=2 时 CaC_2O_4 的溶解度为 1.7×10^{-3}mol/L。

由上述计算可知 CaC_2O_4 在 pH=2 的溶液中的溶解度比在 pH=5 的溶液中的溶解度约大 12 倍。

为了防止沉淀溶解损失，对于弱酸盐沉淀，如碳酸盐、草酸盐、磷酸盐等，通常应在较低的酸度下进行沉淀。如果沉淀本身是弱酸，如硅酸（$SiO_2\cdot nH_2O$）、钨酸（$WO_3\cdot nH_2O$）等，易溶于碱，则应在强酸性介质中进行沉淀。如果沉淀是强酸盐，如 AgCl 等，在酸性溶液中进行沉淀时，溶液的酸度对沉淀的溶解度影响不大。对于硫酸盐沉淀，例如 $BaSO_4$、$SrSO_4$ 等，由于 H_2SO_4 的 K_{a2}不大，当溶液的酸度太高时，沉淀的溶解度也随之增大。

4. 配位效应

进行沉淀反应时，若溶液中存在能与构晶离子生成可溶性配合物的配位剂，则可使沉淀溶解度增大，这种现象称为配位效应。

配位剂主要来自两方面：一是沉淀剂本身就是配位剂，二是加入的其他试剂。

例如，用 Cl^- 沉淀 Ag^+ 时，得到 AgCl 白色沉淀，若向此溶液中加入氨水，则因 NH_3 配位形成 $[Ag(NH_3)_2]^+$，使 AgCl 的溶解度增大，甚至全部溶解。如果在沉淀 Ag^+ 时加入过量的 Cl^-，则 Cl^- 能与 AgCl 沉淀进一步形成 $[AgCl_2]^-$ 和 $[AgCl_3]^{2-}$ 等配离子，也使 AgCl 沉淀逐渐溶解，这时 Cl^- 沉淀剂本身就是配位剂。由此可见，在用沉淀剂进行沉淀时，应严格控制沉淀剂的用量，同时注意外加试剂的影响。

配位效应使沉淀的溶解度增大的程度与沉淀的溶度积、配位剂的浓度和形成配合物的稳定常数有关。沉淀的溶度积越大，配位剂的浓度越大，形成的配合物越稳定，沉淀就越容易溶解。

综上所述，在实际工作中应根据具体情况考虑哪种效应是主要的。对无配位反应的强酸盐沉淀，主要考虑同离子效应和盐效应。对弱酸盐或难溶盐的沉淀，多数情况主要考虑酸效应。对于有配位反应且沉淀的溶度积又较大，易形成稳定配合物时，应主要考虑配位效应。

5. 其他影响因素

除上述因素外，温度和其他溶剂的存在、沉淀颗粒大小和结构等，都对沉淀的溶解度有影响。

（1）温度的影响　沉淀的溶解一般是吸热过程，其溶解度随温度升高而增大。因此，对于一些在热溶液中溶解度较大的沉淀，在过滤洗涤时必须在室温下进行，如 $MgNH_4PO_4$、CaC_2O_4 等。对于一些溶解度小、冷时又较难过滤和洗涤的沉淀，则采用趁热过滤，并用热的洗涤液进行洗涤，如 $Fe(OH)_3$、$Al(OH)_3$ 等。

（2）溶剂的影响　无机物沉淀大部分是离子型晶体，它们在有机溶剂中的溶解度一般比在纯水中小。例如，$PbSO_4$ 沉淀在水中的溶解度为 1.5×10^{-4}mol/L，而在 50%乙醇溶液中的溶解度为 7.6×10^{-6}mol/L。

（3）沉淀颗粒大小和结构的影响　同一种沉淀，在质量相同时，颗粒越小，其总比表面积越大，溶解度越大。由于小晶体比大晶体有更多的角、边和表面，处于这些位置的离子受晶体内离子的吸引力小，又受到溶剂分子的作用，容易进入溶液中。因此，小颗粒沉淀的溶解度比大颗粒沉淀的溶解度大。所以，在实际分析中，要尽量创造条件，以利于形成大颗粒晶体。

思考题7-2

1. 什么是固有溶解度？与溶解度的关系是什么？
2. 什么是条件溶度积？与溶度积的区别是什么？
3. 影响溶解度的因素有哪些？其中哪些因素可以使溶解度增大？哪些因素又能使溶解度减小？

阅读材料

利用溶度积原理判断沉淀的生成与溶解

溶度积原理告诉人们，在一定温度下微溶化合物的饱和溶液中各离子浓度的乘积为一常数，即对以下沉淀平衡有下列关系：

$$A_nB_m(固体) \rightleftharpoons nA^{m+} + mB^{n-}$$

$$K_{sp} = [A^{m+}]^n[B^{n-}]^m$$

可见，离子积与溶度积之间的关系决定了溶液的饱和关系。一般规律如下：

离子积 $= K_{sp}$，溶液为饱和溶液，并与沉淀建立了平衡关系；

离子积 $> K_{sp}$，从溶液中继续析出沉淀，直至建立新的平衡关系；

离子积 $< K_{sp}$，溶液为不饱和溶液，沉淀继续溶解。

例 在25℃时，某溶液中 $[SO_4^{2-}] = 6.0 \times 10^{-4}$ mol/L，在40mL该溶液中加入0.01mol/L的 $BaCl_2$ 溶液10mL，问是否能生成 $BaSO_4$ 沉淀？已知 $BaSO_4$ 的 $K_{sp} = 1.1 \times 10^{-10}$。

解 在40mL溶液中加入0.01mol/L的 $BaCl_2$ 溶液10mL后，可以认为混合溶液为50mL，此时各离子浓度如下：

$$[SO_4^{2-}] = 6.0 \times 10^{-4} \times 40/50 = 4.8 \times 10^{-4} \text{ (mol/L)}$$

$$[Ba^{2+}] = 0.01 \times 10/50 = 2.0 \times 10^{-3} \text{ (mol/L)}$$

$$离子积 = [SO_4^{2-}][Ba^{2+}] = 4.8 \times 10^{-4} \times 2.0 \times 10^{-3} = 9.6 \times 10^{-7} > 1.1 \times 10^{-10}$$

所以，加入 $BaCl_2$ 后，应有 $BaSO_4$ 沉淀生成。

第三节 影响沉淀纯度的因素

【学习要点】 了解沉淀的类型和形成过程，掌握影响沉淀纯净的因素和提高沉淀纯度的措施。

研究沉淀的类型和沉淀的形成过程，主要是为了选择适宜的沉淀条件，以获得纯净且易于分离和洗涤的沉淀。

一、沉淀的类型

沉淀按其物理性质的不同，可粗略地分为晶形沉淀和无定形沉淀两大类。

1. 晶形沉淀（crystalline precipitate）

晶形沉淀是指具有一定形状的晶体，其内部排列规则有序，颗粒直径为0.1～1μm。这类沉淀的特点是：结构紧密，具有明显的晶面，沉淀所占体积小、沾污少、易沉降、易过滤和洗涤。例如 $MgNH_4PO_4$、$BaSO_4$ 等典型的晶形沉淀。

2. 无定形沉淀（amorphous precipitate）

无定形沉淀是指无晶体结构特征的一类沉淀。例如 $Fe_2O_3 \cdot nH_2O$、$P_2O_3 \cdot nH_2O$ 是典型的无定形沉淀。无定形沉淀是由许多聚集在一起的微小颗粒（直径小于 0.02μm）组成的，内部排列杂乱无章，结构疏松，体积庞大，吸附杂质多，不能很好地沉降，无明显的晶面，难于过滤和洗涤。它与晶形沉淀的主要差别在于颗粒大小不同。

介于晶形沉淀与无定形沉淀之间，颗粒直径在 0.02～0.1μm 的沉淀（如 AgCl）称为凝乳状沉淀，其性质也介于两者之间。

在沉淀过程中，究竟生成的沉淀属于哪一种类型，主要取决于沉淀本身的性质和沉淀的条件。

二、沉淀形成过程

沉淀的形成是一个复杂的过程。一般来讲，沉淀的形成要经过晶核形成和晶核长大两个过程，简单表示如下：

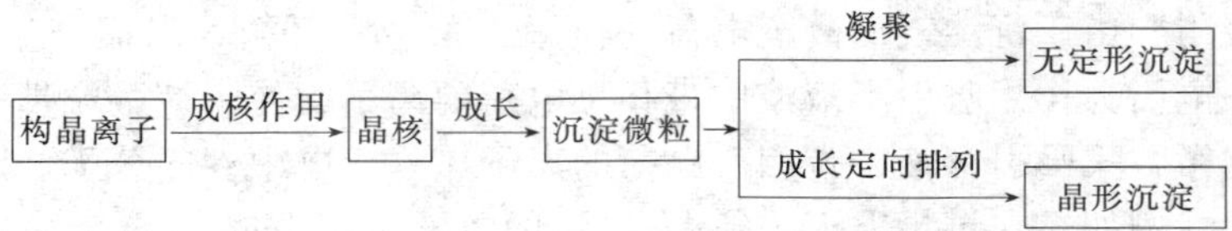

1. 晶核的形成

将沉淀剂加入待测组分的试液中，溶液是过饱和状态时，构晶离子由于静电作用而形成微小的晶核。晶核的形成可以分为均相成核和异相成核。

均相成核是指过饱和溶液中构晶离子通过缔合作用自发地形成晶核的过程。不同的沉淀组成晶核的离子数目不同。例如，$BaSO_4$ 的晶核由 8 个构晶离子组成，Ag_2CrO_4 的晶核由 6 个构晶离子组成。

异相成核是指在过饱和溶液中构晶离子在外来固体微粒的诱导下聚合在固体微粒周围形成晶核的过程。溶液中的“晶核”数目取决于溶液中混入固体微粒的数目。随着构晶离子浓度的增加，晶体将成长得大一些。

当溶液的相对过饱和程度较大时，异相成核与均相成核同时作用，形成的晶核数目多，沉淀颗粒小。

2. 晶形沉淀和无定形沉淀的生成

晶核形成时，溶液中的构晶离子向晶核表面扩散，并沉积在晶核上，晶核逐渐长大形成沉淀微粒。在沉淀过程中，由构晶离子聚集成晶核的速度称为聚集速度，构晶离子按一定晶格定向排列的速度称为定向速度。如果定向速度大于聚集速度较多，溶液中最初生成的晶核不很多，有更多的离子以晶核为中心，并有足够的时间依次定向排列长大，形成颗粒较大的晶形沉淀；反之，如果聚集速度大于定向速度，则很多离子聚集成大量晶核，溶液中没有更多的离子定向排列到晶核上，于是沉淀就迅速聚集成许多微小的颗粒，因而得到无定形沉淀。

定向速度主要取决于沉淀物质的本性。极性较强的物质，如 $BaSO_4$、$MgNH_4PO_4$ 和 CaC_2O_4 等，一般具有较大的定向速度，易形成晶形沉淀。AgCl 的极性较弱，逐步生成凝乳状沉淀。氢氧化物，特别是高价金属离子的氢氧化物，如 $Fe(OH)_3$、$Al(OH)_3$ 等，由于含有大量水分子，阻碍离子的定向排列，一般生成无定形胶状沉淀。

聚集速度不仅与物质的性质有关，同时主要由沉淀的条件决定，其中最重要的是溶液中生成沉淀时的相对过饱和度[1]。聚集速度与溶液的相对过饱和度成正比，溶液相对过饱和度大，聚集速度大，晶核生成多，易形成无定形沉淀；反之，溶液相对过饱和度小，聚集速度小，晶核生成少，有利于生成颗粒较大的晶形沉淀。因此，通过控制溶液的相对过饱和度可以改变形成沉淀颗粒的大小，有可能改变沉淀的类型。

三、影响沉淀纯度的因素

在重量分析中，要求获得的沉淀是纯净的。但是，沉淀从溶液中析出时总会或多或少地夹杂溶液中的其他组分。因此必须了解影响沉淀纯度（purity）的各种因素，找出减少杂质混入的方法，以获得符合重量分析要求的沉淀。

影响沉淀纯度的主要因素有共沉淀现象和继沉淀现象。

1. 共沉淀（coprecipitation）

当沉淀从溶液中析出时溶液中的某些可溶性组分也同时沉淀下来的现象称为共沉淀。共沉淀是引起沉淀不纯的主要原因，也是重量分析误差的主要来源之一。共沉淀现象主要有以下 3 类。

（1）表面吸附　由于沉淀表面离子电荷的作用力未达到平衡，因而产生自由静电力场。由于沉淀表面静电引力作用吸引了溶液中带相反电荷的离子，使沉淀微粒带有电荷，形成吸附层。带电荷的微粒又吸引溶液中带相反电荷的离子，构成电中性的分子。因此，沉淀表面吸附了杂质分子。例如，加过量 $BaCl_2$ 到 H_2SO_4 的溶液中，生成 $BaSO_4$ 晶体沉淀，沉淀表面上的 SO_4^{2-} 由于静电引力强烈地吸引溶液中的 Ba^{2+}，形成第一吸附层，使沉淀表面带正电荷，然后它又吸引溶液中带负电荷的离子，如 Cl^-，构成电中性的双电层，如图 7-1 所示。双电层能随颗粒一起下沉，因而使沉淀被污染。

晶格	表面	双电层
—Ba^{2+}—SO_4^{2-}—Ba^{2+}—SO_4^{2-}—	…Ba^{2+}	Cl^-
SO_4^{2-}—Ba^{2+}—SO_4^{2-}—Ba^{2+}—		
Ba^{2+}—SO_4^{2-}—Ba^{2+}—SO_4^{2-}—		
SO_4^{2-}—Ba^{2+}—SO_4^{2-}—Ba^{2+}—	…Ba^{2+}	Cl^-

图 7-1　晶体表面吸附示意图

显然，沉淀的总表面积越大，吸附杂质就越多；溶液中杂质离子的浓度越高，价态越高，越易被吸附。吸附作用是一个放热反应，升高溶液的温度可减少杂质的吸附。

（2）吸留和包藏　吸留是被吸附的杂质机械地嵌入沉淀中。包藏常指母液机械地包裹在沉淀中。这些现象的发生，是由于沉淀剂加入太快，使沉淀急速生长，沉淀表面吸附的杂质来不及离开就被随后生成的沉淀所覆盖，使杂质离子或母液被吸留或包藏在沉淀内部。这类共沉淀不能用洗涤的方法将杂质除去，可以借改变沉淀条件或重结晶的方法来减免。

（3）混晶　当溶液杂质离子与构晶离子半径相近、晶体结构相同时，杂质离子进入晶核排列中，形成混晶。例如 Pb^{2+} 和 Ba^{2+} 半径相近、电荷相同，在用 H_2SO_4 沉淀 Ba^{2+} 时，Pb^{2+} 能够取代 $BaSO_4$ 中的 Ba^{2+} 进入晶核，形成 $PbSO_4$ 与 $BaSO_4$ 的混晶共沉淀。又如 AgCl 和 AgBr、$MgNH_4PO_4 \cdot 6H_2O$ 和 $MgNH_4AsO_4$ 等都易形成混晶。为了减免混晶的生成，最好在沉淀前先将杂质分离出去。

---

[1] 相对过饱和度 $=(Q-s)/s$，式中，Q 为加入沉淀剂瞬间沉淀的浓度，s 为沉淀的溶解度。

2. 继沉淀（postprecipitation）

在沉淀析出后，当沉淀与母液一起放置时，溶液中某些杂质离子可能慢慢地沉积到原沉淀上，放置时间越长，杂质析出的量越多，这种现象称为继沉淀。例如，Mg^{2+} 存在时以 $(NH_4)_2C_2O_4$ 沉淀 Ca^{2+}，Mg^{2+} 易形成稳定的草酸盐过饱和溶液而不立即析出。如果把形成的 CaC_2O_4 沉淀过滤，则发现沉淀表面上吸附有少量镁。若将含有 Mg^{2+} 的母液与 CaC_2O_4 沉淀一起放置一段时间，则 MgC_2O_4 沉淀的量将会增多。

由继沉淀引入杂质的量比共沉淀多，且随沉淀在溶液中放置时间的延长而增多。因此，为防止继沉淀的发生，某些沉淀的陈化时间不宜过长。

四、减少沉淀沾污的方法

为了提高沉淀的纯度，可采用下列措施。

1. 采用适当的分析程序

当试液中含有几种组分时，首先应沉淀低含量组分，再沉淀高含量组分。反之，由于大量沉淀析出，会使部分低含量组分掺入沉淀，产生测定误差。

2. 降低易被吸附杂质离子的浓度

对于易被吸附的杂质离子，可采用适当的掩蔽方法或改变杂质离子价态来降低其浓度。例如，将 SO_4^{2-} 沉淀为 $BaSO_4$ 时，Fe^{3+} 易被吸附，可把 Fe^{3+} 还原为不易被吸附的 Fe^{2+}，或加酒石酸、EDTA 等使 Fe^{3+} 生成稳定的配离子，以减小沉淀对 Fe^{3+} 的吸附。

3. 选择沉淀条件

沉淀条件包括溶液浓度、温度、试剂的加入次序和速度、陈化与否等，对不同类型的沉淀应选用不同的沉淀条件，以获得符合重量分析要求的沉淀。

4. 再沉淀

必要时将沉淀过滤、洗涤、溶解后，再进行一次沉淀。再沉淀时，溶液中杂质的量大为降低，共沉淀和继沉淀现象自然减小。

5. 选择适当的洗涤液洗涤沉淀

吸附作用是可逆过程，用适当的洗涤液通过洗涤交换的方法可洗去沉淀表面吸附的杂质离子。例如，$Fe(OH)_3$ 吸附 Mg^{2+}，用 NH_4NO_3 稀溶液洗涤时，被吸附在表面的 Mg^{2+} 与洗涤液的 NH_4^+ 发生交换，吸附在沉淀表面的 NH_4^+ 可在燃烧沉淀时分解除去。

为了提高洗涤沉淀的效率，同体积的洗涤液应尽可能分多次洗涤，通常称为“少量多次”的洗涤原则。

6. 选择合适的沉淀剂

无机沉淀剂选择性差，易形成胶状沉淀，吸附杂质多，难于过滤和洗涤。有机沉淀剂选择性高，常能形成结构较好的晶形沉淀，吸附杂质少，易于过滤和洗涤。因此，在可能的情况下，应尽量选择有机试剂作沉淀剂。

思考题7-3

1. 什么是晶形沉淀和非晶形沉淀？
2. 晶形沉淀的生成与否对重量分析有什么影响？
3. 什么是聚集速度和定向速度？怎样影响生成沉淀的类型？
4. 共沉淀现象是怎样发生的？如何减少共沉淀现象？
5. 共沉淀与继沉淀有什么区别？

重量分析中试样的称取量

在重量分析中，试样称取量的多少直接影响到后续步骤的操作与分析结果的准确度。称样量太多，则在下一步中将得到大量的沉淀，使过滤、洗涤等操作都发生困难；称样量太少，则称量误差以及其他各个步骤中不可避免的误差将在测定数值中占据较大的比重，致使分析结果的准确度下降。

重量分析中称取试样量的多少主要取决于沉淀类型。对于生成体积小、易过滤和易洗涤的晶形沉淀，可多称取一些试样。对于生成体积大、不易过滤和不易洗涤的非晶形沉淀，称取的量要少一些。一般来讲，晶形沉淀的质量应在0.3～0.5g之间，非晶形沉淀的质量在0.1～0.2g之间为宜。可根据不同类型沉淀的质量范围计算出试样的称取量。

例 以$BaSO_4$形式测定不纯的氯化钡的含量，试问应该称取多少克氯化钡试样?

解 $BaSO_4$是晶形沉淀，因此可以采用较多的试样，使沉淀的质量在0.3～0.5g之间。假如生成的$BaSO_4$沉淀为0.4g，需$BaCl_2 \cdot 2H_2O$试样x(g)，则

$$BaCl_2 \cdot 2H_2O \longrightarrow BaSO_4$$

$$\begin{matrix} 244.3 & & 233.4 \\ x & & 0.4 \end{matrix}$$

$$x=\frac{244.3\times0.4}{233.4}=0.42(g)$$

所以应称取$BaCl_2 \cdot 2H_2O$试样的质量为0.42g。

第四节　沉淀的条件和称量形的获得

【学习要点】 *熟练掌握晶形沉淀和无定形沉淀的沉淀条件；熟练掌握沉淀过滤、洗涤和灼烧的原则及方法。*

一、沉淀的条件

在重量分析中，为了获得准确的分析结果，要求沉淀完全、纯净、易于过滤和洗涤，并减小沉淀的溶解损失。因此，对于不同类型的沉淀，应当选用不同的沉淀条件。

1. 晶形沉淀

为了形成颗粒较大的晶形沉淀，采取以下沉淀条件。

(1) 在适当稀、热溶液中进行　在稀、热溶液中进行沉淀，可使溶液中相对过饱和度保持较低，以利于生成晶形沉淀，同时也有利于得到纯净的沉淀。对于溶解度较大的沉淀，溶液不能太稀，否则沉淀溶解损失较多，影响结果的准确度。在沉淀完全后，应将溶液冷却后再进行过滤。

(2) 快搅慢加　在不断搅拌的同时缓慢滴加沉淀剂，可使沉淀剂迅速扩散，防止局部相对过饱和度过大而产生大量小晶粒。

(3) 陈化　陈化是指沉淀完全后，将沉淀连同母液放置一段时间，使小晶粒变为大晶粒，不纯净的沉淀转变为纯净沉淀的过程。因为在同样条件下小晶粒的溶解度比大晶粒大，在同一溶液中，对大晶粒为饱和溶液时，对小晶粒则为未饱和，小晶粒就要溶解。这样，溶

液中的构晶离子就在大晶粒上沉积，直至达到饱和。这时，小晶粒又为未饱和，又要溶解。如此反复进行，小晶粒逐渐消失，大晶粒不断长大。

陈化过程不仅能使晶粒变大，而且能使沉淀变得更纯净。

加热和搅拌可以缩短陈化时间。但是陈化作用对伴随有混晶共沉淀的沉淀不一定能提高纯度；对伴随有继沉淀的沉淀不仅不能提高纯度，有时反而会降低纯度。

2. 无定形沉淀

无定形沉淀的特点是结构疏松，比表面积大，吸附杂质多，溶解度小，易形成胶体，不易过滤和洗涤。对于这类沉淀，关键问题是创造适宜的沉淀条件来改善沉淀的结构，使之不致形成胶体，并且有较紧密的结构，便于过滤和减小杂质吸附。因此，无定形沉淀的沉淀条件如下。

（1）在较浓的溶液中进行沉淀　在浓溶液中进行沉淀，离子水化程度小，结构较紧密，体积较小，容易过滤和洗涤。但在浓溶液中杂质的浓度也较高，沉淀吸附杂质的量也较多。因此，在沉淀完毕后，应立即加入热水稀释搅拌，使被吸附的杂质离子转移到溶液中。

（2）在热溶液中及电解质存在下进行沉淀　在热溶液中进行沉淀可防止生成胶体，并减少杂质的吸附。电解质的存在可促使带电荷的胶体粒子相互凝聚沉降，加快沉降速度，因此，电解质一般选用易挥发性的铵盐如 NH_4NO_3 或 NH_4Cl 等，它们在灼烧时均可挥发除去。有时在溶液中加入与胶体带相反电荷的另一种胶体代替电解质，可使被测组分沉淀完全。例如，测定 SiO_2 时，加入带正电荷的动物胶，与带负电荷的硅酸胶体凝聚而沉降下来。

（3）趁热过滤洗涤，不需陈化　沉淀完毕后，趁热过滤，不要陈化。这是因为沉淀放置后逐渐失去水分，聚集得更为紧密，使吸附的杂质更难洗去。

洗涤无定形沉淀时，一般选用热、稀的电解质溶液作洗涤液，主要是防止沉淀重新变为胶体，难于过滤和洗涤。常用的洗涤液有 NH_4NO_3、NH_4Cl 或氨水。

无定形沉淀吸附杂质较严重，一次沉淀很难保证纯净，必要时须进行再沉淀。

3. 均匀沉淀法

为改善沉淀条件，避免因加入沉淀剂所引起的溶液局部相对过饱和的现象发生，可采用均匀沉淀法。这种方法是通过某一化学反应使沉淀剂从溶液中缓慢地、均匀地产生出来，使沉淀在整个溶液中缓慢地、均匀地析出，获得颗粒较大、结构紧密、纯净、易于过滤和洗涤的沉淀。例如，沉淀 Ca^{2+} 时，如果直接加入 $(NH_4)_2C_2O_4$，尽管按晶形沉淀条件进行沉淀，仍得到颗粒细小的 CaC_2O_4 沉淀。若在含有 Ca^{2+} 的溶液中以 HCl 酸化，之后加入 $(NH_4)_2C_2O_4$，溶液中主要存在的是 $HC_2O_4^-$ 和 $H_2C_2O_4$，此时向溶液中加入尿素，并加热至 90℃，尿素逐渐水解产生 NH_3。

$$CO(NH_2)_2 + H_2O \rightleftharpoons 2NH_3 + CO_2\uparrow$$

水解产生的 NH_3 均匀地分布在溶液的各个部分，溶液的酸度逐渐降低，$C_2O_4^{2-}$ 浓度渐渐增大，CaC_2O_4 均匀而缓慢地析出，形成颗粒较大的晶形沉淀。

均匀沉淀法还可以利用有机化合物的水解（如酯类水解）、配合物的分解、氧化还原反应等方式进行，如表 7-1 所示。

表 7-1　某些均匀沉淀法的应用

沉淀剂	加入试剂	反应	被测组分
OH^-	尿素	$CO(NH_2)_2 + H_2O \rightleftharpoons CO_2\uparrow + 2NH_3$	Al^{3+}，Fe^{3+}，Bi^{3+}
OH^-	六亚甲基四胺	$(CH_2)_6N_4 + 6H_2O \longrightarrow 6HCHO + 4NH_3$	Th^{4+}
PO_4^{3-}	磷酸三甲酯	$(CH_3)_3PO_4 + 3H_2O \longrightarrow 3CH_3OH + H_3PO_4$	Zr^{4+}，Hf^{4+}
S^{2-}	硫代乙酰胺	$CH_3CSNH_2 + H_2O \longrightarrow CH_3CONH_2 + H_2S$	金属离子

续表

沉淀剂	加入试剂	反应	被测组分
SO_4^{2-}	硫酸二甲酯	$(CH_3)_2SO_4+2H_2O \longrightarrow 2CH_3OH+SO_4^{2-}+2H^+$	Ba^{2+}, Sr^{2+}, Pb^{2+}
$C_2O_4^{2-}$	草酸二甲酯	$(CH_3)_2C_2O_4+2H_2O \longrightarrow 2CH_3OH+H_2C_2O_4$	Ca^{2+}, Th^{4+}, 稀土
Ba^{2+}	Ba-EDTA	$BaY^{2-}+4H^+ \longrightarrow H_4Y+Ba^{2+}$	SO_4^{2-}

二、称量形的获得

沉淀完毕后，还需经过滤、洗涤、烘干或灼烧，最后得到符合要求的称量形。

1. 沉淀的过滤和洗涤

沉淀常用定量滤纸（也称为无灰滤纸）或玻璃砂芯坩埚过滤。对于需要灼烧的沉淀，应根据沉淀的性状选用紧密程度不同的滤纸。一般无定形沉淀如 $Al(OH)_3$、$Fe(OH)_3$ 等选用疏松的快速滤纸，粗粒的晶形沉淀如 $MgNH_4PO_4 \cdot 6H_2O$ 等选用较紧密的中速滤纸，颗粒较小的晶形沉淀如 $BaSO_4$ 等选用紧密的慢速滤纸。

对于只需烘干即可作为称量形的沉淀，应选用玻璃砂芯坩埚过滤。

洗涤沉淀是为了洗去沉淀表面吸附的杂质和混杂在沉淀中的母液。洗涤时要尽量减小沉淀的溶解损失和避免形成胶体，因此需选择合适的洗涤液。选择洗涤液的原则是：对于溶解度很小又不易形成胶体的沉淀，可用蒸馏水洗涤；对于溶解度较大的晶形沉淀，可用沉淀剂的稀溶液洗涤，但沉淀剂必须在烘干或灼烧时易挥发或易分解除去，例如用 $(NH_4)_2C_2O_4$ 稀溶液洗涤 CaC_2O_4 沉淀；对于溶解度较小而又能形成胶体的沉淀，应用易挥发的电解质稀溶液洗涤，例如用 NH_4NO_3 稀溶液洗涤 $Fe(OH)_3$ 沉淀。

用热洗涤液洗涤，则过滤较快，且能防止形成胶体，但溶解度随温度升高而增大较快的沉淀不能用热洗涤液洗涤。

洗涤必须连续进行，一次完成，不能将沉淀放置太久，尤其是一些非晶形沉淀，放置凝聚后，不易洗净。

洗涤沉淀时，既要将沉淀洗净，又不能增加沉淀的溶解损失。同体积的洗涤液，采用“少量多次”、“尽量沥干”的洗涤原则，用适当少的洗涤液分多次洗涤，每次加洗涤液前使前次洗涤液尽量流尽，这样可以提高洗涤效果。

在沉淀的过滤和洗涤操作中，为缩短分析时间和提高洗涤效率，都应采用倾泻法（详见配套实验教材）。

2. 沉淀的烘干和灼烧

沉淀的烘干或灼烧是为了除去沉淀中的水分和挥发性物质，并转化为组成固定的称量形。烘干或灼烧的温度和时间随沉淀的性质而定。

灼烧温度一般在800℃以上，常用瓷坩埚盛放沉淀。若需用氢氟酸处理沉淀，则应用铂坩埚。灼烧沉淀前，应用滤纸包好沉淀，放入已灼烧至恒重的瓷坩埚中，先加热烘干、炭化后，再进行灼烧。

沉淀经烘干或灼烧至恒重后，由其质量即可计算测定结果。

思考题7-4

1. 什么是相对过饱和度？试利用相对过饱和度的大小说明如何选择晶形沉淀的条件？
2. 陈化的作用是什么？如何缩短陈化的时间？

3. 什么叫均匀沉淀法？优点是什么？试举例说明。
4. “少量多次”的洗涤方法有什么优点？为什么？
5. 为什么在灼烧沉淀前要将滤纸灰化？

阅读材料

胶体的凝聚

在重量分析中，胶体溶液不仅使沉淀因胶溶而损失，而且造成沉淀的不纯净。所以在重量分析中常常需要破坏胶体，即希望胶体凝聚成较大的聚集体而析出沉淀，以便于过滤、分离，这就是胶体的凝聚作用。所得到的沉淀称为胶状沉淀。欲破坏胶体，使其凝聚，有下列几种方法。

(1) 加热　加热可以减少离子的吸附作用，从而减小胶粒所带的电荷，降低溶剂化程度。加热也能加速胶粒的运动，增加胶粒相互碰撞的机会。所以加热可促使胶体溶液聚沉。

(2) 加入电解质　加入电解质可以使胶粒发生聚沉。这是因为电解质电离生成的阳离子或阴离子部分或全部中和了胶粒所带的电荷，因而降低了胶体溶液的稳定性，再加上布朗运动，相互碰撞，胶体微粒聚集成较大的颗粒而聚沉下来。

(3) 加入带相反电荷的溶胶　加入带相反电荷的溶胶后，可中和胶粒所带的电荷，使胶体聚沉。

当胶体聚沉后进行过滤时，若用水洗涤胶体沉淀，沉淀会因洗去电解质而使胶体沉淀重新变成溶胶，这一现象叫胶溶作用。因此，在重量分析中，对胶体沉淀的洗涤要用含电解质的洗涤液，目的就是防止胶溶现象的发生。

常用的电解质洗涤液有强酸（如盐酸）、铵盐等。如沉淀的溶解度不大，可用热的稀电解质溶液洗涤沉淀，效果较好。

第五节　有机沉淀剂

【学习要点】 了解有机沉淀剂的特点和分类，掌握常用的有机沉淀剂在重量分析中的应用。

前面重点讨论了利用无机沉淀剂进行沉淀的情况。总的看来，无机沉淀剂的选择性较差，产生的沉淀溶解度较大，吸附杂质较多。当生成的是无定形沉淀时，不仅吸附杂质多，而且不易过滤和洗涤。因此，近年来有机沉淀剂的应用非常广泛。

一、有机沉淀剂的特点

有机沉淀剂较无机沉淀剂具有下列优点：

① 选择性高。有机沉淀剂在一定条件下，一般只与少数离子发生沉淀反应。

② 沉淀的溶解度小。有机沉淀疏水性强，所以溶解度较小，有利于沉淀完全。

③ 沉淀吸附杂质少。沉淀表面不带电荷，所以吸附杂质离子少，易获得纯净的沉淀。

④ 沉淀的摩尔质量大。被测组分在称量形中占的百分比小，有利于提高分析结果的准确度。

⑤ 多数有机沉淀物组成恒定，经烘干后即可称量，简化了重量分析的操作。

但是，有机沉淀剂一般在水中的溶解度较小，有些沉淀的组成不恒定，这些缺点还有待于今后继续改进。

二、有机沉淀剂的分类

有机沉淀剂和金属离子通常生成微溶性的螯合物或离子缔合物。因此，有机沉淀剂也可分为生成螯合物的沉淀剂和生成离子缔合物的沉淀剂两类。

1. 生成螯合物的沉淀剂

作为沉淀剂的螯合剂，绝大部分是 HL 型或 H_2L 型（H_3L 型的较少）。能形成螯合物沉淀的有机沉淀剂至少应有下列两种官能团：一种是酸性官能团，如—COOH、—OH、═NOH、—SH、—SO_3H 等，这些官能团中的 H^+ 可被金属离子置换；另一种是碱性官能团，如—NH_2、—NH═、═N^+═、═C═O 及═C═S 等，这些官能团具有未共用电子对，可以与金属离子形成配位键而成为配位化合物。金属离子与有机螯合物沉淀剂反应，通过酸性基团和碱性基团的共同作用生成微溶性的螯合物。

例如，8-羟基喹啉与 Al^{3+} 配位时，酸性基团—OH 的氢被 Al^{3+} 置换，同时 Al^{3+} 又与碱性基团═N—以配位键相结合，形成五元环结构的微溶性螯合物，生成的 8-羟基喹啉铝不带电荷，所以不易吸附其他离子，沉淀比较纯净，而且溶解度很小（$K_{sp}=1.0\times10^{-29}$）。

2. 生成离子缔合物的沉淀剂

有些摩尔质量较大的有机试剂在水溶液中以阳离子和阴离子形式存在，它们与带相反电荷的离子反应后，可生成微溶性的离子缔合物（或称为正盐沉淀）。

例如，四苯硼酸钠［$NaB(C_6H_5)_4$］与 K^+ 有下列沉淀反应：

$$B(C_6H_5)_4^- + K^+ \longrightarrow KB(C_6H_5)_4 \downarrow$$

$KB(C_6H_5)_4$ 溶解度小，组成恒定，烘干后即可直接称量，所以四苯硼酸钠是测定 K^+ 的较好沉淀剂。

三、有机沉淀剂应用实例

1. 丁二酮肟

$$\begin{array}{l} CH_3—C═N—OH \\ \qquad\quad | \\ CH_3—C═N—OH \end{array}$$

白色粉末，微溶于水，通常使用它的乙醇溶液或氢氧化钠溶液，是选择性较高的生成螯合物的沉淀剂。在金属离子中只有 Ni^{2+}、Pd^{2+}、Pt^{2+}、Fe^{2+} 能与它生成沉淀。

在氨性溶液中，丁二酮肟与 Ni^{2+} 生成鲜红色的螯合物沉淀，沉淀组成恒定，可烘干后直接称量，常用于重量法测定镍。Fe^{3+}、Al^{3+}、Cr^{3+} 等在氨性溶液中能生成水合氧化物沉淀，干扰测定，可加入柠檬酸或酒石酸进行掩蔽。

2. 8-羟基喹啉

N
OH

白色针状晶体，微溶于水，一般使用它的乙醇溶液或丙酮溶液，是生成螯合物的沉淀剂。在弱酸性或碱性溶液中（pH 为 3～9），8-羟基喹啉与许多金属离子发生沉淀反应。例如，Al^{3+} 与 8-羟基喹啉的反应：

生成的沉淀恒定，可烘干后直接称量。8-羟基喹啉的最大缺点是选择性较差，采用适当的掩蔽剂可以提高反应的选择性。例如，用 KCN、EDTA 掩蔽 Cu^{2+}、Fe^{3+} 等离子后，可在氨性溶液中沉淀 Al^{3+}，并用于重量法。

目前已经合成了一些选择性较高的 8-羟基喹啉衍生物。如 2-甲基-8-羟基喹啉，在 pH=5.5 时沉淀 Zn^{2+}，pH=9 时沉淀 Mg^{2+}，而不与 Al^{3+} 发生沉淀反应。

3. 四苯硼酸钠

白色粉末状结晶，易溶于水，是生成离子缔合物的沉淀剂。能与 K^+、NH_4^+、Rb^+、Cs^+、Tl^+、Ag^+ 等生成离子缔合物沉淀。易溶于水，是测 K^+ 的良好沉淀剂。由于一般试样中 Rb^+、Cs^+、Tl^+、Ag^+ 的含量极微，故此试剂常用于 K^+ 的测定。沉淀组成恒定，可烘干后直接称量。

有机沉淀剂的应用实例不胜枚举，可参考有关专著。

思考题7-5

1. 有机沉淀剂与无机沉淀剂相比有什么优点？
2. 螯合剂能作为沉淀剂的条件是什么？

阅读材料

用于沉淀阴离子的有机沉淀剂

1. 用于沉淀 NO_3^-、ReO_4^-、BF_4^- 等的沉淀剂

(1) 硝酸试剂　溶于有机试剂和稀醋酸，不溶于水，黄色。用于 NO_3^-、ReO_4^-、BF_4^- 的重量法测定。也能沉淀 ClO_4^-、Br^-、I^-、ClO_3^-、SCN^-、$C_2O_4^{2-}$ 等。

(2) 亚甲基蓝　与 BF_4^- 形成带色配合物，后者在用 CH_2Cl_2 萃取之后能被测量。此试剂也能沉淀其他许多离子。

2. 用于沉淀 SO_4^{2-}、WO_4^{2-}、磷钼酸或硅钼酸的沉淀剂

联苯胺可供 SO_4^{2-} 的重量法测定之用，WO_4^{2-}、MoO_4^{2-}、PO_4^{3-}、磷钼酸铵等也能被沉淀。另外，4-氨基-4-氯代联苯是沉淀 SO_4^{2-} 的最好试剂。而 1-氨基-4-对氨基苯基萘是沉淀 WO_4^{2-} 的最好试剂，因为没有 MoO_4^{2-} 的共沉淀。

第六节　重量分析结果计算

【学习要点】 复习常用的溶液浓度运算，掌握换算因数的概念和计算方法；掌握重量分析结果计算。

一、重量分析中的换算因数

重量分析中，当最后称量形与被测组分形式一致时，计算其分析结果就比较简单了。例如，测定要求计算 SiO_2 的含量，重量分析最后称量形也是 SiO_2，其分析结果按下式计算：

$$w(SiO_2)=\frac{m(SiO_2)}{m_s}\times100\%$$

式中 $w(SiO_2)$——SiO_2 的质量分数（数值以%表示）；

$m(SiO_2)$——SiO_2 沉淀的质量，g；

m_s——试样的质量，g。

如果最后称量形与被测组分形式不一致，分析结果就要进行适当的换算。例如，测定钡时，得到 $BaSO_4$ 沉淀 0.5051g，可按下列方法换算成被测组分钡的质量：

$$\begin{array}{cc} BaSO_4 \longrightarrow & Ba \\ 233.4 & 137.4 \\ 0.5051g & m(Ba) \end{array}$$

$$m(Ba)=0.5051\times137.4/233.4g=0.2973g$$

即
$$m(Ba)=m(BaSO_4)\times\frac{M(Ba)}{M(BaSO_4)}$$

式中，$m(BaSO_4)$ 为称量形 $BaSO_4$ 的质量，g；$\frac{M(Ba)}{M(BaSO_4)}$ 是将 $BaSO_4$ 的质量换算成 Ba 的质量的分式，此分式是一个常数，与试样质量无关，这一比值通常称为换算因数或化学因数（即欲测组分的摩尔质量与称量形的摩尔质量之比，常用 F 表示）。将称量形的质量换算成所要测定组分的质量后，即可按前面计算 SiO_2 分析结果的方法进行计算。

求算换算因数时，一定要注意使分子和分母所含被测组分的原子或分子数目相等，所以在待测组分的摩尔质量和称量形的摩尔质量之前有时需要乘以适当的系数。分析化学手册中可查到常见物质的换算因数。表 7-2 列出了几种常见物质的换算因数。

表 7-2 几种常见物质的换算因数

被测组分	沉淀形	称量形	换算因数
Fe	$Fe_2O_3\cdot nH_2O$	Fe_2O_3	$2M(Fe)/M(Fe_2O_3)=0.6994$
Fe_3O_4	$Fe_2O_3\cdot nH_2O$	Fe_2O_3	$2M(Fe_3O_4)/3M(Fe_2O_3)=0.9666$
P	$MgNH_4PO_4\cdot6H_2O$	$Mg_2P_2O_7$	$2M(P)/M(Mg_2P_2O_7)=0.2783$
P_2O_5	$MgNH_4PO_4\cdot6H_2O$	$Mg_2P_2O_7$	$M(P_2O_5)/M(Mg_2P_2O_7)=0.6377$
MgO	$MgNH_4PO_4\cdot6H_2O$	$Mg_2P_2O_7$	$2M(MgO)/M(Mg_2P_2O_7)=0.3621$
S	$BaSO_4$	$BaSO_4$	$M(S)/M(BaSO_4)=0.1374$

二、结果计算示例

【例 7-2】 用 $BaSO_4$ 重量法测定黄铁矿中硫的含量时，称取试样 0.1819g，最后得到 $BaSO_4$ 沉淀 0.4821g，计算试样中硫的质量分数。

解 沉淀形为 $BaSO_4$，称量形也是 $BaSO_4$，但被测组分是 S，所以必须把称量组分利用换算因数换算为被测组分，才能算出被测组分的含量。已知 $BaSO_4$ 的相对分子质量为 233.4，S 的相对原子质量为 32.06。所以

$$w(S)=\frac{m(S)}{m_s}\times100\%=\frac{m(BaSO_4)\times\frac{M(S)}{M(BaSO_4)}}{m_s}\times100\%$$

$$=\frac{0.4821\times 32.06/233.4}{0.1819}\times 100\%=36.41\%$$

答：该试样中硫的质量分数为 36.41%。

【例 7-3】 测定磁铁矿（不纯的 Fe_3O_4）中铁的含量时，称取试样 0.1666g，经溶解、氧化，使 Fe^{3+} 沉淀为 $Fe(OH)_3$，灼烧后得 Fe_2O_3 质量为 0.1370g，计算试样中：(1) Fe的质量分数；(2) Fe_3O_4 的质量分数。

解 (1) 已知 $M(Fe)=55.85g/mol$，$M(Fe_3O_4)=231.5g/mol$，$M(Fe_2O_3)=159.7g/mol$。所以

$$w(Fe)=\frac{m(Fe)}{m_s}\times 100\%=\frac{m(Fe_2O_3)\times\frac{2M(Fe)}{M(Fe_2O_3)}}{m_s}\times 100\%$$

$$=\frac{0.1370\times 2\times 55.85/159.7}{0.1666}\times 100\%=57.52\%$$

(2) 按题意

$$w(Fe_3O_4)=\frac{m(Fe_3O_4)}{m_s}\times 100\%=\frac{m(Fe_2O_3)\times\frac{2M(Fe_3O_4)}{3M(Fe_2O_3)}}{m_s}\times 100\%$$

$$=\frac{0.1370\times 2\times 231.5/(3\times 159.7)}{0.1666}\times 100\%=79.47\%$$

答：该磁铁矿试样中 Fe 的质量分数为 57.52%，Fe_3O_4 的质量分数为 79.47%。

【例 7-4】 分析某一化学纯 $AlPO_4$ 的试样，得到 0.1126g $Mg_2P_2O_7$，问可以得到多少 Al_2O_3？

解 已知 $M(Mg_2P_2O_7)=222.6g/mol$，$M(Al_2O_3)=102.0g/mol$。

按题意：$Mg_2P_2O_7\longrightarrow 2P\longrightarrow 2Al\longrightarrow Al_2O_3$。因此

$$m(Al_2O_3)=m(Mg_2P_2O_7)\times\frac{M(Al_2O_3)}{M(Mg_2P_2O_7)}$$

$$=0.1126\times\frac{102.0}{222.6}g=0.05160g$$

答：该 $AlPO_4$ 试样可得 0.05160g Al_2O_3。

【例 7-5】 铵离子可用 H_2PtCl_6 沉淀为 $(NH_4)_2PtCl_6$，再灼烧为金属 Pt 后称量，反应式如下：

$$(NH_4)_2PtCl_6\longrightarrow Pt+2NH_4Cl+2Cl_2\uparrow$$

若分析得到 0.1032g Pt，求试样中含 NH_3 的质量(g)。

解 已知 $M(NH_3)=17.03g/mol$，$M(Pt)=195.1g/mol$。

按题意：$(NH_4)_2PtCl_6\longrightarrow Pt\longrightarrow 2NH_3$。因此

$$m(NH_3)=m(Pt)\times\frac{2M(NH_3)}{M(Pt)}$$

$$=0.1032\times\frac{2\times 17.03}{195.1}g=0.01802g$$

答：该试样中含 NH_3 的质量为 0.01802g。

思考题7-6

1. 什么叫换算因数？

2. 计算下列换算因数：

(1) 从 $BaSO_4$ 的质量计算 S 的质量；

(2) 从 $Mg_2P_2O_7$ 的质量计算 MgO 质量；

(3) 从 $PbCrO_4$ 的质量计算 Cr_2O_3 质量；

(4) 从 $(NH_4)_3PO_4 \cdot 12MoO_3$ 的质量计算 $Ca_3(PO_4)_2$ 的质量；

(5) 从 $Mg_2P_2O_7$ 的质量计算 $MgSO_4 \cdot 7H_2O$ 的质量。

习 题 七

1. 计算 Ag_2CrO_4 在 0.0010mol/L 的 $AgNO_3$ 溶液中的溶解度。

2. 计算 AgI 的 K_{sp}。已知其溶解度 $s=1.40\mu g/500mL$。

3. 等体积的 4×10^{-5} mol/L 的 $AgNO_3$ 溶液和 4×10^{-5} mol/L 的 K_2CrO_4 溶液混合时，有无 Ag_2CrO_4 沉淀析出？

4. 重量法测定 $BaCl_2 \cdot H_2O$ 中钡的含量，纯度约 90%，要求得到 0.5g $BaSO_4$，问应称试样多少克？

5. 称取 0.6531g 纯 NaCl，溶于水后，沉淀为 AgCl，得到 1.6029g AgCl，计算 Na 的相对原子质量。已知 Ag 和 Cl 的相对原子质量分别为 107.87 和 35.453。

6. 称取含银的试样 0.2500g，用重量法测定时得 AgCl 0.2991g，问：

(1) 若沉淀为 AgI，可得此沉淀多少克？

(2) 试样中银的质量分数为多少？

7. 称取某试样 0.5000g，经一系列分析步骤后得 NaCl 和 KCl 共 0.1803g，将此混合氯化物溶于水后，加入 $AgNO_3$，得 0.3904g AgCl，计算试样中 Na_2O 和 K_2O 的质量分数。

8. 测定硅酸盐中的 SiO_2 时，0.5000g 试样得 0.2835g 不纯的 SiO_2，将不纯的 SiO_2 用 HF-H_2SO_4 处理，使 SiO_2 以 SiF_4 的形式逸出，残渣经灼烧后称得质量为 0.0015g，计算试样中 SiO_2 的质量分数。若不用 HF-H_2SO_4 处理，分析误差有多大？

9. 称取合金钢试样 0.4289g，将镍离子沉淀为丁二酮肟镍（$NiC_8H_{14}O_4N_4$），烘干后的质量为 0.2671g，计算合金钢中镍的质量分数。

10. 分析一磁铁矿试样 0.5000g，得 Fe_2O_3 质量 0.4980g，计算磁铁矿中：(1) Fe 的质量分数；(2) Fe_3O_4 的质量分数。

第八章 定量化学分析中常用的分离和富集方法

学习指南

分离和富集是进行准确测定的必要手段，是定量化学分析中的重要组成部分。通过本章的学习，应了解定量化学分析中分离和富集的基本概念、目的、要求和常用方法；掌握沉淀分离法、溶剂萃取分离法的原理、类型和方法，并熟练运用所学方法解决实际问题；理解离子交换分离法的原理、离子交换树脂的种类和性质，熟悉离子交换分离技术和应用；了解色谱分离法的分类，理解柱色谱、纸色谱、薄层色谱的原理，掌握色谱分离条件和方法；了解膜分离法原理；理解渗析、电渗析、微孔过滤、反渗透等分离技术的基本原理和分离方法；了解挥发和蒸馏分离法的原理以及在定量化学分析中的运用。

第一节 概 述

【学习要点】 了解分离和富集的目的和任务；掌握分离和富集的一般要求和回收率的概念；熟悉分离和富集的常用方法。

一、分离和富集的目的

在定量化学分析中，如果试样比较单纯，一般可以直接进行测定。但在实际分析工作中大多数试样都是由多种物质组合而成的混合物，且成分复杂，其他组分的存在往往干扰并影响测定的准确度，甚至无法进行测定。前面章节也介绍了消除干扰的简便方法，如控制反应条件，提高分析方法的选择性，利用配位剂、氧化剂或还原剂进行掩蔽等。但有时只用这些方法还不能消除干扰，这就需要事先将被测组分与干扰组分分离（separation）。另外，有时试样中被测组分含量极微，测定方法的灵敏度不够高，就需要事先将被测组分分离并富集

(enrichment) 于少量溶液中，既消除干扰，又能提高浓度。可见，分离和富集对定量化学分析是至关重要的。

总体来说，定量分离和富集的任务一是将待测组分从试液中定量分离出来（或将干扰组分从试液中分离除去），二是通过分离使待测的痕量组分达到浓缩和富集的目的，以满足测定方法灵敏度的要求。

二、对分离和富集的一般要求

在定量化学分析中对分离和富集的一般要求是分离和富集要完全，干扰组分应减少到不干扰测定；另外在操作过程中不要引入新的干扰，且操作要简单、快速；被测组分在分离过程中的损失量要小到可以忽略不计。

实际工作中通常用回收率（recovery）衡量分离效果。所谓欲测组分的回收率是指欲测组分经分离或富集后所得的含量与它在试样中的原始含量的比值（数值以%表示）。

$$回收率=\frac{分离后测得量}{原始含量}\times 100\%$$

显然，回收率越高，分离效果越好，说明待测组分在分离过程中的损失量越小。在实际分析中，按待测组分含量的不同，对回收率的要求也不同。对常量组分的测定，要求回收率大于 99.9%；对微量组分的测定，回收率可为 95%，甚至更低。

三、分离和富集的方法

在定量化学分析中，为使试样中某一待测组分和其他组分分离，并使微量组分达到浓缩、富集的目的，可通过它们某些物理或化学性质的差异，使其分别存在于不同的两相中，再通过机械的方法把两相完全分开。常用的分离和富集方法介绍如下。

1. 沉淀（precipitation）分离法

在被测试样中加入某种沉淀剂，使与被测离子或干扰离子反应，生成难溶于水的沉淀，从而达到分离的目的。该法在常量组分的分离和微量组分的分离中皆可采用。常用的沉淀剂有无机沉淀剂和有机沉淀剂。

2. 溶剂萃取（solvent extraction）分离法

将与水不混溶的有机溶剂与试样的水溶液一起充分振荡，使某些物质进入有机溶剂，而另一些物质则仍留在水溶液中，从而达到相互分离的目的。该法在常量组分的分离和微量组分的分离中皆可采用，使用时应根据相似相溶原理选择适宜的萃取剂。

3. 离子交换分离法（ion-exchange separation）

利用离子交换树脂对阳离子和阴离子进行交换反应而进行分离。常用于性质相近或带有相同电荷的离子的分离、微量组分的富集以及高纯物质的制备。通常选用强酸性的阳离子交换树脂和强碱性的阴离子交换树脂进行离子交换分离。

4. 色谱（chromatography）分离法

色谱分离法实质上是一种物理化学分离方法，即利用不同物质在两相（固定相和流动相）中具有不同的分配系数（或吸附系数），当两相作相对运动时，这些物质在两相中反复多次分配（即组分在两相之间进行反复多次的吸附、脱附或溶解、挥发过程），从而使各物质得到完全分离。

在玻璃或金属柱中进行操作的色谱分离称为柱色谱（column chromatography）；以滤纸作为固定相，在其上展开分离的称为纸色谱（paper chromatography）；将吸附剂研成粉末，再压成或涂成薄膜，在其上展开分离的称为薄层色谱（thin layer chromatography）。

5. 膜（membrane）分离法

膜分离是对液-液、气-气、液-固、气-固体系中不同组分进行分离、纯化与富集的一门高新技术。膜分离技术是用一种特殊的半渗透膜作为分离介质，当膜的两侧存在某种推动力（如压力差、浓度差、电位差等）时，半透膜有选择性地允许某些组分透过，同时，阻止或保留混合物中的其他组分，从而达到分离、提纯的目的。膜分为固膜、液膜和气膜三类。反渗透、超滤、微滤、电渗析为四大已开发应用的膜分离技术。

6. 挥发（volatilzation）和蒸馏（distillation）分离法

挥发是利用物质的挥发性不同而将物质彼此分离；蒸馏是将被分离的组分从液体或溶液中挥发出来，然后冷凝为液体，或者将挥发的气体吸收。

思考题8-1

1. 分离和富集方法在定量分析中有什么重要意义？
2. 何谓回收率？分离时对常量和微量组分的回收率要求如何？
3. 对分离和富集有哪些要求？
4. 简述分离和富集的方法以及各自的适用范围。

阅读材料

分离技术的发展趋势

混合物中各组分的分离是分析化学要解决的课题。随着分析方法朝着快速、微量、仪器化的方向发展，面临着石油、化工、地质、煤炭、冶金、空间科学等工业诸领域以及水文、气象、农业、医学、卫生学、食品化学、环境科学等相关学科不断提出的分析的课题，某些经典的化学分离方法如蒸馏、重结晶、萃取等已远不能适应现代分析的需要。尤其是在生物科学领域，许多需保存生理活性的微量成分（如蛋白质、肽、酶、核酸等）存在于组成复杂的生物样品中，需要进行分离分析。这些都有力地推动着经典分离技术向现代分离技术发展。

分析化学工作面临的样品千差万别，尤其是生物样品组成复杂，没有一种分离纯化方法可适用于所有样品的分离、分析。在选择具体分离方法时，主要根据该物质的物理化学性质和具体实验室条件而定。如离子交换树脂分离、DEAE-纤维素和羟基磷灰石色谱常用于多肽、酶等物质从生物样品中的早期纯化。其他方法，如连续流动电泳、连续流动等电聚焦等现代分离方法，在一定条件下用于早期从生物样品的粗抽提液中分离制备小量物质，但目前仍处于探索发展阶段。总的来说，早期分离提纯的原则从低分辨能力到高分辨能力尽量采用特异性高的分离方法。

液相色谱法是生物技术中分离纯化的一种重要方法，在多肽、蛋白质的分离纯化工艺研究中早已获得应用，并已走出实验室，投入到大规模的工业化生产中。

毛细管电泳是近20年发展起来的一种新的液相色谱技术，已经研究出6种不同的分离形式，在生物大分子、天然有机物、医学化学、高分子化学等领域得到广泛应用。

摘自张正奇主编《分析化学》

第二节　沉淀分离法

【学习要点】 了解沉淀分离法的基本概念和基本知识；掌握利用无机沉淀剂和有机沉淀

剂进行分离的原理和方法；学会共沉淀分离和富集的方法；正确运用沉淀分离法解决实际分析问题，并在工作中提高沉淀分离的选择性。

在定量化学分析中常常通过沉淀反应把待测组分沉淀分离出来，或将共存的干扰组分沉淀除去，这种利用沉淀反应使待测组分与干扰组分分离的方法称为沉淀分离法。

沉淀分离法是根据溶度积原理，利用各类沉淀剂将组分从分析的样品体系中沉淀分离出来。因此，沉淀分离法需要经过沉淀、过滤、洗涤等操作，比较费时，操作繁琐，而且某些组分的沉淀分离选择性较差，因而沉淀分离不易达到定量完全。但如能很好地运用沉淀原理，掌握分离操作特点，并使用选择性较好的有机沉淀剂，提高分离效率，尽管方法古老，但沉淀分离法仍是定量化学分析中常用的一种分离技术。沉淀分离法可分为用无机沉淀剂的分离法和用有机沉淀剂的分离法。

一、用无机沉淀剂的分离法

无机沉淀剂有很多，形成的沉淀类型也很多。最常用的是氢氧化物沉淀分离法和硫化物沉淀分离法，此外还有形成硫酸盐、碳酸盐、草酸盐、磷酸盐、铬酸盐等沉淀分离法。本节着重讨论氢氧化物沉淀分离法和硫化物沉淀分离法。

1. 氢氧化物沉淀分离法

(1) 氢氧化物沉淀与溶液 pH 的关系　可以形成氢氧化物沉淀的离子种类很多，除碱金属与碱土金属离子外，其他金属离子的氢氧化物的溶解度都很小。根据溶度积原理，溶度积 K_{sp} 越小，沉淀时所需的沉淀剂浓度越低。因此，只要控制好溶液中的氢氧根离子浓度，即控制合适的 pH，就可以达到分离的目的。

根据各种氢氧化物的溶度积可以大致计算出各种金属离子开始析出沉淀时的 pH。例如，$Fe(OH)_3$ 的 $K_{sp}=3.5\times10^{-38}$，若 $[Fe^{3+}]=0.01$mol/L，则 $Fe(OH)_3$ 开始沉淀时的 pH 为：

$$[Fe^{3+}][OH^-]^3\geqslant 3.5\times10^{-38}$$

即
$$[OH^-]\geqslant\sqrt[3]{\frac{3.5\times10^{-38}}{0.01}}\text{mol/L}=1.5\times10^{-12}\text{mol/L}$$

所以
$$pOH\leqslant 11.8 \qquad pH\geqslant 2.2$$

当沉淀作用进行到溶液中残留的 $[Fe^{3+}]=10^{-6}$ mol/L 时，即已沉淀的 Fe^{3+} 已达 99.99%时，沉淀作用可以认为已进行完全，这时溶液的 pH 为：

$$[OH^-]=\sqrt[3]{\frac{3.5\times10^{-38}}{10^{-6}}}\text{mol/L}=3.3\times10^{-11}\text{mol/L}$$

$$pOH=10.5 \qquad pH=3.5$$

同理，可以得到各种氢氧化物开始沉淀和沉淀完全时的 pH，见表 8-1。

表 8-1　各种金属离子氢氧化物开始沉淀和沉淀完全时的 pH

氢氧化物	溶度积 K_{sp}	开始沉淀时的 pH	沉淀完全时的 pH
$Sn(OH)_4$	1×10^{-57}	0.5	1.3
$TiO(OH)_2$	1×10^{-29}	0.5	2.0
$Sn(OH)_2$	3×10^{-27}	1.7	3.7
$Fe(OH)_3$	3.5×10^{-38}	2.2	3.5
$Al(OH)_3$	2×10^{-32}	4.1	5.4
$Cr(OH)_3$	5.4×10^{-31}	4.6	5.9
$Zn(OH)_2$	1.2×10^{-17}	6.5	8.5
$Fe(OH)_2$	1×10^{-15}	7.5	9.5
$Ni(OH)_2$	6.5×10^{-18}	6.4	8.4
$Mn(OH)_2$	4.5×10^{-13}	8.8	10.8
$Mg(OH)_2$	1.8×10^{-11}	9.6	11.6

应该指出，表 8-1 中所列出的各种 pH 只是近似值，与实际进行氢氧化物沉淀分离所需控制的 pH 往往还存在一定差距，其原因主要是：

① 沉淀的溶解度和析出沉淀的形态、颗粒大小等与条件有关，也随陈化时间的不同而改变。因此实际获得的沉淀的溶度积数值与文献上记载的 K_{sp} 值往往有一定的差距。

② 计算 pH 时是假定金属离子只以一种阳离子形式存在于溶液中，实际上金属阳离子在溶液中可能和 OH^- 结合生成各种羟基配离子，又可能和溶液中的阴离子结合成各种配离子，如 Fe^{3+} 在 HCl 溶液中就存在有 $[Fe(OH)]^{2+}$、$[FeCl]^{2+}$、$[FeCl_6]^{3-}$ 等形式。因此实际的溶解度要比由 K_{sp} 计算所得值大得多。

③ 一般文献记载的 K_{sp} 值是指稀溶液中没有其他离子存在时难溶化合物的溶度积。实际上，由于溶液中其他离子的存在影响离子的活度系数和活度，离子的活度积和 K_{sp} 之间存在一定的差距。

总之，金属离子分离的最适宜的 pH 范围与计算值常会有出入，必须由实验确定。

(2) 控制 pH 的方法 通常在某一 pH 范围内同时有几种金属离子沉淀，但如果适当控制溶液的 pH，可以达到一定程度的分离效果。下面介绍几种控制 pH 的方法。

① 氢氧化钠法。NaOH 是强碱，用它作沉淀剂，可使两性元素和非两性元素分离，两性元素以含氧酸阴离子形态保留在溶液中，非两性元素则生成氢氧化物沉淀。常见元素用 NaOH 进行沉淀分离的情况见表 8-2。

表 8-2 用 NaOH 进行沉淀分离的情况

定量沉淀的离子	部分沉淀的离子	留在溶液中的离子
Mg^{2+}，Cu^{2+}，Ag^+，Au^+，Cd^{2+}，Hg^{2+}，Ti^{4+}，Zr^{4+}，Hf^{4+}，Th^{4+}，Bi^{3+}，Fe^{3+}，Co^{2+}，Ni^{2+}，Mn^{4+}，稀土元素离子等	Ca^{2+}，Sr^{2+}，Ba^{2+}，Nb(Ⅴ)，Ta(Ⅴ)	AlO_2^-，CrO_2^-，ZnO_2^{2-}，PbO_2^{2-}，SnO_2^{2-}，GeO_3^{2-}，GaO_2^-，BeO_2^{2-}，SiO_3^{2-}，WO_4^{2-}，MoO_4^{2-}，VO_3^-

② 氨水-铵盐法。氨水-铵盐法是利用氨水和铵盐控制溶液的 pH 在 8～9 之间，使 1 价、2 价与高价金属离子分离的方法。由于溶液 pH 并不太高，可防止析出 $Mg(OH)_2$ 沉淀和 $Al(OH)_3$ 等酸性氢氧化物溶解。氨与 Ag^+、Co^{2+}、Ni^{2+}、Zn^{2+}、Cd^{2+} 和 Cu^{2+} 等离子形成配合物，使它们留在溶液中而与其他离子分离。由于氢氧化物是胶状沉淀，加入铵盐电解质有利于胶体凝聚，同时氢氧化物沉淀吸附的 NH_4^+ 可以减少沉淀对其他离子的吸附。另外，氢氧化物沉淀会吸附一些杂质，应将沉淀用酸溶解后，用氨水-铵盐再沉淀一次。用氨水-铵盐沉淀分离金属离子的情况见表 8-3。

表 8-3 用氨水-铵盐沉淀分离金属离子的情况

定量沉淀的离子	部分沉淀的离子	留在溶液中的离子
Hg^{2+}，Be^{2+}，Fe^{3+}，Al^{3+}，Cr^{3+}，Bi^{3+}，Sb^{3+}，Sn^{4+}，Ti^{4+}，Zr^{4+}，Hf^{4+}，Th^{4+}，Ga^{3+}，In^{3+}，Tl^{3+}，Mn^{4+}，Nb(Ⅴ)，U(Ⅵ)，稀土元素离子等	Mn^{2+}，Fe^{2+}，Pb^{2+}	$[Ag(NH_3)_2]^+$，$[Cu(NH_3)_4]^{2+}$，$[Cd(NH_3)_4]^{2+}$，$[Co(NH_3)_6]^{3+}$，$[Ni(NH_3)_4]^{2+}$，$[Zn(NH_3)_4]^{2+}$，Ca^{2+}，Sr^{2+}，Ba^{2+}，Mg^{2+} 等

若采用氨水（加入大量 NH_4Cl）小体积沉淀分离法，可以改善分离效果。小体积沉淀分离法常用于 Cu^{2+}、Co^{2+}、Ni^{2+} 与 Fe^{3+}、Al^{3+}、Ti^{4+} 等的定量分离。

③ 金属氧化物和碳酸盐悬浊液法。以 ZnO 为例，ZnO 为难溶弱碱，用水调成悬浊液，加于微酸性的试液中，可将 pH 控制在 5.5～6.5。此时，Fe^{3+}、Al^{3+}、Cr^{3+}、Bi^{3+}、Ti^{4+}、Zr^{4+} 和 Th^{4+} 等析出氢氧化物沉淀，而 Zn^{2+}、Mn^{2+}、Co^{2+}、Ni^{2+}、碱金属和碱土

金属离子留在溶液中。

ZnO 在水溶液中存在下列平衡：

$$ZnO + H_2O \rightleftharpoons Zn(OH)_2 \rightleftharpoons Zn^{2+} + 2OH^-$$

由于
$$[Zn^{2+}][OH^-]^2 = K_{sp} = 1.2\times10^{-17}$$

因此
$$[OH^-] = \sqrt{\frac{1.2\times10^{-17}}{[Zn^{2+}]}}$$

当 ZnO 悬浊液加到酸性溶液中时，$[Zn^{2+}]$ 可达到 0.1mol/L 左右，此时

$$[OH^-] = \sqrt{\frac{1.2\times10^{-17}}{0.1}}\text{mol/L} = 1.1\times10^{-8}\text{mol/L}$$

即
$$pOH\approx8 \qquad pH\approx6$$

ZnO 悬浊液适用于 Fe^{3+}、Al^{3+}、Cr^{3+} 与 Mn^{2+}、Co^{2+}、Ni^{2+} 等的分离。例如，合金钢中钴的测定，可用 ZnO 悬浊液法分离除掉干扰元素，然后用比色法测定钴。表 8-4 列出了几种悬浊液可控制的 pH。

表 8-4 用金属氧化物和碳酸盐悬浊液控制 pH

悬浊液	近似 pH	悬浊液	近似 pH
ZnO	6	$PbCO_3$	6.2
HgO	7.4	$CdCO_3$	6.5
MgO	10.5	$BaCO_3$	7.3
$CaCO_3$	7.4		

利用悬浊液控制 pH 时会引入大量相应的阳离子，因此，只有在这些阳离子不干扰测定时才可使用。

④ 有机碱法。吡啶、六亚甲基四胺、苯胺、苯肼和尿素等有机碱都能控制溶液的 pH，使金属离子生成氢氧化物沉淀。例如，吡啶与溶液中的酸作用，生成相应的盐：

$$C_5H_5N + HCl \longrightarrow C_5H_5N\cdot HCl$$

吡啶和吡啶盐组成 pH 为 5.5～6.5 的缓冲溶液，可使 Fe^{3+}、Al^{3+}、Ti^{3+}、Zr^{4+} 和 Cr^{3+} 等形成氢氧化物沉淀，Mn^{2+}、Co^{2+}、Ni^{2+}、Cu^{2+}、Zn^{2+} 和 Cd^{2+} 形成可溶性吡啶配合物而留在溶液中。

2. 硫化物沉淀分离法

硫化物沉淀分离法与氢氧化物沉淀分离法相似，不少金属离子（大约有 40 种金属离子）可以生成溶度积相差很大的硫化物沉淀，可以借控制硫离子的浓度使金属离子彼此分离。H_2S 是硫化物沉淀分离法常用的沉淀剂，溶液中 $[S^{2-}]$ 与 $[H^+]$ 的关系是：

$$[S^{2-}]\approx c(H_2S)K_{a1}K_{a2}/[H^+]^2$$

可见 $[S^{2-}]$ 与溶液的酸度有关，控制适当的酸度，也就控制了$[S^{2-}]$，从而就可达到沉淀分离硫化物的目的。在常温常压下 H_2S 饱和溶液的浓度大约是 0.1mol/L。

在利用硫化物时，大多用缓冲溶液控制酸度。例如，往氯代乙酸缓冲溶液（pH≈2）中通入 H_2S，则使 Zn^{2+} 沉淀为 ZnS，而与 Mn^{2+}、Co^{2+}、Ni^{2+} 分离；往六亚甲基四胺（pH 为5～6）中通入 H_2S，则 ZnS、CoS、FeS、NiS 等会定量沉淀，而与 Mn^{2+} 分离。

硫化物沉淀分离法的选择性不高，它主要用于分离除去某些重金属离子。硫化物沉淀大都是胶状沉淀，共沉淀现象严重，而且还有继沉淀现象，使其受到限制。如果改用硫代乙酰胺作沉淀剂，利用它在酸性或碱性溶液中加热煮沸发生水解而产生 H_2S 或 S^{2-} 进行沉淀，

则可改善沉淀性能，易于过滤、洗涤，分离效果好。

二、用有机沉淀剂的分离法

近年来有机沉淀剂以其独特的优越性得到广泛的应用。有机沉淀剂与金属离子形成的沉淀主要有螯合物沉淀、缔合物沉淀和三元配合物沉淀。螯合物沉淀和缔合物沉淀在第七章第五节已详细介绍，此处不再重复。下面仅就形成三元配合物的沉淀做简要的介绍。

三元配合物的沉淀主要指被沉淀的组分与两种不同的配位体形成三元混配合物和三元离子缔合物。例如，在 HF 溶液中硼与 F^- 和二氨基比林甲烷及其衍生物所形成的三元离子缔合物就属于这一类。二氨基比林甲烷及其衍生物在酸性溶液中形成阳离子，与 $[BF_4]^-$ 配阴离子缔合成三元离子缔合物沉淀。

近年来三元配合物的应用发展较快，主要是因为形成三元配合物的沉淀反应不仅选择性好、灵敏度高，而且具有生成的沉淀组成稳定、摩尔质量大等优点，使其不仅应用于沉淀分离，也应用于如分光光度法等定量分析的其他方面。

三、共沉淀分离和富集

共沉淀现象是由于沉淀的表面吸附作用、混晶或固溶体的形成、吸留和包藏等原因引起的。尽管在重量分析中要设法消除共沉淀现象，但在沉淀分离方法中却可以利用共沉淀作用将痕量组分分离或富集。例如，自来水中含有痕量的 Pb^{2+}，加入 Na_2CO_3 使水中的 Ca^{2+} 以 $CaCO_3$ 沉淀下来，利用共沉淀作用使 Pb^{2+} 也全部沉淀下来，所得沉淀溶于尽可能少的酸中，Pb^{2+} 的浓度明显提高，使其与其他元素分离并得到富集。在此 $CaCO_3$ 称为共沉淀剂（或载体，或聚集剂）。

共沉淀法是利用共沉淀剂分离和富集微量组分的一种方法。共沉淀剂的种类很多，可分为无机共沉淀剂和有机共沉淀剂两类。常用的无机共沉淀剂有 $Al(OH)_3$、$Fe(OH)_3$、$MnO(OH)_2$、$Mg(OH)_2$、$CaCO_3$ 以及某些金属硫化物等。这些无机共沉淀剂的作用机理主要是表面吸附或形成混晶把微量组分载带下来。这类共沉淀剂的选择性都不高，而且往往还会干扰下一步微量元素的测定。

目前分析上经常用的是有机共沉淀剂，它的特点是选择性高，分离效果好，共沉淀剂经灼烧后就能除去，不致干扰微量元素的测定。它的作用原理与无机共沉淀剂不同，不是依靠表面吸附或形成混晶载带下来，而是先把无机离子转化为疏水化合物，然后用与其结构相似的有机共沉淀剂载带下来。例如，微量镍与丁二酮肟在氨性溶液中形成难溶的配合物，若加入与其结构相似的丁二酮肟二烷酯乙醇溶液，由于丁二酮肟二烷酯不溶于水，可把镍的丁二酮肟配合物载带下来，而不能形成配合物的其他离子仍留在溶液中，因此，沾污少、选择性高。这类共沉淀剂又称为惰性共沉淀剂。常用的惰性共沉淀剂还有酚酞、β-萘酚、间硝基苯甲酸及 β-羟基萘甲酸等。

四、提高沉淀分离选择性的方法

为了提高沉淀分离的选择性，首先应寻找新的、选择性更好的沉淀剂；其次控制好溶液的酸度，利用配位掩蔽作用和氧化还原反应进行控制。

1. 控制溶液的酸度

无论是无机沉淀剂还是有机沉淀剂，大多是弱酸或弱碱，沉淀时溶液的 pH 对于提高沉淀分离的选择性和富集效率都有影响；同时，酸度对成盐和配位反应也有很大影响，此外还影响离子存在的状态和沉淀剂本身存在的状态。因此，必须控制好溶液的酸度，以提高沉淀分离的选择性。

2. 利用配位掩蔽作用

利用掩蔽剂提高分离的选择性是经常采用的手段。例如 Ca^{2+} 和 Mg^{2+} 间的分离，若用 $(NH_4)_2C_2O_4$ 作沉淀剂沉淀 Ca^{2+}，部分 MgC_2O_4 也将沉淀下来，但若加过量的 $(NH_4)_2C_2O_4$，则 Mg^{2+} 与过量的 $C_2O_4^{2-}$ 会形成 $[Mg(C_2O_4)_2]^{2-}$ 配合物而被掩蔽，这样便可使 Ca^{2+} 和 Mg^{2+} 分离。

近年来在沉淀分离中常用 EDTA 作掩蔽剂，有效地提高了分离效果。如在醋酸盐缓冲溶液中，若有 EDTA 存在，以 8-羟基喹啉作沉淀剂时，只有 Mo(Ⅵ)、W(Ⅵ)、V(Ⅴ) 沉淀，而 Al^{3+}、Ni^{2+}、Fe^{3+}、Zn^{2+}、Co^{2+}、Mn^{2+}、Pb^{2+}、Bi^{3+}、Cu^{2+}、Cd^{2+}、Hg^{2+} 等离子则留在溶液中。可见，把使用掩蔽剂和控制酸度两种手段结合起来，能有效地提高分离效果。

3. 利用氧化还原反应

在沉淀分离过程中可利用加入氧化剂或还原剂改变干扰离子价态的办法消除干扰。例如对微量铊的富集，可使 $[TlCl_4]^-$ 与甲基橙阳离子缔合，以二甲氨基偶氮苯为载体共沉淀。但选择性不好，试液中如有 $[SbCl_6]^-$、$[AuCl_4]^-$ 等存在，都可以共沉淀下来。如果先把 Tl^{3+} 还原为 Tl^+，再加入甲基橙和二甲氨基偶氮苯，则可使干扰离子共沉淀分离，Tl^+ 留于溶液中。然后把 Tl^+ 氧化为 Tl^{3+} 或转变为 $[TlCl_4]^-$，再用上述共沉淀剂使 $[TlCl_4]^-$ 共沉淀，与其他组分分离。

五、沉淀分离法的应用

1. 合金钢中镍的分离

镍是合金钢中的主要组分之一，钢中加入镍可以增强钢的强度、韧性、耐热性和抗蚀性。镍在钢中主要以固熔体和碳化物形式存在，含镍钢大多数溶于酸。合金钢中的镍可在氨性溶液中用丁二酮肟为沉淀剂使之沉淀析出。沉淀用玻璃砂芯坩埚过滤后，洗涤、烘干。铁、铬的干扰可用酒石酸或柠檬酸配合掩蔽；铜、钴可与丁二酮肟形成可溶性配合物。为了获得纯净的沉淀，把丁二酮肟镍沉淀溶解后再一次进行沉淀。

2. 试液中微量锑的共沉淀分离

微量锑（含量在 0.0001%左右）可在酸性溶液中用 $MnO(OH)_2$ 为载体进行共沉淀分离和富集。载体 $MnO(OH)_2$ 是在 $MnSO_4$ 的热溶液中加入 $KMnO_4$ 溶液加热煮沸后生成的。共沉淀时溶液的酸度为 1～1.5mol/L，这时 Fe^{3+}、Cu^{2+}、As(Ⅲ)、Pb^{2+}、Tl^{3+} 等不沉淀，只有锡和锑可以完全沉淀下来。其中能够与 Sb(Ⅴ) 形成配合物的组分干扰锑的测定，所得沉淀溶解于 H_2O_2 和 HCl 混合溶剂中。

思考题8-2

1. 进行氢氧化物沉淀分离时，为什么不能完全根据氢氧化物的 K_{sp} 选择和控制溶液的 pH?
2. 试以 ZnO 悬浊液为例，说明难溶化合物的悬浊液为什么可用来控制溶液的 pH。
3. 试比较无机沉淀剂分离与有机沉淀剂分离的优缺点，举例说明。
4. 试分别说明无机共沉淀剂和有机共沉淀剂的作用原理，并比较它们的优缺点。
5. 举例说明共沉淀现象对分析工作的不利因素和有利因素。
6. 提高沉淀分离选择性的方法有哪些?

第三节　溶剂萃取分离法

【学习要点】 理解分配系数、分配比、萃取率和反萃取的基本概念和意义；了解溶剂萃取分离法的原理、萃取体系的主要类型；了解萃取操作技术及其在定量化学分析中的应用，根据分离任务选择合适的萃取条件。

溶剂萃取分离法是根据物质在两种互不混溶的溶剂中分配特性不同进行分离的方法。这种方法设备简单，操作简易快速，既可用于分离主体组分，也可用于分离、富集痕量组分，特别适用于分离性质非常相似的元素，是分析化学中应用广泛的分离方法。

一、溶剂萃取分离的基本原理

1. 溶剂萃取分离（solvent extraction separation）的机理

当有机溶剂（有机相，organic phase）与水溶液（水相，aqueous phase）混合振荡时，一些组分由于具有疏水性而从水相转入有机相，而亲水性的组分则留在水相中，这样就实现了提取和分离。某些组分本身是亲水性的，如大多数带电荷无机离子或有机物，欲将它们萃取到有机相中，就要采取措施，使它们转变为疏水的形式。例如，Ni^{2+} 在水溶液中以 $[Ni(H_2O)_6]^{2+}$ 的形式存在，是亲水的，要转化为疏水性必须中和其电荷，引入疏水基团取代水分子。为此，可在 pH＝9 的氨性溶液中加入丁二酮肟，与 Ni^{2+} 生成不带电荷、难溶于水的丁二酮肟镍螯合物。这里丁二酮肟称为萃取剂。生成的丁二酮肟镍螯合物易被有机溶剂如 $CHCl_3$ 等萃取。

实际工作中，有时需要把有机相中的物质再转入水相，例如前例中的丁二酮肟镍螯合物，若加入 HCl 于有机相中，当酸的浓度为 0.5～1mol/L 时，螯合物被破坏，Ni^{2+} 又恢复了它的亲水性，可从有机相返回到水相中。这一过程称为反萃取。萃取和反萃取配合使用，能提高萃取分离的选择性。

2. 分配系数（distribution coefficient）与分配比（distribution ratio）

当用有机溶剂从水溶液中萃取溶质 A 时，物质 A 在两相中的浓度分布服从分配定律，即物质 A 在有机相与水相中分配达到平衡时其浓度比为一常数，这个常数称为分配系数 K_D。

$$A_{水} \rightleftharpoons A_{有}$$

$$K_D=\frac{[A]_{有}}{[A]_{水}} \tag{8-1}$$

式(8-1) 只适合于溶质在两相中以相同的单一形式存在且其形式不随浓度而变化的情况。当溶质 A 在水相或有机相中发生电离、聚合等作用时，就会存在多种化学形式，由于不同形式在两相中的分配行为不同，故总的浓度比就不是常数。在实际工作中，通常需要知道的是溶质在每一相中的总浓度，如 $c_{有}$、$c_{水}$，因此引入另一参数 D，称为分配比。

$$D=\frac{c_{有}}{c_{水}}=\frac{\text{物质在有机相中的总浓度}}{\text{物质在水相中的总浓度}} \tag{8-2}$$

显然，只有在简单的体系中溶质在两相中的存在形式才相同，且低浓度时 $D=K_D$；但当溶质在两相中有多种存在形式时，$D \neq K_D$。K_D 在一定的温度和压力下为一常数，而 D 的大小与萃取条件（如酸度等）、萃取体系及物质性质有关，随实验条件而变。例如，用 CCl_4 萃取 I_2 时，在水相中 I_2 以 I_2 及 I_3^- 形式存在，而在有机相中只有 I_2 一种形式。

$$I_2 + I^- \rightleftharpoons I_3^-$$

$$K = \frac{[I_3^-]}{[I_2][I^-]}$$

I_2 分配在两种溶剂中，则有如下平衡：

$$I_{2水} \rightleftharpoons I_{2有}$$

因此

$$K_D = \frac{[I_2]_有}{[I_2]_水}$$

分配比 D 为：

$$D = \frac{[I_2]_有}{[I_2]_水 + [I_3^-]} = \frac{K_D}{1 + K[I^-]}$$

从上式可以看出，D 随 $[I^-]$ 的改变而改变，当 $[I^-]=0$ 时 $D=K_D$。

3. 萃取率（extraction rate）

萃取率指物质在有机相中的总物质的量占两相中的总物质的量的百分率（数值以%表示）。它表示萃取的完全程度。萃取率以 E 表示。

$$E = \frac{被萃取物质在有机相中的总量}{被萃取物质的总量}$$

所以

$$E = \frac{c_有 V_有}{c_有 V_有 + c_水 V_水} = \frac{D}{D + \frac{V_水}{V_有}} \tag{8-3}$$

式中 $c_有$——物质在有机相中的物质的量浓度，mol/L；

$c_水$——物质在水相中的物质的量浓度，mol/L；

$V_有$——有机相的体积，mL；

$V_水$——水相的体积，mL。

萃取率的大小与分配比 D 和体积比 $V_水/V_有$ 有关。D 越大，体积比越小，萃取率越高，也就说明物质进入有机相中的量越多，萃取越完全。

当等体积（$V_水 = V_有$）一次萃取时

$$E = \frac{D}{D+1}$$

由上式可知，对于等体积一次萃取，$D=1$ 时 $E=50\%$，$D=10$ 时 $E=90\%$，$D=1000$ 时 $E=99.9\%$。说明当 D 不高时一次萃取不能满足分离或测定的要求，此时可采用多次连续萃取的方法，以提高萃取率。

设体积为 $V_水$ 的水溶液中含有待萃取物质的质量为 m_0(g)，用体积为 $V_有$ 的有机溶剂萃取一次，水相中剩余的待萃取物质的质量为 m_1(g)，进入有机相中的该物质的质量则为 $m_0 - m_1$(g)。此时分配比 D 为：

$$D = \frac{c_有}{c_水} = \frac{m_0 - m_1}{V_有} \Bigg/ \frac{m_1}{V_水}$$

整理得

$$m_1 = m_0 \times \frac{V_水}{DV_有 + V_水}$$

如用体积为 $V_有$ 的有机溶剂再萃取一次，则留在水相中的待萃取物质的质量为 m_2(g)，则有

$$m_2 = m_1 \times \frac{V_水}{DV_有 + V_水} = m_0 \left(\frac{V_水}{DV_有 + V_水} \right)^2$$

如果每次用体积为 $V_有$ 的有机溶剂萃取，萃取 n 次，水相中剩余被萃取物质 m_n(g)，则

$$m_n = m_0\left(\frac{V_水}{DV_有 + V_水}\right)^n \tag{8-4}$$

则

$$E = \frac{m_0 - m_0\left(\frac{V_水}{DV_有 + V_水}\right)^n}{m_0}$$

所以

$$E = 1 - \left(\frac{V_水}{DV_有 + V_水}\right)^n \tag{8-5}$$

【例 8-1】 有含碘的水溶液 10mL，其中含碘 1mg，用 9mL CCl_4 按下列两种方式萃取：(1) 9mL 一次萃取；(2) 每次用 3mL，分 3 次萃取。分别求出水溶液中剩余的碘量，并比较其萃取率。已知 $D=85$。

解 按题意，一次萃取时，根据式（8-3）和式（8-4），得

$$m_1 = 1 \times \frac{10}{85 \times 9 + 10}\text{mg} = 0.013\text{mg}$$

因此

$$E = \frac{1 - 0.013}{1} = 98.7\%$$

若用 9mL 溶剂，分 3 次萃取，则

$$m_3 = 1 \times \left(\frac{10}{85 \times 3 + 10}\right)^3 \text{mg} = 0.00006\text{mg}$$

$$E = \frac{1 - 0.00006}{1} = 99.99\%$$

计算结果表明，相同量的萃取溶剂采用少量多次比一次萃取的效率高，但增加萃取次数会增加萃取操作的工作量和操作中引起的误差。

4. 分离系数（separation factor）

在定量化学分析中，为了达到分离的目的，不仅要求被萃取物质的 D 比较大，萃取的效率高，而且还要求溶液中共存组分间的分离效果好。分离效果的好坏一般用分离系数 β 表示，它表示两种不同组分分配比的比值。

$$\beta = \frac{D_A}{D_B} \tag{8-6}$$

如果 D_A 与 D_B 数值相差很大，则两物质可以定量分离；如 D_A 与 D_B 数值相近，β 值接近于 1，此时两物质以相差不多的萃取率进入有机相，就难于定量分离。

二、主要的溶剂萃取体系

根据萃取反应的类型和所形成的可萃取物质的不同，可把萃取体系分为螯合物萃取体系、离子缔合物萃取体系和协同萃取体系等。

1. 螯合物萃取（chelate extraction）体系

螯合物萃取在定量化学分析中应用最为广泛，它是利用萃取剂与金属离子作用形成难溶于水、易溶于有机溶剂的螯合物进行萃取分离。所用的萃取剂一般是有机弱酸，也是螯合剂。例如，Cu^{2+} 在 pH≈9 的氨性溶液中与铜试剂生成稳定的疏水性的螯合物，加入 $CHCl_3$ 振荡，螯合物就被萃取于有机层中，把有机层分出即可达到分离的目的。常用的萃取剂有双硫腙，它可与 Ag^+、Bi^{3+}、Cd^{2+}、Hg^{2+}、Cu^{2+}、Co^{2+}、Mn^{2+}、Ni^{2+}、Pb^{2+} 等离子形成螯合物，易被 CCl_4 萃取；二乙基胺二硫代甲酸钠可与 Ag^+、Hg^{2+}、Cu^{2+}、Cd^{2+}、Co^{2+}、Ni^{2+}、Mn^{2+}、Fe^{3+} 等离子形成螯合物，易被 CCl_4 或乙酸乙酯萃取等。

不是任何螯合剂都可以进行螯合萃取。例如 EDTA 或 1,10-邻二氮菲都是螯合剂，但它们与金属离子反应形成亲水性的带电配离子，不便于有机溶剂萃取。

2. 离子缔合物萃取（ion association extraction）体系

阳离子和阴离子通过较强的静电引力相结合形成的化合物叫做离子缔合物。利用萃取剂在水溶液中离解出来的大体积离子，通过静电引力与待分离离子结合成电中性的离子缔合物。这种离子缔合物具有显著的疏水性，易被有机溶剂萃取，从而达到分离的目的。例如，Cu^{2+} 与新亚铜灵的螯合物带正电荷，能与 Cl^- 生成离子缔合物，可用 $CHCl_3$ 萃取；氯化四苯钾在水溶液中离解成大体积的阳离子，可与 MnO_4^-、ReO_4^-、$[HgCl_4]^{2-}$、$[SnCl_6]^{2-}$、$[CdCl_4]^{2-}$ 和 $[ZnCl_4]^{2-}$ 等阴离子缔合成难溶于水的缔合物，易被 $CHCl_3$ 萃取，这里氯化四苯钾是萃取剂。常用萃取剂有醚、酮、酯等含氧有机溶剂（与金属离子生成𬌗盐而被萃取），还有甲基紫染料的阳离子与 $[SbCl_6]^-$ 作用，生成的缔合物可被苯、甲苯等萃取。萃取剂的选择往往由实验确定。

近年来发展了三元配合物的萃取体系，其选择性好、萃取效率高，已被广泛采用。例如萃取 Ag^+，首先向含 Ag^+ 的溶液中加入 1,10-邻二氮菲，使之形成配阳离子，然后再与溴邻苯三酚红的阴离子进一步缔合成三元配合物，易被有机溶剂萃取。

3. 协同萃取体系

在萃取体系中，用混合萃取剂往往比用它们分别进行萃取时的效率的总和大得多，主要是因为混合萃取剂分配比 D 比单个萃取剂的分配比的总和大得多。这种现象称为协同萃取，所组成的萃取体系称为协同萃取体系。在碱土金属、镧系和锕系元素等含量低而难分离物质的萃取分离中，协同萃取体系的应用取得了很大的成功。例如，用 0.02mol/L 噻吩甲酰三氟丙酮（TTA）在环己烷和 0.01mol/L HNO_3 存在下萃取 $UO_2(NO_3)_2$，分配比只有 0.063；用 0.02mol/L 三丁基磷氧（TBPO）在同样条件下萃取，分配比为 38.5；若用 0.01mol/L TTA 和 0.01mol/L TBPO 混合萃取剂，则分配比达 95.5，萃取效率高。

三、溶剂萃取分离的操作技术和应用

1. 溶剂萃取分离的操作技术

应用最普遍的溶剂萃取操作是分批萃取，即将一定体积的试液放在分液漏斗中（通常用 60～125mL 容积的梨形分液漏斗），加入一定体积有机溶剂，不断振荡平衡，静置，待混合物分层后，轻转分液漏斗下面的旋塞，使下层（水相或有机相）流入另一容器中，两相便得到分离。若需要进行多次萃取，则两相分开后，再在萃取液中加入新鲜溶剂并重复操作。该法简单、速度快。

此外，还有需使用特殊装置的连续萃取法。如果溶质的分配比比较小，应用分批萃取难以达到定量分离的目的，此时可采用连续萃取技术。即使用赫伯林（Herberling）萃取器使溶剂达到平衡后蒸发，再冷凝为新鲜溶剂，回滴到被萃液中；或用施玛尔（Schmall）萃取器连续从储液器中加入新鲜溶剂，使多级萃取得以连续进行。逆流萃取技术则适用于试样中 A、B 两组分均在两相中分配而分配比不同，希望通过萃取使 A、B 分离的情况。这种方法是两相接触达到平衡并分开后，分别再与新鲜的另一相接触，如此连续多次，直至 A 集中在一相，B 集中在另一相，而获得分离。逆流萃取可用专门的装置如克雷格（Craig）萃取器进行。连续萃取与逆流萃取方法的详细论述可参阅有关专著。

2. 溶剂萃取分离法的应用

利用溶剂萃取法可将待测元素分离或富集，从而消除干扰，提高了分析方法的灵敏度。基于萃取建立起来的分析方法的特点是简便快速，因此发展较快，现已把萃取技术与某些仪器分析方法（如吸光光度法、原子吸收法等）结合起来，促进了微量分析的发展。

（1）应用溶剂萃取分离干扰物质　用溶剂萃取法分离干扰物质，可以通过两个途径：一是将干扰物质从试液中萃取除去，二是用有机溶剂将欲测定组分萃取出来而与干扰物质分离。例如，欲测定铜铁合金中微量的稀土元素含量时，应先将主体元素铁及可能存在的其他一些元素铬、锰、钴、镍、铜、钒、钼等除去。为此，向溶解后的试液中（弱酸性）加入萃取剂铜铁试剂，以氯仿萃取，铁和可能存在的其他元素都被萃取到氯仿中，分离氯仿后，水相中的稀土元素可用偶氮胂作为显色剂，用分光光度法测定。

（2）应用溶剂萃取光度分析　这是将萃取分离与光度分析两者结合在一起进行。由于不少萃取剂同时也是一种显色剂，萃取剂与被萃取离子间的配位或缔合反应实质上也是一种显色反应，使所生成的被萃取物质呈现明显的颜色，溶于有机相后可直接进行分光光度法测定。此法简单、快速、灵敏度高。

（3）应用溶剂萃取富集痕量组分　测定试样中的微量或痕量组分时，可用萃取分离法使待测组分得到富集，以提高测定的灵敏度。例如，工业污水中微量有害物质的测定，可在一定萃取条件下取大量的水样，用少量的有机溶剂将待测组分萃取出来，从而使微量组分得到富集，用适当的方法进行测定。若将分层后的萃取液再经加热挥发除掉溶剂，剩余的残渣再用更少量的溶剂溶解，可达进一步富集的目的。

思考题8-3

1. 分配系数与分配比有何不同？在溶剂萃取分离中为什么要引入分配比？
2. 萃取体系是根据什么划分的？常用的萃取体系有几类？分别举例说明。
3. 溶剂萃取分离法有哪些常用的操作技术？

阅读材料

超临界流体萃取分离法

超临界流体（supercritical fluid）是指高于临界压力和临界温度时的一种物质状态，它既不是气体也不是液体，但它兼具气体的低黏度和液体的高密度以及介于气体和液体之间的较高扩散系数等特征。如超临界状态下的 CO_2。早在 1897 年就已发现超临界状态的压缩气体对于固体有特殊的溶解作用。

超临界流体萃取（supercritical fluid extraction，缩写 SFE）分离法是利用超临界流体作萃取剂直接从固体和液体样品中萃取出某种或某类目标化合物的方法。超临界流体萃取中萃取剂的选择随萃取对象的不同而改变，通常用 CO_2 作超临界流体萃取剂分离萃取极性和非极性的化合物，用氨或氧化亚氮作超临界流体萃取剂分离萃取极性较大的化合物。超临界流体萃取的实验装置与超临界流体色谱仪类似，只是用萃取容器代替了色谱柱，在仪器后有一个馏分收集器用于收集萃取出来的样品。

超临界流体萃取分离法具有高效、快速、后处理简单等特点，特别适合于处理烃类及非极性脂溶性化合物，如醚、酯、酮等。此法既有从原料中提取和纯化少量有效成分的功能，又能从粗品中除去少量杂质，达到深度纯化的效果。超临界流体萃取分离法广泛用于从各种香料、草本植物、中草药中提取有效成分。

第四节 离子交换分离法

【学习要点】 了解离子交换分离法的基本原理和方法特点；了解离子交换树脂的种类和结构特点；理解离子交换树脂交联度、交换速率、交换容量和离子交换亲和力的意义；掌握离子交换树脂的选择、前处理、装柱、分离、洗脱和再生的方法及离子交换树脂在定量分析中的应用。

离子交换分离法是利用离子交换树脂（ion exchange resin）与试样溶液中的离子发生交换反应而使离子分离的方法。各种离子与离子交换树脂的交换能力不同，被交换到离子交换树脂上的离子可选用适当的洗脱剂依次洗脱，从而达到彼此之间的分离。与溶剂萃取不同，离子交换分离是基于物质在固相和液相之间的分配。离子交换分离法分离效率高，既能用于带相反电荷的离子间的分离，也能实现带相同电荷的离子间的分离，某些性质极其相近的物质如 Nb 和 Ta、Zr 和 Hf 的分离及稀土元素之间的分离都可用离子交换分离法完成。离子交换分离法还可以用于微量元素、痕量物质的富集和提取，蛋白质、核酸、酶等生物活性物质的纯化等。离子交换分离法所用设备简单，操作也不复杂，交换容量可大可小，树脂还可反复再生使用，因此在工业生产及分析研究上应用广泛。

一、离子交换树脂的种类

离子交换剂（ion exchanger）的种类很多，主要分为无机离子交换剂和有机离子交换剂两大类。目前分析化学中应用较多是有机离子交换剂，又称为离子交换树脂。离子交换树脂是一种高分子聚合物，具有网状结构的骨架部分。在水、酸、碱中难溶，对有机溶剂、氧化剂、还原剂和其他化学试剂具有一定的稳定性，对热也比较稳定。在骨架上连接有可以与溶液中的离子起交换作用的活性基团，如—SO_3H、—COOH 等。根据可以被交换的活性基团的不同，离子交换树脂分为阳离子交换树脂、阴离子交换树脂和螯合树脂等类型。

1. 阳离子交换树脂

这类树脂的活性基团为酸性，如—SO_3H、—PO_3H_2、—COOH、—OH 等。根据活性基团离解出 H^+ 能力的大小，阳离子交换树脂分为强酸型和弱酸型两种。强酸型树脂含有磺酸基（—SO_3H），用 RSO_3H 表示；弱酸型树脂含有羧基（—COOH）或酚羟基（—OH），用 RCOOH、ROH 表示。RSO_3H 在酸性、碱性和中性溶液中都可应用，其交换反应速率快，与简单的、复杂的、无机的和有机的阳离子都可以交换，应用广泛。RCOOH 在 pH>4、ROH 在 pH>9.5 时才具有离子交换能力，但选择性较好，可用于分离不同强度的有机碱。

阳离子交换树脂酸性基团上可交换的离子为 H^+（故又称为 H 型阳离子交换树脂），可被溶液中的阳离子交换。它与阳离子进行交换的反应可简单地表示如下：

$$n\mathrm{RSO_3H} + \mathrm{M}^{n+} \underset{\text{再生}}{\overset{\text{交换}}{\rightleftharpoons}} (\mathrm{RSO_3})_n\mathrm{M} + n\mathrm{H}^+$$

式中，M^{n+} 为阳离子。交换后 M^{n+} 留在树脂上。交换反应是可逆的，已经交换的树脂如果再以酸进行处理，树脂又恢复原状，又可再次使用。

2. 阴离子交换树脂

这类树脂的活性基团为碱性，如它的阴离子可被溶液中的其他阴离子交换。根据活性基团的强弱，可分为强碱型和弱碱型两类。强碱型树脂含季铵基［$—N^+(CH_3)_3Cl$］，用$RN^+(CH_3)_3Cl$表示；弱碱型树脂含伯氨基（$—NH_2$）、仲氨基（$>NH$）及叔氨基（$—N<$）。这些树脂水化后，其中的OH^-能被阴离子交换，故此类树脂又称为OH型阴离子交换树脂。其交换过程可简单表示如下：

$$nRN(CH_3)_3OH + X^{n-} \underset{再生}{\overset{交换}{\rightleftharpoons}} [RN(CH_3)_3]_nX + nOH^-$$

式中，X^{n-}为阴离子。各种阴离子交换树脂中以强碱性阴离子交换树脂的应用最广，它在酸性、中性和碱性溶液中都能应用，对强酸根和弱酸根离子也能交换。弱碱性阴离子交换树脂的交换能力受酸度影响较大，在碱性溶液中失去交换能力，故应用较少。交换后的树脂用适当浓度的碱处理，又可再生使用。

3. 螯合树脂

这类树脂含有特殊的活性基团，可与某些金属离子形成螯合物，在交换过程中能有选择性地交换某种金属离子。例如，含有氨基二乙酸基的树脂对Cu^{2+}、Co^{2+}、Ni^{2+}有很高的选择性，含有亚硝基间苯二酚活性基团的树脂又对Cu^{2+}、Fe^{2+}、Co^{2+}具有选择性等。所以，螯合型离子交换树脂对化学分离有重要意义。目前已合成了许多类型的螯合树脂，如#401是属于氨羧基［$—N(CH_2COOH)_2$］螯合树脂。利用这种方法，可以制备含某一金属离子的树脂，用来分离含有某些官能团的有机化合物。如含汞的树脂可分离含巯基的化合物（如胱氨酸、谷胱甘肽）等，这对生物化学的研究有一定的意义。

4. 对离子交换树脂的要求

化学分离中对离子交换树脂有如下几点要求：

① 不溶于水，对酸、碱、氧化剂、还原剂及加热具有化学稳定性；

② 具有较大的交换容量；

③ 对不同离子具有良好的交换选择性；

④ 交换速率大；

⑤ 树脂易再生。

表8-5列出了目前定量分析中较常用的离子交换树脂的类型和牌号，供选择时参考。

表8-5　常用离子交换树脂的类型和牌号

类　别	交　换　基	树　脂　牌　号	交换容量/(mg·mol/g)	国外对照产品
阳离子交换树脂	$—SO_3H$	强酸型#1阳离子交换树脂	4.5	
	$—SO_3H$	732(强酸1×7)	≥4.5	Amberlite IR-100(美)
	$—SO_3H$ $—OH$	华东强酸#45	2.0～2.2	Zerolit 225(英) Amberlite IR-100(美)
	$—COOH$ $—OH$	华东弱酸-122 弱酸性#101	3～4 8.5	Zerolit 216(英)
阴离子交换树脂	$—N^+(CH_3)_3$	强碱型#201阴离子交换树脂	2.7	
	$—N^+(CH_3)_3$	711(强碱201×4)	≥3.5	Amberlite IRA-400(美)
	$—N^+(CH_3)_3$	717(强碱201×7)	≥3	Amberlite IRA-400(美)

续表

类　别	交　换　基	树　脂　牌　号	交换容量 /(mg·mol/g)	国外对照产品
阴离子交换树脂	$\geq N$ $-NH_2$	701(强碱 330)	≥9	Zerolit FF(英) Doolite A-3013(美)
	$\geq N$	330(弱碱性阴离子交换树脂)	8.5	

二、离子交换树脂的结构和性质

1. 离子交换树脂的结构和交联度

离子交换树脂为具有网状结构的高聚物。例如，常用的磺酸型阳离子交换树脂是由苯乙烯和二乙烯苯聚合所得的聚合物经浓 H_2SO_4 磺化制得，其反应式如下：

$$C_6H_5-CH{=}CH_2 + CH_2{=}CH-C_6H_4-CH{=}CH_2 \xrightarrow{\text{聚合磺化}} \text{（交联的磺化聚苯乙烯，含}-SO_3H\text{基团）}$$

所得的聚苯乙烯的长链状结构间存在着交联，形成了如图 8-1 所示的网状结构，在网状结构的骨架上分布着磺酸基团。网状结构的骨架有一定大小的孔隙，即离子交换树脂的孔结构，可允许离子自由通过。显然，在合成树脂时，二乙烯苯的用量越多，交联越多，反之交联就少。能将链状分子联成网状结构的试剂称为交联剂，所以二乙烯苯是交联剂，在树脂中含有交联剂二乙烯苯的质量分数称为交联度（extent of crosslinking）。例如用 90 份苯乙烯和 10 份二乙烯苯合成制得的树脂交联度为 10%。

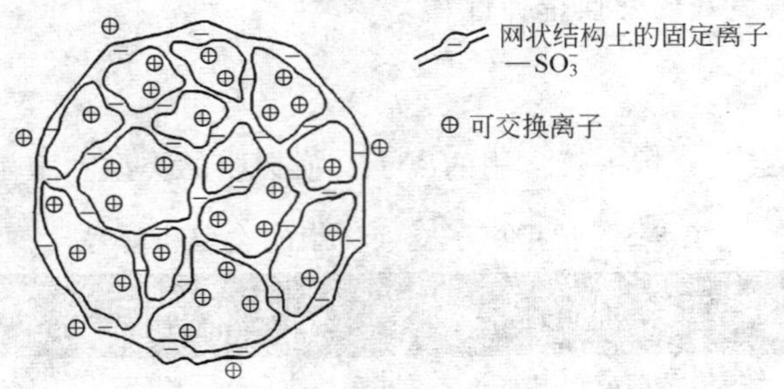

图 8-1　离子交换树脂的网状结构

交联度的大小直接影响树脂的孔隙度。交联度越大，形成的网状结构越致密，孔隙越小，交换反应速率越慢，大体积离子难以进入树脂中，选择性好；反之，当交联度小时，网状结构的孔隙大，交换速率快，但选择性差。交联度的大小对离子交换树脂性质的影响见表 8-6。

表 8-6　交联度对离子交换树脂性质的影响

性　质	交联度大	交联度小	性　质	交联度大	交联度小
磺化反应	困难	容易	交换的选择性	好	差
交换反应速率	慢	快	溶胀程度	小	大
大体积离子进入树脂	难	易			

将干燥树脂浸泡于水中时，由于亲水性基团的存在，树脂要吸收水分而溶胀。溶胀的程度与交联度有关，交联度越大，溶胀越少。

2. 离子交换树脂的交换容量（exchange capacity）

离子交换树脂交换离子量的多少可用交换容量表示。交换容量是指每克干树脂所能交换的离子的物质的量，以 mmol/g 表示。交换容量的大小取决于网状结构中活性基团的数目，含有活性基团越多，交换容量越大。交换容量一般由实验方法测得。例如，H 型阳离子交换树脂的交换容量测定如下：称取干燥的 H 型阳离子交换树脂 1.000g，放于 250mL 干燥的锥形瓶中，准确加入 0.1mol/L 的 NaOH 标准滴定溶液 100mL，塞紧放置过夜，移取上层清液 25mL，加酚酞溶液数滴，用 0.1mol/L 的 HCl 标准滴定溶液滴定至红色褪去。

$$\text{交换容量(mmol/g)}=\frac{c(\mathrm{NaOH})V(\mathrm{NaOH})-c(\mathrm{HCl})V(\mathrm{HCl})}{m\times\frac{25}{100}}$$

式中 $c(\mathrm{NaOH})$，$c(\mathrm{HCl})$——分别为 NaOH 和 HCl 溶液的物质的量浓度，mol/L；

$V(\mathrm{NaOH})$，$V(\mathrm{HCl})$——分别为 NaOH 和 HCl 溶液的体积，mL；

m——离子交换树脂原质量，g。

若是 OH 型阴离子交换树脂，可加入一定量的 HCl 标准滴定溶液，用 NaOH 标准滴定溶液滴定。一般常用的树脂交换容量为 3～6mmol/g。

3. 离子交换的亲和力

离子在离子交换树脂上的交换能力称为离子交换树脂对离子的亲和力。不同离子的亲和力不同。离子交换树脂对离子交换亲和力的大小与水合离子的半径大小和所带电荷的多少有关。在低浓度、常温下，离子交换树脂对不同离子的交换亲和力一般有如下规律。

（1）强酸性阳离子交换树脂

① 不同价态的离子，电荷越高，交换亲和力越大，如

$Th^{4+}>Al^{3+}>Ca^{2+}>Na^{+}$

② 相同价态离子的交换亲和力顺序：

$As^{+}>Cs^{+}>Rb^{+}>K^{+}>NH_4^{+}>Na^{+}>H^{+}>Li^{+}$

$Ba^{2+}>Pb^{2+}>Sr^{2+}>Ca^{2+}>Ni^{2+}>Cd^{2+}>Cu^{2+}>Co^{2+}>Zn^{2+}>Mg^{2+}>UO_2^{2+}$

③ 稀土元素的交换亲和力随原子序数的增大而减小，即

$Lu^{3+}<Yb^{3+}<Er^{3+}<Ho^{3+}<Dy^{3+}<Tb^{3+}<Gd^{3+}<Eu^{3+}<Sm^{3+}<Nd^{3+}<Pr^{3+}<Ce^{3+}<La^{3+}$

（2）弱酸性阳离子交换树脂

对 H^{+} 的亲和力比其他阳离子大，其余与上面顺序相同。

（3）强碱性阴离子交换树脂

$Cr_2O_7^{2-}>SO_4^{2-}>I^{-}>NO_3^{-}>CrO_4^{2-}>Br^{-}>CN^{-}>Cl^{-}>OH^{-}>F^{-}>Ac^{-}$

（4）弱碱性阴离子交换树脂

$OH^{-}>SO_4^{2-}>CrO_4^{2-}>$柠檬酸离子$>$酒石酸离子$>NO_3^{-}>AsO_4^{3-}>PO_4^{3-}>MoO_4^{2-}>CH_3COO^{-}>I^{-}>Br^{-}>Cl^{-}>F^{-}$

同一树脂对各种离子的交换亲和力不同，这就是带相同电荷的离子能实现离子交换分离的依据。在进行交换时，交换亲和力较大的离子先交换到树脂上，交换亲和力较小的离子后交换到树脂上。离子交换作用是可逆的，如果用酸或碱处理已交换后的树脂，树脂又回到原来的状态，这一过程称为洗脱或再生过程。在进行洗脱时，交换亲和力较小的先被洗脱，交换亲和力较大的后被洗脱，这样就可使各种交换亲和力不同的离子彼

此分离。

三、离子交换分离操作技术

1. 树脂的选择和处理

根据分离的对象和要求选择适当类型和粒度，表 8-7 列出了不同粒度树脂的部分分离对象，以供参考。

表 8-7 交换树脂粒度选择

用途	筛孔	用途	筛孔
制备分离 分析中离子交换分离	50～100 目 80～120 目	离子交换色谱法分离常量元素 离子交换色谱法分离微量元素	100～200 目 200～400 目

树脂确定后，先用 3～4mol/L HCl 浸泡 1～2 天，然后用蒸馏水洗至中性。经过处理后的阳离子交换树脂已转化为 H 型，阴离子交换树脂用 NaOH 或 NaCl 溶液处理转化为 OH 或 Cl 型。转化后的树脂应浸泡在去离子水中备用。

2. 装柱

离子交换柱多采用有机玻璃或聚乙烯塑料管加工成的圆柱，亦可用滴定管代替，见图 8-2。在装柱前先在柱中充以水，在柱下端铺一层玻璃纤维，将柱下端旋塞稍打开一些，将已处理的树脂带水慢慢装入柱中，让树脂自动沉下，构成交换层。待树脂层达到一定高度后(树脂高度与分离的要求有关，树脂层越高，分离效果越好)，再盖一层玻璃纤维。操作过程中应注意树脂层不能暴露于空气中，否则树脂干枯并混有气泡，使交换、洗脱不完全，影响分离效果，若发现柱内有气泡应重装。

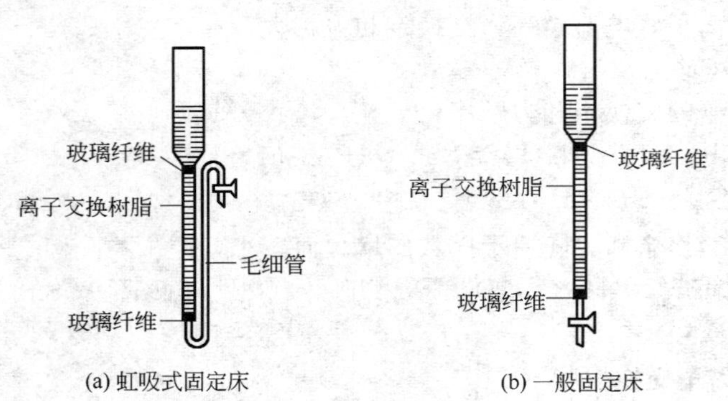

图 8-2 离子交换柱

3. 交换

加入待分离试液，调节适当流速，使试液按一定的流速流过树脂层。经过一段时间后，试液中与树脂发生交换反应的离子吸附在树脂上，不发生交换反应的物质留在流出液中，达到分离目的。

4. 洗脱

交换完毕后，用洗涤液将树脂上残留的试液和被交换下来的离子洗下来，洗涤液一般用蒸馏水。洗净后，用适当的洗脱液将被交换的离子洗脱下来。选择洗脱液的原则是洗脱液离子的亲和力大于已交换离子的亲和力。对于阳离子交换树脂，常用 3～4mol/L 的 HCl 溶液作为洗脱液；对于阴离子交换树脂，常用 HCl、NaCl 或 NaOH 溶液作洗脱液。

5. 树脂再生

树脂经洗脱以后，在大多数情况下树脂已得到再生，再用去离子水洗涤后，即可以重复使用。若需把离子交换树脂换型，在洗脱后用适当溶液处理。

四、离子交换分离法的应用

1. 水的净化

天然水中含有许多杂质，可用离子交换法净化，除去可溶性无机盐和一些有机物。例如，用H型强酸性阳离子交换树脂除去Ca^{2+}、Mg^{2+}等阳离子：

$$2RSO_3H+Ca^{2+} \longrightarrow (RSO_3H)_2Ca+2H^+$$

用OH型强碱性阴离子交换树脂除去各种阴离子：

$$RN(CH_3)_3OH+Cl^- \longrightarrow RN(CH_3)_3Cl+OH^-$$

这种净化水的方法简便快速，在工业上和科研中普遍使用。

目前净化水多使用复柱法。首先按规定方法处理树脂和装柱，再把阴、阳离子交换柱串联起来，使水依次通过。为了制备更纯的水，再串联一根混合柱（阳离子交换树脂和阴离子交换树脂按1∶2混合装柱），除去残留的离子，这时出来的水称为"去离子水"。

2. 阴阳离子的分离

根据离子亲和力的差别，选用适当的洗脱剂可将性质相近的离子分离。例如，用强酸性阳离子交换树脂柱分离K^+、Na^+、Li^+，由于在树脂上3种离子的亲和力大小顺序是$K^+>Na^+>Li^+$，当用0.1mol/L的HCl溶液淋洗时，最先洗脱下来的是Li^+，其次是Na^+，最后是K^+。

3. 微量组分的富集

试样中微量组分的测定常常是一种比较困难的工作，利用离子交换法可以富集微量组分。例如，测定天然水中K^+、Na^+、Ca^{2+}、Mg^{2+}、SO_4^{2-}、Cl^-等组分时，可取数升水样，使其流过阳离子交换柱，再流过阴离子交换柱，然后用稀HCl溶液把交换在柱上的阳离子洗脱，另用稀氨水慢慢洗脱各种阴离子。经过这样的交换、洗脱处理，组分的浓度就增加数十倍至100倍，达到富集的目的。

4. 氨基酸的分离

用离子交换树脂分离有机物质目前获得了迅速发展和日益广泛的应用，尤其在药物分析和生物化学分析方面应用更多。

例如分离氨基酸，用交联度为8%的磺酸基苯乙烯树脂，球状微粒，直径为50μm或更细一些。用柠檬酸钠溶液洗脱，控制适当的浓度和酸度梯度，可在一根交换柱上把各种氨基酸分离。首先流出的是"酸性"氨基酸（其分子中含有2个羧基和1个氨基，如天冬氨酸、谷氨酸）；接着是"中性"氨基酸（其分子中含有氨基和1个羧基，如丙氨酸、缬氨酸）；若分子中同时含有芳环时，则处于这一类型的最后（如酪氨酸、苯丙氨酸）；最后流出的是"碱性"氨基酸（其分子中含有2个或2个以上的氨基和1个羧基，如色氨酸、赖氨酸）。

思考题8-4

1. 举例说明离子交换树脂的分类。
2. 什么是离子交换树脂的交联度？它对树脂的性能有何影响？交联度如何表示？
3. 阳离子交换亲和力的顺序在弱酸性阳离子交换树脂和强酸性阳离子交换树脂上是否相同？如何解释？
4. 如果要在盐酸溶液中分离Fe^{3+}、Al^{3+}，应选择什么树脂？分离后Fe^{3+}、Al^{3+}的位置？

5. 怎样处理树脂？如何装柱？

6. 如果试样中含有 CO_3^{2-}，用 H 型阳离子交换树脂进行分离有无问题？若有，如何处理？

阅读材料

微波萃取分离法

微波萃取分离（microwave extraction separation）是利用微波能强化溶剂萃取，使固体或半固体试样中的某些有机成分与基体有效地分离，并能保持分析对象的原本化合物状态的分离、富集方法。微波萃取分离法包括试样粉碎、与溶剂混合、微波辐射及分离萃取液等步骤，萃取过程一般在特定的密闭容器中进行。由于微波能是通过物质内部均匀加热，热效率高，可实现时间、温度、压力的控制，故能使萃取分离过程中有机物不会分解，有利于萃取热不稳定的物质。近年来，微波萃取分离法已广泛用于土壤中多环芳烃、杀虫剂、除草剂等污染物分离，食物中的有机成分分离，植物中的某些生物活性物质分离，天然产物中有效成分如中草药中有效成分提取等。与传统萃取（如索氏、超声萃取）法相比，微波萃取法的主要优点是快速、回收率高、能耗少、溶剂用量少，而且避免了长时间加热引起的热分解，有利于极性和热不稳定化合物的萃取。萃取溶剂选择的最基本原则是能溶解被测物，但要进行微波萃取，样品或溶剂二者中至少有一种吸收微波。所以，为了提高微波萃取速率，应在非极性溶剂中加入一些溶剂或在样品中加入一些水。

摘自邓勃主编《分析化学辞典》

第五节　色谱分离法

【学习要点】 了解色谱分离法的依据、方法特点和方法分类；掌握柱色谱、纸色谱、薄层色谱的基本原理和分离方法；熟练运用各种色谱分离法解决分离实际问题。

色谱法（chromatography）亦称为色层分析法，是以物质在不同的两相（固定相❶和流动相❷）中的吸附作用或分配系数的差异为依据的一种物理分离法。该法的特点是分离效率高，可以把各种性质极为相似的物质彼此分离，是物质分离、提纯和鉴定的常用手段。

一、色谱分离法的分类

色谱分离法的类型很多，主要有以下 3 种分类方法。

1. 按分离原理的不同进行分类

（1）吸附色谱法　利用混合物中各组分对固定相（stationary phase）吸附能力强弱的差异进行分离。

（2）分配色谱法　利用混合物中各组分在固定相和流动相（mobile phase）两相间分配系数的不同进行分离。

（3）离子交换色谱法　利用混合物中各组分在离子交换剂上交换亲和力的差异进行分离。

（4）凝胶色谱（排阻色谱）法　利用凝胶混合物中各组分分子的大小所产生的阻滞作用

❶ 色谱固定相是指柱色谱或薄层色谱中既起分离作用又不移动的那一相。

❷ 色谱流动相是指在色谱过程中载带样品（组分）向前移动的那一相。

的差异进行分离。

2. 按流动相所处的状态不同进行分类

（1）液相色谱法　以液体为流动相的色谱法。

（2）气相色谱法　以气体为流动相的色谱法。

3. 按固定相所处的状态不同进行分类

（1）柱色谱　将固定相装填在金属或玻璃制成的柱中，做成色谱柱，以进行分离。把固定相附着在毛细管内壁，做成色谱柱，称为毛细管色谱。

（2）纸色谱　利用滤纸作为固定相进行色谱分离。

（3）薄层色谱　将固定相于玻璃板或塑料板上铺成薄层，进行色谱分离。

本节主要学习柱色谱、纸色谱和薄层色谱。

二、柱色谱

1. 吸附柱色谱法

吸附柱色谱法是液-固色谱法的一种。方法是将固体吸附剂（如氧化铝、硅胶、活性炭等）装在管柱中［见图 8-3(a)］，将待分离组分 A 和 B 溶液倒入柱中，则 A 和 B 被吸附剂吸附于管上端［见图 8-3(b)］。加入已选好的有机溶剂，从上而下进行洗脱，A 和 B 遇纯溶剂后从吸附剂上被洗脱下来，但遇到新吸附剂时又重新被吸附上去，因而在洗脱过程中 A 和 B 在柱中反复地进行着解吸、吸附、再解吸、再吸附过程。由于 A 和 B 随着溶剂下移速度不同，因而 A 和 B 就可以完全分开［见图 8-3(c)］，形成两处环带，每一环带内是一纯净物质，如果 A、B 两组分有颜色，则能清楚地看到色环。若继续冲洗，则 A 先被洗出，B 后被洗出，用适当容器接收，再进行分析测定。

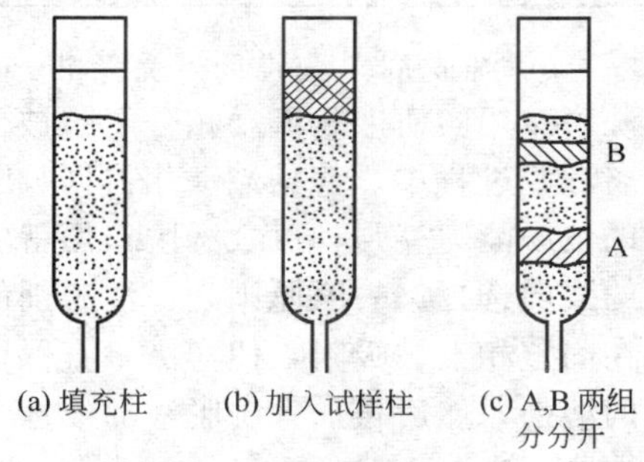

图 8-3　二元混合物柱色谱分离示意图

2. 分配柱色谱法

分配柱色谱法是液-液色谱法，它是根据物质在两种互相不混溶的溶剂间分配系数不同实现分离的方法。其固定相是强极性的活性液体，如水、缓冲溶液、酸溶液、甲酰胺、丙二醇或甲醇。使用时将液体固定相涂渍在载体（纤维素、硅藻土等）上，装入管中，将试样加入管的上端，然后再以与固定相不相混的极性较小的有机溶剂作流动相进行洗脱。当流动相自上而下移动时，被分离物就在固定相和流动相之间反复进行分配，因各组分的分配系数不同而得以分离。此法多用于有机物的分离。如果固定相为低极性的有机溶剂、流动相为强极性的水或水溶液，此时称为反相分配色谱法，简称反相色谱法，或称为萃取色谱法。在反相分配色谱法中，疏水性组分移动慢，亲水性组分移动快。反相分配色谱中常用的载体有微孔聚乙烯球珠、聚氨酯泡沫塑料等。

3. 柱色谱的操作方法

（1）柱色谱装置

① 色谱柱。色谱柱一般用带有下旋塞或没有下旋塞的玻璃管或塑料管柱制成。柱的直径与长度比为（1∶10）～（1∶60），吸附剂的质量是待分离物质质量的 25～30 倍。

② 吸附剂。为了使样品中各种吸附能力差异较小的组分能够分离，必须选择合适的吸附剂（固定相）和洗脱剂（流动相）。吸附柱色谱常用的吸附剂有氧化铝、硅胶、氧化镁、碳酸钙和活性炭等。氧化铝具有吸附能力强、分离能力强等优点，它是用 $w(HCl)=1\%$ 的盐酸溶液浸泡后，用蒸馏水洗至悬浮液的 pH 为 4～4.5。酸性氧化铝适用于分离酸性有机

物质，如氨基酸等；碱性氧化铝适用于分离碱性有机物质，如生物碱、醇等；中性氧化铝的应用最为广泛，适用于中性物质的分离，如醛、酮等类有机物质。

吸附剂应颗粒均匀，具有较大的比表面积和一定的吸附能力。比表面积大的吸附剂分离效率好，因为比表面积越大，组分在流动相和固定相之间达到平衡越快，形成的色带就越窄。一般吸附剂颗粒大小以 100～150 目为宜。另外，吸附剂应与欲分离的试样及所用的洗脱溶剂不起化学反应。

吸附剂的活性取决于吸附剂的含水量。含水量越高，活性越低，吸附能力越弱，反之吸附能力越强。按吸附能力的强弱可分为强极性吸附剂（如低水含量的氧化铝、活性炭）、中等极性吸附剂（如氧化镁、碳酸钙等）和弱极性吸附剂（如滑石、淀粉等）。一般分离弱极性组分时可选用吸附性强的吸附剂，分离极性较强的组分时应选用活性弱的吸附剂。

吸附剂在使用之前需进行“活化”。因为吸附剂吸附能力的强弱主要决定于吸附剂吸附中心的数量多少，如果吸附剂表面的吸附中心被水分子占据，则吸附能力会减弱。通过加热活化可提高吸附剂活性。相反，加入一定的水分也可使吸附剂“脱活”。表 8-8 列出了氧化铝和硅胶的活性与含水量的关系。

表 8-8 氧化铝和硅胶的活性与含水量的关系

吸附剂活性	Ⅰ	Ⅱ	Ⅲ	Ⅳ	Ⅴ
氧化铝含水量/%	0	3	6	10	15
硅胶含水量/%	0	5	15	25	38

③ 洗脱剂。洗脱剂（流动相）的选择是否合适，直接影响色谱的分离效果。流动相的洗脱作用实质上是流动相分子与被分离的溶质分子竞争占据吸附表面活性中心的过程。在分离洗脱过程中，若是流动相占据吸附剂表面活性中心的能力比被分离的溶质分子强，则溶剂的洗脱能力就强，反之洗脱作用就弱。因此，流动相必须根据试样的极性和吸附剂吸附能力的强弱选择。一般原则是：洗脱剂的极性不能大于样品中各组分的极性，否则会由于洗脱剂在固定相上被吸附，使样品一直保留在流动相中，而影响分离。色谱展开首先使用极性最小的溶剂，然后再加大洗脱液的极性，使极性不同的化合物按极性由小到大的顺序从色谱柱中洗脱下来。

在选择洗脱剂时，还应注意洗脱剂必须能够将样品中各组分溶解，但不应与组分竞争与固定相的吸附。如果被分离的样品不溶于洗脱剂，则组分会牢固地吸附在固定相上，而不随流动相移动或移动很慢。

常用的流动相按其极性强弱的排列次序为：石油醚＜环己烷＜四氯化碳＜二氯乙烯＜苯＜甲苯＜二氯甲烷＜氯仿＜乙醚＜乙酸乙酯＜丙酮＜乙醇＜甲醇＜水＜吡啶＜乙酸。

为了得到好的分离效果，单一洗脱剂达不到所要求的分离效果时，也可以将各种溶剂按不同的配比配成混合溶剂作为流动相。总之，洗脱剂的种类很多，至于选用哪种洗脱剂为最佳，应由实验确定。

（2）操作方法

① 装柱。在一洗净、干燥的色谱柱的底部铺少量玻璃棉或脱脂棉，于玻璃棉上放一层直径略小于色谱柱的滤纸，然后将吸附剂装入柱内。装柱的方式有干法和湿法。

a. 干法装柱。在色谱柱上端放一个干燥的玻璃漏斗，将活化好的吸附剂通过漏斗装入柱内，边装边轻轻敲打柱管，以便填装均匀。填装完毕后，在吸附剂表面再放一层滤纸，从管口慢慢加入洗脱剂，开启下端活塞，使液体慢慢流出，流速控制在 1～2 滴/s。干法装柱的缺点是容易在柱内产生气泡，分离时有“沟流”现象。

b. 湿法装柱。在柱内先加入 3/4 已选定的洗脱剂，将一定量的吸附剂（氧化铝或硅胶）用溶剂调成糊状，慢慢倒入柱内，开启下端活塞，使溶剂以 1 滴/s 的速度流出。在装柱的过程中应不断地轻敲色谱柱，使其填装均匀、无气泡。

柱子填充完后，在吸附剂上端覆盖一层石英砂，使样品能够均匀地流入吸附剂表面，并可防止加入洗脱剂时被洗脱剂冲坏。在整个装柱（干法或湿法）过程中，溶剂应覆盖住吸附剂，并保持一定的液面高度，否则柱内会出现裂痕及气泡。

② 洗脱。液体试样可以直接加入到色谱柱中，试样要适当浓。固体样品先用最少量的溶剂溶解后，再加入到色谱柱中。样品加入时，应将溶剂降至吸附剂表面，样品滴管尽量接近石英砂表面，以便使试样集中在色谱柱顶部尽可能小的范围内，以利于样品展开。

将选定的洗脱剂小心地从管柱顶端加入色谱柱（切勿冲动吸附层），洗脱剂应始终覆盖住吸附剂上面，并保持一定的液面高度，控制流速为 0.5～2mL/min，不可太快，以免交换达不到平衡，造成分离不理想。有颜色的组分可直接观察，收集，然后分别将洗脱剂蒸除，即可得到纯组分，然后再选用适当的方法对各组分进行定量。

所收集流出部分的体积的多少取决于柱的大小和分离的难易程度，即根据使用吸附剂的量和样品分离情况进行收集。一般为 50mL。若洗脱剂的极性相近或样品中组分的结构相近，可适当减少收集量。

4. 柱色谱分离法的应用

柱色谱分离虽然费时，相对于仪器化的高效液相色谱法柱效低，但由于设备简单，容易操作，从洗脱液中获得的分离样品量大等特点，应用仍然较多。对于简单的样品，用此法可直接获得纯物质；对于复杂组分的样品，此法可作为初步分离手段，粗分为几类组分，然后再用其他分析手段将各组分进行分离分析。在天然产物的分析中此法常作为除去干扰成分的预处理手段。

例如页岩油组成的定性测定。页岩油组成复杂，直接分析有困难，需要进行预分离，这时可用柱色谱作为分离手段。用在一定温度下活化的硅胶为吸附剂，和溶剂一起装入柱中。装柱完毕，加入页岩油试样，用不同极性的溶剂淋洗。先用非极性的溶剂正己烷淋洗，这时最先流出的是非极性组分脂肪烃类，接着流出的是稍带极性的组分芳香烃类，这两类组分间常因颜色不同，可以分别收集。然后以弱极性的甲苯淋洗，这时流出的是极性稍强的组分，如杂环类化合物，常常带棕色。最后以强极性溶剂甲醇淋洗，这时流出的是较强极性的酚类等酸性或碱性化合物，一般带棕黑色。流出的各流分间有明显的界限，易于收集。收集后的各流分可用仪器法分析。

三、纸色谱

1. 纸色谱法的原理

纸色谱法又称为纸上色谱法（简称 PC），属于分配色谱，是在滤纸上进行的色谱分析方法。滤纸是一种惰性载体，滤纸纤维素中吸附着的水分为固定相。由于吸附水有部分是以氢键缔合形式与纤维素的羟基结合在一起，一般情况下难以脱去，因而纸色谱不但可用与水不相混溶的溶剂作流动相，而且也可以用丙醇、乙醇、丙酮等与水混溶的溶剂作流动相。

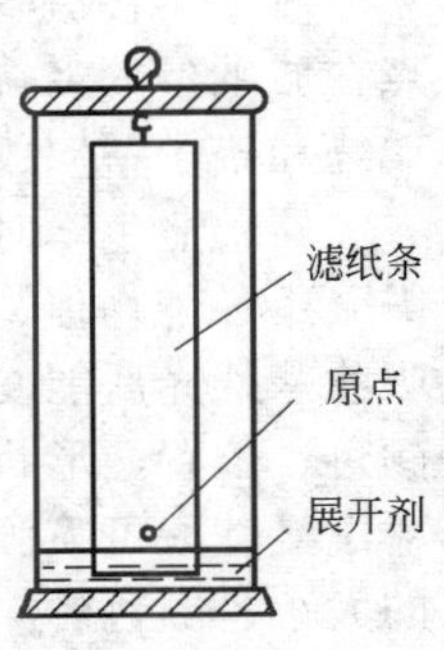

图 8-4　纸色谱示意图

选取一定规格的色谱滤纸，在接近纸条的一端点上欲分离的试样，把纸条悬挂于展开槽内，如图 8-4 所示。让纸条下端浸入流动相（展开

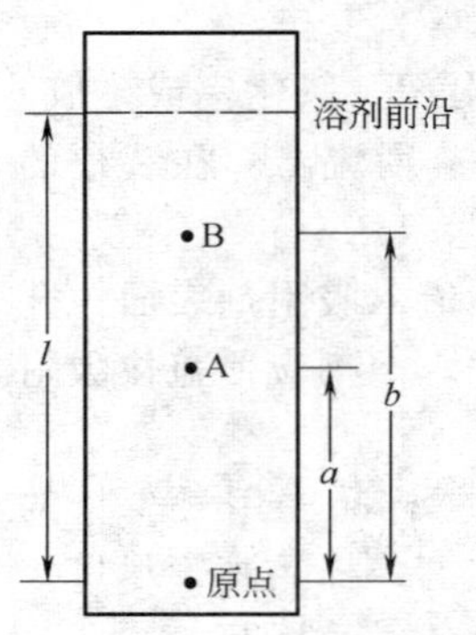

图 8-5 R_f 值测量示意图

剂）中，由于色谱滤纸的毛细管作用，展开剂沿着纸条不断上升。当流动相接触到点在滤纸上的试样点（原点）时，试样中的各组分就不断地在固定相和展开剂之间分配，从而使试样中分配系数不同的各种组分得以分离。当分离进行一定时间后，溶剂前沿上升到接近滤纸条的上沿。取出纸条，晾干，找出纸上各组分的斑点，记下溶剂前沿的位置。

各组分在纸色谱中的位置可用比移值 R_f 表示：

$$R_f=\frac{\text{原点中心至溶质最高浓度中心的距离}}{\text{原点中心至溶剂前沿间的距离}}$$

如图 8-5 所示，对组分 A，$R_f=a/l$；对组分 B，$R_f=b/l$。R_f 在 0～1 之间。若 $R_f\approx0$，表明该组分基本留在原点未动，即没有被展开；若 $R_f\approx1$，表明该组分随溶剂一起上升，即待分离组分在固定相中的浓度接近零。

在一定的条件下，R_f 值是物质的特征值，可以利用 R_f 鉴定各种物质，但影响 R_f 的因素很多，最好用已知的标准样品对照。根据各物质的 R_f 值，可以判断彼此能否用色谱法分离。一般来说，两组分的 R_f 只要相差 0.02 以上，就能彼此分离。

2. 纸色谱的操作方法

(1) 色谱滤纸　要选用厚度均匀、无折痕、边缘整齐的色谱滤纸，以保证展开速度均匀。色谱滤纸的纤维素要松紧合适，过于疏松会使斑点扩散，过于紧密则色谱分离速度太慢。色谱滤纸的纸条一般有 3cm×20cm、5cm×30cm、8cm×50cm 等规格。

(2) 点样　若样品是液体，可直接点样。固体样品应先溶解在溶剂中，溶剂最好采用与展开剂极性相似且易于挥发的溶剂，如乙醇、丙酮、氯仿等。水溶液的斑点易扩散，且不易挥发，一般不用，但无机试样可以用水作溶剂。

点样时，用管口平整的毛细管（内径约 0.5mm）或微量注射器吸取少量试液，点于距滤纸条一端 3～4cm 处。可并排点数个样品，两点间相距 2cm 左右。原点越小越好，一般控制直径以 2～3mm 为宜。若试液较稀，可反复点样，每次点后应待溶剂挥发后再点，以免原点扩散。促使溶剂挥发的办法有红外灯照射烘干或用电吹风吹干。

(3) 展开　纸色谱在展开样品时，常采用上行法、下行法和环行法等。一般采用上行法，见图 8-4。上行法设备简单，应用较广，但展开速度慢。方法是：展开槽盖应密闭不漏气，槽内用配制好的展开剂蒸气饱和，将点有试样的一端放入展开剂液面下约 1cm 处，但展开剂液面的高度应低于样品斑点。展开剂沿滤纸上升，样品中各组分随之展开，当展开结束后，记下溶剂前沿位置，进行溶剂的挥发。

对于比移值较小的试样，可用下行法得到好的分离效果。下行法的操作方法是：将试液点在滤纸条的上端处，把纸条的上端浸入盛有展开剂的玻璃槽中，将玻璃槽放在架子上，玻璃槽和架子一同放入展开槽中，展开时，展开剂沿着滤纸条向下移动。

(4) 显色　对于有色物质，当样品展开后，即可直接观察各个色斑。而对于无色物质，需采用各种物理、化学方法使其显色。常用的显色方法是用紫外灯照射。凡能吸收紫外光或吸收紫外光后能发射出各种不同颜色的荧光的组分均可用此方法显色。用笔记录下各组分的颜色、位置、形状、大小。借助斑点的位置可以进行定性鉴定。也可喷洒各种显色剂，例如对于氨基酸可喷洒茚三酮试剂，多数氨基酸呈紫色，个别呈蓝色、紫红色或橙色。根据斑点的大小、颜色的深浅可做半定量测定。

3. 纸色谱分离法的应用

纸色谱法设备简单、操作方便、分离效果好，多用于无机离子和各种有机物的分离。

例如，铁、铜、钴、镍的纸色谱分离：将离子混合试液点在慢速滤纸上（色谱滤纸），以丙酮-浓盐酸-水作展开剂，用上行法进行展开。1h后从展开槽中取出，用氨水熏5min，晾干后，用二硫代乙酰胺溶液喷雾显色，就会得到一个良好的色层分离谱图，见图8-6。亚铁离子呈黄色斑点，比移值为1.0；铜离子呈绿色斑点，比移值为0.70；钴离子呈深黄色斑点，比移值为0.46；镍离子呈蓝色斑点，比移值为0.17。若将斑点分别剪下，经灰化或用 $HClO_4$ 和 HNO_3 处理后，可测得各组分的含量。

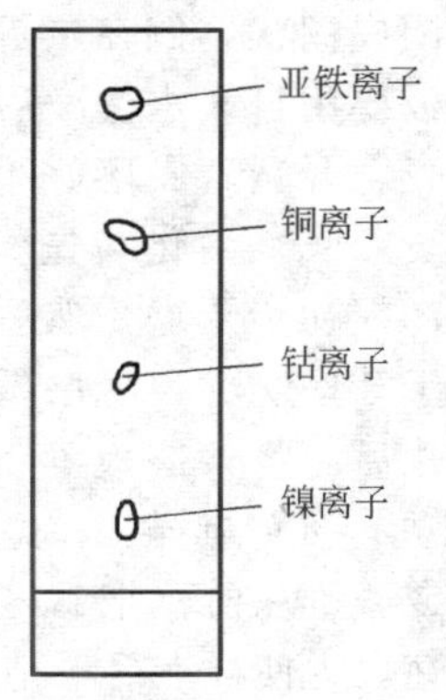

图8-6 铁、铜、钴、镍的纸色谱

四、薄层色谱

1. 薄层色谱法的原理

薄层色谱法过去又称为薄层层析法，是在柱色谱和纸色谱基础上发展起来的。薄层色谱法是把固定相吸附剂（如中性氧化铝）铺在玻璃板或塑料板上，铺成均匀的薄层，色谱分离就在板上的薄层中进行。把试样点在层板（薄层）的一端离边缘一定距离处，试样中各组分就被吸附剂所吸附。把薄层板放入展开槽中，使点样的一端浸入流动相展开剂中，由于薄层的毛细管作用，展开剂将沿着吸附剂薄层渐渐上升，遇到试样时，试样就溶解在展开剂中，随着展开剂沿着薄层上升，于是试样中的各种组分就沿着薄层在固定相和流动相之间不断地发生溶解、吸附、再溶解、再吸附的分配过程。经一段时间的展开，试样中的各组分按其吸附能力强弱不同而被分离开。各组分在薄层中的位置可用比移值 R_f 表示（见纸色谱）。

2. 薄层色谱的操作方法

（1）吸附剂　薄层色谱法的固定相吸附剂颗粒比柱色谱法细得多，其直径一般为10～40μm。由于被分离对象及所用展开剂极性不同，应选用活性不同的吸附剂作固定相。吸附剂的活性可分Ⅰ～Ⅴ级，Ⅰ级的活性最强，Ⅴ级的活性最弱。薄层色谱法固定相吸附剂类型与柱色谱相似，有硅胶、氧化铝、纤维素等。最常用的是硅胶和氧化铝，它们的吸附能力强，可分离的试样种类多。

① 硅胶。硅胶是无定形多孔物质，略显酸性，机械性能差，一般需要加入黏合剂制成“硬板”。常用的黏合剂有煅石膏（$CaSO_4 \cdot H_2O$）、聚乙烯醇、淀粉、羧甲基纤维素钠（CMC）等。薄层色谱所用的硅胶的粒度为250～300目，较柱色谱粒度细，适用于中性或酸性物质的分离。薄层色谱所用的硅胶有硅胶H（不含黏合剂和其他添加剂）、硅胶G（含13%～15%煅石膏）、硅胶 GF_{254}（含煅石膏和荧光指示剂，可在波长254nm紫外光照射下呈黄绿色荧光）和硅胶 HF_{254}（只含荧光指示剂的硅胶）。

② 氧化铝。氧化铝铺层时一般不加黏合剂，可用氧化铝干粉直接铺层，这样得到的层析板称为“干板”或“软板”。干法铺层的氧化铝用150～200目，湿法铺层为250～300目。氧化铝也可因加黏合剂或荧光剂而分为氧化铝G（含煅石膏）、氧化铝 GF_{254} 和氧化铝 HF_{254}。氧化铝的极性较硅胶稍强，适合分离极性较小的化合物。

薄层色谱的分离效果取决于吸附剂、展开剂的选择。要根据样品中各个组分的性质选择合适的吸附剂和展开剂。吸附剂和展开剂选择的一般原则是：非极性组分的分离，选用活性强的吸附剂，用非极性展开剂；极性组分的分离，选用活性弱的吸附剂，用极性展开剂。实际工作中要经过多次试验确定。

（2）薄层板的制备　薄层板可以购买商品的预制板（有普通薄层板和高效薄层板），也可以自行制备。制备方法有干法制板、湿法制板两种。湿法铺层较为常用，即将吸附剂加水调成糊状，倒在层板上，用适当的方法（具体操作方法见配套实验教材）铺匀，晾干。薄层板要用自来水洗净后烘干，否则会使吸附剂不能均匀分布和黏附在玻璃板上，干燥后易起壳、开裂、剥落。

（3）活化　先将铺好薄层的薄层饭水平放置。待糊状物凝固后，放入烘箱，于 60～70℃初步干燥。然后逐渐升温到 105～110℃，使之活化，一般活化时间为 10～30min。但对于某些实验，薄层板铺好后阴干即可，不必活化（有时要通过实验，由分离效果决定）。活化后，将薄层板置于干燥器中备用。

（4）点样　在经过活化处理的薄层板的一端距边沿一定距离处（一般约 1cm），用毛细管或微量注射器把试液 0.05～0.10mL（含样品 10～100μg）[1] 点在薄层板上，点样动作力求快速。为使样点尽量小，可分多次点样，这样不致使原点分散而使色谱分离后斑点分散，影响鉴定，其方法与纸色谱相似。一般将试样制成质量浓度为 5～10g/L 的样品溶液，溶解样品的溶剂应易于挥发，溶剂的极性和展开剂相似。当溶剂与展开剂的极性相差较大时，应在点样后，待溶剂挥发了再进行展开。点样量应根据薄层厚度、试样和吸附剂的性质、显色剂的灵敏度、定量测定的方法而定。每个样品原点间距应在 2cm 左右，距薄层板一端约 1cm。

（5）展开　薄层板的展开需在展开槽（见图 8-7）中进行。但应注意的是：这种展开槽必须是密闭而不漏气的，否则在色谱展开过程中会因展开剂的挥发而影响分离效果。

色谱展开方式常采用上行法。但对于干板，应近水平方向放置，薄层的倾斜角不宜过大（10°～20°），倾斜角过大则薄层板上的薄层易脱落。而对于硬板，可采用近于垂直的方向展开，如图 8-8 所示。

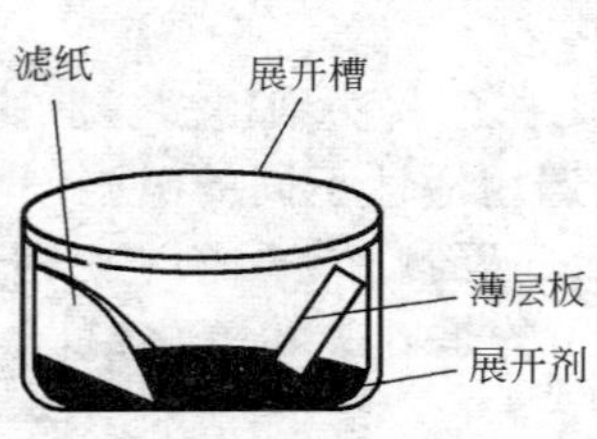

图 8-7　薄层色谱示意图

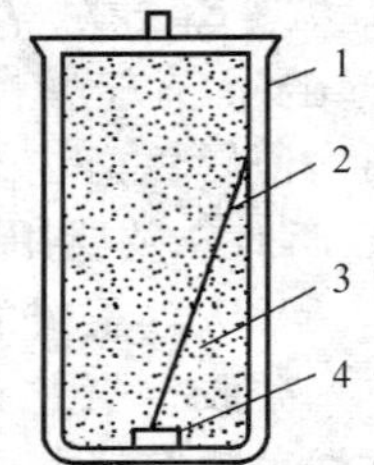

图 8-8　近垂直方向展开

1—展开槽；2—薄层板；3—蒸气展开剂；4—盛有溶剂的器皿

展开时，应先将展开剂放入展开槽内，液层厚度为 5～7mm。为使槽内展开剂蒸气很快达到平衡，可在槽内放入一张滤纸。然后将已点好试液的薄层板放入槽内，薄层板下端浸入展开剂约为 5mm，切勿使样品原点浸入展开剂中。盖紧槽盖，待展开剂前缘上升到薄层板顶端时（预定的高度），立即取出薄层板，计算比移值 R_f。

（6）显色　样品展开后，若本身带有颜色，可直接看到斑点的位置。若样品是无色的，就需要对薄层板进行显色。常用的显色方法有 3 类：紫外光下观察、蒸气熏蒸显色和喷以各种显色剂。

① 显色剂。对不同的化合物需采用不同的显色剂。常用的显色剂种类很多，有通用显色剂和专属显色剂。若对未知化合物，可以考虑先用通用显色剂，这种显色剂是利用它与被测组分的氧化还原反应、脱水反应及酸碱反应等而显色的。如浓硫酸或 50% 的硫酸溶液，

[1] 点样量的多少会影响检出效果。点样量少，会使微量组分检测不出来；点样量太大，斑点拖尾、重叠，组分不能分离。点样量需通过实验确定。对于较厚的薄层板，点样量可适当增加。若样品溶液太稀，则可分几次点。

由于多数有机物质用硫酸碳化而使它们显色，一般在喷此溶剂后数分钟即会出现棕色到黑色斑点，这种焦化斑点常常显现荧光。

喷雾显色时，应将显色剂配成一定浓度的溶液，然后用喷雾器均匀地喷洒到薄层上。对于未加黏合剂的干板，应在展开剂尚未挥发尽时喷雾，否则会将薄层吹散。

显色剂种类繁多，需要时可参阅有关专著。表 8-9 列出了部分常用的显色剂。

表 8-9　常用的显色剂

显色剂	检测对象
浓硫酸或 $w(H_2SO_4)=50\%$ 硫酸	大多数有机化合物显出黑色斑点
3g/L 溴甲酚绿＋80％甲醇溶液	脂肪族羧酸于绿色背景下显黄色
$w(H_3PO_4)=5\%$ 磷酸乙醇溶液	喷后在 120℃烘烤，还原性物质显蓝色斑点；再用氨气熏，背景变为无色
0.1mol/L 氯化铁-0.1mol/L 铁氰化钾溶液	酚类、芳香族胺类、甾族化合物
含 3g/L 醋酸的 3g/L 茚三酮丁醇溶液	氨基酸及脂肪族伯胺类化合物，背景出现红色或紫红色
碘蒸气	有机化合物，显黄棕色
5g/L 碘的氯仿溶液	有机化合物，显黄棕色
1g/L 桑色素乙醇溶液	有机化合物，背景显黑色或其他颜色

② 紫外光显色。把展开后的薄层放在紫外灯下观察，含有共轭双键的有机物质能吸收紫外光，呈暗色斑点即为样品点。含有荧光指示剂铺成的薄层板（如硅胶 GF_{254}）在紫外光（254nm）下观察，整个薄层呈现黄绿色荧光，斑点部分呈现暗色更为明显。有些物质在吸收紫外光后呈现不同颜色的荧光，或需喷某种显色剂作用后显出荧光。由于这些物质只在紫外灯照射下显色，紫外光消失后荧光随之消失，因而需要用针沿斑点周围刺孔，标出该项物质的位置。

③ 碘蒸气熏蒸显色。将易挥发的碘试剂放在密闭的容器中，使它们的蒸气充满整个容器，再将已展开、挥发尽溶剂的薄层板放入容器中，使之显色，其显色速度和灵敏度随化合物不同而异。当斑点的颜色足够强时，将板从容器中取出，用铅笔画出斑点的轮廓。斑点是不能持久显色的，因颜色是碘和有机物形成的配合物，当碘从板上升华逸出时，斑点即褪色。

除饱和烃和卤代烃外，几乎所有的化合物均能与碘形成配合物。另外，斑点的强度并不代表存在的物料量，只是一粗略的指示而已。

常见的熏蒸溶剂除固体碘外，还有浓氨水、液体溴等。

3. 薄层色谱分离法的应用

（1）痕量组分的检测　用薄层色谱法检测痕量组分既简便又灵敏。例如，3,4-苯并芘是致癌物质，在多环芳烃中含量很低。可将试样用环己酮萃取，并浓缩到数毫升，点在含有 20g/L 咖啡因的硅胶 G 板上，用异辛烷-氯仿（1＋2）展开后，置紫外灯下观察，板上呈现紫色至橘黄色斑点。将斑点刮下，用适当的方法进行测定。

（2）同系物或异构体的分离　用一般的分离方法很难将同系物或同分异构体分开，但用薄层色谱法可将它们分开。例如，C_3～C_{10} 的二元酸混合物在硅胶 G 板上，以苯-甲醇-乙酸（45＋8＋4）展开 10cm，就可以完全分离。

（3）无机离子的分离　例如，对于 H_2S 组阳离子，可以在硅胶 G 薄层上，用丙酮-苯（3＋1）混合溶剂 100mL，以酒石酸饱和后，再加入 6mL $w(HNO_3)=10\%$ 硝酸溶液作为展开剂色谱分离，然后用硫化物或酸性、碱性的双硫腙溶液作显色剂，得到各组分 R_f 值的次序如下：汞＞铋＞锑＞镉＞砷＞铅＞铜＞铊。利用比较色斑大小以进行半定量的方法可测定面粉中的砷、血液中的铊、小便中的汞、茶叶中的砷和镉。又如，对于

$(NH_4)_2S$ 组阳离子，可在硅胶 G 薄层上用丙酮-浓盐酸-己二酮（100＋1＋0.5）混合溶剂作展开剂，展开 10cm 后，用氨熏，再以 5g/L 8-羟基喹啉的 φ(乙醇)＝60％乙醇溶液喷雾显色，得到各组分的 R_f 值顺序如下：铁＞锌＞钴＞锰＞铬＞镍＞铝。此外还有卤素的分离和鉴定，硒、碲的分离和鉴定，贵金属的分离和鉴定，稀土元素铈、镧、镨、钕的分离等，均可采用薄层色谱法进行。

思考题8-5

1. 色谱分离法分为哪几种？各自的特点是什么？
2. 纸色谱法和薄层色谱法的基本原理是什么？
3. 对于无色试样，应怎样把各组分的斑点显现出来？
4. 何谓比移值？如何求得？
5. 选择薄层色谱的吸附剂和展开剂的原则是什么？

阅读材料

毛细管电泳分离法

电泳（capillary electrophoresis，CE）是近年来发展最为迅速的分离、分析方法之一。它是由 Jorgenson 和 Lukace 于 1981 年首先提出的，短短 27 年中已取得了重大进展，充分展示了其高灵敏度（检测限可达 10^{-13}～10^{-15}mol）、高分辨率、高速度（最快可在 1min 内完成一个样品的分析）及样品用量少（一次进样只需数纳升）等特点，因此受到了普遍欢迎。由于 CE 符合以生物工程为代表的生命科学各领域中对生物大分子（如肽、蛋白质、DNA 等）的高度分离要求，得到了迅速发展，正逐步成为生命科学及其他学科实验室中一种常用的分离分析手段。

毛细管电泳是以高压电场为驱动力，以毛细管为分离柱，依据样品中组分之间浓度和分配容量的差异进行分离的一种液相色谱技术。目前，有 6 种不同的分离方法：

① 以高压电场为驱动力，在毛细管色谱柱中按样品各组分之间淌度和分配行为的不同实现分离；

② 胶束电动毛细管色谱，中性粒子在水相和胶束相之间因其疏水性不同而具有不同的分配能力，得以实现分离；

③ 毛细管凝胶电泳，将凝胶物质填入毛细管中作支持物，以实现组分的电泳分离；

④ 毛细管等电聚焦，将一般使用的等电聚焦电泳放到毛细管色谱柱内进行的一种分离技术；

⑤ 毛细管电色谱，以高效液相色谱微粒填充剂为固定相，各组分与固定相作用不同，用电渗流为流动相进行分离；

⑥ 毛细管等速电泳，利用溶质在先导电解质与后继电解质之间的电泳淌度不同实现分离。

摘自汪尔康主编《21 世纪的分析化学》

*第六节　膜分离技术

【学习要点】 了解膜分离法的原理；理解渗析、电渗析、微孔过滤、反渗透、超滤、液膜分离技术的基本概念和基本原理；掌握膜分离方法；了解膜分离技术的主要应用。

膜分离技术是对液-液、气-气、液-固、气-固体系中不同组分进行分离、纯化与富集的一门高新技术。这种技术与常规分离方法相比，具有能耗低、分离效率高、设备过程简单、易于操作、无相变和化学变化、不污染环境等优点，是解决当代能源、资源和环境问题的重要高新技术，对未来工业的改造有着深远的影响。

膜分离技术是用一种特殊的半渗透膜作为分离介质，当膜的两侧存在某种推动力（如压力差、浓度差、电位差等）时，半透膜有选择性地允许某些组分透过，同时，阻止或保留混合物中的其他组分，从而达到分离、提纯的目的。用于过滤的膜一般是用具有多孔的物质作为支撑体，其表面由只有几十微米厚的膜层组成。膜分为固膜、液膜和气膜三类，其中固膜应用最多，固膜又可分为无机膜和有机膜。对新材料、新的膜分离方法不断开发研究，使膜分离技术迅猛发展。反渗透、超滤、微滤、电渗析为四大已开发应用的膜分离技术。其中反渗透、超滤、微滤相当于过滤技术，用以分离含溶解的溶质或悬浮微粒的液体。电渗析用的是荷电膜，在电场的推动下，用以从水溶液中脱除离子，主要用于苦咸水的脱盐。

一、渗析法

渗析也称透析，是最早发现和研究的膜现象。这种半透膜只允许水中或溶液中的溶质通过，溶质从高浓度一侧透过膜扩散到低浓度一侧的现象称为渗析作用，也称扩散渗析或扩散渗透。渗透作用的推动力是浓度差，由于膜两侧溶液的浓度差而使溶液进行扩散分离。浓度高的一侧向浓度低的一侧扩散，当膜两侧溶液达到平衡时，渗透过程停止。由于渗析过程的传质推动力是膜两侧物料中组分的浓度差，渗透扩散速度慢，膜的选择性差。渗透所用的膜多为离子交换膜，此方法用于血液渗析、处理废水中移动速度较快的 H^+ 和 OH^-，用于酸碱的回收，回收率达到 70%～90%，但这种膜不能使回收的酸碱浓缩。

二、电渗析法

电渗析是在直流电场作用下，以电位差为推动力，利用离子交换膜的选择性，把电解质从溶液中分离出来，从而实现溶液的淡化、浓缩、精制或纯化目的的一种分离方法，电渗析是电解和透析过程的结合。广泛用于苦咸水脱盐、饮用水、食品、医药和化工等领域。

电渗析法是 1975 年提出来的，是利用离子交换膜选择性透过离子的特殊性能，在直流电场作用下，产生离子迁移，阴阳离子分别通过阴阳离子交换膜进入到另一种溶液，从而达到分离、提纯、回收的目的。其分离装置如图 8-9 所示。在阳极池与料液池之间有一个常压下不透水的阴离子交换膜 A 将它们隔开，它阻挡阳离子，只允许阴离子通过；在料液池和阴极池之间，有阳离子交换膜 B 将它们隔开，它阻挡阴离子，只允许阳离子通过。当阴阳

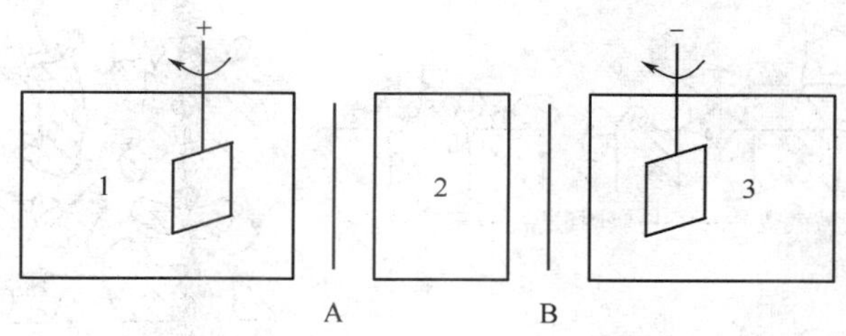

图 8-9　电渗析分离装置示意图

1—阳极池；2—料液池；3—阴极池；A—阴离子交换膜；B—阳离子交换膜

电极加上电压时，料液池中阳离子通过阳离子交换膜迁移到阴极池中；阴离子通过阴离子交换膜迁移到阳极池中，当料液中有沉淀颗粒或胶体时，它们不能通过阴、阳离子交换膜，留在料液中。这样，阴阳离子、沉淀颗粒得以分离。

图 8-10 是 NaCl 电渗析分离示意图，在电流的作用下，Na^+ 向阴极移动，易通过阳离子交换膜，却不能通过阴离子交换膜。同理，Cl^- 易通过阴离子交换膜而受到阳离子交换膜的阻挡，结果使两旁隔离室离子浓度上升，形成浓水室，而中间隔离室离子浓度下降，形成淡水室。

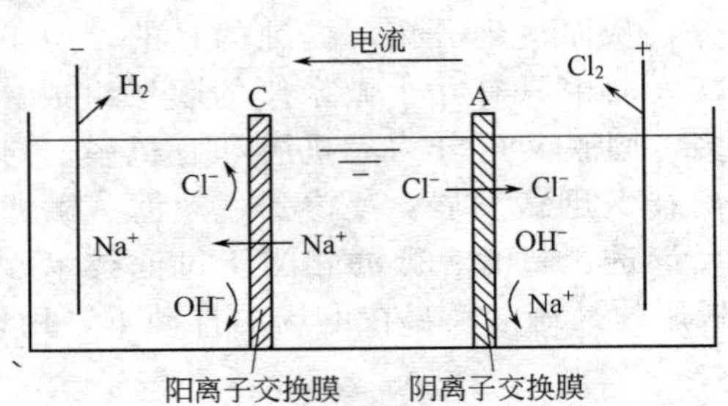

图 8-10　NaCl 电渗析分离示意图

三、微孔过滤法

微孔过滤是以压力差为推动力的膜分离方法，主要用于气相和液相中截留分离微粒、细菌、污染物等。微孔滤膜起决定性作用，是用特种纤维酯或高分子聚合物制成的孔径均一的薄膜。滤膜种类有硝酸纤维膜（CN 膜）、醋酸纤维膜（CA 膜）、混合纤维膜（CN/CA 膜）、聚酰胺滤膜、聚氯乙烯疏水性滤膜、再生纤维滤膜、聚四氟乙烯强憎水性滤膜等。用厚度、过滤速度、孔隙率、灰分及滤膜孔径来表示微孔滤膜的性能。

用扫描电子显微镜观察微孔滤膜的断面结构，常见的有三种类型：微孔型、网络型、非对称型，如图 8-11 所示。

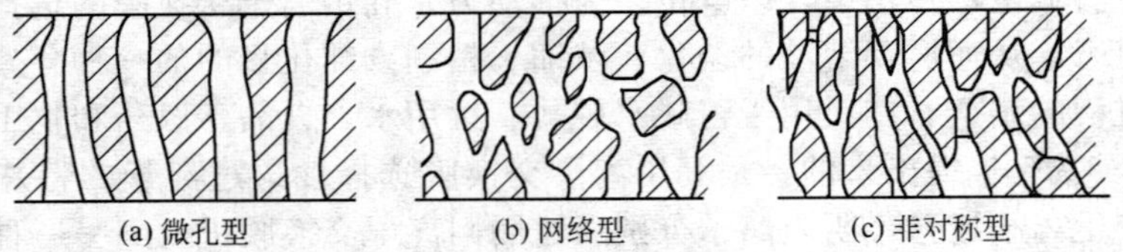

图 8-11　微孔滤膜的断面结构

通过电镜观察，微孔滤膜的截留机理有以下四种，见图 8-12。

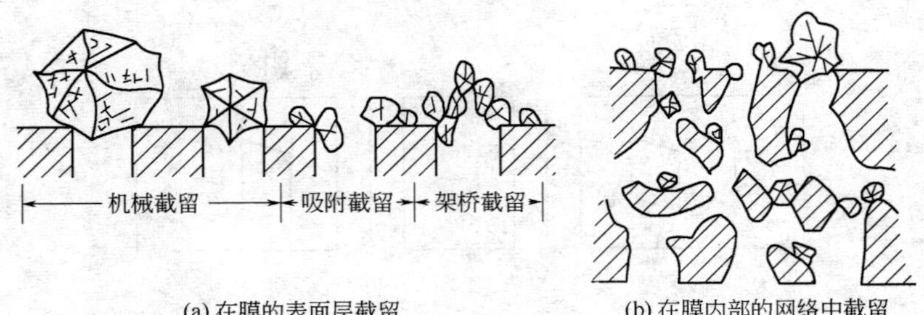

图 8-12　微孔滤膜的截留作用示意图

(1) 机械截留 膜能截留比孔径大的微粒或杂质。

(2) 物理作用或吸附截留 由膜材料与被截留微粒的物理性能如吸附、电性等所决定。

(3) 架桥截留 微粒构成桥形被截留。

(4) 网络型膜网络内部截留 此时微粒被截留在膜的内部。

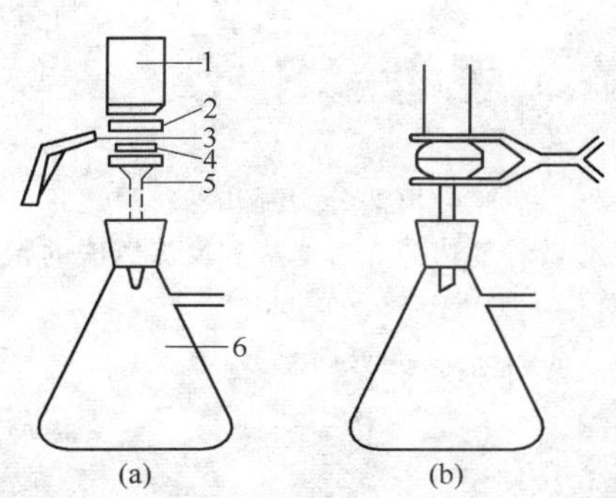

图 8-13 过滤器

1—滤筒上半部；2—聚四氟乙烯O形圈；3—微孔滤膜；4—支撑片；5—滤筒下半部；6—吸滤瓶

用特种纤维素酯或高分子聚合物制成的微孔滤膜，机械强度较差，故实际应用中要将膜材料贴附在平滑多孔的支撑体上。支撑体可用不锈钢或其他耐腐蚀的塑料及尼龙布组成。作为实验室用的小型微孔过滤装置可参照图 8-13。在吸滤瓶上方设置一个滤筒，滤筒的上下两部分可用不锈钢或塑料制成，中间设置一个聚四氟乙烯O形圈，将微孔滤膜放置在带孔的支撑片上，与O形圈配合后联结成一个整体。要先将滤膜放在溶液中充分浸润，使滤膜孔穴中的空气赶尽，增加滤膜的有效过滤面积。

作为工艺使用的微孔过滤组件，通常可分为板框式、管式、螺旋卷式和中空纤维式。

四、反渗透法

反渗透是与渗透紧密相关的，与渗透现象相反的过程。反渗透膜只允许溶剂通过而不允许溶质通过。反渗透在海水淡化、化工、医药、废水处理、食品等方面应用广泛。

用半透膜将纯水和盐水隔离时，水将自然地穿过半透膜向盐水扩散渗透，见图 8-14(a)，而当纯水的扩散渗透达动态平衡时，在盐水一侧会产生一个高度为 h 的液面差，见图 8-14(b)，该液柱的压力等于水向盐水渗透的渗透压。此时若在盐水一侧施加一个比渗透压大的外界压力 p 时，盐水中的水将通过半透膜反向扩散渗透到纯水中去，这一现象称为反渗透，见图 8-14(c)。基于此现象所进行的纯化或浓缩溶液的分离方法称为反渗透分离法。

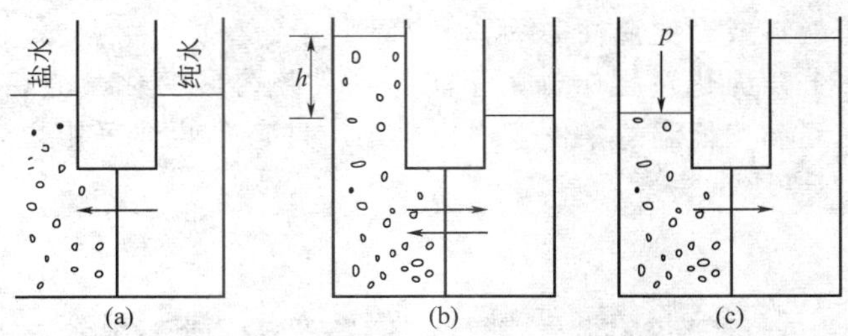

图 8-14 渗透和反渗透

反渗透是渗透的一种反向迁移运动，它主要是在压力推动下，借助半透膜的截留作用，迫使溶液中的溶剂与溶质分开，溶液浓度越高，反渗透进行所需施加的压力越大。

反渗透膜是反渗透装置的心脏部分，其基本性能一般包括透水率、盐透率和抗压实性等。根据渗透膜的物理结构，反渗透膜可分为非对称膜、均质膜、复合膜、动态膜；根据膜的材质分类，则可分为乙酸纤维膜、芳香聚酰胺膜、高分子电解膜、无机质膜等。

膜的分离装置主要包括膜组件和泵。膜组件是将膜以某种形式组装在一个基本单元设备内，在外界压力作用下，能实现对溶质和溶剂分离的单元设备。工业上常用的反渗透装置主要有板框式、管式、螺旋卷式及中空纤维式 4 种类型。

思考题8-6

1. 膜分离法分为哪几种？简述各自的基本原理。
2. 简述微孔过滤法和反渗透法的相同点和不同点。

阅读材料

生化分离技术

生化技术是指在生物化学及其相关学科中应用的各种技术，其发展过程可以追溯到半个多世纪以前。色谱、电泳等分离检测技术的逐步建立，促进了生物化学的进展，使生物化学的研究工作从整体水平、细胞水平提高到分子水平。现代生化技术与生物化工、生化工程、生物制药、食品工程等息息相关。

生物大分子是指在生物体内存在的具有特殊生物功能的高分子化合物，主要包括蛋白质、酶、核酸、多糖和脂类，其中蛋白质（包括酶）和核酸是生命现象的基本体现者，是生命运动的物质基础。生物材料一般是通过提取法、发酵法、化学合成法、组织培养法、遗传工程等方法制得的。

生物产品的分离提纯技术，是制备纯净的生物产品的关键，是生物化工技术开发的重点。经典的化学分离技术难以满足具有特殊生理活性的物质的分离要求。由于生物品种的结构和理化性质的差异，许多生理活性物质如酶、核酸、各种氨基酸等的分离纯化方法也各不相同。生物分离与化学分离相比，具有如下特点：

① 成分复杂，含有多种同类或异类的物质。生物材料中往往含有蛋白质、核酸、脂类、糖类、无机盐、细胞及其碎片等，各种化合物的理化性质各异，造成分离困难。

② 目标产物浓度低、含量极微、混乱，含有大量的水和培养基、残留组分以及大量未知物质。

③ 蛋白质、酶、核酸的结构及性质对外界条件非常敏感，过酸、过碱、高温和剧烈的机械作用都可能造成产物变性失活。

因此，在整个分离纯化过程中，为了防止产品随时间变化、被空气氧化及其他影响，分离应选择在温和、低温的条件下进行。还应注意防止体系中重金属离子的影响，控制好操作的 pH、离子强度等。

*第七节 挥发和蒸馏分离法

【学习要点】 了解挥发和蒸馏分离法的基本原理和应用。

挥发和蒸馏分离法是利用物质挥发性的差异进行分离的一种方法。可以用于除去干扰组分，也可以使待测组分定量地挥发出来后再测定。无机物中具有挥发性的物质不多，因此这种方法选择性较高。砷的氢化物，硅的氟化物，锗、砷、锑、锡等的氯化物都具有挥发性，可借控制蒸馏温度的办法把它们蒸馏出来，再用一合适的吸收液吸收，然后选用适宜的方法进行测定。最常用的例子是氮的测定：首先将各种含氮化合物中的氮经适当处理转化为 NH_4^+，在浓碱存在下利用 NH_3 的挥发性把它蒸馏出来，并用酸溶液吸收，再根据氨的含量多少选用适宜的测定方法。又如，测定水或食品等试样中的微量砷时，先用锌粒和稀硫酸将

试样中的砷还原为 AsH_3，经挥发和收集后，可用比色等方法进行测定。

蒸馏分离法在有机化合物的分离中应用很广，不少有机物是利用各自沸点的不同而得到分离和提纯，例如 C、H、O、N、S 等元素的测定即采用这种方法。

在环境监测中不少有毒物质如 Hg、CN^-、SO_2、S^{2-}、F^- 酚类等都能用蒸馏分离法分离富集，然后选用适当的方法测定。表 8-10 列出了部分元素的挥发和蒸馏分离条件。

表 8-10 挥发和蒸馏分离法的应用实例

组 分	挥发形式	条 件	应 用
砷	$AsCl_3$,$AsBr_3$,$AsBr_5$ AsH_3	HCl 或 HBr + H_2SO_4 Zn + H_2SO_4 或 Al + NaOH	除去砷 微量砷的测定
硼	$B(OCH_3)_3$ BF_3	酸性溶液加甲醇 加氟化物溶液	去硼或测定硼 去硼或测定硼
碳	CO_2	1100℃通氧燃烧	碳的测定
CN^-	HCN	加 H_2SO_4 或酒石酸，用稀碱吸收	CN^- 的测定
铬	CrO_2Cl_2	HCl + $HClO_4$	除去铬
铵盐、含氮有机化合物	NH_3	NaOH	氨态氮测定，含氮有机化合物转化成铵盐后测定
硫	SO_2	1300℃通氧燃烧	硫的测定
硅	SiF_4	HF + H_2SO_4	测定硅酸盐中的硅，去硅，测定纯硅中的杂质
硒、碲	$SeBr_4$,$TeBr_4$	HBr + H_2SO_4	硒、碲的测定或去硒、碲
锗	$GeCl_4$	HCl	锗的测定
锑	$SbCl_3$,$SbBr_3$,$SbBr_5$	HCl 或 HBr + H_2SO_4	去锑
锡	$SnBr_4$	HBr + H_2SO_4	去锡
锇、钌	OsO_4,RuO_4	$KMnO_4$ + H_2SO_4	痕量锇、钌的测定
铊	$TlBr_3$	HBr + H_2SO_4	去铊

挥发和蒸馏的操作方法可参阅有关资料。

思考题8-7

挥发和蒸馏分离法依据什么进行分离？举例说明它们在物质分离中的应用。

阅读材料

激光分离法

近 30 年来，随着激光技术的应用与发展，在物理和化学领域中出现了一门崭新的边缘学科——激光化学。它和经典的光化学一样，是研究光子与物质相互作用过程中物质激发态的产生、结构、性能及其相互转化的一门科学。但是，由于激光与普通光相比具有亮度高、单色性好、相干性好和方向性好等突出优点，因而激光与物质相互作用，特别是在引发化学反应过程中，就能产生经典光化学不能得到的许多新的实验现象，如红外多光子吸收、选择性共振激发等。这些新的实验现象不但在理论上具有很大意义，而且在许多实际应用方面开创了崭新的领域，创立了一些新的分析方法，如高纯材料中杂质的分离、稀土元素的分离以及同位素分离等激光分离法。

1. 激光光解纯化硅烷

美国洛斯阿拉莫斯实验室用激光光解纯化半导体与太阳能电池中常用的硅材料，收到了良好的效果。研究人员用波长 193nm 的氟化氩紫外激光照射含有砷、磷、硼杂质的硅烷气体，使杂质优先分解，形成固态多体化合物，剩下的是纯化了的硅烷气体。因大量硅烷气体基本上不消耗能量，因此效率高，成本可降至 1/6。

2. 激光引发分离稀土元素

近年来，把具有良好选择性的激光用于分离稀土元素收到了明显的效果。美国海军研究所的多诺霍等人用氟化氩、氟化氪和氯化氙等准分子激光器的紫外输出引发液相反应中的稀土元素，已成功地分离了铕和铈。分离过程的基本原理是利用液相体系中稀土元素之间吸收峰的形状比较窄，当稀土元素的电荷传送带受到激光照射时，就会产生光氧化还原反应，由于氧化还原态的变化，就引起诸如溶解度、可萃性或反应性等化学性质的改变，因而可利用适当化学方法（如沉淀、萃取等）加以分离。

3. 激光分离同位素

激光分离同位素的主要依据是：由于同位素的原子核质量不同或核的核电荷分布不同，引起同位素在光谱中的位移效应，借此进行分离。激光分离同位素的具体方法有光分解法、光化学法、光电离法等。

激光分离同位素具有效率高、能耗少、成本低、较灵活等优点。

激光分离有两个明显的优点：一是选择性高，能耗少；二是用光子代替化学试剂，可不用或少用化学试剂，有利于减少“三废”污染。

摘自张正奇主编《分析化学》

习 题 八

1. 现欲分离下列试样中的某种组分，分别应选用哪种沉淀分离法？

(1) 镍合金中大量的镍；

(2) 低碳钢中的微量镍；

(3) 大量 Cu^{2+}、Fe^{3+} 存在下的微量 Sb(Ⅲ)；

(4) 海水中的痕量 Mn^{2+}。

2. 某矿样溶液含 Fe^{3+}、Al^{3+}、Ca^{2+}、Mg^{2+}、Mn^{2+}、Cr^{3+}、Cu^{2+} 和 Zn^{2+} 等离子，加入 NH_4Cl 和氨水后，哪些离子以什么形式存在于溶液中？分离是否完全？

3. 已知 $Fe(OH)_2$ 的 $pK_{sp}=15.1$，$Cu(OH)_2$ 的 $pK_{sp}=19.66$，$Al(OH)_3$ 的 $pK_{sp}=32.9$，$Mn(OH)_2$ 的 $pK_{sp}=12.72$。金属离子浓度均为 0.01mol/L，求它们开始沉淀和沉淀完全时的 pH 是多少？

4. 25℃时，Br_2 在 CCl_4 和水中的 $K_D=2.90$。水溶液中的溴分别用 (1) 等体积的 CCl_4，(2) 1/2 体积的 CCl_4 萃取一次时，萃取效率各为多少？

5. 100mL 水溶液中含有溶质 B 0.120g，在给定温度下 B 在 CCl_4 与水中的 $K_D=85$。如果用 25mL CCl_4 萃取一次，则还有多少克的 B 遗留在水相中？

6. 某一含有烃的水溶液 50mL，用 $CHCl_3$ 萃取，每次用 5mL，要求萃取率达 99.8%，需萃取多少次？已知 $D=19.1$。

7. 18℃时，I_2 在 CS_2 和水中的分配系数为 420。

(1) 如果 100mL 水溶液中含有 I_2 0.018g，以 100mL CS_2 萃取，将有多少克 I_2 留在水溶液中？

(2) 如果改用两份 50mL 的 CS_2 萃取，留于水中的 I_2 将是多少？

8. 已知试液中含有 Fe^{3+}、Al^{3+}、Ca^{2+}、Mg^{2+} 及 H_3BO_3，现欲使各组分分离，应如何进行？

9. 现欲用离子交换法分离以下组分，应如何进行？

（1）Al^{3+}，Ca^{2+}，Fe^{3+}；

（2）Ca^{2+}，Ni^{2+}，Cu^{2+}。

10. 称取干燥的 H 型阳离子交换树脂 1.00g，置于干燥的锥形瓶中，准确加入 100mL 0.1000mol/L 的 NaOH 标准滴定溶液，塞好，放置过夜。吸取上层溶液 25mL，用 0.1010mol/L 的 HCl 标准滴定溶液 14.88mL 滴定到终点。计算树脂的交换容量。

11. 用纸色谱上行法分离 A 和 B 两个组分，已知 $R_{f,A}=0.45$，$R_{f,B}=0.63$。欲使分离后 A 和 B 两组分的斑点中心之间距离为 2.0cm，问色谱用纸的长度应为多少厘米？

12. 含有 A、B 的混合液，已知 $R_{f,A}=0.40$，$R_{f,B}=0.60$，原点中心至溶剂前沿的距离为 20cm，分离后 A、B 两斑点中心之间最大距离是多少？

第九章 复杂物质的分析

学习指南

复杂物质的分析不仅要选择合适的分析方法，还应采集具有代表性的试样，并制备和处理成适合于测定的状态和形态等。通过本章的学习，应重点掌握采样的基本原则，了解制样的一般步骤；了解常见的试样分解方法如溶解法、熔融法、半熔法和干法灰化法等的原理和操作方法；明确测定方法的选择原则，以便在进行复杂物质分析时选择合适的测定方法；运用所学知识对水泥熟料中的组分进行全分析，达到学以致用的目的。

复杂物质的分析一般包括试样的采集、试样的制备、试样的分解、干扰组分的分离、测定方法的选择、测定、数据处理以及报告分析结果等。本章主要学习试样的采集、制备、分解，测定方法的选择，以及复杂试样的分析实例。

第一节　分析试样的制备

【学习要点】 了解采样的意义和相关术语；掌握固体试样和液体试样的采集方法；掌握破碎、筛分、掺和和缩分等试样制备程序的操作方法。

在定量化学分析中取得具有代表性（即分析试样的组成代表整批物料的平均组成）的试样是获得准确、可靠分析结果的关键，试样的采集和制备是至关重要的第一步。

由于实际分析对象种类繁多，形态各异，有固体、液体和气体，试样的性质和均匀程度也各不相同，因此取样和处理的各步细节也存在较大的差异。关于采集有代表性的平均试样和制成分析试样的具体方法，各有关部门有严格规定，可参阅有关的资料[1]。本节仅以组成

[1] 有关采样制样的标准有 GB 4650—84、GB 6678—86、GB 6679—86、GB 6680—86、GB 6681—86、GB 3723—86、GB 6603—85 等。

不均匀的物料（如煤炭、矿石、土壤等）为例说明试样的采集和制备过程。

一、试样的采集

为了使所采集的试样能够代表分析对象的平均组成，应根据试样堆放的情况和颗粒的大小从不同部位和深度选取多个取样点。根据经验，试样的采集量可按下述采样经验公式计算：

$$Q=Kd^2$$

式中 Q——采取平均试样的最小量，kg；

d——物料中最大颗粒的直径，mm；

K——经验常数（可由实验求得，一般在 0.02～0.15 之间。样品越不均匀，其 K 就越大）。

例如，有一铁矿石最大颗粒直径为 10mm，$K\approx0.1$，则应采集的原始试样最低质量为：

$$Q\geqslant0.1\times10^2=10(\text{kg})$$

二、试样的制备

按上述方法采集的试样不仅量大，且颗粒不均匀，必须通过多次破碎、过筛、混匀、缩分等步骤制成少量❶均匀且有代表性的分析试样。

破碎是按规定用适当的机械或人工减小样品粒度。一般先用破碎机对试样进行粗碎，再用圆盘粉碎机等进行中碎，然后用压磨锤、瓷研钵、玛瑙研钵等进行细碎。不同性质的样品要求磨细的程度不同。为了控制试样的粒度，常采用过筛的方法，即使破碎后的试样通过一定筛孔的筛子。一般要求分析试样能通过 100～200 号筛。筛子具有一定的孔径，几种筛号及其孔径的大小见表 9-1。

表 9-1 筛号（网目）及其规格

筛号(网目)	20	40	60	80	100	120	200
筛孔(即每孔的长度)/mm	0.83	0.42	0.25	0.18	0.15	0.125	0.074

必须注意的是：每次粉碎后都要通过相应的筛子，未通过筛孔的粗粒不可抛弃，需要进一步粉碎，直至全部通过，以保证所得样品能代表整个被测物料的平均组成。

试样每经破碎至所需的粒度后，要将试样仔细混匀后再进行缩分。混匀的方法是把已破碎、过筛的试样用平板铁铲铲起，堆成圆锥体，再交互地从试样堆两边对角贴底逐锹铲起，堆成另一个圆锥，每锹铲起的试样不应过多，并分两三次撒落在新锥顶端，使之均匀地落在锥四周。如此反复堆掺 3 次后即可进行缩分。

按规定减少样品质量的过程称为缩分。在条件允许时，最好使用分样器进行缩分。如果没有分样器，通常用“四分法”进行人工缩分。“四分法”是将物料堆成圆锥体，然后压成厚度均匀的圆饼，通过中心将其平均分成 4 个相等的扇形体，弃去对角的两份，保留余下的两份。保留的试样是否继续缩分取决于试样的粒度与保留试样量之间的关系，它们应符合采样公式 $Q=Kd^2$，否则应进一步破碎后再进行缩分。例如，某试样 1.2kg（$K\approx0.1$）经破碎后全部通过 40 号筛孔（最大粒度直径为 0.42mm），应保留的试样最小质量为：

$$Q\geqslant0.1\times0.42^2\,\text{kg}=0.018\text{kg}$$

计算结果说明试样经 6 次连续缩分后，可使保留试样质量为：

❶ 在满足需要的前提下，样品量越少越好。一般情况下，样品量至少满足 3 次全项重复检测的需要，满足保留样品的需要和制样预处理的需要。

$$1.2\times(1/2)^6\text{kg}=0.0187\text{kg}$$

若要进一步缩分，必须经研磨，并通过较小筛孔的筛子后才行，否则影响试样的代表性。

制好的试样分装在两个试剂瓶中，贴上标签，注明试样的名称、来源和采样日期。一瓶作正样供分析用，另一瓶备查用。试样收到后一般应尽快分析，以避免试样受潮、风干或变质。

思考题9-1

1. 采样应遵守什么原则？如何确定采样量？
2. 在制备样品时，将大块矿样锤碎，用很细的分样筛筛出一部分拿来分析，对不对？为什么？
3. 采集固体样品后制备试料要经过哪几步处理？简述各个步骤的目的。

阅读材料

微波溶样

微波在化学中应用最广泛的领域是分析化学，除微波吸收光谱分析、等离子体原子光谱分析外，还可应用于溶样、萃取、脱附、测湿、干燥、分离富集、显色反应、形态分析和热雾化等。

自从 1975 年首次报道用微波炉湿法消解生物样品以来，关于微波溶样的研究发展很快，现在不仅有了有关微波制样的专著，微波制样的商品仪器已上市多年，这一技术已较成熟，且已被广泛应用，有的还被选为标准方法。样品分析特别是固体样品分析最耗时、最费力的工作往往是样品消解，而微波消解样品最突出的优点正是速度快、耗时少，其主要原因是微波加热与常规加热有不同的机理。已建立的微波溶样方法所涉及的样品包括地质、生物、药物、食品、环保、合成材料等，所用的消解方法有常压酸溶法、高压酸溶法、连续流动酸溶法及碱熔融和高温灰化法。目前最常用的是高压酸溶法，但常压方法似乎更值得重视。

摘自张寒琦、金钦汉著《微波化学》

第二节　试样的分解

【学习要点】 了解定量化学分析中常用的试样分解方法；掌握溶解法、熔融法、半熔法和干法灰化法的作用原理、操作方法以及适用范围，并学以致用。

在定量化学分析中一般要将试样分解，制成溶液（干法分析除外）后再分析，因此试样的分解是重要的步骤之一，它不仅直接关系到待测组分转变为适合的测定形态，也关系到以后的分离和测定。如果分解方法选择不当，就会增加不必要的分离步骤，给测定造成困难和增大误差，有时甚至使测定无法进行。

对试样进行分解的过程中，待测组分不应挥发损失，也不能引入被测组分和干扰物质。分解要完全，处理后的溶液中不得残留原试样的细屑或粉末。

实际工作中，应根据试样的性质与测定方法的不同选择合适的分解方法。常用的分解方法主要有溶解法和熔融法。

一、溶解法

溶解法是采用适当的溶剂将试样溶解后制成溶液，这种方法比较简单、快速。常用的溶剂有水、酸、碱等。对于不溶于水的试样，则采用酸或碱作溶剂的酸溶法或碱溶法进行溶解，以制备分析试液。

1. 水溶法

用水溶解试样最简单、快速，适用于一切可溶性盐和其他可溶性物料。常见的可溶性盐类有硝酸盐、醋酸盐、铵盐、绝大多数的碱金属化合物、大部分的氯化物及硫酸盐。当用水不能溶解或不能完全溶解时，再用酸或碱溶解。

2. 酸溶法

酸溶法是利用酸的酸性、氧化还原性及形成配合物的性质使试样溶解制成溶液。钢铁、合金、部分金属氧化物、硫化物、碳酸盐矿物、磷酸盐矿物等常采用此法溶解。

常用作分解试样的酸有盐酸、硝酸、硫酸、磷酸、高氯酸、氢氟酸等以及它们的混酸。

盐酸具有还原性及配位能力，是分解试样的重要强酸之一。它可以溶解金属活动顺序表中氢以前的金属或合金，也可分解一些碳酸盐及以碱金属、碱土金属为主要成分的矿石。

硝酸具有氧化性，所以硝酸溶解样品兼有酸化和氧化作用，溶解能力强而且快。除某些贵金属及表面易钝化的铝、铬外，绝大部分金属能被硝酸溶解。

热浓硫酸具有强氧化性和脱水能力，可使有机物分解，也常用于分解多种合金及矿石。利用硫酸的高沸点（338℃），可以借蒸发至冒白烟来除去低沸点的酸（如 HCl、HNO_3、HF）。利用浓硫酸强的脱水能力，可以吸收有机物中的水分而析出碳，以破坏有机物。碳在高温下氧化为二氧化碳气体而逸出。

磷酸在高温下形成焦磷酸，具有很强的配位能力，常用于分解难溶的合金钢和矿石。

高氯酸在加热情况下（特别是接近沸点 203℃时）是一种强氧化剂和脱水剂，分解能力很强，常用于分解含铬的合金和矿石。浓、热的高氯酸遇有机物，由于剧烈的氧化作用而易发生爆炸。当试样中含有机物时，应先用浓硝酸氧化有机物和还原剂后，再加入高氯酸。

氢氟酸是较弱的酸，但具有较强的配位能力。氢氟酸常与硫酸或硝酸混合使用，在铂或聚四氟乙烯器皿中分解硅酸盐。

混合酸具有比单一酸更强的溶解能力，如单一酸不能溶的硫化汞可以溶解于王水中。王水是 1 体积硝酸和 3 体积盐酸的混合酸，它不仅能溶解硫化汞，而且还能溶解金、铂等金属。常用的混合酸有 H_2SO_4-H_3PO_4、H_2SO_4-HF、H_2SO_4-$HClO_4$ 以及 HCl-HNO_3-$HClO_4$ 等。

加压溶解法（或称为闭管法）对于那些特别难分解的试样效果很好。它是把试样和溶剂置于适合的容器中，再将容器装在保护套中，在密闭情况下进行分解，由于内部高温、高压，溶剂没有挥发损失，对于难溶物质的分解可取得良好效果。例如用 HF-$HClO_4$ 的混合酸在加压条件下可分解刚玉（Al_2O_3）、钛铁矿（$FeTiO_3$）、铬铁矿（$FeCrO_4$）、钽铌铁矿［$FeMn(Nb,Ta)_2O_6$］等难溶物质。目前所使用的加压溶解装置类似一种微型的高压锅，是双层附有旋盖的罐状容器，内层用铂或聚四氟乙烯制成，外层用不锈钢制成，溶解时将盖子旋紧后加热。

3. 碱溶法

少数试样可采用碱溶法分解。碱溶法的溶剂主要为氢氧化钠和氢氧化钾。碱溶法常用于溶解两性金属，如铝、锌及其合金以及它们的氧化物和氢氧化物等。

4. 有机溶剂溶解法

测定大多数有机化合物时需用有机溶剂溶解，有时有些无机化合物也需溶解在有机溶剂中再测定，或利用它们在有机溶剂中溶解度的不同进行分离。

二、熔融法

熔融法是将试样与固体熔剂混匀后，置于特定材料制成的坩埚中，在高温条件下熔融，分解试样，再用水或酸浸取融块，使其转入溶液中。熔融法根据所用熔剂的化学性质不同可分为酸熔法和碱熔法两种。

1. 酸熔法

常用酸性熔剂有焦硫酸钾（$K_2S_2O_7$）和硫酸氢钾（$KHSO_4$）。在高温时分解产生的 SO_3 能与碱性氧化物作用。例如，灼烧过的 Fe_2O_3 不溶于酸，但能溶于 $K_2S_2O_7$，即

$$Fe_2O_3 + 3K_2S_2O_7 \xrightarrow{\triangle} Fe_2(SO_4)_3 + 3K_2SO_4$$

焦硫酸钾常用于分解铁、铝、钛、锆、钽、铌的氧化类矿，以及中性或碱性耐火材料。

2. 碱熔法

碱熔法是用碱性熔剂熔融分解酸性试样。常用的碱性熔剂有 Na_2CO_3（熔点 850℃）、K_2CO_3（熔点 891℃）、NaOH（熔点 318℃）、Na_2O_2（熔点 460℃）以及它们的混合物等。例如，碳酸钠或碳酸钾常用来分解硅酸盐，如钠长石（$Al_2O_3 \cdot 2SiO_2$）的分解反应是：

$$Al_2O_3 \cdot 2SiO_2 + 3Na_2CO_3 \longrightarrow 2NaAlO_2 + 2Na_2SiO_3 + 3CO_2\uparrow$$

Na_2O_2 用来分解铬铁矿，反应是：

$$2(FeO \cdot Cr_2O_3) + 7Na_2O_2 \xrightarrow{\triangle} 2NaFeO_2 + 4Na_2CrO_4 + 2Na_2O$$

熔融块用水浸取时，得到 CrO_4^{2-} 溶液和 $Fe(OH)_3$ 沉淀，分离后可分别测定铬与铁。

熔融法中应注意正确选用坩埚材料，以保证所用坩埚不受损坏。选择坩埚材质的原则是：一方面要使坩埚在熔融时不受损失或少受损失，另一方面还要保证分析的准确度。

三、半熔法

半熔法又称为烧结法，是使试样与固体试剂在低于熔点的温度下进行反应。因为温度较低，加热时间需要较长，但不易侵蚀坩埚，可以在瓷坩埚中进行。

例如，以 Na_2CO_3-ZnO 作熔剂，用半熔法分解煤或矿石以测定硫。这里 Na_2CO_3 起熔剂的作用，ZnO 起疏松和通气的作用，使空气中的氧将硫化物氧化为硫酸盐。用水浸取反应产物时，硫酸根离子形成钠盐进入溶液中，SiO_3^{2-} 大部分析出为 $ZnSiO_3$ 沉淀。又如，测定硅酸盐中的 K^+、Na^+ 时不能用含有 K^+、Na^+ 的熔剂，此时可用 $CaCO_3$-NH_4Cl 法分解硅酸盐。

四、干法灰化法

干法灰化法是在一定温度和气氛下加热，使待测物质分解、灰化，留下的残渣再用适当的溶剂溶解。这种方法不用熔剂，空白值低，很适合微量元素分析。

根据灰化条件的不同，干法灰化有两种。一种是在充满 O_2 的密闭瓶内用电火花引燃有机试样，瓶内可用适当的吸收剂吸收其燃烧产物，然后用适当方法测定。这种方法叫氧瓶燃烧法，此法广泛用于有机物中卤素、硫、磷、硼等元素的测定。另一种是将试样置于蒸发皿中或坩埚内，在空气中于一定温度范围（500～550℃）内加热分解、灰化，所得残渣用适当溶剂溶解后进行测定。这种方法叫定温灰化法，此法常用于测定有机物和生物试样中的无机元素，如锑、铬、铁、钠、锶、锌等。

思考题9-2

1. 分解试样应注意哪些问题？

2. 用酸溶法分解试样时，常用的溶剂有哪些？

3. 用熔融法分解试样时，常用的熔剂有哪些？

4. 今欲测定：（1）玻璃中 SiO_2 的含量；（2）玻璃中 K^+、Na^+、Ca^{2+}、Mg^{2+}、Fe^{3+} 等的含量。玻璃试样分别应用什么方法溶解？

5. 下列物质应怎样溶解？

（1）$Fe(OH)_3$；（2）$Al(OH)_3$；（3）$PbSO_4$。

6. 简述下列各溶剂对分解试样的作用：

HCl，HNO_3，H_2SO_4，NaOH，Na_2CO_3

7. 下列操作不适当，为什么？请改正。

（1）测定钢铁中的磷时，用 H_2SO_4 溶样；

（2）以过氧化钠作为熔剂时，采用瓷坩埚。

阅读材料

湿法灰化法

对于痕量元素的测定，用湿法灰化法分解有机试样较好，但所用试剂纯度要高。

硫酸可用作湿法灰化剂，但硫酸氧化能力不够强烈，分解需要较长时间。加入 K_2SO_4，以提高硫酸的沸点，可加速分解。硝酸是较强的氧化剂，但由于硝酸的挥发性，在试样完全氧化分解前往往已挥发逸去，因此一般采用 H_2SO_4-HNO_3 混合酸。对于不同试样，可以采用不同配比；两种酸可以同时加，也可以先加入 H_2SO_4，待试样焦化后再加入硝酸。分解作用可在锥形瓶中进行。有人建议加入数滴辛醇，以防止产生泡沫。加热直至试样完全氧化，溶液变清，并蒸发至干，以除去亚硝基硫酸。此时所得残渣溶于水，除非有不溶性氧化物和不溶性硫酸盐存在。应用此种灰化法，氯、砷、硼、锗、汞、锑、硒、锡要挥发逸出，磷也可能挥发逸去。

对难于氧化的有机试样，用过氯酸-硝酸或过氯酸-硝酸-硫酸混合酸小心处理，可使分解作用快速进行。这两种混合酸曾用来分解天然产物、蛋白质、纤维素、聚合物，也曾用来分解燃料油，使其中的硫和磷成硫酸和磷酸而被测定。经研究，用这样的灰化法，除汞以外，其余各元素不会挥发损失。如果装上回流装置，可防止汞的挥发损失，而且也可防止硝酸的挥发，以减少爆炸的可能性。但如操作不当，也可能发生爆炸。因此，用过氯酸氧化有机试样，必须由有经验的操作者来做。

对于含有汞、砷、锑、铋、金、银或锗的金属有机物，用 H_2SC_4-H_2O_2 处理可得满意的结果，但卤素要挥发损失。由于 H_2SO_4-H_2O_2 是强烈的氧化剂，对于未知性能的试样不要随便应用。

用铬酸和硫酸混合物分解有机试样，分解产物可用来测定卤素。

用浓硫酸加 K_2SO_4，再加入氧化汞作催化剂，加热分解有机试样，使试样中的氮还原为 $(NH_4)_2SO_4$，以测定总含氮量，这是大家都熟悉的凯氏法。但这种方法的反应过程尚不清楚，所用催化剂除氧化汞以外尚可用铜或硒化合物。但含有硝酸盐、亚硝酸盐、偶氮、硝基、亚硝基、氰基的化合物等需要特殊处理，以回收其总含氮量。

对于石油产品中硫含量的测定可用“灯法”，即在试样中插入“灯芯”，置于密封系统中，通入空气，点火燃烧，使试样中的硫氧化成 SO_2，吸收后加以测定。

第三节 测定方法的选择

【学习要点】 了解选择测定方法的重要性；掌握选择测定方法的一般原则，并在实际测定中学会确定试样的测定方法。

应用被测组分的化学性质、物理性质、物理化学性质，可以建立起多种多样的定量化学分析方法，因此一个组分往往有数种测定方法。

一、测定方法选择的重要性

定量化学分析要完成实际生产和科研中的具体分析任务，获得符合要求的测定结果，选择合适的测定方法至关重要。随着工农业生产和科学技术的发展，对定量化学分析提出了更高的要求，同时也提供了更多更先进的测定方法。在实际工作中，遇到的分析问题是各种各样的。从分析对象来说，可能是无机试样或有机试样；从所要求分析的组分来说，可以是单项分析或全分析；从所测定组分的含量来说，可能属于常量组分、微量组分或痕量组分等。要完成各种各样不同的分析任务，需要选择各种不同的测定方法。

二、测定方法选择的原则

1. 根据测定目的要求

由于分析工作涉及面很广，分析的对象种类繁多，因此，首先应明确测定的目的及要求。其中主要包括需要测定的组分、准确度及完成测定的时间等。一般对标准物和成品分析的准确度要求较高；微量成分分析对灵敏度要求较高；而中间控制分析则要求快速简便等。例如，测定标准钢样中硫的含量时一般采用准确度较高的称量法，而炼钢炉前控制硫含量的分析则采用 1～2min 即可完成的燃烧容量法。

2. 根据待测组分的含量范围

适用于测定常量组分的方法不适用于测定微量组分或低浓度物质；反之，测定微量组分的方法也不适用于常量组分的测定。所以在选择分析方法时应考虑待测组分的含量范围。常量组分多采用滴定分析法和重量分析法，它们的相对误差为千分之几。滴定分析法操作简便、快速；重量法虽很准确，但操作费时。当两者均可选用时，一般采用滴定法，但滴定法的灵敏度不高，对低含量（小于 1%）组分的测定误差太大，有时甚至测不出来。因此，对于微量组分的测定，应选用灵敏度较高的仪器分析，如分光光度法、原子吸收光谱法、色谱分析法等，这些方法的相对误差一般是百分之几。但用这些方法测定常量组分时，其准确度就不可能达到滴定法和重量法那样高。例如，用光谱分析法测定纯硅中的硼时，其结果为 2×10^{-8}，若此法的相对误差为 50%，则其真实含量为 $1\times10^{-8}\sim3\times10^{-8}$。虽然该法的准确度较差，但对微量的硼，只要能确定其含量的数量级（10^{-8}）就能满足要求了。因此，应根据具体情况选择合适的分析方法。

3. 根据待测组分的性质

一般来说，分析方法的选择都是基于被测组分的性质，了解被测组分的性质可帮助人们选择测定方法。例如，试样具有酸碱性时，可以首先考虑中和法；试样具有还原性或氧化性时，可以首先考虑氧化还原法；大部分金属离子可与 EDTA 形成稳定的配合物，因此常用配位滴定法测定金属离子；而对碱金属，特别是钠离子等，由于它们的配合物一般很不稳定，大部分盐类的溶解度又较大，而且不具有氧化还原性质，但能发射或吸收一定波长的特征谱线，因此火焰光度法及原子吸收光谱法是较好的测定方法。又如溴能迅速加成于不饱和有机物的双键，因此可用溴酸盐法测定有机物的不饱和度。

4. 根据共存组分的影响

选择分析方法时，必须考虑共存组分对测定的影响。例如，测定铜矿中的铜时，若用 HNO_3 分解试样，选用碘量法测定，其中所含 Fe^{3+}、Sb(Ⅴ)、As(Ⅴ) 及过量 HNO_3 都能氧化 I^- 而干扰测定；若选用配位滴定法，由于 Fe^{3+}、Al^{3+}、Zn^{2+}、Pb^{2+} 等都能与 EDTA 配合，也会干扰测定；若用原子吸收光谱法，则一般元素如 Fe、Zn、Pb、Al、Co、Ni、Ca、Mg 等均不干扰。

5. 根据实验室条件

选择测定方法时，还要考虑实验室是否具备所需条件。例如，现有仪器的精密度和灵敏度，所需试剂和水的纯度以及实验室的温度、湿度与防尘等实际情况。有些方法虽能在短时间内分析成批试样，很适合于例行分析，但需要的仪器一般实验室不一定具备，也只能选用其他方法。

总之，一个理想的分析方法应该是灵敏度高、检出限低、准确度高、操作简便的方法。但在实际工作中，一种测定方法很难同时满足这些条件，即不存在适用于任何试样、任何组分的测定方法，因此，要选择一个适宜的分析方法，就要综合考虑以上各个因素。

三、确定测定方法

1. 确定测定方法的原则

(1) 方法的准确度高　测定常量组分时，要求测定具有较高的准确度，可使用重量分析法或滴定分析法。这些方法大多具有准确度和精密度较高、操作简便快速等特点，在大多数场合下滴定分析优于重量分析。

例如，测定试样中的铁时，可先将试样溶解，将铁转化为 Fe^{3+}，则可在 Al、Ti 和其他重金属存在下直接以 $KMnO_4$ 法或用 $K_2Cr_2O_7$ 法滴定，这样比较简单省时。如选用重量法，则必须将其他元素分离，然后测定铁，既复杂又费时。

(2) 方法的灵敏度高　测定微量组分时，要求选择灵敏度高一些的方法，如分光光度法、电化学分析法、色谱分析法等。这些方法都具有灵敏度高的特性，其准确度虽不如滴定分析法，但已满足微量组分分析的要求。

(3) 方法的选择性好　分析物料中被测物以外的其他成分最好对测定没有干扰，即使有干扰也必须易于分离或掩蔽去除。

(4) 方法适应于分析的具体要求　分析物料种类繁多，分析要求各不相同。如分析高纯物质中的杂质，方法的灵敏度至关重要；而原子量测定、仲裁分析、成品分析等，准确度是首要问题；生产过程中的中间控制分析，要求方法简便、快速。

(5) 方法与现有实验设备和技术条件相适应　在选择准确度和灵敏度都很高、选择性也好的方法时，必须考虑到现有仪器设备和试剂纯度等是否能与之适应，如果所在的实验室不具备这些条件和技术水平，方法再好也是无用的。

2. 确定测定方法

(1) 查阅文献　查阅文献是最普遍、最经济的手段。分析化学文献数量庞大，其中最实用的文献是“标准分析方法”。因为“标准分析方法”对精密度、准确度及干扰等问题都有明确的说明，是常规实验室易于实施的方法。在一般文献中选择分析方法时，则要依据选择分析方法的原则确定。摘录一种分析方法就应用，往往是不可取的。此时，还要注意具体情况（如试样组分、待分析物的物理化学性质与状态、使用的仪器性能等）与文献报道的是否一致。当方法较为适宜被分析物质时，才能选定。

（2）进行验证性实验　初步确定了分析方法后，应将其详尽描述写出，以便进行验证性实验。验证性实验的目的是证实该方法是否适用于欲测物质的分析定量，并通过实验获得分析方法的精密度和准确度。在验证性实验中，重复测定是必要的，因为个别特定条件的实验结果不能代表一般，必须重复测定才能估量实验误差，才能对测定数据做统一的判断。但重复测定的次数应在满足实验目的的前提下尽量少。例如，要分析煤中某成分含量时，一种方法是取样点比较少，但每个点取的试样都要进行多次重复测定；另一种方法是取样点尽可能多一些，但每个点取的试样只进行较少次数的重复测定。当总的测定次数相同时，后一种安排实验的方式比前一种更为合理。这是因为，对煤来说，取样的代表性是一个关键性问题，增加重复测定次数虽然提高了测定的精密度，但对提高测定结果的准确度、减少试样不均匀性引起的误差是无效的。同时还应注意，重复测定不能发现测定方法的系统误差，只有改变实验条件才能发现系统误差。

（3）优化实验条件，完善测定方法　实验条件一般包括浓度、酸度、温度等。通过条件试验选定最佳的实验条件，这是提高分析结果精密度和准确度的重要手段，也是完善实验方法的重要环节。要客观地评价一个分析方法的优劣，通常有 3 项指标，即检出限、精密度、准确度。评价测定方法的准确度又可采用 3 种方法：一是采用已知的标准样品检查分析方法是否存在系统误差；二是用已知的标准测定方法的测定结果对照检查所拟定的分析方法是否存在系统误差；三是采用测定回收率的方法检查系统误差。若用上述方法检查出所拟定分析方法存在系统误差，说明采用该方法测定不准确，系统误差值越大，方法的准确度越低；若通过上述方法检查对照没发现所拟定的方法存在系统误差，则说明该方法准确，且所拟定方法的测定结果与标准结果越接近，方法的准确度越高。除此之外，还要考虑到测定方法的分析速度、应用范围、复杂程度、成本、操作安全及创新性与污染等因素。这样才能对测定方法做出比较全面的综合评价，从而完善分析方法。

（4）确定测定方法　根据上述所做的工作即可确定一项分析任务的测定方法。一个完整的测定方法由以下内容组成：适用范围、引用标准、术语、符号、代号、方法提要或原理、试剂和材料、仪器设备、样品、测定步骤、分析结果表示、精密度以及其他附加说明等。

思考题9-3

1. 简述选择测定方法的重要性。
2. 如何选择测定方法？
3. 测定铜矿中的铜含量时，如何选择测定方法？

阅读材料

铁矿石中全铁量的测定方法选择与比较

1. 分析方法的选择

（1）氯化亚锡-氯化汞-重铬酸钾法（重铬酸钾法）　铁矿石试样用酸溶解后，用氯化亚锡将 Fe^{3+} 还原为 Fe^{2+}，过量的氯化亚锡用氯化汞氧化除去，然后以二苯胺磺酸钠为指示剂，用重铬酸钾标准滴定溶液滴定。

（2）三氯化钛-重铬酸钾法（无汞测定铁法）　铁矿石试样用盐酸溶解，首先用 $SnCl_2$ 还原大部分 Fe^{3+}，然后用 $TiCl_3$ 定量还原剩余部分的 Fe^{3+}，过量的 $TiCl_3$ 溶液使指示剂钨酸钠中的 6 价 W 还原为蓝色的 5 价 W（俗称钨蓝），使溶液呈蓝色，再用重铬酸钾氧化至蓝色消失，加入硫磷混酸，以二苯胺磺酸钠为指示剂，用重铬酸钾标准滴定溶液滴定至溶液呈现稳定的紫色。

2. 测定方法的比较

(1) 比较两种测定方法的测定结果（教师提供真实含量）。

(2) 简单评价两种测定方法的特点。

第四节 复杂试样分析示例——水泥熟料的分析[1]

【学习要点】 掌握水泥熟料试样的分解方法；熟悉水泥熟料主要组分 SiO_2、Fe_2O_3、Al_2O_3、CaO 及 MgO 的测定原理、测定步骤及注意事项。

水泥主要由硅酸盐组成，按国家规定，水泥可分成硅酸盐水泥（熟料水泥）、普通硅酸盐水泥（普通水泥）、矿渣硅酸盐水泥（矿渣水泥）、火山灰质硅酸盐水泥（火山灰水泥）和粉煤灰硅酸盐水泥（煤灰水泥）。

水泥熟料是由水泥生料经 1400℃以上高温煅烧而成，硅酸盐水泥由水泥熟料加适量石膏而成，其主要化学成分的质量分数及其控制范围见表 9-2。

表 9-2 水泥熟料的化学成分

化学成分	含量范围/%	一般控制范围/%	化学成分	含量范围/%	一般控制范围/%
SiO_2	18～24	20～22	CaO	60～67	62～66
Fe_2O_3	2.0～5.5	3～4	MgO	≤4.5	
Al_2O_3	4.0～9.5	5～7	SO_3	≤3.0	

一、试样的分解

熟料中的硅酸盐能否被酸分解，主要取决于其中二氧化硅含量与碱性氧化物含量之比，其比值越大越不易被酸分解。相反，碱性氧化物含量越高，且碱性越强，则越易被酸分解。

由表 9-2 可知，在水泥熟料中，碱性氧化物的质量分数大于 60%，因此水泥熟料易被盐酸分解。水泥熟料主要为硅酸三钙（$3CaO \cdot SiO_2$）、硅酸二钙（$2CaO \cdot SiO_2$）、铝酸三钙（$3CaO \cdot Al_2O_3$）和铁铝酸四钙（$4CaO \cdot Al_2O_3 \cdot Fe_2O_3$）等化合物的混合物。分解水泥试样通常选用盐酸，盐酸与试样作用后生成硅酸和可溶性的氯化物。硅酸在水溶液中绝大部分以溶胶状态存在，其化学式以 $SiO_2 \cdot nH_2O$ 表示。在用浓酸和加热蒸干等方法处理后，能使绝大部分硅酸溶胶脱水，成水凝胶析出，因此可以利用沉淀分离的方法把硅酸与水泥中的铁、铝、钙、镁等其他组分分开。

二、SiO_2 的测定

SiO_2 用重量法测定。试样用 HCl 分解后，即可析出无定形硅酸沉淀，但沉淀不完全，而且吸附严重。采用加热蒸发至近干和加固体 NH_4Cl 两种措施，使溶胶状态的硅酸尽可能全部析出。蒸干脱水是将溶液控制在 100～110℃温度下蒸发至近干。如超过 110℃，溶液中的铁、铝等离子易水解生成难溶性碱式盐，混在硅酸凝胶中，这样会使二氧化硅的含量偏

[1] 本教材分析方法参考 GB/T 176—1996《水泥化学分析方法》。

高，而铁、铝的氧化物含量偏低，故加热蒸干时要用水浴，以控制温度。加入固体氯化铵是因为氯化铵易水解生成 $NH_3 \cdot H_2O$ 和 HCl，在加热时它们易挥发逸出，从而消耗了水，故能促进硅酸水溶胶的脱水作用。含水硅酸的组成不固定，沉淀必须经高温灼烧才能得到成分固定、雪白而又疏松的粉末状 SiO_2，然后称量，根据沉淀的质量计算 SiO_2 的质量分数。

三、Fe_2O_3 的测定

水泥中的铁、铝、钙、镁等组分均以离子形态存在于分离 SiO_2 后的滤液中，它们都可与 EDTA 形成稳定的配合物，利用这些配合物稳定性的差异，只要控制适当的酸度，就可用 EDTA 标准滴定溶液分别滴定。

测定 Fe^{3+} 时，控制酸度为 pH 1.8～2.0，温度为 60～70℃，以磺基水杨酸钠为指示剂，用 EDTA 标准滴定溶液滴定，溶液由红紫色变为亮黄色为终点。根据 EDTA 标准滴定溶液的浓度和滴定消耗的体积计算试样中 Fe_2O_3 的质量分数。

溶液酸度控制恰当与否对测定铁的结果影响很大。在 pH＝1.5 时，结果偏低；pH＞3 时，由于 Fe^{3+} 开始水解，往往无滴定终点，共存的 Ti^{3+}、Al^{3+} 影响也增大，使结果偏高。另外，磺基水杨酸与 Fe^{3+} 的配合物颜色也与酸度有关，在 pH 为 2～2.5 时此化合物为红紫色，而磺基水杨酸本身为无色，Fe^{3+} 与 EDTA 配合物为黄色，所以，终点时溶液由红紫色变为黄色。

滴定时，溶液的温度以 60～70℃为宜。当温度高于 75℃时，Al^{3+} 也可能与 EDTA 反应，使 Fe_2O_3 测定值偏高，而 Al_2O_3 测定值偏低；当温度低于 50℃时，反应速率缓慢，不易得到准确的终点。终点时温度应在 60℃左右。

滴定近终点时，应放慢滴定速度，注意操作，仔细观察。当滴定至溶液呈淡紫红色时，每加一滴，应摇动片刻，必要时再加热，小心滴定至亮黄色。如果此处滴定不准，不但影响铁的测定，还影响铝的测定结果。

当铁含量较高时，由于滴定过程中溶液的 pH 逐渐降低，妨碍配位反应的进一步完成，以致滴定终点变色缓慢，难以准确滴定。因此，配位滴定法测定 Fe_2O_3 适用于 Fe_2O_3 含量不超过 30mg 的水泥样品。

四、Al_2O_3 的测定

由于 Al^{3+} 与 EDTA 的配位作用缓慢，一般先加入对铝过量的 EDTA 标准滴定溶液，加热煮沸，使 Al^{3+} 与 EDTA 充分配位，然后在溶液酸度为 pH＝4.3 时，以 PAN 为指示剂，用 $CuSO_4$ 标准滴定溶液回滴过量的 EDTA 溶液，溶液呈现紫红色为终点。根据加入的 EDTA 标准滴定溶液的浓度和加入体积以及回滴时 $CuSO_4$ 标准滴定溶液的浓度和消耗滴定体积计算 Al_2O_3 的质量分数。

以 PAN 为指示剂，用 $CuSO_4$ 滴定 EDTA 时，终点往往不清晰，应该注意操作条件。近终点时，要充分摇动和缓慢滴定，滴定温度控制在 80～85℃为宜。温度过低，PAN 指示剂和 Cu-PAN 在水中溶解度降低；温度太高，终点不稳定。为改善终点，可加入适量乙醇。

由于滴定采用 PAN 为指示剂，滴定过程中溶液里有 3 种有色物质，即淡黄色的 PAN、蓝色的 Cu-EDTA、深红色的 Cu-PAN，终点时溶液颜色变化是否敏锐关键是蓝色 Cu-EDTA 浓度的大小。因此实验中 EDTA 不能过量太多，通常采用的是每 100mL 溶液加入 0.02mol/L 的 EDTA 标准滴定溶液过量 10mL 左右。

值得注意的是，若试样中含微量二氧化钛，则在上述条件下实际测定的是氧化铝和二氧化钛的总量，扣除二氧化钛量（含量低，可用仪器分析法测得）后才是氧化铝量。

五、CaO 的测定

在 pH＞13 的强碱性溶液中，以三乙醇胺为掩蔽剂、钙黄绿素-甲基百里香酚蓝（CMP）混合液为指示剂，用 EDTA 标准滴定溶液滴定。根据 EDTA 标准滴定溶液的浓度和滴定消耗的体积计算 CaO 的质量分数。

在 pH＞13 的强碱性溶液中，Mg^{2+} 生成 $Mg(OH)_2$ 沉淀，$Mg(OH)_2$ 沉淀会吸附 Ca^{2+}，造成结果偏低。因此滴定前需加水稀释试样溶液，降低 Mg^{2+} 浓度，减少 $Mg(OH)_2$ 沉淀对 Ca^{2+} 的吸附。临近终点时，滴定速度也要慢，而且要充分摇动溶液，否则测定钙的结果会偏低。当 pH 调至 13 后（可用 pH 试纸检验），应立即滴定，以防止溶液吸收 CO_2 生成 $CaCO_3$ 沉淀。

Fe^{3+}、Al^{3+} 的干扰用三乙醇胺掩蔽，但三乙醇胺应先在酸性溶液中加入，然后再将溶液调节至碱性，否则已水解的 Fe^{3+}、Al^{3+} 不易被掩蔽。

六、MgO 的测定

在 pH＝10 的氨-氯化铵缓冲溶液中，以三乙醇胺、酒石酸钾钠为掩蔽剂，酸性铬蓝 K-萘酚绿 B 为指示剂，用 EDTA 标准滴定溶液滴定溶液中的钙镁总量，由钙镁总量中减去钙的量（即差减法）可求得 MgO 的质量分数。

实验中应先加入酒石酸钾钠将铁掩蔽后再加三乙醇胺，原因是三乙醇胺与 Fe^{3+} 的配合物破坏酸性铬蓝 K 指示剂。

七、分析结果的允许误差

根据我国的国家标准《水泥化学分析方法》（GB/T 176—1996）规定，上述测定项目分析结果的允许误差范围如表 9-3 所示。

表 9-3　水泥化学分析结果允许误差范围

测定项目	同一实验室	不同实验室	测定项目	同一实验室	不同实验室
SiO_2	0.15%	0.20%	CaO	0.25%	0.40%
Fe_2O_3	0.15%	0.20%	MgO(＜2.0%)	0.15%	0.25%
Al_2O_3	0.20%	0.30%	MgO(＞2.0%)	0.20%	0.30%

思考题9-4

1. 水泥熟料试样为什么采用 $HCl-NH_4Cl$ 分解？分解过程发生了哪些化学反应？
2. 试样分解后加热蒸发的目的是什么？
3. 在 Fe^{3+}、Al^{3+}、Ca^{2+}、Mg^{2+} 等离子共存的溶液中，以 EDTA 标准滴定溶液分别滴定 Fe^{3+}、Al^{3+}、Ca^{2+} 等离子以及 Ca^{2+}、Mg^{2+} 等离子含量时，如何消除其他共存离子的干扰？
4. 滴定 Fe^{3+}、Al^{3+}、Ca^{2+}、Mg^{2+} 时，各用什么指示剂？终点颜色变化如何？
5. 在测定 Al^{3+} 时，为什么采用铜盐返滴定法？为什么要控制 EDTA 标准滴定溶液的加入量？
6. 在测定 Ca^{2+} 时，为什么要先加三乙醇胺，后加 NaOH？
7. 在测定 Ca^{2+}、Mg^{2+} 含量时，为什么要先加酒石酸钾钠溶液后再加三乙醇胺？

阅读材料

水泥的来历

人们无论在家或外出，都处在混凝土建筑包围中。我们的住宅、桥梁、学校、商店和办公大楼都是用混凝土建造的。混凝土是水泥、卵石、砂子加水拌和成的。水泥由石灰石和黏土按一定比例混合，经煅烧，掺入适量石膏等后研成粉末而成。

我国很早就通过煅烧石灰石得到石灰，用于建筑。2000多年前，古罗马人用掺有火山灰或砖粉的石灰砂浆建筑水道沟渠，这被称为火山水泥。

1756 年英国普利茅斯港口的一个灯塔失火，政府命令技师史密顿重建新灯塔。史密顿无意中发现用黑色石灰石烧制的石灰用于建筑质量很好。他吃惊地分析了原因，原来是这种黑色的石灰岩中含有黏土。于是他在含黏土少的石灰岩中加进黏土进行煅烧实验，终于弄清含黏土量 6%～20% 的石灰岩是烧制建筑用石灰的最佳原料。这就创造了今天的水泥。

史密顿成功的消息很快传遍欧洲各国。法国土木工程师维卡于 1813 年发现石灰岩和黏土的比例按3∶1混合煅烧的水泥性能最好，并将烧制成的水泥经过研磨。

1824 年英国一位砖瓦匠 J. 阿斯皮丁将石灰石混合黏土研磨后煅烧，产物再研磨，然后和水制成人造石，并获得专利。他将这种水泥称为波特兰水泥。后来他在威克菲尔德建立了水泥厂。1848 年他的儿子建造了第一座烧制水泥的窑。1873 年英国南索姆创造了回转窑，增加了产量，大幅度降低了成本，使水泥有可能被广泛使用。

摘自凌永乐编《化学物质的发现》

*第十章

计算机在定量化学分析中的应用

学习指南

通过本章的学习，了解计算机在定量化学分析中的实验数据收集和分析方法以及分析数据的计算机化处理；掌握常用的计算机数据处理和计算机的应用，如分析曲线图的绘制、酸碱滴定曲线的绘制和滴定误差的计算等的程序软件及应用实例。

第一节　概　述

【学习要点】 掌握计算机收集和处理实验数据的方法。

定量化学分析中要处理大量实验数据并进行大量的数值计算，而数值计算是计算机的重要功能，因此计算机在定量化学分析中的运用必不可少。要想自如地运用计算机解决实际问题，必须具备两方面能力：一是计算程序编写能力，能够通过编写一些应用程序解决实际计算问题；二是熟练掌握一些常见专业软件。

一、实验数据的收集和分析

利用计算机进行实验数据的收集与分析需要完成以下任务：首先要将仪器设备获得的分析信息完整准确地由连续的模拟信号如电压、电流、波形等转换成计算机能够识别处理的离散的数字信号；其次是通过电缆和接口电路将数字信号完整准确地传送给出计算机；最后是将收集到的信号转换成数字信号，这需要一种称为 A/D 模数转换器的硬件设备，模数转换器的主要功能是将输入的模拟信号 V_A 相对于模拟参考量 V_R 转换成数字化输出量 D。一个理想的模数转换器，其输入与输出的关系要满足 $V_A=DV_R$。

模数转换器都有集成化的商品电路出售，可以根据需要收集信息的具体要求，如信息传输速度、测量精度、测量范围等进行选择。根据工作方式的不同，常用的模数转换器主要有以下 4 种类型：记数方式 A/D 模数转换器、逐次逼近方式 A/D 模数转换器、双积分方式

A/D模数转换器和并行转换方式A/D模数转换器。除了那些自身带有计算机的大型分析仪器且自身结构中已经带有模数转换器的装置以外，在实验室中进行数据收集都需要在分析仪器与计算机输入端口之间加入模数转换器，将分析测试得到的连续模拟信号转换成对应的数字信息供给计算机进行处理。

为了保证数据收集传输的可靠性，在计算机与分析仪器设备之间还需要一定的含有缓存器、计数器、控制器等电路的电子部件，负责数据的输出输入控制，称为接口电路。根据数据传输方式的不同，有并行输出输入接口（PIO）和串行输出输入接口（SIO）。它们与模数转换器和数模转换器一起构成分析数据接口设备。目前还有一些新型接口电路在实验数据收集中被采用，如通用串行总线接口（universal serial bus，USB），可以将多种设备通过星形集线器与计算机连接，不仅连接的仪器数目不受计算机接口数目的限制，而且传输速率比常规串行接口和并行接口都高。

计算机数据收集处理系统的另一个任务是对干扰信号的排除和分析信号的识别。由于各种各样的原因，从分析仪器得到的信息中总会含有或高或低的噪声信号，干扰分析数据的处理，因此必须利用信息识别技术，采取措施排除噪声信号，提高有用分析信号的识别率。消除噪声信号的方法主要有两种：一种是利用电子滤波线路进行硬件噪声滤除，一般需要在实验数据被模数转换之前进行；另一种是计算机数值消噪法，是通过计算机软件对信号进行函数运算消除噪声，需要在实验数据被模数转换之后进行。后一种方法需要编制特定的计算机程序。根据运算方法的不同，函数运算消除噪声法包括平滑法（smoothing）和累加平均法(averaging)，其中平滑法还可以分为移动平均法、代数拟合法、适应平滑法和频率域平滑法等方法。其基本根据是噪声一般都是无规则的和随机出现的突发信号，而分析信号多为有规律的渐变信号。当然，对于那些特殊的分析信号需要采用特殊的方法来进行消噪处理。

经过消除噪声处理，即可进行分析信号的识别。分析信号的识别就是让计算机将分析信号与噪声信号区别开来。常用的识别方法主要有基线带法和斜率法，其理论依据分别为当信号值大于噪声平均值若干倍时确定为分析信号和当两点间信号斜率大于某个确定值时确定为分析信号。有时，如在色谱数据处理中，还采用最小峰面积来区分有效分析数据。分析信号的识别在很大程度上是由操作者根据仪器特性和分析的实际样品情况决定的，有一定的主观随意性，选择何种信号识别方法需要操作者对收集得到的化学信号性质有较深刻的理解。

二、分析数据的计算机化处理

实验数据进行计算机化处理包括：一是通过对原始实验数据的测定、计算等处理过程，获取有效分析参数；二是对某些不可辨别的原始数据进行某些教学处理，使之成为可以辨读的正常数据。前者属于分析数据的后处理过程，目的在于获得有效分析参数；后者则从方法上根本改变分析测试过程。

1. 实验数据的后处理

实验数据的后处理过程常常根据采用的实验仪器和分析方法、分析目的的不同而不同，但是最常见的处理过程一般都包括信号强度确定（峰高）、峰位置确定（横坐标位置，包括相对距离）、峰面积计算（曲线横坐标与纵坐标的积分值）、峰宽测定，以及其他参数的计算等。

用计算机测定峰位置通常采用的方法包括峰顶法、微分法和二次微分法。峰顶法是依据强度（纵坐标）最大时横坐标所在位置确定为峰位置；微分法则利用对曲线求导数其值为零时的值来确定峰的横坐标位置；二次微分法是根据二次微分曲线最小时所在位置确定峰位。其中二次微分法的抗干扰能力比较强，适合复杂样品的分析。峰高确定方法包括峰顶法、平均峰高法和代数拟合法，分别适应于不同情况。其中代数拟合法适合于重叠峰高的处理。峰面积的处理方法种类更加多样，需要根据实际情况加以选择确定。实验数据的后处理一般都是在信号经过模数转换后通过应用程序来解决。这类应用程序的编制过程包括确定处理方法、给出数学处理过程、编制应用程序三个步骤。

2. 实验数据变换方法

上述数据处理方法是在不改变分析测定方法的前提下对实验数据进行处理，寻求有用的分析参数或者提高分析精度。然而，采用某些数学方法还可以改变或简化分析过程，提高仪器的性能和工作范围。其中最具典型意义的是傅里叶变换技术在分析化学方面的应用。目前傅里叶变换红外（FT-IR）、傅里叶变换质谱（FT-MS）和傅里叶变换核磁共振（FT-NMR）已经成为该领域高档仪器的主流。以红外波谱仪为例，常规的分析仪器为了得到不同波长下的吸收波谱，需要采用单色器和频率扫描过程，因此获得一个完整的图谱需要较长时间。采用傅里叶变换技术后，分析仪器可以不经过扫描，在一定范围内将电磁波能量同时作用于样品，并将观测到的时间域波形数据通过傅里叶变换进行快速数学处理，转换成习惯上的频率域图谱。傅里叶变换技术的引进不仅大大简化了分析仪器结构，消除了单色器和扫描过程，而且大大提高了分析速度和灵敏度，使之可以与色谱等分离型仪器联用，构成功能强大的复杂体系定性定量分析系统。由于傅里叶变换技术需要在很短时间内进行大量复杂数学计算，因此计算机在其中起着不可替代的作用。

思考题10-1

1. 要想使用计算机解决定量化学分析中的计算问题，必须具备哪些能力？
2. 简述分析数据的计算机化处理方法。

第二节　计算机数据处理和计算

【学习要点】 掌握定量化学分析中经常使用的计算机数据处理和计算方法；运用计算机对分布曲线图和浓度对数图的绘制、酸碱滴定曲线的绘制和滴定误差的计算的程序编制和具体运用。

应用计算机给定量化学分析中的数据处理和计算带来极大的便利，使一些复杂的、繁琐的，甚至很难处理的一些问题轻而易举地得到解决，并且快速得出分析结果。

一、 分布曲线图和浓度对数图的绘制

1. 计算公式

一元弱酸（HA）在溶液中以 HA 和 A^- 两种型体存在，其总浓度为 c，两种型体的平衡浓度占总浓度的分数即分布系数或分布分数为：

$$\delta_0=\frac{[HA]}{c}=\frac{[H^+]}{[H^+]+K_a}$$

$$\delta_1=\frac{[A^-]}{c}=\frac{K_a}{[H^+]+K_a}$$

二元弱酸（H_2A）在溶液中以 H_2A、HA^- 和 A^{2-} 三种型体存在，其总浓度为 c，则各个型体的分布系数（δ_i）为：

$$\delta_0=\frac{[H_2A]}{c}=\frac{[H^+]^2}{[H^+]^2+K_{a1}[H^+]+K_{a1}K_{a2}}$$

$$\delta_1=\frac{[HA^-]}{c}=\frac{K_{a1}[H^+]}{[H^+]^2+K_{a1}[H^+]+K_{a1}K_{a2}}$$

$$\delta_2=\frac{[A^{2-}]}{c}=\frac{K_{a1}K_{a2}}{[H^+]^2+K_{a1}[H^+]+K_{a1}K_{a2}}$$

由此可知，对于 n 元酸（H_nA），其各个型体的分布系数为：

$$\delta_0=\frac{[H_nA]}{c}=\frac{[H^+]^n}{Q}$$

$$\delta_1=\frac{[H_{n-1}A]}{c}=\frac{K_{a1}[H^+]^{n-1}}{Q}$$

$$\vdots$$

$$\delta_n=\frac{[A]}{c}=\frac{K_{a1}K_{a2}\cdots K_{an}}{Q}$$

式中，$Q=[H^+]^n+K_{a1}[H^+]^{n-1}+\cdots+K_{a1}K_{a2}\cdots K_{an}$。

令 $K_{a0}=1$，则计算分布系数的通式为：

$$\delta_i=\frac{[H_{n-i}A]}{c}=\frac{[H^+]^{n-i}\prod_{j=0}^{i}K_{aj}}{\sum_{k=0}^{i}\left\{[H^+]^{n-k}\prod_{j=0}^{k}K_{aj}\right\}}$$

式中，$i=0，1，2，\cdots，n$；K_{a1}、K_{a2}、$\cdots$、K_{an} 为弱酸的各级离解常数；c 为弱酸的总浓度。

令 $K_{a(n+1)}=1$，则

$$\delta_i=Z_i/Q \qquad i=0,1,2,\cdots,n$$

式中，$Z_i=\frac{[H^+]^{n-i}}{\prod_{j=i+1}^{n+1}K_{aj}}$，$Q=\sum_{i=0}^{n}Z_i$。

计算步骤如下：

① $Z_{n-i}=Z_{n-i+1}[H^+]/K_{a(n-i+1)}$，$i=1,2,3,\cdots,n$，$Z_n=1$，进行 n 次迭代；

② $Q=\sum Z_i$；

③ $\delta_i=Z_i/Q$，$i=0,1,2,\cdots,n$。

计算出弱酸溶液中各个型体的分布系数，即可以作出 δ_i-pH 分布曲线。而

$$\lg[H_iA]=\lg c+\lg\delta_i \qquad i=0，1，2，\cdots，n$$

因此可以作出 lg $[H_iA]$-pH 的浓度对数图。

2. 程序

分布曲线图及浓度对数图

```
# include<stdio.h>
#include<math.h>
#include<graphics.h>
#include"key.h"
double fun(double ph,int flag);
double ggetf(int,int);
void ggets(int,int,char *);
void putcc16(int,int,int,int,int,char *);
```

```
float kk[10]={1.0,1.0,1.0,1.0,1.0,1.0,1.0,1.0,1.0,1.0};
double k[10]={1.0,1.0,1.0,1.0,1.0,1.0,1.0,1.0,1.0,1.0};
int n;
double c_total;
main()
{
int i;
int j;
char str[20];
double ph;
double lgc;
int gd=DETECT,gm;
double dlt;
initgraph(&gd,&gm,"");
putcc16(1,1,1,1,YELLOW,"请输入你所要看的酸或碱的元数?");
n=ggetf(260,4);
putcc16(1,20,1,1,YELLOW,"请输入各级离解常数K值");
putcc16(1,40,1,1,YELLOW,"k1   k2   k3   k4…");
for(i=1;i<=n;i++)
{
kk[i]=ggetf((i-1)*80,60);
k[i]=kk[i];
}
putcc16(1,90,1,1,YELLOW,"请输入总浓度:");
c_total=ggetf(120,90);
rectangle(20,300,300,450);
putcc16(1,300,1,1,YELLOW,"δ");
outtextxy(290,451,"ph");
for(i=450;i>300;i-=30)
{
moveto(20,i);
linerel(3,0);
sprintf(str,"%.1f",(float)(450-i)/150);
outtextxy(0,i,str);
}
for(i=60;i<300;i+=40)
{
moveto(i,450);
linerel(0,-3);
sprintf(str,"%.0f",(float)(i-20)/20);
outtextxy(i-3,452,str);
}
rectangle(350,300,630,450);
outtextxy(330,300,"lgc");
outtextxy(620,451,"ph");
for(i=450;i>300;i-=30)
{
moveto(350,i);
linerel(3,0);
sprintf(str,"%.0f",-(10-(float)(450-i)/150*10));
outtextxy(330,i,str);
}
for(i=390;i<630;i+=40)
```

```
{
moveto(i,450);
linerel(0,-3);
sprintf(str,"%.0f",(float)(i-350)/20);
outtextxy(i-3,452,str);
}
for(i=0;i<=n;i++)
{
for(ph=0.0;ph<14.0;ph+=0.005)
{
dlt=fun(ph,i);
lgc=log10(c_total * dlt);
putpixel(20+ph * 20,450-dlt * 140,i+4);
if(lgc<-10)      putpixel(350+ph * 20,300-lgc/10 * 150,0);
else
putpixel(350+ph * 20,300-lgc/10 * 150,i+4);
lgc=ph-14;
if(lgc<-10)   putpixel(350+ph * 20,300-lgc/10 * 150,0);
else
putpixel(350+ph * 20,300-lgc/10 * 150,i+4);
lgc=ph-14;
if(lgc<-10)      putpixel(350+ph * 20,300-lgc/10 * 150,0);
else
putpixel(350+ph * 20,300-lgc/10 * 150,11);
lgc=-ph;
if(lgc<-10)   putpixel(350+ph * 20,300-lgc/10 * 150,0);
else
putpixel(350+ph * 20,300-lgc/10 * 150,11);
delay(10);
}
}
getch();
closegraph();
}
double fun(double ph,int flag)
{
double middle1;
double middle2=0;
double c_h;
c_h=pow(10,-ph);
if(n= =3)
{
middle1=k[1] * k[2] * k[3];
middle2+=pow(c_h,3);
middle2+=k[1] * pow(c_h,2);
middle2+=k[1] * k[2] * c_h;
middle2+=middle1;
switch(flag)
{case 0:
middle1=k[1] * k[2] * k[3];
break;
case1:
middle1=k[1] * k[2] * c_h;
```

```
break;
case2:
middle1=k[1] * pow(c_h,2);
break;
case3:
middle1=pow(c_h,3);
break;
}
}
else if(n= =2)
{
middle1=k[1] * k[2];
middle2=middle1+c_h * c_h+k[1] * c_h;
switch(flag)
{
case 0:
  middle1=k[1]  * k[2];
  break;
case1:
  middle1=k[1]  * c_h;
  break;
  case 2:
  middle1=c_h * c_h;
  break;
}
}
else if(n= =1)
{
middle2=c_h+k[1];
switch(flag)
{
case0:
  middle1=k[1];
  break;
case1:
  middle1=c_h;
  break;
}
}
return(middle1/middle2);
}
double ggetf(int x,int y)
{
double double_num;
int i,str1_n,str2_n,str_n;
char str1[20],srt2[20];
double middle1,middle2;
int flag=0;
char str [20];
ggets(x,y,str);
str1_n=0;
str2_n=0;
```

```
str_n=strlen(str);
for(i=0;i<strlen(str);i++)
{
if((str[i]! ='e')&&(flag= =0))
{str1[i]=str[i];
str1_n++;
}
if(str[i]= ='e')  {flag=1;continue;}
if((str[i]! ='e')&&(flag= = 1))
{
str2[i-str1_n-1]=str[i];
str2_n++;
}
}
str1[str1_n]='\0';
str2[str2_n]='\0';
if(flag= =1)
{
middle1=atof(str1);
middle2=atof(str2);
double_num=niddle1 * pow(10,middle2);
}
else double_num=atof(str);
return(double_num);
}
void  ggets(int x,int y,char * str)
{
char c;
int i=0;
str[i]=NULL;
setcolor(WHITE);
setfillstyle(SOLID_FILL,0);
settextstyle(DEFAULT_FONT,HORIZ_DIR,1);
while(1)
{while(bioskey(1)= =0)
  {
  outtextxy(x+textwidth(str),y,"_");
  delay(350);
  setcolor(0);
  outtextxy(x+textwidth(str),y,"_");
  setcolor(WHITE);
  delay(350);
}
c=getch();
if(c= =CR)
{str[i]='\0';
setfillstyle(SOLID_FILL,0);
return;
}
if(c= = BK)
  {if(i>0)
  i--;
```

```
    bar(x,y,x+textwidth(str),y+textheight(str);
    str[i]=NULL;
    outtextxy(x,y,str);
  }
  else
    {str[i]=c;
      i++;
  str[i]=NULL;
  outtextxy(x,y,str);
  }
  }
  }
  void putc16(int x,int y,int wid,int m,int color,char * str)
  {unsigned zcode,bcode;
    int i,j,k,rec;
    int y0=y-2;
    char  c[2];
    long len;
    char buf [32];
    FILE  * fp;
    fp=fopen("hzk16","rb");
    if(fp= =NULL)
  {
  fp=fopen("yy_1.dtl","r");
  printf("\7");
  }
  settextstyle(TRIPLEX_FONT,HORIZ_DIR,1);
  setcolor(color);
  setfillstyle(SOLID_FILL,color);
  while( * str)
    {if(( * str&0x80)&&( * (str+1)&0x80))
    {zcode=( * str-0xa1)&0x07f;
  bcode=( * (str+1)-0xa1)&0x07f;
  rec=zcode * 94+bcode;
  len=rec * 321;
  fseek(fp,len,SEEK_SET);
  fread(buf,1,32,fp);
  for(i=0;i<16;i++)
    for(j=0;j<2;j++)
      for(k=0;k<8;k++)
        if(buf[i * 2+j]≫(7-k)&1)
          if(m= =1)
            putpixel(x+j * 8+k,y+i,color);
        else
          bar(x+j * m * 8+k * m,y+i * m,x+m * j * 8+k * m+m,y+i * m+m);
  x=x+16 * m+wid;
  str+=2;
  }
  else
    {settextstyle(TRIPLEX_FONT,HORIZ_DIR,2 * m);
    c[0]= *  str;
  c[1]=NULL;
```

```
outtextxy(x,y0+8,c);
x=x+wid+16*m;
str+=1;
}
}
fclose(fp);
setcolor(WHITE);
setfillstyle(SOLID_FILL,WHITE);
```

程序运行时，根据提示输入要绘制的弱酸或弱碱的元数、各级离解常数和总浓度值，即可绘制出任意弱酸或弱碱的分布曲线和浓度对数图。从分布曲线中很容易看出，当溶液的pH发生变化时，酸碱平衡体系中各个存在型体的平衡浓度占总浓度的分数也随之发生变化。从浓度对数图中可以很直观地判断主要和次要的组分，从而根据允许的误差，忽略次要组分，进行求解。此外，还可以由浓度对数图读出某些酸碱溶液的pH，十分简便，且不受作图大小与精度的影响。

3. 示例

picture ↙

绘制出 H_3PO_4 的分步系数图和浓度对数图

请输入你所要看的酸或碱的元数？3 ↙

请输入各级离解常数 K

K_1	K_2	K_3
1e－2.12	1e－7.2	1e－12.36 ↙

得到分布曲线和浓度对数图，见图 10-1 和图 10-2。

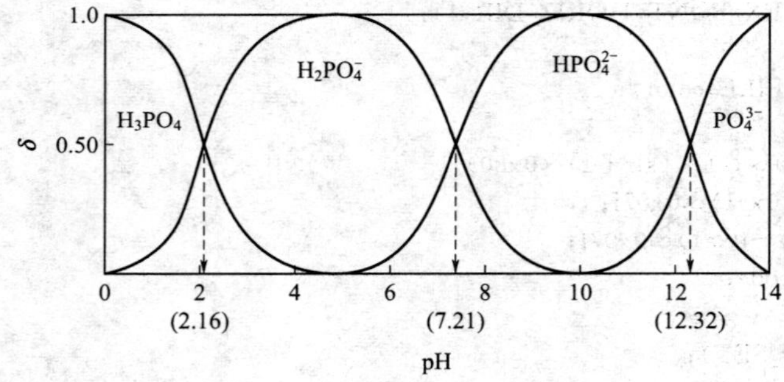

图 10-1 H_3PO_4 的型体分布图

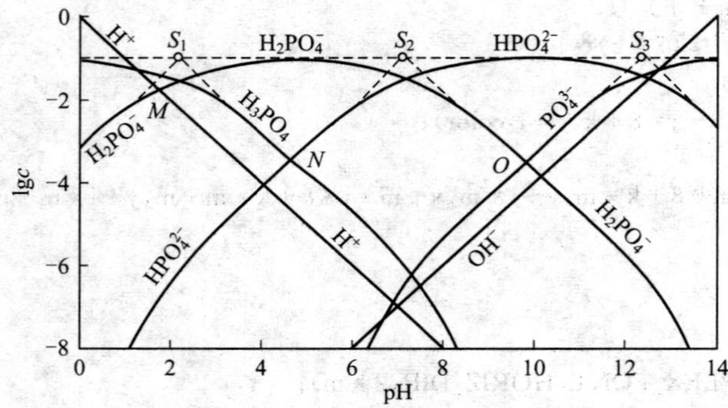

图 10-2 H_3PO_4 溶液的浓度对数图

二、 酸碱滴定曲线的绘制和滴定误差的计算

1. 计算公式

溶液 pH 的计算公式推导如下。

假设一种多元酸（H_nA）体系，其质子条件式为：

$$[H^+]=[H_{n-1}A]+2[H_{n-2}A]+\cdots+(n-1)[HA]+n[A]+[OH^-] \tag{10-1}$$

将酸在溶液中各种存在形式的浓度用 $[H^+]$ 和酸的离解常数 K_i 及酸的总浓度 c_{H_nA} 表示：

$$[A]=\frac{K_1K_2K_3\cdots K_n}{S}c_{H_nA}$$

$$[HA]=\frac{[H^+]K_1K_2K_3\cdots K_{n-1}}{S}c_{H_nA}$$

$$\vdots$$

$$[H_{n-1}A]=\frac{[H^+]^{n-1}K_1}{S}c_{H_nA}$$

$$S=[H^+]^n+[H^+]^{n-1}K_1+\cdots+[H^+]K_1K_2\cdots K_{n-1}+K_1K_2K_3\cdots K_n$$

将质子条件式转变为：

$$[H^+]=\frac{(K_1[H^+]^{n-1}+2K_1K_2[H^+]^{n-2}+\cdots+nK_1K_2K_3\cdots K_n)c_{H_nA}}{[H^+]^n+[H^+]^{n-1}K_1+\cdots+[H^+]K_1K_2\cdots K_{n-1}+K_1K_2K_3\cdots K_n}+[OH^-] \tag{10-2}$$

设

$$Q=\frac{K_1\ [H^+]^{n-1}+2K_1K_2\ [H^+]^{n-2}+\cdots+nK_1K_2K_3\cdots K_n}{[H^+]^n+\ [H^+]^{n-1}K_1+\cdots+\ [H^+]\ K_1K_2\cdots K_{n-1}+K_1K_2K_3\cdots K_n}$$

$$=\frac{\dfrac{K_1}{[H^+]}+\dfrac{2K_1K_2}{[H^+]^2}+\cdots+\dfrac{nK_1K_2\cdots K_n}{[H^+]^n}}{1+\dfrac{K_1}{[H^+]}+\dfrac{K_1K_2}{[H^+]^2}+\cdots+\dfrac{K_1K_2\cdots K_n}{[H^+]^n}}$$

则式(10-2) 转变为：

$$[H^+]\ =Qc_{H_nA}+\ [OH^-]$$

即

$$[H^+]-[OH^-]-c_{H_nA}Q=0 \tag{10-3}$$

若体系中有 n 种弱酸存在，则式(10-3) 可伸展为：

$$[H^+]-[OH^-]-\sum_{j=1}^{n}c_jQ_j\ =0 \tag{10-4}$$

式中

$$Q_j=\frac{\dfrac{K_{1j}}{[H^+]}+\dfrac{2K_{1j}K_{2j}}{[H^+]^2}+\cdots+\dfrac{nK_{1j}K_{2j}\cdots K_{nj}}{[H^+]^n}}{1+\dfrac{K_{1j}}{[H^+]}+\dfrac{K_{1j}K_{2j}}{[H^+]^2}+\cdots+\dfrac{K_{1j}K_{2j}\cdots K_{nj}}{[H^+]^n}}$$

假设体系中有 m 种弱碱，同理可以推导出类似的公式如下：

$$[H^+]-[OH^-]-\sum_{i=1}^{m}c_iQ_i\ =0 \tag{10-5}$$

$$Q_i=\frac{\dfrac{K_{1i}\ [H^+]}{K_w}+\dfrac{2K_{1i}K_{2i}\ [H^+]^2}{K_w^2}+\cdots+\dfrac{nK_{1i}K_{2i}\cdots K_{ni}\ [H^+]^n}{K_w^n}}{1+\dfrac{K_{1i}}{K_w}+\dfrac{K_{1i}K_{2i}}{K_w^2}+\cdots+\dfrac{K_{1i}K_{2i}\cdots K_{ni}}{K_w^n}}$$

式中，K_{1i}、K_{2i}、…、K_{ni} 为弱碱的各级离解常数；K_w 为水的离子积。

若溶液中还有 $a$mol/L 的强酸和 $b$mol/L 的强碱，则可推导出任意酸碱溶液的计算 pH

的精确式为：

$$[H^+]-[OH^-]+b-a+\sum_{i=1}^{m}c_iQ_i-\sum_{j=1}^{n}c_jQ_j=0 \tag{10-6}$$

上式为一个高次方程，其求解的方法很多。在分析化学中凡是水溶液，pH 大多在 0～14 之间变化，所以，在进行有关溶液酸度的计算时，通常采用二分法，二分区间选在（0，14）。精度 $\varepsilon=0.0005$，这里不再详细介绍，如有兴趣请参考有关书籍。

在酸碱滴定中，由于加入了一定体积（V_t）的滴定剂，使得溶液的体积发生了变化，同理可以根据质子条件式推导出：

$$[H^+]-[OH^-]+\frac{bV_t}{V_0+V_t}-\frac{aV_t}{V_0+V_t}+\frac{BV_0}{V_0+V_t}-\frac{AV_0}{V_0+V_t}+\sum_{i=1}^{m}\frac{V_0}{V_0+V_t}c_iQ_i-\sum_{j=1}^{n}\frac{V_0}{V_0+V_t}c_jQ_j=0 \tag{10-7}$$

式中 V_0——溶液的初始体积；

V_t——加入滴定剂的体积；

a，b——分别为滴定剂强酸、强碱的浓度；

A，B——分别为溶液中原有的强酸、强碱的浓度。

根据式(10-7) 可以用二分法计算任意一元酸（碱）、多元酸（碱）以及混合酸（碱）体系加入不同体积的滴定剂时相应溶液的 pH，即可绘制出 pH-V_t 的滴定曲线。

在滴定分析中，通常是用指示剂颜色的变化来确定滴定的终点，由滴定终点与化学计量点不一致导致的滴定误差称为终点误差（或滴定误差），即

$$TE=\frac{\frac{a}{b}(cV_{ep}-c_0V_0)}{c_0V_0}\times 100\% \tag{10-8}$$

式中 c_0，V_0——分别为被测溶液的浓度和体积；

c——滴定剂的浓度；

V_{ep}——滴定至终点时消耗滴定剂的体积；

a，b——被测组分与滴定剂之间的化学计量数。

如果已知指示剂指示终点的 pH，则可通过式(10-6) 得到滴定终点时消耗滴定剂的体积（V_{ep}）：

$$V_{ep}=\frac{V_0([OH^-]_{ep}-[H^+]_{ep}+\sum_{j=1}^{n}c_jQ_j-\sum_{i=1}^{m}c_iQ_i+A-B)}{[H^+]_{ep}+[OH^-]_{ep}+b-a} \tag{10-9}$$

将 V_{ep} 代入误差公式(10-8) 即可求出滴定误差。

2. 程序

滴定曲线及滴定误差的计算

```
#include<stdio.h>
#include<grphics.h>
#include<math.h>
#include<string.h>
#include"key.h"
#define KW 1.0e-14
int suan_jian=0;
double jisuanq(double h,int num,int *s,double k[4][7]);
    double f(double h,double totala,double totalb,double a,double b,double v0,double vt,double
```

```
diding_nd);
    double ggetf(int,int);
    void ggets(int x,int y,char * str);
    void putcc16(int,int,int,int,int,char * );
    double ggetf(int x,int y)
    {
    double double_num;
    int i,str1_n,str2_n,str_n;
    char str1[20],str2[20];
    double middle1,middle2;
    int flag=0;
    char str [20];
    ggets(x,y,str);
    str1_n=0;
    str2_n=0;
    str_n=strlen(str);
    for(i=0;i<strlen(str);i++)
          {
          if((str[i]! ='e')&&(flag= =0))
    {str1[i]=str[i];
    str1_n++;
    }
      if(str [i] = ='e')  {flag=1;continue;}
      if((str[i]! ='e')&&(flag= =1))
    {
    str2[i-str1_n-1]= str[i];
    str2_n++;
    }
    }
    str1[str1_n]='\0';
    str2[str2_n]='\0';
    if(flag= =1)
    {
    middle1=atof(str1);
    middle2=atof(str2);
    double_num=middle1 * pow(10,middle2);
    }
    else double_num+atof(str);
    return(double_num);
    }
    void ggets(int x,int y,char * str)
    {
    char c;
    int i=0;
    str[i]=NULL;
    setcolor(WHITE):
    setfillstyle(SOLID_FILL,0);
    settextstyle(DEFAULT_FONT,HORIZ_DIR,1);
    while(1)
    {while(bioskey(1)= =0)
    {
    outtextxy(x+textwidth(str),y,"_");
```

```
delay(350);
setcolor(0);
outtextxy(x+textwidth(str),y,"_");
setcolor(WHITE);
delay(350);
}
c=getch();
if(c= =CR)
  {str[i]='\0';
setfillstyle(SOLID_FILL,0);
return;
}
if(c= = BK)
  {if(i>0)
    i--;
  bar(x,y,x+textwidth(str),y+textheight(str));
str[i]=NULL;
outtextxy(x,y,str);
}
else
  {str [i]=c;
i++;
str[i]=NULL;
outtextxy(x,y,str);
}
}
}
void putcc16(int x,int y,int wid,int m,int color,char * str)
{unsigned zcode,bcode;
  int i,j,k,rec;
  int y0=y-2;
char c[2];
long len;
char buf[32];
FILE * fp;
fp=fopen("hzk16","rb");
if(fp= =NULL)
{
fp=fopen("yy_1. dt1","r");
printf("\7");
}
settextsyle(TRIPLEX_FONT,HORIZ_DIR,1);
setcolor(color);
setfillstyle(SOLID_FILL,color);
while( * str)
  {if((str&0x80) &&( * (str +1) &)0x80) }
  {zcode=( * str-0xal)&0x07f;
bcode=( * (str+1)-0xal) &0x07f;
rec=zcode * 94+bcode;
len=rec * 321;
fseek(fp,len,SEEK_SET);
fread(buf,1,32,fp);
```

```
for(i=0;i<16;i++)
for(j=0;j<2;j++)
for(k=0;k<8;k++)
  if(buf [i * 2+j])>>(7-k)&1)
    if(m == 1)
  putpixel(x+j * 8=k,y+i,color);
    else
      bar(x + j * m * 8+k * m,y+i * m,x+m * j * 8+k * m=m,y+i * m+m);
  x=x+16 * m+wid;
  str+=2;
}
else
{settextstyle(TRIPLEX_FONT,HORIZ_DIR,2 * m);
c[0]= * str;
c[1]=NULL;
outtextxy(x,y0+8,c);
x=x+wid+16 * m;
str+=1;
}
}
fclose(fp);
setcolor(WHITE);
setfillstyle(SOLID_FILL,WHITE);
}
main()
{
int gd=DETECT,gm;
int i,k;
double ph;
double h,h1;
double x1,x2;
double f1,f2,f3;
char str[10];
char str1[15];
double ka [4][7];
double ca [4];
  double v0,vt,vep;
  int sa[4];
  double kb [4] [7];
  double cb [4];
  int sb[4];
  double qa[4],qb[4];
  double totala,totalb;
  double a=0,b=0;
double diding_nd;
double phep,h_ep;
double bizhi;
double wucha;
int an,bn;
strcpy(str1,"ph=");
initgraph(&gd,&gm,"");
putcc16(1,1,1,1,YELLOW,"请输入被滴定溶液中强酸的浓度:");a=ggetf(280,4);
putcc16(1,20,1,1,YELLOW,"请输入被滴定溶液中强碱的浓度:");b=ggetf(280,24);
```

```
putcc16(1,40,1,1,YELLOW,"请输入被滴定溶液中弱酸的个数:");an=ggetf(250,44);
putcc16(1,60,1,1,YELLOW,"请输入被滴定溶液中弱碱的个数:");bn=ggetf(250,64);
  if(an>=1)
  putcc16(1,80,1,1,YELLOW,"酸元数  浓度  k1  k2  k3  k4  k5…");
  if(bn>=1)
putcc16(1,80+(an+1)*20,1,1,YELLOW,"碱元数  浓度  k1  k2  k3  k4  k5…");
  for(i=0;i<an;i++)
  {
  setcolor(WHITE);
  itoa(i+1,str,10);
  outtextxy(1,80+(i+1)*20,str);
  strcpy(str,"");
  sa[i]=ggetf(40,80+(i+1)*20);
  ca[i]=ggetf(110,80+(i+1)*20);
  for(k=0;k<sa[i];k++)
  {
  ka [i] [k] =ggetf(105+(k+1)*100,80+(i+1)*20);
  }
  }
  for(i=0;i<bn;i++)
{
itoa(i+1,str,10);
outtextxy(1,80+an*20+(i+2)*20,str);
sb [i]=ggetf(40,80+an*20+(i+2)*20);
cb [i]=ggetf(110,80+an*20+(i+2)*20);
for(k=0;k<sb[i];k++)
{
kb[i] [k] =ggetf(105+(k+1) 100,80+an*20+(i+2)*20);
}
}
putcc16(1,80+(an+1)* 20+(bn+1)*20,1,1,YELLOW,"请输入被滴定溶液的体积:");
v0=ggetf(200,80+(an+1)*20+(bn+1)*20);
putcc16(1,80+(an+1)*20+(bn+1)*20+20,1,1,YELLOW,"滴定剂是酸吗(Y/N)?");
while(1)
{
i=getch();
if(i= ='y'||i= ='Y')       {suan_jian=0;break;}
if(i= ='n'||i= ='N')       {suan_jian=1;break;}
else continue;
}
setfillstyle(SOLID_FILL,0);
bar(0,80+(an+1)*20+(bn+1)*20+20,getmaxx(),
80+(an+1)*20+(bn+1)*20+40);
putcc16(1,80+(an+1)*20+(bn+1)*20+20,1,1,YELLOW,"请输入滴定剂浓度:");
diding_nd=ggetf(160,80+(an+1)*20+(bn+1)*20+20);
putcc16(1,80+(an+1)*20+(bn+1)*20+40,1,1,YELLOW,"滴定终点的pH:");
phep=ggetf(150,80+(an+1)*20+(bn+1)*20+40);
putcc16(1,80+(an+1)*20+(bn+1)*20+60,1,1,YELLOW,"被测物与滴定剂化学计量系数
之比:");
phep=ggetf(270,80+(an+1)*20+(bn+1)*20+60);

h_ep=pow(10,-phep);
for(i=0;i<an;i++)
  qa[i]=jisuanq(1.0/h_ep,i,sa,ka);
for(i=0;i<bn;i++)
```

```
qb[i] =jisuanq(h_ep/KW,i,sb,kb);
totala=0.0;totalb=0.0;
for(i=0;i<an;i++)
totala+=ca[i] * qa[i];
for(i=0;i<an;i++)
totalb+=cb[i] * qb[i];

if(suan_jian==0)
vep=v0 * (KW/h_ep-h_ep+totala-totalb+a-b)/(h_ep-KW/h_ep-diding_nd);
else
vep=v0 * (KW/h_ep-h_et+totala-totalb+a-b)/(h_ep-KW/h_ep+diding_nd);
if(a!=0)
wucha=(bizhi * diding_nd * vep-a * v0)/a/v0;
if(an!=0)
wucha=(bizhi * diding_nd * vep-ca[0] * v0) /ca[0]/v0;
if(b!=0)
wucha=(bizhi * diding_nd * vep-cb[0] * v0)/cb/v0;
rectangle(50,300,350,440);
outtextxy(30,300,"ph");
outtextxy(350,443,"v%");
for(i=50;i<350;i+=60)
{
moveto(i,440);
linerel(0,-3);
sprintf(str,"%.1f",(float)((i-50)/300.0));
outtextxy(i,442,str);
}
for(i=440;i>300;i-=20)
{
moveto(50,i);
linerel(3,0);
sprintf(str,"%.0f",(float)((400-i) /10));
outtextxy(30,i,str);
}
setcolor(YELLOW);
strcpy(str,"");
for(vt=0.0;vt<vep+10;vt+=0.5)
{
x1=0;x2=14;
while(1)
{
ph=(x1+x2)/2;
h=pow(10,-ph);
h1=pow(10,-x1);
for(i=0;i<an;i++)
qa[i]=jisuanq(1.0/h,i,sa,ka);
for(i=0;i<bn;i++)
qb[i]=jisuanq(h/KW,i,sb,kb);
totala=0.0;totalb=0.0;
for(i=0;i<an;i++)
totala+=ca[i] * qa[i];
for(i=0;i<bn;i++)
totalb+=cb[i] * qb[i];
```

```
f3=f(h,totala,totalb,a,b,v0,vt,diding_nd);
if(f3>0)
{
if(fabs(x1+log10(h))>1e-9)     {x1=-log10(h);continue;}
else  {
if(vt= =0.0)
  {putpixel(50+vt/(vep+10)*300,440-ph*10,WHITE);
  moveto(50+vt/(vep=10)*300,440-ph*10);
break;}
else {lineto(50+vt/(vep+10)*300,440-ph*10);
break;}
}
}
else
{
if(fabs(x2+log10(h))>1e-9)   {x2=-log10(h);  continue;}
  else  {
    if(vt= =0.0)  {putpixel(50+vt/(vep+10) 300,440-ph*10,WHITE);
moveto(50+vt/(vep+10)*300,440-ph*10);
break;}
else  {hineto(50+vt/(vep +10) 300,440-ph*10);
break;}
}
              }
}
}
putcc16(1,80 +(an+1)*20+(bn+1)*20+80,1,1,YELLOW,"滴定误差为:");
sprintf(str,"%.2f",wucha*100);
strcat(str,"%");
outtextxy(100,80+(an+1) *20+(bn+)20+80,str);
getch();
closegraph();
}
double jisuanq(double h,int num,int *s,double k[4][7])
{
double f,z,m;
int i,j;
z=0.0,m=0.0;
for(i=0;i<s[num];i++)
{
f=1.0;
for(j=0;j<=i;j++)
{
f*=k[num][j];
}
f=f*pow(h,i+1);
m+=f;
f=f*(i+1);
z+=f;
}
```

```
return(z/(m+1));
}
double f(double h,double totala,double totalb,double a,double b,double v0,double vt,double diding_nd)
{
double fun;
if(suan_jian = =0)    /* acid */
fun=-v0*(KW/h-h+a-b-totalb+totala)+vt*(h-KW/h-diding_nd);
else
fun =-v1*(KW/h-h+a-b-totalb+totala)+vt*(h-KW/h+b+diding_nd);
return(fun);
}
```

程序运行时，根据程序提示输入被滴定溶液中强酸（或碱）的浓度、弱酸（或碱）的个数、被滴定溶液的体积、滴定剂的浓度、滴定终点时 pH（即指示剂变色时的 pH）以及被测溶液与滴定剂之间的换算因子，即可显示出滴定误差和滴定曲线。此程序可应用于任意强酸（碱）和弱酸（碱）的滴定误差的计算以及滴定曲线的绘制。

3. 示例

在用 0.1000mol/L NaOH 溶液滴定 20.00mL 0.1000mol/L H_3PO_4 溶液时，用甲基橙作指示剂，滴定到橙黄色（pH=4.4）和用酚酞作指示剂滴定到粉红色（pH=10.0）时为终点，计算滴定误差并绘制滴定曲线。

执行程序 Diding ↙

请输入被滴定溶液中强酸的浓度？0 ↙

请输入被滴定溶液中强碱的浓度？0 ↙

请输入被滴定溶液中弱酸的个数？1 ↙

请输入被滴定溶液中弱碱的个数？0 ↙

酸	元数	浓度	K_1	K_2	K_3
1	3	0.1	7.5e−3	6.3e−8	4.4e−13

请输入被滴定溶液的体积？20 ↙

滴定剂是酸吗？（Y/N）N ↙

请输入滴定剂浓度？0.1 ↙

滴定终点的 pH？4.4 ↙（即甲基橙变色的 pH）（10.0 ↙）

被测物与滴定剂化学计量系数之比？1 ↙（0.5 ↙）

滴定误差 −0.45%（+0.29%）

滴定曲线，见图 10-3。

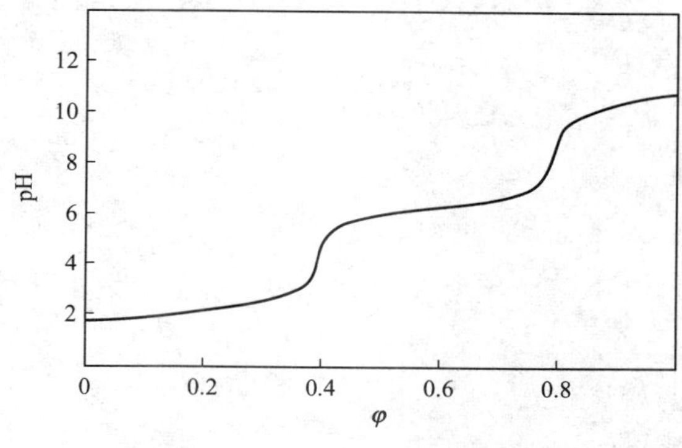

图 10-3 H_3PO_4 滴定曲线

思考题10-2

1. 简述分布曲线图和浓度对数图的绘制程序。
2. 试设计 $H_2C_2O_4$ 分布曲线和浓度对数图的程序。
3. 简述酸碱滴定曲线的绘制和滴定误差的计算程序。
4. 试设计用 NaOH 溶液滴定 HCl 的滴定曲线和滴定误差的计算程序。

附录一 弱酸在水中的离解常数（25℃，$I=0$）

酸		化学式	K_a		pK_a
无机酸	砷酸	H_3AsO_4	K_{a1}	6.5×10^{-3}	2.19
			K_{a2}	1.15×10^{-7}	6.94
			K_{a3}	3.2×10^{-12}	11.50
	亚砷酸	H_3AsO_3	K_{a1}	6.0×10^{-10}	9.22
	硼酸	H_3BO_3	K_{a1}	5.8×10^{-10}	9.24
	碳酸	$H_2CO_3(CO_2+H_2O)$	K_{a1}	4.2×10^{-7}	6.38
			K_{a2}	5.6×10^{-11}	10.25
	铬酸	H_2CrO_4	K_{a2}	3.2×10^{-7}	6.50
	氢氰酸	HCN		4.9×10^{-10}	9.31
	氢氟酸	HF		6.8×10^{-4}	3.17
	氢硫酸	H_2S	K_{a1}	8.9×10^{-8}	7.05
			K_{a2}	1.2×10^{-13}	12.92
	磷酸	H_3PO_4	K_{a1}	6.9×10^{-3}	2.16
			K_{a2}	6.2×10^{-8}	7.21
			K_{a3}	4.8×10^{-13}	12.32
	硅酸	H_2SiO_3	K_{a1}	1.7×10^{-10}	9.77
			K_{a2}	1.6×10^{-12}	11.80
	硫酸	H_2SO_4	K_{a2}	1.2×10^{-2}	1.92
	亚硫酸	$H_2SO_3(SO_2+H_2O)$	K_{a1}	1.29×10^{-2}	1.89
			K_{a2}	6.3×10^{-8}	7.20
有机酸	甲酸	$HCOOH$		1.7×10^{-4}	3.77
	乙酸	CH_3COOH		1.75×10^{-5}	4.76
	丙酸	C_2H_5COOH		1.35×10^{-5}	4.87
	氯乙酸	$ClCH_2COOH$		1.38×10^{-3}	2.86
	二氯乙酸	$Cl_2CHCOOH$		5.5×10^{-2}	1.26
	氨基乙酸	$NH_3^+CH_2COOH$	K_{a1}	4.5×10^{-3}	2.35
			K_{a2}	1.7×10^{-10}	9.78
	苯甲酸	C_6H_5COOH		6.2×10^{-5}	4.21
	草酸	$H_2C_2O_4$	K_{a1}	5.6×10^{-2}	1.25
			K_{a2}	5.1×10^{-5}	4.29
	α-酒石酸	HO—CH—COOH | HO—CH—COOH	K_{a1}	9.1×10^{-4}	3.04
			K_{a2}	4.3×10^{-5}	4.37
	琥珀酸	CH_2—COOH | CH_2—COOH	K_{a1}	6.2×10^{-5}	4.21
			K_{a2}	2.3×10^{-6}	5.64

续表

酸		化 学 式	K_a	pK_a
有机酸	邻苯二甲酸	$C_6H_4(COOH)_2$（邻位）	K_{a1} 1.12×10^{-3} K_{a2} 3.91×10^{-6}	2.95 5.41
	柠檬酸	$HO-C(COOH)(CH_2-COOH)_2$	K_{a1} 7.4×10^{-4} K_{a2} 1.7×10^{-5} K_{a3} 4.0×10^{-7}	3.13 4.76 6.40
	苯酚	C_6H_5OH	1.12×10^{-10}	9.95
	乙酰丙酮	$CH_3COCH_2COCH_3$	1×10^{-9}	9.0
	乙二胺四乙酸	$(HOOCCH_2)_2N-CH_2-CH_2-N(CH_2COOH)_2$	K_{a1} 0.13 K_{a2} 3×10^{-2} K_{a3} 1×10^{-2} K_{a4} 2.1×10^{-3} K_{a5} 5.4×10^{-7} K_{a6} 5.5×10^{-11}	0.9 1.6 2.0 2.67 6.16 10.26
	8-羟基喹啉	（喹啉环，N，8位 OH）	K_{a1} 8×10^{-6} K_{a2} 1×10^{-9}	5.1 9.0
	苹果酸	$HO-CH(COOH)-CH_2-COOH$	K_{a1} 4.0×10^{-4} K_{a2} 8.9×10^{-6}	3.4 5.0
	水杨酸	$C_6H_4(OH)COOH$（邻位）	K_{a1} 1.05×10^{-3} K_{a2} 8×10^{-14}	2.98 13.1
	磺基水杨酸	$C_6H_3(OH)(COOH)SO_3^-$	K_{a1} 3×10^{-3} K_{a2} 3×10^{-12}	2.6 11.6
	顺丁烯二酸	$CH-COOH$ ‖ $CH-COOH$	K_{a1} 1.2×10^{-2} K_{a2} 6.0×10^{-7}	1.92 6.22

附录二 弱碱在水中的离解常数（25℃，$I=0$）

碱	化学式	K_a	pK_a
氨	NH_3	1.8×10^{-5}	4.75
联氨	H_2NNH_2	K_{b1} 9.8×10^{-7} K_{b2} 1.32×10^{-15}	6.01 14.88
羟胺	NH_2OH	9.1×10^{-9}	8.04
甲胺	CH_3NH_2	4.2×10^{-4}	3.38
乙胺	$C_2H_5NH_2$	4.3×10^{-4}	3.37
苯胺	$C_6H_5NH_2$	4.2×10^{-10}	9.38
乙二胺	$H_2NCH_2CH_2NH_2$	K_{b1} 8.5×10^{-5} K_{b2} 7.1×10^{-8}	4.07 7.15
三乙醇胺	$N(CH_2CH_2OH)_3$	5.8×10^{-7}	6.24
六亚甲基四胺	$(CH_2)_6N_4$	1.35×10^{-9}	8.87
吡啶	C_5H_5N	1.8×10^{-9}	8.74
邻二氮菲	(结构式) N N	6.9×10^{-10}	9.16

附录三 金属配合物的稳定常数

金属离子	离子强度	n	$\lg\beta_n$
氨配合物			
Ag^+	0.1	1,2	3.40,7.40
Cd^{2+}	0.1	1,2,3,4,5,6	2.60,4.65,6.04,6.92,6.6,4.9
Co^{2+}	0.1	1,2,3,4,5,6	2.05,3.62,4.61,5.31,5.43,4.75
Cu^{2+}	2	1,2,3,4	4.13,7.61,10.48,12.59
Ni^{2+}	0.1	1,2,3,4,5,6	2.75,4.95,6.64,7.79,8.50,8.49
Zn^{2+}	0.1	1,2,3,4	2.27,4.61,7.01,9.06
羟基配合物			
Ag^+	0	1,2,3	2.3,3.6,4.8
Al^{3+}	2	4	33.3
Bi^{3+}	3	1	12.4
Cd^{2+}	3	1,2,3,4	4.3,7.7,10.3,12.0
Cu^{2+}	0	1	6.0
Fe^{2+}	1	1	4.5
Fe^{3+}	3	1,2	11.0,21.7
Mg^{2+}	0	1	2.6
Ni^{2+}	0.1	1	4.6
Pb^{2+}	0.3	1,2,3	6.2,10.3,13.3
Zn^{2+}	0	1,2,3,4	4.4,—,14.4,15.5
Zr^{4+}	4	1,2,3,4	13.8,27.2,40.2,53

续表

金属离子	离子强度	n	$\lg\beta_n$
氟配合物			
Al^{3+}	0.53	1,2,3,4,5,6	6.1,11.15,15.0,17.7,19.4,19.7
Fe^{3+}	0.5	1,2,3	5.2,9.2,11.9
Th^{4+}	0.5	1,2,3	7.7,13.5,18.0
TiO^{2+}	3	1,2,3,4	5.4,9.8,13.7,17.4
Sn^{4+}①		6	25
Zr^{4+}	2	1,2,3	8.8,16.1,21.9
氯配合物			
Ag^{+}	0.2	1,2,3,4	2.9,4.7,5.0,5.9
Hg^{2+}	0.5	1,2,3,4	6.7,13.2,14.1,15.1
碘配合物			
Cd^{2+}①		1,2,3,4	2.4,3.4,5.0,6.15
Hg^{2+}	0.5	1,2,3,4	12.9,23.8,27.6,29.8
氰配合物			
Ag^{+}	0～0.3	1,2,3,4	—,21.1,21.8,20.7
Cd^{2+}	3	1,2,3,4	5.5,10.6,15.3,18.9
Cu^{+}	0	1,2,3,4	—,24.0,28.6,30.3
Fe^{2+}	0	6	35.4
Fe^{3+}	0	6	43.6
Hg^{2+}	0.1	1,2,3,4	18.0,34.7,38.5,41.5
Ni^{2+}	0.1	4	31.3
Zn^{2+}	0.1	4	16.7
硫氰酸配合物			
Fe^{3+}①		1,2,3,4,5	2.3,4.2,5.6,6.4,6.4
Hg^{2+}	1	1,2,3,4	—,16.1,19.0,20.9
硫代硫酸配合物			
Ag^{+}	0	1,2	8.82,13.5
Hg^{2+}	0	1,2	29.86,32.26
柠檬酸配合物			
Al^{3+}	0.5	1	20.0
Cu^{2+}	0.5	1	18
Fe^{3+}	0.5	1	25
Ni^{2+}	0.5	1	14.3
Pb^{2+}	0.5	1	12.3
Zn^{2+}	0.5	1	11.4
磺基水杨酸配合物			
Al^{3+}	0.1	1,2,3	12.9,22.9,29.0
Fe^{3+}	3	1,2,3	14.4,25.2,32.2
乙酰丙酮配合物			
Al^{3+}	0.1	1,2,3	8.1,15.7,21.2
Cu^{2+}	0.1	1,2	7.8,14.3
Fe^{3+}	0.1	1,2,3	9.3,17.9,25.1

续表

金属离子	离子强度	n	$\lg\beta_n$
邻二氮菲配合物			
Ag^+	0.1	1,2	5.02,12.07
Cd^{2+}	0.1	1,2,3	6.4,11.6,15.8
Co^{2+}	0.1	1,2,3	7.0,13.7,20.1
Cu^{2+}	0.1	1,2,3	9.1,15.8,21.0
Fe^{2+}	0.1	1,2,3	5.9,11.1,21.3
Hg^{2+}	0.1	1,2,3	—,19.65,23.35
Ni^{2+}	0.1	1,2,3	8.8,17.1,24.8
Zn^{2+}	0.1	1,2,3	6.4,12.15,17.0
乙二胺配合物			
Ag^+	0.1	1,2	4.7,7.7
Cd^{2+}	0.1	1,2	5.47,10.02
Cu^{2+}	0.1	1,2	10.55,19.60
Co^{2+}	0.1	1,2,3	5.89,10.72,13.82
Hg^{2+}	0.1	2	23.42
Ni^{2+}	0.1	1,2,3	7.66,14.06,18.59
Zn^{2+}	0.1	1,2,3	5.71,10.37,12.08

① 离子强度不定。

附录四　金属离子与氨羧配位剂配合物稳定常数的对数

金属离子	EDTA		EGTA			HEDTA	
	$\lg K_{MHL}$	$\lg K_{ML}$	$\lg K_{MOHL}$	$\lg K_{MHL}$	$\lg K_{ML}$	$\lg K_{ML}$	$\lg K_{MOHL}$
Ag^+	6.0	7.3					
Al^{3+}	2.5	16.1	8.1				
Ba^{2+}	4.6	7.8		5.4	8.4	6.2	
Bi^{3+}		27.9					
Ca^{2+}	3.1	10.7		3.8	11.0	8.0	
Ce^{3+}		16.0					
Cd^{2+}	2.9	16.5		3.5	15.6	13.0	
Co^{2+}	3.1	16.3			12.3	14.4	
Co^{3+}	1.3	36					
Cr^{3+}	2.3	23	6.6				
Cu^{2+}	3.0	18.8	2.5	4.4	17	17.4	
Fe^{2+}	2.8	14.3				12.2	5.0
Fe^{3+}	1.4	25.1	6.5			19.8	10.1
Hg^{2+}	3.1	21.8	4.9	3.0	23.2	20.1	
La^{3+}		15.4			15.6	13.2	
Mg^{2+}	3.9	8.7			5.2	5.2	
Mn^{2+}	3.1	14.0		5.0	11.5	10.7	
Ni^{2+}	3.2	18.6		6.0	12.0	17.0	
Pb^{2+}	2.8	18.0		5.3	13.0	15.5	
Sn^{2+}		22.1					
Sr^{2+}	3.9	8.6		5.4	8.5	6.8	
Th^{4+}		23.2					8.6
Ti^{3+}		21.3					
TiO^{2+}		17.3					
Zn^{2+}	3.0	16.5		5.2	12.8	14.5	

注：EDTA 为乙二胺四乙酸；EGTA 为乙二醇双(2-氨基乙醚）四乙酸；HEDTA 为 2-羟乙基乙二胺三乙酸。

附录五　标准电极电位（25℃）

电 极 反 应	$\phi^{\ominus}$/V	电 极 反 应	$\phi^{\ominus}$/V
$F_2 + 2e \longrightarrow 2F^-$	+2.87	$I_3^- + 2e \longrightarrow 3I^-$	+0.54
$O_3 + 2H^+ + 2e \longrightarrow O_2 + H_2O$	+2.07	I_2(固)$ + 2e \longrightarrow 2I^-$	+0.535
$S_2O_8^{2-} + 2e \longrightarrow 2SO_4^{2-}$	+2.0	$Cu^+ + e \longrightarrow Cu$	+0.52
$H_2O_2 + 2H^+ + 2e \longrightarrow 2H_2O$	+1.77	$[Fe(CN)_6]^{3-} + e \longrightarrow [Fe(CN)_6]^{4-}$	+0.355
$Ce^{4+} + e \longrightarrow Ce^{3+}$	+1.61	$Cu^{2+} + 2e \longrightarrow Cu$	+0.34
$2BrO_3^- + 12H^+ + 10e \longrightarrow Br_2 + 6H_2O$	+1.5	$Hg_2Cl_2 + 2e \longrightarrow 2Hg + 2Cl^-$	+0.268
$MnO_4^- + 8H^+ + 5e \longrightarrow Mn^{2+} + 4H_2O$	+1.51	$SO_4^{2-} + 4H^+ + 2e \longrightarrow H_2SO_3 + H_2O$	+0.17
PbO_2(固)$ + 4H^+ + 2e \longrightarrow Pb^{2+} + 2H_2O$	+1.46	$Cu^{2+} + e \longrightarrow Cu^+$	+0.17
$BrO_3^- + 6H^+ + 6e \longrightarrow Br^- + 3H_2O$	+1.44	$Sn^{4+} + 2e \longrightarrow Sn^{2+}$	+0.15
$Cl_2 + 2e \longrightarrow 2Cl^-$	+1.358	$S + 2H^+ + 2e \longrightarrow H_2S$	+0.14
$Cr_2O_7^{2-} + 14H^+ + 6e \longrightarrow 2Cr^{3+} + 7H_2O$	+1.33	$S_4O_6^{2-} + 2e \longrightarrow 2S_2O_3^{2-}$	+0.09
MnO_2(固)$ + 4H^+ + 2e \longrightarrow Mn^{2+} + 2H_2O$	+1.23	$2H^+ + 2e \longrightarrow H_2$	0
$O_2 + 4H^+ + 4e \longrightarrow 2H_2O$	+1.229	$Pb^{2+} + 2e \longrightarrow Pb$	−0.126
$2IO_3^- + 12H^+ + 10e \longrightarrow I_2 + 6H_2O$	+1.19	$Sn^{2+} + 2e \longrightarrow Sn$	−0.14
$Br_2 + 2e \longrightarrow 2Br^-$	+1.08	$Ni^{2+} + 2e \longrightarrow Ni$	−0.25
$HNO_2 + H^+ + e \longrightarrow NO + H_2O$	+0.98	$PbSO_4 + 2e \longrightarrow Pb + SO_4^{2-}$	−0.356
$VO_2^+ + 2H^+ + e \longrightarrow VO^{2+} + H_2O$	+0.999	$Cd^{2+} + 2e \longrightarrow Cd$	−0.403
$NO_3^- + 3H^+ + 2e \longrightarrow HNO_2 + H_2O$	+0.94	$Fe^{2+} + 2e \longrightarrow Fe$	−0.44
$Hg^{2+} + 2e \longrightarrow 2Hg$	+0.845	$S + 2e \longrightarrow S^{2-}$	−0.48
$Ag^+ + e \longrightarrow Ag$	+0.7994	$2CO_2 + 2H^+ + 2e \longrightarrow H_2C_2O_4$	−0.49
$Hg_2^{2+} + 2e \longrightarrow 2Hg$	+0.792	$Zn^{2+} + 2e \longrightarrow Zn$	−0.7628
$Fe^{3+} + e \longrightarrow Fe^{2+}$	+0.771	$SO_4^{2-} + H_2O + 2e \longrightarrow SO_3^{2-} + 2OH^-$	−0.93
$2H^+ + O_2 + 2e \longrightarrow H_2O_2$	+0.69	$Al^{3+} + 3e \longrightarrow Al$	−1.66
$2HgCl_2 + 2e \longrightarrow Hg_2Cl_2 + 2Cl^-$	+0.63	$Mg^{2+} + 2e \longrightarrow Mg$	−2.37
$MnO_4^- + 2H_2O + 3e \longrightarrow MnO_2 + 4OH^-$	+0.588	$Na^+ + e \longrightarrow Na$	−2.713
$MnO_4^- + e \longrightarrow MnO_4^{2-}$	+0.57	$Ca^{2+} + 2e \longrightarrow Ca$	−2.87
$H_3AsO_4 + 2H^+ + 2e \longrightarrow HAsO_2 + 2H_2O$	+0.56	$K^+ + e \longrightarrow K$	−2.925

附录六　部分氧化还原电对的条件电极电位（25℃）

电 极 反 应	$\phi^{\ominus}$/V	介 质	电 极 反 应	$\phi^{\ominus}$/V	介 质
$Ag^{2+} + e \longrightarrow Ag^+$	2.00	4mol/L $HClO_4$	$[Fe(CN)_6]^{3-} + e \longrightarrow [Fe(CN)_6]^{4-}$	0.56	0.1mol/L HCl
	1.93	3mol/L HNO_3			
Ce(Ⅳ) + e ⟶ Ce(Ⅲ)	1.74	1mol/L $HClO_4$		0.72	1mol/L $HClO_4$
	1.45	0.5mol/L H_2SO_4	$I_3^- + 2e \longrightarrow 3I^-$	0.545	0.5mol/L H_2SO_4
	1.28	1mol/L HCl			
	1.60	1mol/L HNO_3	Sn(Ⅳ) + 2e ⟶ Sn(Ⅱ)	0.14	1mol/L HCl
$Co^{3+} + e \longrightarrow Co^{2+}$	1.95	4mol/L $HClO_4$	Sb(Ⅴ) + 2e ⟶ Sb(Ⅲ)	0.75	3.5mol/L HCl
	1.86	1mol/L HNO_3	$SbO_3^- + H_2O + 2e \longrightarrow SbO_2^- + 2OH^-$	−0.43	3mol/L KOH
$Cr_2O_7^{2-} + 14H^+ + 6e \longrightarrow 2Cr^{3+} + 7H_2O$	1.03	1mol/L $HClO_4$			
	1.15	4mol/L H_2SO_4	Ti(Ⅳ) + e ⟶ Ti(Ⅲ)	−0.01	0.2mol/L H_2SO_4
	1.00	1mol/L HCl		0.15	5mol/L H_2SO_4
$Fe^{3+} + e \longrightarrow Fe^{2+}$	0.75	1mol/L $HClO_4$		0.10	3mol/L HCl
	0.70	1mol/L HCl			
	0.68	1mol/L H_2SO_4	V(Ⅴ) + e ⟶ V(Ⅳ)	0.94	1mol/L H_3PO_4
	0.51	1mol/L HCl + 0.25 mol/L H_3PO_4	U(Ⅵ) + 2e ⟶ U(Ⅳ)	0.35	1mol/L HCl

附录七 难溶化合物的活度积（$K_{sp}^{\ominus}$）和溶度积（K_{sp}，25℃）

化合物	$I=0$		$I=0.1$	
	$K_{sp}^{\ominus}$	$pK_{sp}^{\ominus}$	K_{sp}	pK_{sp}
AgAc	2×10^{-3}	2.7	8×10^{-3}	2.1
AgCl	1.77×10^{-10}	9.75	3.2×10^{-10}	9.50
AgBr	4.95×10^{-13}	12.31	8.7×10^{-13}	12.06
AgI	8.3×10^{-17}	16.08	1.48×10^{-16}	15.83
Ag_2CrO_4	1.12×10^{-12}	11.95	5×10^{-12}	11.3
AgSCN	1.07×10^{-12}	11.97	2×10^{-12}	11.7
Ag_2S	6×10^{-50}	49.2	6×10^{-49}	48.2
Ag_2SO_4	1.58×10^{-5}	4.80	8×10^{-5}	4.1
$Ag_2C_2O_4$	1×10^{-11}	11.0	4×10^{-11}	10.4
Ag_3AsO_4	1.12×10^{-20}	19.95	1.3×10^{-19}	18.9
Ag_3PO_4	1.45×10^{-16}	15.84	2×10^{-15}	14.7
AgOH	1.9×10^{-8}	7.71	3×10^{-8}	7.5
$Al(OH)_3$（无定形）	4.6×10^{-33}	32.34	3×10^{-32}	31.5
$BaCrO_4$	1.17×10^{-10}	9.93	8×10^{-10}	9.1
$BaCO_3$	4.9×10^{-9}	8.31	3×10^{-8}	7.5
$BaSO_4$	1.07×10^{-10}	9.97	6×10^{-10}	9.2
BaC_2O_4	1.6×10^{-7}	6.79	1×10^{-6}	6.0
BaF_2	1.05×10^{-6}	5.98	5×10^{-6}	5.3
$Bi(OH)_2Cl$	1.8×10^{-31}	30.75		
$Ca(OH)_2$	5.5×10^{-6}	5.26	1.3×10^{-5}	4.9
$CaCO_3$	3.8×10^{-9}	8.42	3×10^{-8}	7.5
CaC_2O_4	2.3×10^{-9}	8.64	1.6×10^{-8}	7.8
CaF_2	3.4×10^{-11}	10.47	1.6×10^{-10}	9.8
$Ca_3(PO_4)_2$	1×10^{-26}	26.0	1×10^{-23}	23
$CaSO_4$	2.4×10^{-5}	4.62	1.6×10^{-4}	3.8
$CdCO_3$	3×10^{-14}	13.5	1.6×10^{-13}	12.8
CdC_2O_4	1.51×10^{-8}	7.82	1×10^{-7}	7.0
$Cd(OH)_2$（新析出）	3×10^{-14}	13.5	6×10^{-14}	13.2
CdS	8×10^{-27}	26.1	5×10^{-26}	25.3
$Ce(OH)_3$	6×10^{-21}	20.2	3×10^{-20}	19.5
$CePO_4$	2×10^{-24}	23.7		
$Co(OH)_2$（新析出）	1.6×10^{-15}	14.8	4×10^{-15}	14.4
CoS（α型）	4×10^{-21}	20.4	3×10^{-20}	19.5
CoS（β型）	2×10^{-25}	24.7	1.3×10^{-24}	23.9
$Cr(OH)_3$	1×10^{-31}	31.0	5×10^{-31}	30.3
CuI	1.10×10^{-12}	11.96	2×10^{-12}	11.7
CuSCN			2×10^{-13}	12.7
CuS	6×10^{-36}	35.2	4×10^{-35}	34.4
$Cu(OH)_2$	2.6×10^{-19}	18.59	6×10^{-19}	18.2
$Fe(OH)_2$	8×10^{-16}	15.1	2×10^{-15}	14.7
$FeCO_3$	3.2×10^{-11}	10.50	2×10^{-10}	9.7
FeS	6×10^{-18}	17.2	4×10^{-17}	16.4
$Fe(OH)_3$	3×10^{-39}	38.5	1.3×10^{-38}	37.9
Hg_2Cl_2	1.32×10^{-18}	17.88	6×10^{-18}	17.2
HgS（黑）	1.6×10^{-52}	51.8	1×10^{-51}	51
HgS（红）	4×10^{-53}	52.4		

续表

化合物	I=0		I=0.1	
	$K_{sp}^{\ominus}$	$pK_{sp}^{\ominus}$	K_{sp}	pK_{sp}
$Hg(OH)_2$	4×10^{-26}	25.4	1×10^{-25}	25.0
$KHC_4H_4O_6$	3×10^{-4}	3.5		
K_2PtCl_6	1.10×10^{-5}	4.96		
$La(OH)_3$(新析出)	1.6×10^{-19}	18.8	8×10^{-19}	18.1
$LaPO_4$			4×10^{-23}	22.4①
$MgCO_3$	1×10^{-5}	5.0	6×10^{-5}	4.2
MgC_2O_4	8.5×10^{-5}	4.07	5×10^{-4}	3.3
$Mg(OH)_2$	1.8×10^{-11}	10.74	4×10^{-11}	10.4
$MgNH_4PO_4$	3×10^{-13}	12.6		
$MnCO_3$	5×10^{-10}	9.30	3×10^{-9}	8.5
$Mn(OH)_2$	1.9×10^{-13}	12.72	5×10^{-13}	12.3
MnS(无定形)	3×10^{-10}	9.5	6×10^{-9}	8.8
MnS(晶形)	3×10^{-13}	12.5		
$Ni(OH)_2$(新析出)	2×10^{-15}	14.7	5×10^{-15}	14.3
NiS(α型)	3×10^{-19}	18.5		
NiS (β型)	1×10^{-24}	24.0		
NiS(γ型)	2×10^{-26}	25.7		
$PbCO_3$	8×10^{-14}	13.1	5×10^{-13}	12.3
$PbCl_2$	1.6×10^{-5}	4.79	8×10^{-5}	4.1
$PbCrO_4$	1.8×10^{-14}	13.75	1.3×10^{-13}	12.9
PbI_2	6.5×10^{-9}	8.19	3×10^{-8}	7.5
$Pb(OH)_2$	8.1×10^{-17}	16.09	2×10^{-16}	15.7
PbS	3×10^{-27}	26.6	1.6×10^{-26}	25.8
$PbSO_4$	1.7×10^{-8}	7.78	1×10^{-7}	7.0
$SrCO_3$	9.3×10^{-10}	9.03	6×10^{-9}	8.2
SrC_2O_4	5.6×10^{-8}	7.25	3×10^{-7}	6.5
$SrCrO_4$	2.2×10^{-5}	4.65		
SrF_2	2.5×10^{-9}	8.61	1×10^{-8}	8.0
$SrSO_4$	3×10^{-7}	6.5	1.6×10^{-6}	5.8
$Sn(OH)_2$	8×10^{-29}	28.1	2×10^{-28}	27.7
SnS	1×10^{-25}	25.0		
$Th(C_2O_4)_2$	1×10^{-22}	22		
$Th(OH)_4$	1.3×10^{-45}	44.9	1×10^{-44}	44.0
$TiO(OH)_2$	1×10^{-29}	29	3×10^{-29}	28.5
$ZnCO_3$	1.7×10^{-11}	10.78	1×10^{-10}	10.0
$Zn(OH)_2$(新析出)	2.1×10^{-16}	15.68	5×10^{-16}	15.3
ZnS(α型)	1.6×10^{-24}	23.8		
ZnS(β型)	5×10^{-25}	24.3		
$ZrO(OH)_2$	6×10^{-49}	48.2	1×10^{-47}	47.0

① I=0.5。

附录八 相对原子质量（A_r）

元素		Ar	元素		Ar
符号	名称		符号	名称	
Ag	银	107.868	Nb	铌	92.9064
Al	铝	26.98154	Nd	钕	144.24
As	砷	74.9216	Ni	镍	58.69
Au	金	196.9665	O	氧	15.9994
B	硼	10.81	Os	锇	190.2
Ba	钡	137.33	P	磷	30.97376
Be	铍	9.01218	Pb	铅	207.2
Bi	铋	208.9804	Pd	钯	106.42
Br	溴	79.904	Pr	镨	140.9077
C	碳	12.011	Pt	铂	195.08
Ca	钙	40.8	Ra	镭	226.0254
Cd	镉	112.41	Rb	铷	85.4678
Ce	铈	140.12	Re	铼	186.207
Cl	氯	35.453	Rh	铑	102.9055
Co	钴	58.9332	Ru	钌	101.07
Cr	铬	51.996	S	硫	32.06
Cs	铯	132.9054	Sb	锑	121.75
Cu	铜	63.546	Sc	钪	44.9559
F	氟	18.998403	Se	硒	78.96
Fe	铁	55.847	Si	硅	28.0855
Ca	镓	69.72	Sn	锡	118.69
Ge	锗	72.59	Sr	锶	87.62
H	氢	1.0079	Ta	钽	180.9479
He	氦	4.00260	Te	碲	127.60
Hf	铪	178.49	Th	钍	232.0381
Hg	汞	200.59	Ti	钛	47.88
I	碘	126.9045	Tl	铊	204.383
In	铟	114.82	U	铀	238.0289
K	钾	39.0983	V	钒	50.9415
La	镧	138.9055	W	钨	183.85
Li	锂	6.941	Y	钇	88.9059
Mg	镁	24.305	Zn	锌	65.38
Mn	锰	54.9380	Zr	锆	91.22
Mo	钼	95.94			
N	氮	14.0067			
Na	钠	22.98977			

附录九　化合物的摩尔质量（M）

化学式	M/(g/mol)
Ag_3AsO_3	446.52
Ag_3AsO_4	462.52
AgBr	187.77
AgSCN	165.95
AgCl	143.32
Ag_2CrO_4	331.73
AgI	234.77
$AgNO_3$	169.87
$Al(C_9H_6ON)_3$(8-羟基喹啉铝)	459.44
$AlK(SO_4)_2 \cdot 12H_2O$	474.38
Al_2O_3	101.96
As_2O_3	197.84
As_2O_5	229.84
$BaCO_3$	197.34
$BaCl_2$	208.24
$BaCl_2 \cdot 2H_2O$	244.27
$BaCrO_4$	253.32
$BaSO_4$	233.39
BaS	169.39
$Bi(NO_3)_3 \cdot 5H_2O$	485.07
Bi_2O_3	465.96
BiOCl	260.43
CH_2O(甲醛)	30.03
$C_{14}H_{14}N_3O_3SNa$(甲基橙)	327.33
$C_6H_5NO_3$(硝基酚)	139.11
$C_4H_8N_2O_2$(丁二酮肟)	116.12
$(CH_2)_6N_4$(六亚甲基四胺)	140.19
$C_7H_6O_6S$(磺基水杨酸)	218.18
$C_{12}H_8N_2$(邻二氮菲)	180.21
$C_{12}H_8N_2 \cdot H_2O$	198.21
$C_2H_5NO_2$(氨基乙酸,甘氨酸)	75.07
$C_6H_{12}N_2O_4S_2$(L-胱氨酸)	240.30
$CaCO_3$	100.09
$CaC_2O_4 \cdot H_2O$	146.11
$CaCl_2$	110.99
CaF_2	78.08
CaO	56.08
$CaSO_4$	136.14
$CaSO_4 \cdot 2H_2O$	172.17
$CdCO_3$	172.42
$Cd(NO_3)_2 \cdot 4H_2O$	308.48
CdO	128.41
$CdSO_4$	208.47
$CoCl_2 \cdot 6H_2O$	237.93
CuSCN	121.62
$CuHg(SCN)_4$	496.45
CuI	190.45
$Cu(NO_3)_2 \cdot 3H_2O$	241.60
CuO	79.55
$CuSO_4 \cdot 5H_2O$	249.68
$FeCl_2 \cdot 4H_2O$	198.81
$FeCl_3 \cdot 6H_2O$	270.30
$Fe(NO_3)_3 \cdot 9H_2O$	404.00
FeO	71.85
Fe_2O_3	159.69
Fe_3O_4	231.54
$FeSO_4 \cdot 7H_2O$	278.01
HCOOH	46.03
CH_3COOH	60.05
H_2CO_3	62.03
$H_2C_2O_4$(草酸)	90.04
$H_2C_2O_4 \cdot 2H_2O$	126.07
$H_2C_4H_4O_4$(琥珀酸,丁二酸)	118.090
$H_2C_4H_4O_6$(酒石酸)	150.088
$H_3C_6H_5O_7 \cdot H_2O$(柠檬酸)	210.14
HCl	36.46
HNO_2	47.01
HNO_3	63.01
H_2O_2	34.01
H_3PO_4	98.00
H_2S	34.08
H_2SO_3	82.07
H_2SO_4	98.07
$HClO_4$	100.46
$HgCl_2$	271.50
Hg_2Cl_2	472.09
HgO	216.59
HgS	232.65
$HgSO_4$	296.65
$KAl(SO_4)_2 \cdot 12H_2O$	474.38
KBr	119.00
$KBrO_3$	167.00
KCN	65.116
KSCN	97.18
K_2CO_3	138.21
KCl	74.55
$KClO_3$	122.55
$KClO_4$	138.55
K_2CrO_4	194.19

续表

化学式	M/(g/mol)	化学式	M/(g/mol)
$K_2Cr_2O_7$	294.18	$Na_2CO_3 \cdot 10H_2O$	286.14
$K_3Fe(CN)_6$	329.25	$Na_2C_2O_4$	134.00
$K_4Fe(CN)_6$	368.35	NaCl	58.44
$KHC_4H_4O_6$(酒石酸氢钾)	188.18	$NaClO_4$	122.44
$KHC_8H_4O_4$(苯二甲酸氢钾)	204.22	NaF	41.99
$K_3C_6H_5O_7$(柠檬酸钾)	306.40	$NaHCO_3$	84.01
KI	166.00	$Na_2H_2C_{10}H_{12}O_8N_2$(EDTA 二钠盐)	336.21
KIO_3	214.00	$Na_2H_2C_{10}H_{12}O_8N_2 \cdot 2H_2O$	372.24
$KMnO_4$	158.03	$NaH_2PO_4 \cdot 2H_2O$	156.01
KNO_2	85.10	$Na_2HPO_4 \cdot 2H_2O$	177.99
KNO_3	101.10	$NaHSO_4$	120.06
KOH	56.11	NaOH	39.997
K_2PtCl_6	485.99	Na_2SO_4	142.04
$KHSO_4$	136.16	$Na_2S_2O_3 \cdot 5H_2O$	248.17
K_2SO_4	174.25	$NaZn(UO_2)_3(C_2H_3O_2)_9 \cdot 6H_2O$	1537.94
$K_2S_2O_7$	254.31	$NiSO_4 \cdot 7H_2O$	280.85
		$Ni(C_4H_7N_2O_2)_2$(丁二酮肟镍)	288.91
$Mg(C_9H_6ON)_2$(8-羟基喹啉镁)	312.61		
$MgNH_4PO_4 \cdot 6H_2O$	245.41	PbO	223.2
MgO	40.30	PbO_2	239.2
$Mg_2P_2O_7$	222.55	$Pb(C_2H_3O_2)_2 \cdot 3H_2O$	379.3
$MgSO_4 \cdot 7H_2O$	246.47	$PbCrO_4$	323.2
		$PbCl_2$	278.1
$MnCO_3$	114.95	$Pb(NO_3)_2$	331.2
MnO_2	86.94	PbS	239.3
$MnSO_4$	151.00	$PbSO_4$	303.3
$NH_2OH \cdot HCl$(盐酸羟胺)	69.49	SO_2	64.06
NH_3	17.03	SO_3	80.06
NH_4	18.04	SO_4	96.06
$NH_4C_2H_3O_2$(醋酸铵)	77.08		
NH_4SCN	76.12	SiF_4	104.08
$(NH_4)_2C_2O_4 \cdot H_2O$	142.11	SiO_2	60.08
NH_4Cl	53.49		
NH_4F	37.04	$SnCl_2 \cdot 2H_2O$	225.63
$NH_4Fe(SO_4)_2 \cdot 12H_2O$	482.18	$SnCl_4$	260.50
$(NH_4)_2Fe(SO_4)_2 \cdot 6H_2O$	392.13	SnO	134.69
NH_4HF_2	57.04	SnO_2	150.69
$(NH_4)_2Hg(SCN)_4$	468.98		
NH_4NO_3	80.04	$SrCO_3$	147.63
NH_4OH	35.05	$Sr(NO_3)_2$	211.63
$(NH_4)_3PO_4 \cdot 12MoO_3$	1876.34	$SrSO_4$	183.68
$(NH_4)_2S_2O_8$	228.19		
		$TiCl_3$	154.24
$Na_2B_4O_7$	201.22	TiO_2	79.88
$Na_2B_4O_7 \cdot 10H_2O$	381.37		
Na_2BiO_3	279.97	$ZnHg(SCN)_4$	498.28
$NaC_2H_3O_2$(醋酸钠)	82.03	$ZnNH_4PO_4$	178.39
$Na_3C_6H_5O_7$(柠檬酸钠)	258.07	ZnS	97.44
Na_2CO_3	105.99	$ZnSO_4$	161.44

参 考 文 献

[1] 彭崇慧等编. 定量化学分析简明教程. 北京：北京大学出版社，1997.
[2] 武汉大学主编. 分析化学. 第4版. 北京：高等教育出版社，1997.
[3] 顾明华主编. 无机物定量分析基础. 北京：化学工业出版社，2002.
[4] 于世林，苗凤琴编. 分析化学. 第3版. 北京：化学工业出版社，2010.
[5] 蒋子刚，顾雪梅编著. 分析检验的质量保证和计量认证. 上海：华东理工大学出版社，1998.
[6] 姜洪文主编. 分析化学. 第3版. 北京：化学工业出版社，2009.
[7] 武汉大学化学系分析化学教研室编. 分析化学例题与习题. 北京：高等教育出版社，1997.
[8] 邓勃主编. 分析化学辞典. 北京：化学工业出版社，2003.
[9] GB/T 601—2002《化学试剂标准滴定溶液的制备》.
[10] 王令今，王桂花编. 分析化学计算基础. 第2版. 北京：化学工业出版社，2002.
[11] 华东理工大学分析教研组，成都科学技术大学分析教研组编. 分析化学. 第4版. 北京：高等教育出版社，1995.
[12] 加里 D. 克里斯琴著. 分析化学. 王令今，张振宇译. 北京：化学工业出版社，1988.
[13] 林树昌，曾泳淮编著. 酸碱滴定原理. 北京：高等教育出版社，1989.
[14] 刘志广主编. 分析化学学习指导. 大连：大连理工大学出版社，2002.
[15] 刘珍主编. 化验员读本. 第4版. 北京：化学工业出版社，2004.
[16] 张正奇主编. 分析化学. 北京：科学出版社，2001.
[17] 彭崇慧等编著. 配位滴定原理. 北京：北京大学出版社，1997.
[18] 陶增宁等编著. 定量分析. 上海：复旦大学出版社，1985.
[19] 薛华等编著. 分析化学. 第2版. 北京：清华大学出版社，1997.
[20] 张锡瑜等编著. 化学分析原理. 北京：化学工业出版社，1991 .
[21] 华中师范学院等编. 分析化学. 第2版. 北京：高等教育出版社，1986.
[22] 邵令娴编. 分离及复杂物质分析. 第2版. 北京：高等教育出版社，1994.
[23] 林树旨，胡乃非编. 分析化学. 北京：高等教育出版社，1993.
[24] 李龙泉等编. 定量化学分析. 合肥：中国科技大学出版社，1997.
[25] 李俊义，张渔夫，徐书绅等编. 分析化学学习指导. 北京：高等教育出版社，1991.
[26] 周光明主编. 分析化学习题精解. 北京：科学出版社，2001.
[27] 杭州大学化学系分析化学教研室. 分析化学手册. 第2版. 北京：化学工业出版社，2009.
[28] 邹学贤主编. 分析化学. 北京：人民卫生出版社，2006.
[29] 全国化工标准物质委员会编. 分析测试质量保证. 沈阳：辽宁大学出版社，2004.
[30] 胡鑫尧，孙扬名，王心枢编. 计算机在分析化学中的应用. 北京：清华大学出版社，1983.
[31] 赵文元，王亦军编. 计算机在化学化工中的应用技术. 北京：科学出版社，2001.